우리가 몰랐던 식품의 비밀 45가지

우리가 몰랐던 식품의 비밀 45가지

발행일	2021년 4월 2일		
지은이	차가성		
펴낸이	손형국		
펴낸곳	(주)북랩		
편집인	선일영	편집	정두철, 윤성아, 배진용, 김현아, 이예지
디자인	이현수, 한수희, 김민하, 김윤주, 허지혜	제작	박기성, 황동현, 구성우, 권태련
마케팅	김회란, 박진관		

출판등록   2004. 12. 1(제2012-000051호)
주소   서울특별시 금천구 가산디지털 1로 168, 우림라이온스밸리 B동 B113~114호, C동 B101호
홈페이지   www.book.co.kr
전화번호   (02)2026-5777   팩스   (02)2026-5747

ISBN   979-11-6539-681-7 03590 (종이책)   979-11-6539-682-4 05590 (전자책)

(주)북랩 성공출판의 파트너
북랩 홈페이지와 패밀리 사이트에서 다양한 출판 솔루션을 만나 보세요!
홈페이지 book.co.kr   •   **블로그** blog.naver.com/essaybook   •   **출판문의** book@book.co.kr

식품 바로알기

우리가 몰랐던 식품의 비밀 45가지

차가성 지음

북랩 book Lab

인간이 살아가는 데 필요한 가장 기본적인 것을 의식주(衣食住)라고 한다. 그중에서도 꼭 필요한 한 가지만 고른다면 당연히 식(食)이 될 것이다. 옷과 집이 없어도 생명을 유지할 수 있으나 먹지 못한다면 더 이상 생명을 유지하기 어렵다. 이처럼 식품은 우리의 생명을 유지하고 건강하게 활동하기 위하여 꼭 필요한 것이다. 우리는 식품을 통하여 필요한 영양성분을 섭취하고, 즐거움을 느끼며, 다양한 인간관계를 형성하고, 문화를 유지한다.

인류에게 있어서 식품은 단순한 생명 연장의 수단 이상의 의미를 지니고 있다. 각 민족이나 국가는 그들에게 주어진 환경에 맞추어 식품을 창조·계승시켜 왔으며, 다양한 요리 방법을 개발했다. 각 민족이나 국가의 음식에는 그들의 경제, 사회, 역사, 문화, 기술 등의 요소가 복합적으로 녹아있다. 오늘날 우리가 접하게 되는 다양한 식품은 어느 한순간에 갑자기 생겨난 것이 아니라 각각의 기원과 역사가 있는 것이다.

현생인류인 호모사피엔스가 지구상에 등장한 것은 대략 20만 년 전으로 추정되고 있다. 그로부터 오랜 기간 인류는 수렵이나 채집 등 순전히 자연에 의존하여 먹는 문제를 해결하였다. 신석기시대가 시작된 약 1만 년 전부터 원시적인 농업과 축산업의 덕택으로 사정이 조금 좋아졌다고는 하나 여전히 굶주림에 시달려야 했으며, 인류가 굶주림에서 벗어나기 시작한 것은 아주 최근의 일이다. 우리나라의 경우에도 1960년대까지는 보릿고개라는 말이 있을 정도로 어려운 시기를 보냈다. 인류의 20만 년 역사를 통틀어 대부분 굶주림과 영양결핍의 상황에서 살아왔기 때문에 인체 또한 그에 맞추어 진화해 왔다. 최근에는 인류의 오랜 역사에서 경험하지 못하였던 과잉 섭취에 의한 비만과 그에 따른 질병이 사회적 문제로 대두되었다.

　인류는 출현 당시부터 먹고사는 문제에 직면하여 있었고, 인류가 증가함에 따라 식량은 더욱 많이 필요하게 되었으며, 이를 극복하기 위하여 농업, 수산업, 축산업 등을 발전시켜 왔다. 또한 저장 방법이나 유통 방법을 개선하여 식품의 손실을 줄이고, 가공 방법이나 조리 방법을 개선하여 영양성분의 흡수율을 높여왔다. 이러한 과학기술의 발전은 이에 따른 부작용으로 환경오염, 농약, 중금속, 첨가물 등의 문제를 일으켰다.

대부분 자급자족으로 식량 문제를 해결하였던 과거와는 달리 오늘날에는 외국과의 무역이나 국내 유통을 통하여 필요한 식품을 얻게 된다. 또한, 식품의 안전을 보장하기 위하여 여러 가지 규제가 필요하게 되었다. 이런 요구에 따라 식품의 규격 및 제조 방법, 포장, 표기사항 등에 대한 규정이나 법이 생겼으며, 식품을 이해하려면 이런 내용도 반드시 알아야만 한다.

저자는 20대 초에 대학의 식품공학과에 들어가서 식품과 인연을 맺은 이후 60대 중반에 퇴사하기까지 40여 년간 식품과 함께하였기 때문에 식품에 대한 관심이 남다르게 깊을 수밖에 없었다. 저자가 오뚜기의 연구원으로 근무하던 1989년에 발생한 우지사건(牛脂事件)으로 식품이 비전문가의 오판과 사회적 분위기에 의해 일방적으로 매도될 수 있음을 알게 되었고, 2008년에 발생한 광우병 파동은 여론에 편승한 사이비 전문가에 의해 진실이 왜곡될 수 있음을 깨닫게 하였다.

우리는 매일같이 매스컴이나 SNS를 통하여 식품에 관한 이야기를 접하기 때문에 식품에 대하여 상당히 많은 상식을 가지고 있다. 그러나 우리가 상식으로 알고 있는 내용이 사실과 다른 경우도 많으며, 때로는 잘못된 사실이 진실인 양 전달되어 오해를 불러일으키기도 한다. 따라서 저자는 이처럼 식품에 대해 잘못 알려진 상식을 바로잡고, 식품의 기본 지식을 폭넓게 소개하고 싶은 욕구를 가지게 되었다.

이 책은 일반상식처럼 되어있는 것이 어디까지가 사실인지, 널리 알려진 식품에 대한 찬양이나 비판이 얼마나 정당한 것인지 등 평소에 저자가 관심을 두고 있던 것에 대해 정리한 내용을 담고 있다. 또한, 저자가 마요네즈 담당 연구원으로 근무한 경험을 바탕으로 식품에 대한 기초 지식도 정리하였다. 이 책의 내용 중 일부는 저자가 엠디에스코리아의 연구소장으로 재직 당시 회사의 홈페이지에 연재하였던 것을 수정·보완한 것임을 밝혀둔다. 자료를 정리할 당시의 상황과 시일의 경과에 따른 변화에 의해 현재의 실상과 맞지 않는 것도 있을 수 있으며, 인용된 자료가 조금 오래된 내용이 포함되어 있을 수 있으나, 이 책을 통하여 독자들이 식품에 대한 전반적인 이해를 하는 데 도움이 되었으면 한다.

차가성

차례

머리글   4

01 좋은 식품과 나쁜 식품   15

02 민간요법   23

03 보양식   30

04 건강기능식품   35
    1) 홍삼   39
    2) 유산균   42
    3) 식이섬유   47
    4) 오메가3 지방산   53
    5) 키토산   56
    6) 글루코사민   59
    7) 클로렐라   62
    8) 올리고당   65
    9) 감마리놀렌산   67
    10) 공액리놀레산(CLA)   71
    11) 코엔자임Q10   75

05 콩 및 관련식품   80
    1) 콩 가공 식품   82
    2) 콩 발효 식품   87

06 김치   93

07 우유   98

08 계란   103

09 식초   109

10 고급 식용유   118

  1) 올리브유   118

  2) 포도씨유   124

  3) 카놀라유   126

  4) 해바라기유   128

11 해양심층수   132

12 생수   137

13 비타민C   145

14 타우린   151

15 포화지방산과 불포화지방산   156

16 식품첨가물   160

  1) 타르색소   163

  2) 발색제   168

  3) 표백제   174

  4) 보존료   177

  5) 산화방지제   181

  6) 감미료   185

17 MSG   191

  1) 중국음식점증후군   200

  2) 기타 MSG의 위해성 논란   204

18 설탕   209

19 식염 216

20 트랜스지방산 224

21 콜레스테롤 229

22 GMO 233

   1) GMO 개발 방법 238

   2) GMO의 안전성 평가 242

   3) GMO에 관한 논란 248

23 인스턴트식품 263

24 방사선조사식품 270

25 식품 사건과 매스컴 보도 276

   1) 우지사건 279

   2) 통조림 포르말린 사건 281

   3) 불량 만두 사건 283

26 광우병 287

27 조류인플루엔자 295

28 멜라민 302

29 HACCP 308

30 식중독균 315

   1) 대장균 322

   2) 노로바이러스 329

   3) 사카자키균 334

31 곰팡이독 338

32 알레르기 346

33 농약과 유기농식품　　　　351

34 항생물질　　　　357

35 중금속　　　　361

36 환경호르몬　　　　367

37 신종유해물질　　　　378

　1) 아크릴아마이드　　　　378

　2) 3-MCPD　　　　381

　3) 퓨란　　　　385

　4) 벤조피렌　　　　388

　5) 벤젠　　　　393

　6) 에틸카바메이트　　　　398

38 식품포장　　　　403

39 식품의 표기사항　　　　410

40 식품의 유통기한　　　　421

41 식품의 보존　　　　426

42 노인을 위한 식품　　　　432

43 식품과 비만　　　　441

44 식품의 영양소　　　　447

45 식품의 맛　　　　458

　1) 조미료　　　　471

　2) 향신료　　　　477

　3) 소스　　　　483

　4) 증점제　　　　491

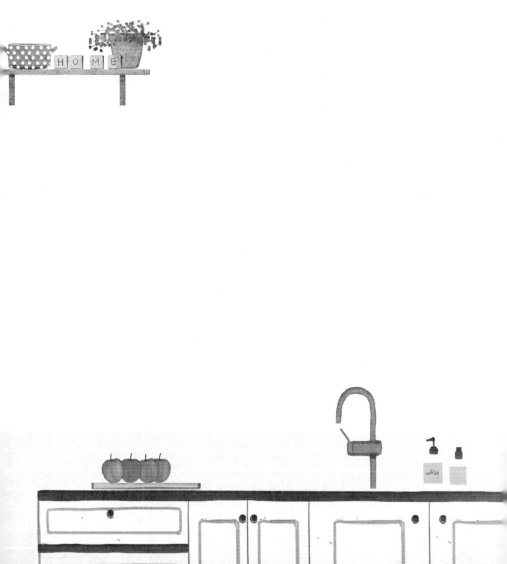

01
좋은 식품과 나쁜 식품

건강에 대한 관심이 증대되면서 음식을 가려 먹는 방법을 소개하는 TV 프로그램들이 인기를 끌고 있다. 우리는 흔히 TV나 신문, 잡지 등의 매스컴을 통해 어떤 식품이 몸에 좋다는 이야기를 많이 접하게 된다. 매스컴뿐만 아니라 건강기능식품은 물론이고 일반식품을 제조하는 회사의 광고에서도 몸에 좋다는 식품을 자주 접하게 된다. 이를 접하는 보통의 사람들은 좋은 식품이니까 상당히 많이 먹어야만 할 것 같고, 그렇게 하면 병에 안 걸리거나 오래 살 것 같다고 느낀다. 인기 있는 건강 관련 방송 프로그램에서 소개된 식품은 다음날 매장에서 불타나게 팔리는 현상이 벌어지기도 한다.

그런데, 매스컴이나 제조회사의 광고에서 하는 이야기가 다 옳은 것일까? 과연 그 식품을 먹으면 무병장수할 수 있는 것일까? 어떤 음식은 몸에 좋고, 어떤 음식은 몸에 좋지 않다는 말은 진실일까? 등 의문이 생겨난다. 어떤 식품에 대하여 좋다 또는 나쁘다고 말할 때는 일반적으로 그 식품의 영양학적 품질과 건강에 대한 특정 성분의 이로움이나 해로움의 정도를 근거로 제시한다. 이것은 아주 합리적인 것처럼 보이지만 자세히 살펴보면 중요한 문제점들이 숨어있다.

우선, 특정 식품의 건강에 미치는 영향에 대하여 우리가 가진 과학적 지식이 극히 한정되어 있다는 점이다. 지금까지 알려진 바로 우리 몸에 필요한 영양소는 탄수화물, 지방, 단백질, 물 등과 같이 꽤 많은 양이 필요한 것도 있고, 비타민이나 무기질처럼 적은 양이 필요한 것도 있다. 그러나 이렇게 간단히 분류한 이 영양소들 안에 들어가 보면 종류도 수없이 많고 우리 몸에서 하는 기능들도 모두 다르다. 그리고 요즈음 새로이 그 기능이 알려졌으나 아직 영양소로 분류되지 않은 생리활성물질들도 많이 있다. 또한 현재의 과학적 지식으로는 어느 정도가 부족의 경계이고, 어느 수준부터 독성을 나타내는지 정확히 아는 영양소는 별로 없다. 우리 몸에서 필요로 하는 적정량이 밝혀진다고 하여도 이렇게 많은 영양소를 일일이 양을 계산해가면서 먹을 수도 없다.

아무리 좋은 음식이라고 하여도 그것만을 많이 먹는다면 그 식품에 들어 있는 특성 성분을 과다 섭취하게 되어 독성을 나타내게 될 수도 있다. 예로서, 간유(肝油, liver oil)는 비타민A가 많이 있어 몸에 좋은 식품으로 알려져 있다. 그러나 외국의 어떤 엄마가 간유가 좋다고 하니까 아기에게 매일 한 숟가락씩 먹였더니 입술이 갈라지고 피부가 거칠거칠해지는 등 이상 징후가 보였으며, 그 원인을 알아본 결과 비타민A의 과다복용 때문이었다고 한다. 이 사건이 비타민A의 독성을 발견하게 된 계기이다. 비타민A의 독성은 매일 15~50mg씩 몇 개월 섭취하였을 경우 나타나며, 통상적인 식사에 의한 섭취량 정도로는 문제가 되지 않는다.

또 다른 예로서, 당뇨병과 고혈압이 있던 환자가 갑자기 숨이 차는 증세가 있어 병원의 응급실로 실려 왔다. 특별한 이유 없이 심장박동이 갑자기 불규칙하게 되는 심장부정맥이 생긴 것을 이상하게 여긴 의사는 "혹시 최근에 두유나 두부를 많이 먹지 않았느냐?"라고 물었고, 환자는 "최근 콩이 몸에 좋다는 말을 듣고 매일 두부를 반 모 이상 먹었다."라고 답했다. 결국 환자의 심장부정맥은 칼륨이 풍부한 두부의 과다섭취로 인한 고칼륨혈증 때문이었다. 이처럼 자신의 몸 상태를 고려하지 않고 몸에 좋다는 음식을 과다섭취하였다가 오히려 탈이 생기는 경우가 종종 있다. 특히 건강기능식품이나 보양식품 등에 너무 의존하면 농축된 형태의 영양소나 특정 성분을 과잉으로 섭취하기 쉽다.

다음으로, 식품과 관련된 실험 데이터는 대부분 사람이 정상적으로 섭취하는 것보다 훨씬 많은 양을 동물에게 먹여서 조사한 연구에서 나온 것이며, 그런 동물실험 결과들을 사람에게 직접 적용하는 것이 항상 맞는다고 볼 수도 없다. 서로 다른 동물 사이에는 일반적으로 이야기하는 '종(種)의 장벽'이라는 것이 있어서 실험동물에게는 효능이 있는 물질이 사람에게는 효과가 없으며, 반대로 실험

동물에게는 해를 끼치는 것으로 밝혀졌으나 사람에게는 아무 지장도 주지 못하는 경우가 자주 발생하기 때문이다.

그리고, 동물실험의 경우 종종 설계의 잘못으로 엉뚱한 결과가 나오기도 하는 점도 무시할 수 없다. 즉, 실험동물이 1회에 먹는 양은 한계가 있으며, 어떤 특정 성분의 효과를 알아보기 위하여 그 성분이 많이 포함된 사료를 준비하면 결과적으로 실험 목적이 아닌 다른 성분이 부족한 사료가 되기 쉽고, 실험 목적이 아닌 다른 성분의 부족 증세가 실험동물에게 나타나는 경우가 흔하기 때문이다.

또한 각 식품의 기능에 대해 우리가 알고 있는 정보 중에는 오랜 기간 여러 대규모 집단에서 식이(食餌)와 질병의 상관성을 조사한 연구들로부터 나온 것들이 있다. 그러한 대규모 집단에 대한 보편적인 정보를 개인에게 끼치는 영향으로 바로 적용하는 것은 아무리 좋게 보더라도 아주 부정확한 과학일 뿐이다. 어떤 식품이 개인의 건강에 도움이 될지, 해가 될지는 항상 상대적이다. 즉, 식품을 섭취하는 전체 상황을 고려하지 않고는 특정 식품의 좋고 나쁨을 말할 수 없다.

예로서, 시금치와 햄버거 중 어느 것이 좋은 식품이냐고 물으면 대부분 사람은 시금치를 좋은 것으로 햄버거를 나쁜 것으로 말할 것이다. 그러나 만일 어떤 사람이 특수한 사정으로 인하여 상당한 기간 지방이나 단백질은 별로 먹지 못하고 과일과 채소만 먹었다면, 전체 상황으로 보아 그 사람의 몸은 섬유질과 비타민이나 철분이 아니라 지방과 단백질이 필요할 것이고, 이 경우에는 시금치보다는 햄버거가 몸에 좋은 식품이 될 것이다. 만일 계속해서 시금치를 고집하면 영양적으로 치명적인 결과가 생길 수도 있다.

개인뿐만 아니라 집단 사이에도 영양학적 결과들을 그대로 적용하기 어려운 경우도 있다. 2002년에 미국의 시사 주간지 《Time》은 몸에 좋은 식품으로 토마토, 시금치, 적포도주, 견과류, 브로콜리, 귀리, 연어, 마늘, 녹차, 블루베리 등 10가지를 선정하여 발표하였다. 그러나 타임지가 선정한 식품이 우리나라 사람에게 모두 맞는 것은 아니다. 기본적으로 육식 위주의 식습관을 가진 미국인과 채식 위주의 식사를 하는 한국인에게 필요한 좋은 식품이 같을 수가 없기 때문이다. 우리는 흔히 국내 과학자의 연구결과보다도 미국이나 유럽 등 선진국에서 나온 연구결과를 신뢰하는 경향이 있는데, 서양인과 한국인의 영양상태가 다르기 때문에 식품영양학 분야에서는 서양 선진국의 연구 결과를 그대로 우리에게 적용하는 것은 오류를 범하기 쉽다.

더욱 문제인 것은 식품 성분이 건강과 어떤 연관성이 있는지에 관한 연구 결과가 항상 변하고 있다는 사실이다. 얼마 전에는 모든 지방이 나쁘다고 생각하다가, 그 후에는 포화지방산만 나쁘다고 했고, 최근에는 트랜스지방산이 더 나쁘다고 한다. 종전까지는 불포화지방산은 몸에 좋다고 하였으나, 최근에는 불포화지방산을 섭취할 때에도 다중불포화지방산과 단일불포화지방산의 비율을 고려하여야 하며, 다중불포화지방산 중에서도 오메가3 지방산과 오메가6 지방산의 섭취 비율이 중요하다고 한다. 이런 연구 결과의 변화는 여러 식품 또는 성분에서 흔히 발생하고 있다.

오늘날에는 소금은 너무 많이 섭취하면 고혈압, 위암 등의 원인이 되고, 신장이 나쁜 사람은 특히 짜게 먹으면 안 된다고 하여 되도록 적게 섭취하려고 애쓰고 있다. 그러나 소금을 전혀 섭취하지 않으면 인체의 생리 기능이 떨어져 생명을 유지할 수 없게 된다. 따라서 옛날에는 소금을 국가에서 관리할 정도로 소중하게 여겼다.

구리나 셀레늄 같은 무기질은 예전에는 독성물질로 취급하였으나 오늘날에는 우리 몸에 없으면 절대 안 되는 중요한 물질로 여기고 있다. 구리나 셀레늄은 보통의 일반식품에는 아주 소량이 들어 있어 우리 몸에서 필요로 하는 정도의 소량만 먹게 되나, 너무 많이 농축된 형태로 장기 복용하거나 다량으로 오염되어 있는 식품의 경우에는 여전히 중독을 일으키는 무서운 중금속이 된다.

매스컴 등에서 흔히 이야기하는 좋은 식품이란 어떤 유용한 성분이 다른 식품에 비하여 상대적으로 많다는 의미일 뿐이다. 그러나 식사로 섭취할 수 있는 양은 매우 적어 어떤 효과를 기대하기 어려운 것이 일반적이다. 일반식품에 비하여 특정한 유용성분을 강화시킨 건강기능식품조차도 효과가 뚜렷하게 나타나는 것이 아니므로 약품과 구별하고 있는 형편이다. 좋은 식품이 효과를 나타내기 위해서는 상당히 많은 양을 장기간 먹어야 되는데, 한 끼에 먹을 수 있는 양에는 한계가 있으므로 그 식품을 먹느라고 다른 식품을 먹지 못하게 되어 부족한 영양소가 발생할 수도 있다. 또한 그 식품에 함께 들어 있는 다른 성분들을 과잉으로 섭취하게 되어 해로울 수도 있다. 중요한 것은 평상시 식습관이며, 좋은 식품으로 소개되는 식품에 대하여는 "아, 그런 성분이 많이 들어있구나!" 하는 정도로 참고할 뿐 너무 집착하지 않는 것이 좋다.

좋은 식품으로 소개되지 않은 것에도 상대적으로 적은 양이지만 필요한 영양소가 들어있으며, 우리 몸에서 요구하는 영양소의 필요량은 그 폭이 상당히 넓고 때에 따라서는 다른 물질로 대체되기도 한다. 우리 몸은 스스로 필요한 영양소가 무엇인지 알고 그에 합당한 음식을 찾게 되어있다. 따라서 특정 식품에 대하여 비정상적인 집착을 보이거나 편식을 하기 보다는 먹고 싶은 것을 즐겁고 맛있게 먹으면 충분히 건강이 유지된다.

어떤 음식이 갑자기 먹고 싶어졌다면 그 음식 속에 있는 영양소를 지금 내 몸이 간절히 원하고 있다는 증거이다. 여성이 임신하게 되면 평소에 즐기지 않던 음식을 찾게 되는 것도 이 때문이다. 사람뿐만 아니라 몸에 부족한 영양소가 있으면 그 성분이 포함되어 있으나 평소에는 먹지 않던 물질(열매, 풀, 흙 등)을 본능적으로 먹는 것은 여러 동물에서도 발견된다. 지구상의 수많은 동물 중 오직 인간만이 배가 고프지 않아도 먹고, 먹고 싶지 않은 음식이라도 먹는다고 한다. 불완전한 지식에 근거하여 자연의 이치, 인체의 본능을 거스르는 데에서 오는 결과이다.

인류는 오랜 경험에 의해 여러 가지 식품을 골고루 적당히 먹으면 건강하게 살 수 있다는 것을 잘 알고 있으며, 올바른 식생활의 중요성은 동서고금을 막론하고 강조되었다. 동양의학에서는 약식동원(藥食同原)이라 해서 약과 음식은 같은 근원이라 여기고 있으며, 서양의학의 성자로 추앙되는 히포크라테스도 "음식으로 못 고친 병은 약으로도 고치기 어렵다. 음식을 약으로 알고 약은 음식에서 구하라."라고 했다.

결론적으로, '좋은 식품' 혹은 '나쁜 식품'이란 없으며, 서로 다른 영양, 빛깔, 향, 맛, 식감 등을 가진 수많은 식품이 있을 뿐이다. 어떤 식품에 대하여 좋다 혹은 나쁘다고 단정적으로 말하는 것은 불합리하며, 사람들에게 음식 섭취에 대해 적절하지 못한 태도를 유발시킬 뿐이다. 식생활을 올바르게 하는 데 있어 반드시 지켜야 할 점은 너무 과해도 안 되고, 모자라도 안 된다는 것이다. 약의 올바른 소비를 위한 유명한 표어 중에 "약 모르고 오용(誤用) 말고, 약 좋다고 남용(濫用) 말자"라는 것이 있다. 여기서 약을 식품으로 바꾸어 놓아도 타당할 것이다. 음식을 섭취할 때는 전체적인 균형을 깨지 않으면서 체질적인 약점을 보완해 간다는 생각으로 여러 음식을 골고루 먹으면 된다.

민간요법

우리는 흔히 어떤 질병이나 증세가 있을 때 "○○한 처방을 하면 좋다."라는 이야기를 듣게 되며, 이처럼 민간에서 예로부터 전해져 내려오는 치료법을 민간요법(民間療法)이라고 한다. 여기에는 음식물, 약초 등의 먹는 처방을 비롯하여 지압, 안마, 온천욕 등 물리적 요법, 신앙이나 미신에 의한 정신적 요법 등이 모두 포함된다.

우리나라의 경우 현대의학이 도입된 것이 100년을 조금 넘었을 뿐이며, 현대의학이 들어온 후에도 한동안 제대로 된 혜택을 받지 못하였다. 1970년대까지만 하여도 병원이나 의원은 심한 병에 걸렸을 때나 가는 곳이었으며, 최근까지도 민간요법은 우리의 건강을 지키는 중요한 방법이었다. 보고자에 따라 차이는 있지만 암 환자의 40~80%가 민간요법을 한 번 이상 시도한 경험이 있다고 한다.

민간요법은 의사나 약사의 의학적 권고에 의하지 않고 환자 또는 보호자가 스스로 선택한 치료 또는 예방 행위이다. 민간요법의 종류는 헤아릴 수 없을 정도로 많으며, 식품과 관련된 것만 하여도 인터넷을 잠깐 검색하면 "기관지 천식에는 배즙이 좋다.", "고혈압에는 감즙이나 무즙이 좋다.", "동맥경화 예방에는 양파가 좋다.", "불면증에는 호두죽이 좋다." 등등 일일이 예를 들 수 없을 정도로 많은 처방법을 찾을 수 있다. 당뇨병에 좋은 식품만 하여도 누에가루, 옥수수 수염, 수박, 배, 녹두, 무즙, 당근즙, 배즙, 강낭콩, 미나리, 율무 등 끝이 없을 정도이다.

그러나 인터넷에 나오는 식품의 이런 효능은 검증된 것보다 검증되지 않은 것이 많아 믿을 수 없으며, 때로는 전혀 사실이 아닌 뜬소문에 불과한 것도 있다. 어떤 성분의 효능이 과학적으로 입증된 것이라도 통상적인 섭취 수준으로는 그 목적을 달성하기 어려운 것이 대부분이다. 민간요법은 인체 전체를 고려한 처방이 아니며, 어느 특수한 현상이나 신체 일부분의 기능만을 고려한 경우가 많으므로, 민간요법에서 이야기하는 효능에만 의지하여 식품을 섭취하다 보면 전체적인 영양의 균형이 무너져 오히려 건강에 해로울 수도 있다.

한의학(韓醫學)은 민간요법과 근원이 같으며, 한의학의 처방에는 민간요법을 체계화하여 발전시킨 것이 많아 엄밀한 구분이 어려운 부분이 있으나, 다음과 같은 몇 가지 차이점이 있다. 우선 한의학이 일정한 원리 아래 여러 가지 약재를 규정에 맞게 배합하여 처방하는 데 비하여 민간요법은 일반 가정에서 손쉽게 구할 수 있는 한두 가지 재료로 처방한다. 민간요법은 환자가 호소하는 단순한 증상만 보고 판단하여 처방한 후 그저 효과가 있기를 기대하지만, 한의학은 체계화된 기준에 의해 진단하고 그 결과에 따라 처방한다. 현대의학이라고 하는 서양의학으로는 설명할 수 없으나, 한의학의 음양오행(陰陽五行)이나 사상의학(四象醫學) 이론도 임상(臨床)이라는 경험적 축적을 거쳐 발전시켜 온 검증된 의학이며, 검증되지 않은 처방인 민간요법과 구분된다.

한의학뿐만 아니라 현대의학도 민간요법의 경험적 방법이 그 기초를 이루고 있는 것이 많다. 예를 들어, 말라리아 치료에 쓰이는 키니네(kinine)는 열대지방에서 말라리아 치료에 사용하던 약초에서 유래되었으며, 진통 해열제로 사용하는 아스피린(aspirin)은 민간요법으로 쓰이던 버드나무 껍질에서 추출한 성분이다. 심장병 치료약인 디지탈리스(digitalis), 감기약의 성분인 에페드린(ephedrine), 항암제인 탁솔(taxol) 등도 민간요법으로 사용되던 약재 중에서 유효성분을 찾아내어 약으로 개발한 것들이다. 콩의 대표적 유효성분인 아이소플라본(isoflavone), 포도나 고구마 껍질에 있는 안토시아닌(anthocyanin), 보리의 식이섬유인 베타글루칸(β-glucan), 마늘의 알리인(alliin) 등 민간요법으로 사용되던 식품 중에는 오늘날 실제로 그 효능이 과학적으로 입증되고 있는 성분이 함유된 경우도 많다.

민간요법은 세계 어느 나라에나 있으며, 의학이 발달했다는 미국이나 유럽에도 민간요법이 있다. 민간요법은 먼 옛날부터 현재에 이르기까지 오랜 세월 동안 그 민족이 질병과 싸우면서 축적해 온 경험의 산물이다. 수렵이나 채집으로 생활하던 원시시절부터 먹을 것을 찾아다니는 과정에서 먹을 수 있는 것과 먹을 수 없는 것을 구분하게 되었으며, 그중 어떤 것은 질병의 고통을 덜어준다는 것을 경험을 통해 알게 되었다. 그 경험은 자손과 이웃에게 전해졌고 이렇게 하여 민간요법이 형성된 것이다. 민간요법은 지금까지 수많은 사례에서 밝혀졌듯이 인류의 질병 치료에 도움이 되는 방법이나 치료약을 제공하는 단서가 될 수 있는 선조들의 지혜와 경험이 저장되어 있는 보고(寶庫)이다. 그 효과나 부작용 등에 대한 검토는 오늘날 과학자들이 수행해야만 하는 과제이다.

현재와 같이 문명이 발달하기 전에는 정보도 부족하고, 교통이 불편하여 물자의 교류도 빈약하였으며, 일부 지배층에 부가 집중되어 대다수 백성은 의학의 혜택을 제대로 받을 수가 없었다. 따라서 궁여지책으로 손쉽게 얻을 수 있는 동식물을 통하여 치료하고자 하는 시도를 하게 되었으며, 그중에서 효과를 본 식품이 있으면 그 효능을 굳게 믿게 되었다. 의학이 발달한 현재에도 모든 병을 치료할 수는 없으며, 의사들은 현대의학의 한계가 있다는 것을 인정하고 있다. 그러나 환자나 그 가족들은 의사가 아무리 치료법이 없다고 하여도 포기하지 않고 병의 치유를 위하여 모든 시도를 다 해보게 되며, 드물게는 완치되는 경우도 있다. 이처럼 민간요법은 의학이 해법을 제시하지 못할 경우 사용할 수 있는 마지막 방법이며, 현재에도 새로운 처방법이 계속 만들어지고 있다.

민간요법의 효과에 대하여는 일방적으로 무시할 수 없는 면도 있고, 인류의 건강에 공헌하여 온 공을 인정하여도 몇 가지 중요한 문제점이 있다는 것을 지적하지 않을 수 없다. 우선 민간요법에는 돌부처의 코를 갈아 먹어 아들을 낳으려 한다든지 뱃속에 든 아이의 성별을 약초로 바꾸려 하는 것과 같이 전혀 효과가 없는 방법도 섞여 있다는 점을 들 수 있다. 또한 민간요법은 구전으로 전달되는 과정에서 내용이 부풀려져 근거 없는 믿음으로 변질되거나 용법이나 용량의 정확성이 결여되어 엉뚱한 부작용을 일으킬 수도 있다. 어떤 치료법이든 부작용은 있을 수 있으나, 대다수 민간요법은 효능만 강조되고 부작용에 대한 경고가 전혀 없다.

민간요법의 부작용보다도 더욱 경계하여야 할 것은 잘못된 믿음에 근거하여 민간요법에 의지하다 보면 질병의 상태를 악화시킬 수 있다는 점이다. 민간요법은 질병에 대한 개념이 오늘날보다 부족하던 때에 생긴 것이며, 보다 효과적인 방법이 있는데도 민간요법을 고집하다 보면 치료 시기를 놓쳐 병을 키우거나 합병증이 발생할 수도 있다. 예로서, 버드나무 껍질이 진통·해열에 효과가 있는 것이 분명하다고 하여도 가까운 약국에 가면 싼 가격에 효과가 더욱 좋은 아스피린을 손쉽게 구할 수 있는데 버드나무 껍질만 고집하면 치료가 더디고 부작용인 위장장애가 발생할 수도 있다.

그러나 민간요법에 이런 부정적인 측면이 있음에도 불구하고 민간요법을 모두 무시할 수는 없으며, 최근에는 현대의학의 부족한 점을 보완하는 수단으로 인정하여 공존의 길을 찾는 노력이 나타나고 있다. 최근에 대체의학(代替醫學)이란 용어가 사용되기 시작하였는데, 대체의학이란 제도권의 주류 의학인 정통의학(正統醫學)을 대신한다는 의미로 만들어진 말이며, 정통의학을 보충하여 준다는 의미로 보완의학(補完醫學)이라고도 한다.

미국에서는 보완대체의학(Complementary and Alternative Medicine)이라고 부르며, 서양의 현대의학을 제외한 동양의 전통의학(傳統醫學), 민간요법, 기공(氣功), 요가 등이 모두 포함된다. 국내에서는 전통의학인 한의학도 법에 따라 규정된 제도권 의학이므로, 현대의학과 한의학을 제외한 영역을 대체의학으로 보고 있다. 그러나 대체의학에 대한 명확한 정의나 범주는 확정되지 않은 상태이며 때로는 민간요법과 같은 의미로 사용되기도 한다.

민간요법은 전통적으로 조상들이 사용하던 치료법이었으나, 최근에는 그런 개념의 민간요법만 있는 것은 아니다. 국제적인 물자와 정보의 이동이 많아지면서 외국에서 사용하던 민간요법이 전해지기도 하며, 어떤 유명한 사람이 개발했다고 주장하는 건강법이 소개되기도 한다. 이런 민간요법 중에는 순수하게 다른 사람에게 도움을 주려는 의도로 전해지는 것이 있는 반면에 경제적 이익을 위하여 조작된 상술로 보이는 것도 있다. 인터넷을 조금만 검색하여도 당뇨병을 비롯한 성인병은 물론이고 비만이나 암까지 단 몇 개월이면 고칠 수 있다는 비법(秘法)들을 쉽게 찾을 수 있다. 이런 민간요법 제품들의 특징은 현대의학으로 효과적인 치료법이 없는 병에 대해서만 효과가 있다고 주장한다는 공통점이 있다. 그러나 이런 제품을 판매하는 사람들이 내세우는 근거는 과학적 검증이 없이 몇몇 성공사례가 전부이며, 성공률이나 후유증, 부작용 등에 대해서는 전혀 설명이 없다는 문제점이 있다.

민간요법은 처방이 까다롭지 않고 재료를 우리 주변에서 구하기 쉬워서 손쉽게 적용할 수 있으며, 사용되는 약재나 식품은 오랜 경험을 통하여 해독이 없다는 것이 입증되었다는 장점이 있으나, 민간요법의 치료 효과는 일시적인 심리 효과이거나 응급 처방적인 것이 많다. 민간요법은 급할 때나 다른 대안이 없을 때 부득이하게 사용하는 것은 좋으나 절대적인 치료법으로 믿고 의존하는 것은 바람직하지 않다.

03
보양식

   세계적으로 우리나라 사람만큼 음식을 제일의 건강 관리법으로 생각하는 민족은 별로 없다. 한국 사람들은 전통적으로 질병을 예방하고 치료하는 데에 어떤 음식이 좋은가를 따져왔다. 음식으로 건강을 유지하려는 의식을 가장 잘 대변하는 용어가 바로 보양식(補陽食)이다. 대표적인 보양식으로는 삼계탕, 보신탕, 추어탕, 장어구이 등이 있다. 보양식이란 몸을 보호하고 신체를 건강하게 하는 음식을 말하며, 환절기나 여름철과 같이 체력이 떨어진다고 느낄 때나 병자의 환후 기력 회복용으로 섭취하게 된다. 특히 여름철 삼복더위에 즐겨 찾게 되며, 삼복 기간 보양식 관련 식품의 매출이 급증한다.

   삼복(三伏)은 초복(初伏), 중복(中伏), 말복(末伏)을 합쳐서 부르는 말로서 7월 중순에서 8월 중순까지의 한창 더운 시기에 해당한다. 초복은 24절기 중의 하나인 하지(夏至) 다음의 세 번째 경일(庚日)이고, 중복은 네 번째 경일이며, 말복은 입추(立秋) 후 첫 경일이다. 경일이란 자(子), 축(丑), 인(寅), 묘(卯) 등 12지(支)와 함께 쓰여 연도나 날짜를 나타내던 갑(甲), 을(乙), 병(丙), 정(丁) 등 10간(干)의 7번째인 경(庚)이 들어가는 날을 말한다. 10간과 12지를 조합하면 갑자(甲子), 을축(乙丑), 병인(丙寅) 등의 60간지가 되며, 61번째부터는 다시 갑자가 된다. 만 60세가 되는 해를 환갑(還甲)이라 하는 것은 갑자년(甲子年)이 다시 돌아왔다는 의미이다.

복날의 풍습은 원래 중국 진(秦)나라에서 시작되었다고 하며, 오행설(五行說)에 기초하고 있다. 오행설에 의하면 여름은 화(火)의 기운이고 가을은 금(金)의 기운이다. '복(伏)'자에는 '엎드리다', '숨다', '굴복하다' 등의 뜻이 있으며, 복날은 "가을의 금(金) 기운이 대지로 나오려다 아직 화(火)의 기운이 강하여 일어서지 못하고 엎드려 복종한다"라는 의미로 가장 더운 날을 가리킨다. 오행의 불균형은 바로 심신의 불균형을 가져오므로 금(金) 기운의 쇠퇴를 막기 위해 금(金) 기운을 보충하여야 한다. 그런데 오행설에서 경(庚)은 금(金)에 해당하고, 개도 금(金)에 해당하므로 경(庚)이 들어가는 날에 개고기를 먹게 된 것이라 한다. 한편, 최남선의 『조선상식문답(朝鮮常識問答)』에서는 '복(伏)'자에 대해 "더운 여름의 기운을 굴복, 제압한다"는 뜻으로 풀이하고, 복날의 풍습은 더위를 피하는 피서(避暑)가 아니라 더위를 극복한다는 의미가 더 강하다고 하였다.

우리 민족은 예로부터 채식을 위주로 하였기 때문에 대체로 칼로리 섭취가 필요량에 미치지 못하였으며, 기온이 높아져 체온조절을 위해 에너지 소비가 많아지는 여름철에는 특히 심신이 지치기 쉬웠다. 이런 때에 높은 칼로리와 양질의 단백질을 공급하면 체력 회복에 도움이 될 수 있으나, 가난한 서민의 입장에서는 이런 식품을 먹기가 쉽지 않았다. 따라서 날을 정하여 고기를 먹으면 누구나 일시적이나마 충분한 영양을 섭취할 수 있으며, 그 도움으로 여름을 견딜 수 있게 되는 것이다. 이처럼 복날 보양식에는 더위를 이기고 허해진 몸을 보신하기 위한 선조들의 지혜가 숨어있으며, 보양식의 소재도 비교적 싸고 흔하게 구할 수 있는 닭이나 개가 선택되었다.

그러나 오늘날에는 삼계탕이나 보신탕과 같은 보양식을 먹어도 예전과 같은 효과를 느끼지 못한다. 그 이유는 우리 몸의 영양상태가 변했기 때문이다. 과거에는 영양결핍이 일반적인 상황이었으므로 높은 칼로리와 양질의 단백질을 공급하면 바로 효과를 얻을 수 있었으나, 영양과잉이 문제되는 현재 우리에게는 보양식은 오히려 해가 될 수도 있다. 특별한 식사의 의미를 갖는 보양식을 먹을 때는 평소보다 많이 먹게 되는 경향이 있으며, 결국 평상시보다 1.5~2배의 영양분을 한꺼번에 섭취하게 되고 남는 에너지가 체지방에 축적되어 비만을 초래할 수 있다.

보양식과 유사한 개념으로 보신식품(補身食品)이 있다. 보신식품은 보양식과 같은 의미로 사용되기도 하나 주로 남자의 정력을 보강해주는 식품을 지칭하기도 한다. 대표적인 것으로 녹용, 웅담, 뱀 등이 있으며, 몸에 좋다고 하면 종류를 가리지 않고 섭취한다. 그러나 대부분의 보신식품은 그 효능이 입증되지 않았으며, 취급과정에서 비위생적으로 처리하여 오히려 건강에 해로울 수도 있다.

보신식품은 대부분 고열량, 고단백, 고지방 식품이다. 1960년대 이전만 하여도 영양부족으로 많은 사람이 병에 걸렸고, 사망하기도 하였다. 1950~60년대 한국인 사망원인 1, 2위를 차지하던 결핵도 영양부족이 중요한 원인이었으며, 뱀이나 개구리 등을 열심히 잡아먹은 환자가 치유되는 경우도 많았다. 보신식품에 대한 믿음은 이와 같은 뿌리 깊은 배경을 가지고 있으며, 보신식품에 대한 부정적 의견이 많음에도 불구하고 경제적 여유가 생긴 요즘에도 여전히 관심을 받고 있다.

보양식과 보신식품에 대한 관심은 오늘날 건강기능식품에도 반영되어 매년 그 수요가 급증하고 있다. 보양식도 과거처럼 어느 특정한 날에만 먹는 것이 아니라 사계절 언제나 먹고 있으며, 매스컴이나 인터넷의 영향으로 식품에 대한 정보가 확산됨에 따라 그 소재 또한 다양해지고 있다. 그러나 중요한 것은 아무리 좋은 보양식이라 하여도 어느 한 가지에 집착하게 되면 오히려 영양에 불균형이 올 수도 있다는 점이다. 영양부족 상태가 아닌 현대인의 경우 평상시에 균형 있는 식사를 하게 되면 별도로 보양식을 챙겨서 먹을 필요가 없다. 보양식이나 건강기능식품의 인기는 건강을 챙기는 방법이 잘못되고 있다는 일면을 드러내고 있다.

인류는 오랜 생존의 역사에서 풍요보다는 빈곤을 더 많이 겪었으며, 영양과잉보다는 영양결핍에 적응하도록 진화되었다. 과잉의 에너지를 지방으로 변환시켜 체세포에 저장하는 것도 며칠씩 음식을 먹지 못하게 되는 상황을 대비하기 위한 진화의 결과이다. 그러나 현대인에게는 사고 등으로 특수한 상황에 처하기 전에는 비축된 체지방을 사용할 일이 없고, 계속되는 잉여 에너지로 인하여 비만과 성인병이라는 부작용이 나타나게 되는 것이다. 현대인에게 맞는 진정한 의미의 보양식은 영양의 균형을 맞춘 식사이다. 종래의 보양식도 칼로리가 높다고 하여 무조건 기피하기만 할 것이 아니라 영양의 균형을 고려하면서 기호식품이나 전통식품으로 즐기면 된다.

04
건강기능식품

 식품은 원래 우리 몸의 생명 유지에 필요한 영양소를 섭취하고, 활동에 필요한 에너지를 얻는 것이 목적이었다. 이것을 식품의 1차 기능 또는 영양기능(營養機能)이라고 한다. 산업혁명의 결과로 식품 부족 문제를 극복한 후에는 단순한 영양뿐만 아니라 맛, 색, 냄새 등에서 즐거움을 줄 수 있는 기호성(嗜好性)이 식품의 기능으로 추가되었다. 이것을 식품의 2차 기능 또는 감각기능(感覺機能)이라고 한다. 건강기능식품(健康機能食品)은 3차 기능 또는 생체조절기능(生體調節機能)이라는 이제까지의 식품과 구분이 되는 새로운 특징을 갖는 식품이다. 식품의 생체조절기능에 관한 개념은 1980년대 일본에서 기능성식품(機能性食品)이라는 용어를 사용하면서 시작되었다.

 우리나라에서는 2002년 8월 '건강기능식품에 관한 법률'이 공표되어 2004년 1월부터 시행에 들어갔다. 이에 따라 종전의 건강보조식품(健康補助食品)이란 용어는 폐지하고 이 법률에 흡수되었다. 이법률에서는 건강기능식품을 "인체에 유용한 기능성을 가진 원료나 성분을 사용하여 정제, 캡슐, 분말, 과립, 액상, 환 등의 형태로 제조, 가공한 식품"이라고 정의하였다. 그 후 2008년에 법률이 개정되어 형태에 대한 제약이 없어졌으며, 일반식품 형태의 건강기능식품도 가능해졌다.

우리나라의 경우 일반식품의 기준 및 규격에 관한 세부사항은 〈식품공전(食品工典)〉에 실려 있으며, 건강기능식품의 기준 및 규격에 관한 세부사항은 〈건강기능식품공전(健康機能食品工典)〉에 실려 있다. 건강기능식품은 '고시 품목'과 '개별인정 품목'으로 구분되며, 새로운 건강기능식품 소재가 계속 발견되고 있기 때문에 품목 수는 매년 증가하고 있다.

고시 품목은 〈건강기능식품공전〉에 기준 및 규격을 고시하여 요건에 적합할 경우 누구나 제조·판매할 수 있는 품목이며, 크게 '영양성분'과 '기능성 원료'의 두 종류가 있다. 영양성분에 해당하는 종류는 일상 식사에서 부족하기 쉬운 영양소의 보충이 목적인 것으로서 비타민류, 무기질류, 식이섬유, 단백질, 필수지방산 등이 있다. 기능성 원료란 과학적으로 기능성이 인정된 소재를 원료로 제조되었으며, 기능성 성분을 일정한 기준 이상 함유한 품목을 말한다.

개별인정 품목은 개별적으로 식품의약품안전처의 심사를 거쳐 인정받은 영업자만이 제조·판매할 수 있는 품목을 말하며, 고시 품목보다는 개별인정 품목이 훨씬 많다. 개별인정 품목으로 승인을 받기 위해서는 일반적으로 다음과 같은 자료를 제출하여야 한다.

① 기능성을 발현하는 성분 및 품질관리를 위한 지표물질에 대한 설정과 이에 대한 정량분석방법

② 원료의 안전성 검증자료: 단기독성시험, 장기독성시험

③ 원료의 기능성 검증자료: 시험관시험, 동물시험, 인체적용시험(임상시험)

④ 제조공정 및 성분분석자료

건강기능식품은 약품과 식품의 경계선에 있다고 할 수 있으며, 종종 약품으로 오인되기도 한다. 우선 형태가 정제, 캡슐 등 일반식품보다는 약품에 가깝고, 건강기능식품 제조회사들이 광고에서 제품의 효능을 지나치게 강조하기 때문에 이런 오해를 부추기기도 한다. 다른 한편으로는 한방보약(韓方補藥)을 마치 건강기능식품인 양 소개하거나 선전하는 경우도 있어 혼란을 가중시킨다. 그러나 건강기능식품은 부족하기 쉬운 성분의 보충을 목적으로 섭취하는 식품이지 건강의 특효약은 아니다. 이에 비하여 약품은 특정 질환을 치유하기 위한 목적으로 유용한 몇 가지 약리 성분을 배합하여 만든 것이다.

건강기능식품은 그 기능성이 실험에 의해 입증된 효능만을 표시할 수 있으며, 입증되지 않은 효능을 표시하는 것은 허위·과대광고로 처벌을 받게 된다. 건강기능식품의 문제점은 대부분 그 형태가 식품이라기보다는 약품에 가깝고, 식품의 중요한 기능 중 하나인 감각 기능(맛, 냄새 등)이 무시되었다는 것이다. 이를 보완하기 위하

여 건강기능식품이 아닌 일반식품에도 공인된 사실이라면 식품의
특정 성분이 신체 기능을 증진시키는 효과가 있다는 등의 표시를
할 수 있도록 2007년 1월부터 허용되었다.

일반적으로 건강에 좋다는 건강식품(健康食品)이라는 용어도 널
리 사용되고 있어 건강기능식품과 혼동을 준다. 건강식품은 법적
인 용어가 아니어서 명확한 정의가 없으며, 보통의 식품에 비해 건
강의 유지와 증진에 효과가 있거나 그렇게 기대되는 것으로서 종전
의 건강보조식품, 특수영양식품, 식이보충제, 자연식품, 유기농식품,
다이어트식품 등을 포함하는 다양한 의미로 사용되고 있다. 건강
기능식품은 특정 기능성을 가진 원료, 성분을 사용해서 기능성이
보장되며 일일섭취량이 정해져 있다는 점에서 건강식품과 구분된
다. 건강기능식품을 건강식품과 구별하는 방법은 제품의 표기사항
중 '식품의 유형'에 있는 '건강기능식품'이란 문구를 확인하면 된다.

우리나라의 경우 꾸준한 인기를 얻고 있는 건강기능식품으로는
홍삼 관련 제품, 유산균 제품, 비타민 및 무기질 제품 등이 판매량
에서 상위순위를 보이며, 그 외에도 식이섬유, 오메가3, 키토산, 글
루코사민, 클로렐라 등의 제품도 비교적 널리 알려져 있다. 건강기
능식품을 먹고 효과를 본 사람도 있을 것이나, 누구에게나 효과가
있는 것은 아니며 어떤 사람에게는 좋지 않을 수도 있다. 또한 그
효과를 부풀려 마치 만병통치약이라도 되는 양 허위광고와 과대광
고를 하거나, 일반식품을 건강기능식품으로 속여서 판다거나 하여

많은 사람이 피해를 보고 있는 것도 현실이다. 주위의 소문이나 광고에 현혹되지 말고 자신에게 적합한 건강기능식품을 선택하는 것이 무엇보다도 중요하며, 부모님 등 다른 사람에게 선물할 때에도 그분의 영양상태에서 어떤 성분이 부족한지를 정확히 알고 그 성분이 포함된 건강기능식품을 선택하여야만 한다.

1) 홍삼

인삼은 오갈피나무과(科) 인삼속(屬)의 식물로서 과거부터 우리나라를 비롯하여 중국, 일본 등에서 건강증진을 위한 목적으로 널리 식용했다. 인삼속의 식물은 약 10종이 있으며, 그중에서도 우리나라의 인삼이 가장 효능이 좋은 것으로 알려져 있고, 세계적으로 고려인삼(高麗人蔘, Korean ginseng)으로 불리고 있다. 인삼의 유효성분은 인삼의 종류, 재배 연수, 가공 방법 등에 따라 현저한 차이가 있는 것으로 알려져 있다.

고려인삼의 학명은 'Panax ginseng'이며, 속명인 'Panax'는 그리스어로 '모든 것'이라는 뜻을 가진 '판(pan)'과 '의약', '치료'를 뜻하는 '악소스(axos)'를 합친 것으로 '모든 병을 치료할 수 있다'란 의미이다. 인삼은 정력제로는 물론이고 DNA 염기 손상 수선, 신진대사 촉진, 진정 작용, 혈당 강하, 혈압 강하, 면역력 향상, 암세포 억제,

당뇨 치료, 노화 방지, 피로 회복 등에 효능이 있다고 하여 마치 만병통치약처럼 여겨지고 있다.

인삼의 이런 효능은 주로 사포닌(saponin)의 일종인 진세노사이드(ginsenoside) 성분 때문으로 알려져 있다. 사포닌은 다양한 식물에 존재하는 화합물로서 여러 고리의 화합물로 이루어진 배당체(配糖體)이며, 그 이름은 비누를 뜻하는 라틴어 '사포(sapo)'에서 유래했다. 사포닌은 물과 섞어주면 비누와 같이 거품을 내는 특성을 가지고 있다. 인삼에 있는 사포닌은 다른 식물에서 발견되는 사포닌과는 다른 특이한 화학구조를 가지고 있으며 약리효능도 특이하여 '인삼(ginseng)의 배당체(glycoside)'란 의미로 '진세노사이드(ginsenoside)'라 불린다.

인삼은 가공 방법에 따라 크게 수삼(水蔘), 백삼(白蔘), 홍삼(紅蔘)으로 나눈다. 수삼은 가공하지 않은 인삼으로 생삼(生蔘)이라고도 한다. 백삼은 4년근 이상의 수삼을 껍질을 벗기고 건조한 것이다. 홍삼은 보통 6년근 수삼을 쪄서 건조한 것으로 색깔이 붉어서 홍삼이라고 부른다. 홍삼은 가공 과정에서 인삼의 유효성분이 농축되고, 화학구조가 변하여 가공하지 않은 인삼에 비하여 약리효과가 상승하게 된다. 〈건강기능식품공전〉에서 인정한 인삼의 효능은 "면역력 증진, 피로개선에 도움을 줄 수 있음"이며, 홍삼의 효능은 "면역력 증진, 피로 개선, 혈소판 응집 억제를 통한 혈액 흐름의 개선, 기억력 개선, 항산화, 갱년기 여성의 건강에 도움을 줄 수 있음"

등이다. 홍삼을 당뇨병 약, 혈전용해제, 에스트로겐(여성호르몬제) 등과 같이 복용하면 부작용을 가져올 수도 있으므로 주의해야 한다.

홍삼 제품은 우리나라에서 가장 많이 판매되고 있는 건강기능식품이며, 그 종류로는 홍삼 농축액, 홍삼 농축액 분말, 홍삼 분말 또는 가용성 홍삼 성분을 주원료로 하여 제조•가공한 것 등이 있다. 홍삼 농축액이란 물이나 주정 또는 물과 주정을 혼합한 용매로 홍삼으로부터 추출•여과한 가용성 홍삼 성분을 농축한 것을 말한다. 홍삼 농축액 분말이란 홍삼 농축액을 건조하여 분말화한 것을 말하며, 홍삼 분말이란 건조시킨 홍삼을 그대로 분말화한 것을 말한다.

홍삼에 여러 효능이 있다는 것은 잘 알려져 있으나, 모든 사람에게 좋은 것은 아니다. 사람마다 효능에 차이가 있는 이유를 한방에서는 체질의 차이로 설명하기도 하나, 주로 진세노사이드의 소화•흡수와 관련이 있다. 진세노사이드는 분자구조가 크고 물에 잘 녹지 않기 때문에 장에서 흡수되기 어렵고, 사람의 장에 서식하고 있는 프레보텔라 오리스(Prevotella oris)라는 미생물의 효소에 의해 분해되어야만 흡수할 수 있다. 그런데 일부 사람에게는 이 균(菌)이 아예 없거나, 있더라도 효소가 비활성화되어 진세노사이드를 분해하지 못한다. 이런 사람들은 미리 홍삼을 발효시켜 프레보텔라 오리스의 분해 과정이 없어도 진세노사이드을 흡수할 수 있도록 가공된 발효홍삼 제품을 섭취하면 된다.

2) 유산균

우리나라에 유산균발효유가 처음 선보인 것은 1971년 '야쿠르트' 가 판매되면서부터이다. 야쿠르트는 한국야쿠르트 및 일본 야쿠르트(ヤクルト)사에서 판매하는 제품의 이름이며, 일반명칭은 요구르트(yoghurt) 또는 요거트(yogurt)이다. 2004년 건강기능식품법이 시행되면서 건강기능식품으로서의 유산균 제품까지 가세하여 유산균(乳酸菌, lactic acid bacteria)은 우리에게 아주 친숙한 이름이 되었다. 오늘날에는 너무나 많은 유산균 제품이 나와 있어 선택하기가 고민스러울 정도이다.

유산균은 1857년 파스퇴르(Louis Pasteur)에 의해 발견되었으며, 세계적으로 주목을 받게 된 것은 노벨의학상 수상자인 메치니코프(Elie Metchinikoff)의 공로가 크다. 그는 유산균으로 노벨상을 받은 것은 아니나, 불가리아 사람들이 장수하는 것은 유산균 식품을 많이 먹기 때문이라는 내용의 논문을 발표하였고, 노벨상 수상자라는 그의 명성 때문에 유산균이 유명해지게 된 것이다. 1930년 일본 야쿠르트사의 창시자인 시로타 미노루(代田稔) 박사는 공업적으로 요구르트균을 배양하는 데 성공하였으며, 1935년 세계 최초로 유산균발효유 '야쿠르트(ヤクルト)'를 판매하였다.

유산균은 젖산균이라고도 하며, 장내세균(腸內細菌)의 일종으로서 포도당, 유당 등의 탄수화물을 분해하여 유산(乳酸, lactic acid)이나 초산(醋酸, acetic acid)과 같은 유기산(有機酸, organic acid)을 생성하는 세균을 의미한다. 유산균이라고 하여 모두 유익한 균은 아니며, 일반적으로 말하는 유산균은 여러 유산균 중에서 우리 몸에 유익한 것이 입증된 균을 의미한다. 대표적인 유산균에는 다음과 같은 것들이 있다.

① **락토바실루스**(*Lactobacillus*): 속(屬) 이름인 락토바실루스는 유당을 뜻하는 'lacto'와 막대 모양을 뜻하는 'bacillus'가 합쳐진 말로서 유산간균(乳酸杆菌)이라고 한다. 다른 속의 유산균에 비하여 과학적 효능에 대한 연구가 가장 많이 수행되었고, 학술적으로나 산업적으로 가장 많이 이용되는 유산균이다.

ㄱ 불가리쿠스균(*L. bulgaricus*): 이 유산균은 불가리아 사람들이 애용하는 발효유 제품에서 발견하여 이런 명칭이 붙여졌으며, 유산균발효유인 요구르트의 제조에 사용된다.

ㄴ 카제이균(*L. casei* Shirota): '카제이(casei)'는 '치즈'라는 의미이며, 야구르트 제조에 사용되어 야쿠르트균이라고 불리기도 한다. 명칭 뒤의 'Shirota'는 발견자의 이름(代田)이다.

ㄷ 애시도필러스균(*L. acidophilus*): 산에 강한 내산성균이고, 버터 제조에 사용되며, 장내 정착이 가능한 세균이다.

② **비피도박테륨**(*Bifidobacterium*): 대부분의 유산균은 일정한 모양(막대 또는 구형)이 있는 반면 이 속의 유산균은 환경에 따라 모양이 변한다. '비피도(bifido)'

는 가지를 치고 있다는 의미로서 보통은 'Y'자나 'V'자 형태를 취하고 있다. 처음 발견되었을 때에는 바실루스속(Bacillus)으로 분류되었으나, 그 후 락토바실루스속로 변경되었다가, 1986년에 하나의 독립된 속으로 분류되었다. 이 속에 속하는 균들을 총칭하여 비피더스균이라 하며, 대장 내 유해세균의 증식을 억제하는 작용을 한다. 비피더스균은 유아의 건강지표로 인식되며, 최근에는 아토피 발생을 억제한다는 연구 결과도 나왔다.

③ **스트렙토코쿠스**(Streptococcus): 스트렙토코쿠스는 사슬 모양으로 연결되어 있다는 의미의 'strepto'와 공 모양이라는 'coccus'가 합쳐진 말로서 "구형의 균이 사슬 모양으로 이어져 있다"는 뜻이다. 이 속에 속하는 'S. thermophilus'는 '열'을 의미하는 'thermo'와 '좋아한다'는 의미의 'philus'가 합쳐진 이름으로, 다른 유산균이 37℃에서 잘 자라는 데 비하여 40℃ 이상에서 오히려 잘 자란다. 유산 생성능력이 매우 뛰어나며, 항생제에 민감하다.

④ **페디오코쿠스**(Pediococcus): 일렬로 연결된 구균이 4개씩 마주하고 있는 4연구균(四連球菌)이다. 이 속에 속하는 'P. soyae'는 간장, 된장의 양조 과정에서 발견되며, 식염 20% 이상에서도 생육할 수 있는 염분에 매우 강한 유산균이다. 'P. pentosaceus'는 김치에서 발견된다.

⑤ **로이코노스톡**(Leuconostoc): 일렬로 연결된 구균이 2개씩 마주하고 있는 쌍구균(雙球菌)이다. 이 속에 속하는 'L. mesenteroides'는 김치의 발효를 주도하

는 유산균이다.

⑥ **락토코쿠스**(*Lactococcus*): 연쇄상구균으로서, 스트렙토코쿠스 속으로 분류되다가 최근에 새로운 속으로 자리 잡았으며 치즈, 발효버터 등에서 발견된다. 이 속에 속하는 '*L. lactis*'는 치즈 제조 시 스타터(starter)로 사용된다.

사람의 장 속에 기생하는 세균을 장내세균(enterobacteria)이라 하는데, 장내세균은 종류별로 집단을 이루며 살고 있으며, 이것을 세균총(細菌叢) 또는 세균군(細菌群)이라 하고, 영어로는 'bacterial flora'라고 한다. 플로라(flora)는 '꽃밭'이라는 의미로, 현미경으로 보았을 때 마치 화초가 무성한 것처럼 보이기 때문에 붙여진 이름이다.

장내세균은 대략 300여 종류이고, 그 수는 100조가 넘는다고 하며, 사람 대변의 1/3 정도는 사멸되었거나 혹은 살아 있는 장내세균이라고 한다. 장내세균은 끊임없는 증식과 사멸을 거듭하지만, 장내에 정착하고 있는 세균의 총수는 항상 일정량을 유지한다. 따라서 유익한 균의 수가 증가하면 그만큼 유해균의 수가 줄어들게 되는 것이다. 장내에 유해균이 있다 하더라도 유익한 균과 유해균의 양이 적절하게 균형을 이루고 있으면 인체에 별다른 해가 되지 않는다.

유산균이 효능을 발휘하려면 장내 세균군에서 유산균이 우세한 상태로 되어야 한다. 이를 위한 방법으로는 프로바이오틱스(probi-otics)와 프리바이오틱스(prebiotics)가 있다. 프로바이오틱스는 유산균 제품이나 요구르트, 치즈, 김치, 된장 등 유산균이 많이 포함된 식품을 섭취하여 유산균을 직접 공급하는 방법이고, 프리바이오틱스는 올리고당과 같이 유산균은 이용할 수 있으나 유해균은 이용할 수 없는 물질을 섭취하여 유산균의 활성을 높이는 방법이다.

유산균을 직접 섭취할 경우에는 유의해야 할 사항이 있다. 우선 요구르트나 치즈 등 유제품에 많이 들어 있는 유산균인 불가리쿠스균은 소의 장내세균으로서 사람의 장내에는 정착이 어렵고 3~7일 정도 경과하면 체외로 배설되기 때문에 매일 섭취하는 것이 좋다. 또한 유산균은 살아있기 때문에 포장된 후에도 계속 번식하여 유산을 생성하며, 일정 시간이 지나면 오히려 균의 숫자가 줄어들게 된다. 요구르트의 경우 보통 제조 후 3일째에 유산균이 가장 많이 살아있으며, 그 이후에는 균이 줄어들며 신맛이 강해지므로 냉장고에 오래 보관하는 것은 바람직하지 않다.

지금까지 밝혀진 유산균의 기능은 장을 깨끗이 하고 장운동을 조절하여 설사나 변비 등 소화기 질환으로 생기는 각종 문제점을 해결하고, 병원균이나 식중독균의 증식을 억제하여 이들에 의한 질환을 방지하며, 대장암, 위암, 유방암 등 각종 암을 예방한다는 것이다. 또한 사람의 소화효소가 분해하지 못하는 식이섬유를 분해하여 소화를 촉진시키고, 각종 비타민류의 합성에 관여하며, 장내 흡수가 어려운 철, 칼슘 등 무기질을 흡수하기 쉬운 형태로 바꾸어 주고, 중성지방과 콜레스테롤의 흡수를 억제한다고 한다. 〈건강기능식품공전〉에는 유산균이 아니라 '프로바이오틱스'로 고시되어 있으며, 발표된 여러 가지 효능 중에서 "유산균 증식 및 유해균 억제", "배변활동 원활에 도움을 줄 수 있음" 등만 인정되고 있다.

3) 식이섬유

현대인의 식생활은 옛날과는 달리 정제·가공된 식품을 많이 섭취함에 따라 식이섬유의 섭취량이 줄어들게 되었다. 식이섬유(食餌纖維, dietary fiber)라는 말은 최근에 와서야 사용되기 시작하였으며, 예전에는 섬유질(纖維質)이라고 하여 우리 몸의 소화기관에서 소화되지 않기 때문에 영양학적 가치는 전혀 없고 그저 변비를 예방하는 효과가 있다는 정도로 알려져 있었다. 1970년대 초부터 섬유질을 적게 섭취하는 사람들이 대장암을 비롯하여 심장병, 당뇨병 등의 성인병에 걸리기 쉽다는 논문들이 발표되면서 현재는 우리의 건강과 밀접한 관련이 있는 중요한 식품성분의 하나로 인식되고 있다.

종전에는 식이섬유가 식물에서 발견되는 고분자 탄수화물로 이루어져 있으므로 섬유질 외에도 섬유소(纖維素, cellulose), 화이버

(fiber) 등으로 불리기도 하였으나, 탄수화물이 아닌 것도 발견되고 동물에서도 발견됨에 따라 이제는 "사람의 소화효소로는 가수분해 되지 않고 몸 밖으로 배출되는 식품 중의 난소화성(難消化性) 성분의 총칭"이라고 정의하고 있다. 식이섬유는 용해성에 따라 수용성 식이섬유와 불용성 식이섬유로 구분하며, 유래에 따라 식물성 식이 섬유와 동물성 식이섬유로 구분하기도 한다. 대표적인 식이섬유로 는 다음과 같은 것이 있다.

① **펙틴(pectin)**: 과실이나 채소류 등의 세포막이나 세포막 사이의 얇은 층에 존재 하는 물질로서 특히 귤, 사과 등의 껍질에 많이 들어있으며, 수용성이다.

② **검(gum)**: 수용성 식이섬유 중 점성이 높은 고분자 다당류를 말하며, 식물에서 얻어지는 구아검(guar gum), 로커스트빈검(locust bean gum), 아라비아검(arabic gum) 등과 해조류에서 얻어지는 카라기난(carrageenan), 알진산(alginic acid), 한천(agar) 등이 있다.

③ **글루코만난(glucomannan)**: 토란과의 다년생 식물인 구약나물의 덩이줄기를 가 루로 낸 뒤 정제하여 얻어지며, 포도당(glucose)과 만노오스(mannose)로 구성 된 혼합물이다. 수용성이며 곤약, 젤리, 음료 등 다양한 식품에 사용된다.

④ **난소화성 덱스트린(indigestible dextrin)**: 감자, 옥수수 등의 전분을 산, 열, 효소

등으로 가수분해하여 얻어지는 수용성 다당류 중 소화되지 않는 물질이다.

⑤ **폴리덱스트로스(polydextrose)**: 포도당에 소량의 소르비톨(sorbitol)과 시트르산(구연산)을 넣고 가열•중합하여 화학적으로 합성한 수용성 식이섬유이다.

⑥ **셀룰로오스(cellulose)**: 대표적 불용성 식이섬유이며, 섬유소라고도 한다. 식물의 세포막과 목질부(木質部)를 이루는 주성분으로서 야채의 질긴 부분 성분이며, 2,800~10,000개의 포도당이 직선상으로 연결되어 있는 형태이다.

⑦ **헤미셀룰로오스(hemicellulose)**: 분자량이 셀룰로오스의 절반 정도이며, 그 성분과 구조 등이 확실히 밝혀지지 않은 다당류의 혼합물이다. 식물의 세포막을 이루는 구성성분이며 곡류, 채소류 등에 들어있다. 알칼리에 잘 녹으며, 물에는 잘 녹지 않는 불용성 식이섬유이나 일부 헤미셀룰로오스는 물에 녹기도 한다.

⑧ **리그닌(lignin)**: 불용성 식이섬유로서 셀룰로오스, 헤미셀룰로오스 등과 결합한 상태로 목질화된 부분의 세포막에 특히 많이 들어있다. 고사리, 브로콜리 등의 단단한 줄기, 당근의 단단한 부분, 무의 갈색 색소 등에 있다.

⑨ **키틴(chitin) 및 키토산(chitosan)**: 키틴은 게, 새우 등 갑각류의 껍데기, 오징어 등 연체동물의 골격성분 등에 포함된 동물성 식이섬유이며, 버섯이나 곰팡이

의 세포벽 등에도 포함되어 있다. 키틴을 알칼리 처리하여 얻어지는 것이 키토산이며 키틴과 키토산을 총칭하여 '키틴질'이라고 부른다. 키토산은 물에는 녹지 않으나 약산에는 녹으며, 우리 몸의 위산은 pH 0.9~1.5 정도의 염산이기 때문에 섭취 시 위 속에서 잘 녹는다.

세계보건기구(WHO)에서는 하루에 27~40g의 식이섬유를 섭취할 것을 권장하고 있으며, 미국의 FDA는 20~35g을 권장하였다. 일반적으로 식이섬유가 많이 들어 있는 식품은 곡류, 채소류, 과일류, 해조류, 버섯류 등이며 육류, 생선류 및 우유제품에는 거의 없다. 보건복지부에서 2005년에 150개 식품에 대하여 조사한 바에 의하면 가식부 100g 중 식이섬유의 함량이 많은 것은 말린 미역(43.3g), 고춧가루(39.7g), 김(33.6g), 말린 다시마(27.6g), 강낭콩(19.1g), 팥(17.6g), 콩(16.7g) 등이었다. 한편 섭취 빈도를 고려할 때 우리나라 성인이 식이섬유를 가장 많이 얻게 되는 식품은 쌀밥과 배추김치였다. 일반적으로 식이섬유에는 다음과 같은 효능이 있다고 알려져 있다.

① **변비 예방**: 식이섬유의 가장 대표적인 효능이다. 식이섬유는 자신의 무게보다 훨씬 많은 수분을 흡수하여 변의 양을 증가시키고 변을 부드럽게 하여 배변하기 쉽도록 하며, 장의 연동운동을 촉진함으로써 변이 대장을 통과하는 시간을 짧게 한다. 변비를 예방하기 위하여 식이섬유를 섭취할 때에는 두 가지 원칙이 있다. 하나는 함수성이 좋은 식이섬유여야 한다는 것이다. 일반적으로 씹을 때

물기가 풍부하게 느껴지는 종류의 채소류에 있는 식이섬유가 함수성이 좋다. 또 하나는 물을 많이 마셔야 한다는 것이다. 물은 충분히 보충하지 않고 과량의 식이섬유를 섭취할 경우 오히려 변이 딱딱해져서 배변을 어렵게 할 수도 있으므로 식이섬유 섭취 시 항상 물을 충분히 마시는 것이 좋다. 하루에 식이섬유를 25~30g 섭취한다면, 물은 1.5~2ℓ를 마시는 것이 바람직하다.

② **콜레스테롤 저하:** 콜레스테롤을 낮춰주는 식이섬유 성분은 주로 펙틴, 검류 등이며, 이들은 다량의 수분을 흡수하여 강한 점성을 가지는 겔(gel)을 형성할 수 있는 특성이 있다. 흡착력이 강해 쉽게 담즙산과 콜레스테롤에 부착하여, 담즙산과 콜레스테롤이 체내로 흡수되는 것을 방해함으로써 몸 밖으로 배출되도록 한다. 체내의 담즙산 저장량이 감소하게 되면 간에서 콜레스테롤을 담즙산으로 합성하는 양이 증가하므로 결국 혈중 콜레스테롤 함량이 낮아지게 된다. 그리고 식이섬유는 대장에 있는 미생물의 작용으로 분해되어 초산, 프로피온산, 낙산 등과 같은 저급산을 생성하는데, 이들은 대장에서 흡수되어 간의 콜레스테롤 생합성을 저해시키거나 또는 콜레스테롤의 흡수를 저해시켜 혈액 중의 콜레스테롤 수준을 낮추어 준다.

③ **당뇨병의 치료와 예방:** 소장에서 흡수되는 포도당을 우리 몸이 이용하기 위해서는 췌장에서 인슐린(insulin)이란 호르몬이 흡수된 포도당과 정비례하여 분비되어야 하며, 포도당의 흡수 속도가 빨라지면 인슐린의 분비 속도도 빨라져야 한다. 식이섬유는 점성을 갖기 때문에 음식의 소화와 흡수를 느리게 하여

포도당의 흡수를 느리게 함으로써 식사 후 혈당치의 급격한 상승을 억제하여 인슐린 분비 부족을 막아주기 때문에 당뇨병의 치료와 예방에 도움이 된다.

④ **비만 방지:** 비만은 섭취열량이 소비열량을 초과할 때 발생하며, 식이섬유는 포만감을 부여하여 과식을 방지함으로써 체중조절에 도움이 된다. 식이섬유는 수분을 흡수하여 부피가 증가하므로 위장이 가득 찬 느낌을 준다. 또한 천천히 소화·흡수되도록 하여 섭취한 음식이 위장 내에 머무르는 시간이 길고, 상당히 오랫동안 포만감을 느낄 수 있도록 한다. 식이섬유는 강한 점성으로 지방을 흡착하여 지방이 체내로 흡수되는 속도를 늦추어 주거나 함께 배설되도록 하여 체내에 지방이 축적되는 것을 줄여준다.

⑤ **대장암 예방:** 식이섬유는 대변의 양을 늘려 발암물질의 농도를 희석시키는 것은 물론 대변이 대장 내에서 머무르는 시간을 단축시킴으로써 발암물질이 대장 세포와 접촉할 시간을 단축시킨다. 대장에서는 단백질 등의 부패 과정에서 발암물질이 발생하게 되는데, 식이섬유 특유의 점착성 때문에 마치 걸레로 바닥을 닦는 것처럼 대장 내의 독성물질을 흡착하여 배설함으로써 대장암을 예방한다.

우리의 대장 속에는 유익한 것과 해로운 것을 합하여 300여 종류의 장내세균이 살고 있는데, 식이섬유는 비피더스균과 같이 우리에게 유익한 장내세균의 먹이가 되어 유용한 균을 증가시켜 유해한 균을 억제시킨다. 결과적으로 장내 환경을 개선하여 유해한 균이 번식하면서 발생하게 되는 독성물질을 줄이게 되어 대장암을 예방한다.

4) 오메가3 지방산

홈쇼핑, 인터넷판매 등을 통하여 건강기능식품으로서 많이 유통되고 있고, 여러 문헌이나 매스컴에도 자주 등장하고 있기 때문에 오메가3 지방산이나 EPA, DHA 등이 낯설지 않게 들린다. 오메가3 지방산은 불포화지방산의 일종이다. 불포화지방산은 이중결합의 위치에 따라 오메가3(ω-3) 지방산, 오메가6(ω-6) 지방산 및 오메가9(ω-9) 지방산으로 분류된다. 오메가3 지방산은 탄소사슬의 끝(오메가, ω)으로부터 3번째 탄소에서 처음으로 이중결합이 나타나는 불포화지방산을 말하며, 리놀렌산(linolenic acid), 에이코사펜타엔산(eicosapentaenoic acid, EPA), 도코사헥사엔산(docosahexaenoic acid, DHA) 등이 이에 해당한다.

오늘날 현대인의 식습관은 오메가6 지방산을 지나치게 많이 섭취함으로써 체내 필수지방산의 균형이 깨지게 되어 심각한 건강 이상과 각종 질병이 발생하고 있다고 한다. 세계보건기구(WHO)에서는 오메가6 지방산과 오메가3 지방산의 섭취 비율을 3:1~4:1로 권장하고 있으며, 현대인의 섭취 비율은 10:1~25:1 정도로 오메가6 지방산의 섭취량이 과도하게 많다. 이는 대부분의 식용유가 오메가6 지방산을 많이 포함하고 있기 때문이다.

오메가6 지방산의 경우에는 따로 신경 쓰지 않아도 충분한 양의 섭취가 가능하지만 오메가3 지방산은 의식적으로 노력하지 않으면 충분한 양의 섭취가 쉽지 않다. 성인의 경우 오메가3 지방산 하루 섭취량은 2~3g 정도면 충분하며, 이것은 티스푼으로 1.5~2개 정도의 양이다. DHA, EPA 등이 많이 포함된 건강기능식품을 매일 복용하는 것도 하나의 방법이지만, 평상시의 음식 조절만으로도 가능하다. 등 푸른 생선의 경우 종류 및 부위에 따라 차이가 있으나 가식부 100g당 1~2g의 오메가3 지방산이 포함되어 있으며, 대표적 등 푸른 생선인 고등어의 경우 하루에 1/3~1/2 마리 정도 먹으면 된다.

식물성기름에는 DHA나 EPA는 없으나, 같은 오메가3 계열의 지방산인 리놀렌산이 있으며, 리놀렌산은 체내에서 DHA 및 EPA로 합성될 수 있다. 리놀렌산이 많은 식물유로는 들깨 기름, 아마유, 대두유, 호두유 등이 있다. 아마유는 30~60%의 리놀렌산을 포함하고 있으나, 우리나라에서는 건강기능식품으로 가공된 것 외에는 구하기 어렵다. 대두유는 6~8%의 리놀렌산을 함유하고 있으나, 리놀레산이 50~57%나 되어 오메가6 지방산과 오메가3 지방산의 비율은 7.6:1 정도로서 지방산 섭취 비율 개선에는 효과가 없다. 호두유에는 10~23%의 리놀렌산이 있으나, 50~65%의 리놀레산도 함께 포함하고 있어 오메가6 지방산과 오메가3 지방산의 비율은 3.5:1

정도이며, 그 자체로는 적정한 섭취 비율이라 할 수 있으나 부족한 오메가3 지방산을 보충할 정도는 못 된다.

들깨는 우리나라를 비롯하여 중국, 일본 등 동부아시아 고원지대가 원산지이나 식용으로 이용하는 것은 우리나라밖에 없는 작물이다. 따라서 미국이나 유럽 등의 학자들에게는 관심의 대상이 아니었고 관련된 논문도 거의 없었다. 그러나 최근에는 들깨유의 독특한 지방산 조성 때문에 주목을 받기 시작하였다. 들깨에는 대략 44%의 지방, 30%의 탄수화물, 17%의 단백질이 있으며, 들깨 기름의 지방산 조성은 대략 리놀렌산 63%, 리놀레산 15%, 올레산 16% 및 포화지방산 6%로 구성되어 있다.

들깨 기름의 경우 오메가6 지방산과 오메가3 지방산의 비율은 0.2:1 정도로 지방산 섭취 비율 개선에 효과적이고, 4~5g 정도면 하루에 필요한 오메가3 지방산 2~3g을 충분히 섭취할 수 있다. 이를 위해서는 김을 구울 때나 나물을 무칠 때 사용하여 반찬으로 이용하거나 또는 비빔밥에 참기름 대신 사용하면 좋을 것이다. 우리나라 사람들의 오메가3 지방산 섭취 비율이 미국을 비롯한 서양인에 비하여 상대적으로 높은 것은 들기름을 식용으로 하는 것도 중요한 이유가 된다.

오메가3 지방산의 효능에 대하여는 오래전부터 많은 연구가 있었으며, 특히 DHA는 뇌, 신경, 눈의 망막조직 등의 구성에 필수적이어서 임신을 하였거나 수유하는 여성들은 충분한 양의 오메가3 지방산 섭취가 필요하다. 오메가3 지방산은 심장혈관이나 동맥경화와 관련된 순환계 질병의 예방, 암의 확산 억제, 간 기능 개선, 류마티스 관절염이나 궤양성 대장염 등에 효과가 있다고 한다. 그러나 이런 효능들이 모두 확인된 것은 아니고, 아직은 그와 관련된 연구결과가 발표되어서 가능성이 제시되었을 뿐인 것도 있다. 〈건강기능식품공전〉에는 EPA와 DHA 두 성분이 고시되어 있으며, "혈중 중성지질 개선, 혈행 개선, 기억력 개선, 눈 건강에 도움을 줄 수 있음" 등의 효능을 인정하고 있다.

5) 키토산

1811년 프랑스의 앙리 브라코노(Henri Braconnot)라는 학자가 버섯의 외피에서 미지의 물질을 처음 분리하였고, 1823년 앙투안 오디에르(Antoine Odier)는 이 물질을 키틴(chitin)이라고 명명하였다. 키틴이란 그리스어로 '봉투' 또는 '덮개'를 뜻하며, 생물의 외피를 이루고 있다는 의미에서 키틴이라 부르게 된 것이다. 1859년 샤를 루제(Charles Rouget)가 키틴을 탈아세틸화하여 새로운 물질을 얻어 냈으며, 이 물질은 1894년 펠릭스 후페 자이라(Felix Hoppe Seyler)에 의해 키토산(chitosan)이라 명명되었다.

키틴은 아세틸글루코사민(acetylglucosamine)이 5,000개 이상 결합된 고분자 화합물로 셀룰로오스와 유사한 구조를 가지며, 키틴에서 아세틸기가 떨어져 나간 것이 키토산이다. 키틴과 키토산은 모두 식품첨가물로 사용되지만 건강기능식품으로는 주로 키토산이 사용된다. 그 이유는 키토산이 물에는 녹지 않으나 젖산, 구연산 등 유기산에는 녹으므로 수용액으로 만들 수 있기 때문이다. 우선 산에 녹인 후 건조하여 분말화하면 물에도 녹게 되며, 이것이 '수용성 키토산'이라는 제품이다.

키토산은 섭취 시 약 40% 정도가 체내로 소화·흡수되고, 나머지 약 60%는 체외로 배설되거나 식이섬유로써 기능을 하게 된다. 지금까지 알려진 키토산의 효능은 다음과 같이 다양하나 아직까지 연구 단계에 있으며, 이 중에서 〈건강기능식품공전〉에서 인정하는 효능은 "혈중 콜레스테롤 개선" 및 "체지방 감소"이다.

① **콜레스테롤 개선:** 키토산은 담즙산과 결합하는 성질이 있어 함께 체외로 배설된다. 담즙산은 간에서 콜레스테롤을 이용하여 만들게 되며, 배설되는 담즙산의 양만큼 새로 합성해야 되기 때문에 체내에 축적된 콜레스테롤을 사용하게 되고, 그 결과 혈액 내 콜레스테롤 농도가 낮아지게 된다. 또한 키토산은 전기적으로 양(+)이온의 성격을 지니므로 음(-)전하를 띤 지질 주위에 막을 형성하여, 콜레스테롤 합성의 원료가 되는 지질의 소화·흡수를 방해함으로써 콜레스테롤 농도를 낮추게 된다.

② **비만 예방**: 우리나라에서는 키토산이 건강기능식품으로 알려져 있으나 미국이나 유럽에서는 다이어트식품으로 널리 애용되고 있다. 키토산은 소화효소인 라이페이스(lipase)의 지질 분해를 저해하여 소화·흡수를 방해하고, 지질을 흡착하여 배설함으로써 비만을 예방한다. 또한 식이섬유 고유의 성질에서 나오는 포만감은 식사량을 조절해 주므로 과식을 방지한다.

③ **항균작용**: 인체 내 세균의 세포 표면은 음(-)전하를 가지고 있으며, 키토산의 양(+)이온이 유해세균의 세포 표면을 중화시킴으로써 세균의 생육을 저해한다.

④ **항암작용**: 키토산은 음식물 중에 포함된 중금속 및 다이옥신 등 발암성물질을 흡착시켜 제거함으로써 암을 억제한다. 또한 키토산은 각종 암 세포를 특이적으로 죽이는 자연살해세포(natural killer cell)를 증식시키며, 백혈구 숫자를 증가시켜 암 치료의 부작용인 백혈구 감소를 막아줌으로써 지속적인 암 치료를 받을 수 있도록 한다.

⑤ **장내 환경개선**: 키토산은 장내 유용세균의 먹이가 되어 이들을 증식시키고 유해균을 감소시킴으로써 장내 환경을 개선한다.

⑥ **혈압 조절작용**: 고혈압의 주요 원인 중 하나는 식염 중의 염소이며, 유일하게 양(+)전하를 띄고 있는 식이섬유인 키토산은 염소이온(Cl$^-$)을 흡착하여 체외로 배출시킴으로써 혈압 상승을 억제한다.

⑦ **당뇨병 개선:** 키토산은 인체 세포의 에너지대사를 활성화시킴으로써 당분의 흡수를 조절하여 일정한 혈당치를 유지시켜 준다.

⑧ **숙취해소:** 키토산은 소화기관 내로 들어온 알코올을 흡착하여 배설함으로써 혈중 알코올농도가 높아지는 것을 막아준다. 또한 키토산으로 체내 모든 장기 세포가 활성화되기 때문에 알코올을 빨리 분해시켜 숙취 증상이 없어진다.

6) 글루코사민

우리나라는 세계에서 그 유래가 없을 정도로 노령화 속도가 빠르고, 노령인구의 증가와 함께 만성퇴행성질환이 늘어나고 있다. 관절염은 나이가 들면 누구에게나 발생할 수 있으며 55세를 넘으면 약 80%, 75세를 넘으면 거의 모든 사람이 관절염 증상을 보인다고 한다. 글루코사민(glucosamine)은 동물이나 사람의 연골조직에 들어 있는 천연물질로서 포도당과 아미노산이 결합한 아미노당이다. 관절염으로 고생하는 중장년 주부들 사이에 관절염 개선에 효능이 있다는 입소문이 퍼지면서 인기를 얻고 있는 품목이다. 글루코사민은 인체 내에서 합성되기는 하나 나이가 들수록 합성되는 양이 분해되는 양에 미치지 못하여 관절 내 세포의 신진대사에 장애가 생기게 된다.

관절에는 쿠션 역할을 하는 부드럽고 매끄러운 관절 연골이 있어 단단하고 거친 뼈끼리 서로 맞부딪히는 것을 방지한다. 그런데 뼈와는 달리 연골 속에는 혈관이나 신경이 분포되어 있지 않아서 신진대사율이 낮고 재생도 느리다. 나이가 들면 관절 연골이 닳아 없어져 뼈끼리 서로 부딪치게 되고 염증과 통증이 생기면서 관절 운동도 잘 안 되며, 이런 증상을 퇴행성관절염이라고 부른다. 관절염은 우리 몸에 있는 140여 개의 관절에서 모두 생길 수 있지만, 체중을 가장 많이 받는 무릎에 생기는 관절염이 가장 대표적이다.

연골은 물, 콜라겐(collagen), 프로테오글리칸(proteoglycan) 등으로 구성되어 있는데, 글루코사민은 콘드로이친(chondroitin)과 함께 프로테오글리칸의 기본 성분을 이루는 물질이다. 글루코사민과 콘드로이친이 상호 협력하여 관절염 개선 효과를 높인다. 콘드로이친은 상어 연골이나 달팽이같이 끈적끈적한 물질에 많이 함유되어 있는 탄수화물의 일종으로서, 연골 분해효소의 작용을 막아 연골이 일찍 파괴되는 것을 방지하고, 새로운 연골을 만드는 데 필요한 물질들의 생성을 촉진한다.

글루코사민은 미국을 포함한 대부분의 나라에서는 건강보조식품으로 규정되어 있으나, 유럽 등에서는 의약품으로 지정되어 퇴행성관절염의 치료약으로 이용되고 있다. 그러나 아직까지 글루코사민이 연골을 재생시킨다는 증거는 없으며, 연골이 닳아 없어지는 것을 줄이는 효과는 있는 것으로 보고 있다. 우리나라의 경우 〈건강기능식품공전〉에서 "관절 및 연골 건강에 도움을 줄 수 있음"만을 인정하고 있다.

글루코사민은 효과가 신속하거나 탁월하지는 않으나 특별한 부작용은 없고, 다른 건강기능식품에 비하여 가격도 비싼 편은 아니기 때문에 환자의 심리적 만족효과도 있으므로 굳이 복용을 말릴 필요는 없다는 것이 상당수 의사들의 견해이다. 우리나라에서는 2002년에 처음으로 판매되기 시작하였으며, 폭발적인 수요 증가로 2005년에는 건강기능식품 부문 판매 1위를 차지할 정도로 인기가 있었다. 현재는 다른 건강기능식품에 비해 수요가 감소하였으나 여전히 인기가 있다.

판매되고 있는 글루코사민은 대부분 키토산을 산으로 가수분해하여 소화·흡수가 용이한 염의 형태로 제조하며, 처리하는 산의 종류에 따라 글루코사민염산염과 글루코사민황산염으로 구분한다. 최근에는 키토산을 효소로 분해하여 제조하는 방법이 개발되어 이용되기도 한다. 제조 시 새우나 게에서 추출하는 것이기 때문에 이들에 알레르기가 있는 사람은 글루코사민에도 알레르기를 보일 수 있으므로 주의해야 하며, 기본적으로 단당류이므로 당뇨병 환자 또한 주의해야 한다.

7) 클로렐라

일본에서 과거 수년간 건강보조식품 판매 1위를 차지하였던 클로렐라(chlorella)가 우리나라에서도 꾸준한 인기를 누리고 있다. 클로렐라는 단백질을 비롯하여 비타민, 무기질 등 각종 영양소가 풍부하고 증식 속도가 매우 빨라서 미래의 식량자원으로 기대를 모으고 있다. 클로렐라는 호수, 연못 등 민물에서만 자라는 녹조류(綠藻類)의 일종으로 지름이 2~10㎛밖에 안 되는 단세포생물이다. 클로렐라는 1890년 네덜란드의 학자 마티너스 빌럼 바이어링크(Martinus Willem Beijerinck)가 처음 발견하고, 그리스어로 '녹색'을 뜻하는 '클로로스(chloros)'와 라틴어로 '작은 것'을 뜻하는 '엘라(ella)'를 조합해서 이름을 붙였다.

클로렐라는 분열에 의해 증식하는데 하루에 4~16배나 증식한다. 질소, 인산 등의 영양물질과 공기, 물만 있으면 빛과 탄산가스를 이용하여 성장과 증식을 계속하기 때문에 효율적인 인공배양이 가능하다. 식량자원으로서의 클로렐라에 대한 연구가 본격적으로 시작된 것은 1940년대 제2차 세계대전 당시 독일에서였으며, 전후에는 미국과 소련에서 우주인의 식량으로 연구가 계속되었다. 하지만 붐을 일으키기 시작한 것은 일본에서 클로렐라가 카드뮴 배출 효과가 있다는 보고가 나오면서부터이다.

클로렐라는 영양이 풍부하여 완전식품이라고 하는 우유나 달걀과 비교해도 필수아미노산, 지질, 비타민, 무기질 등 모든 성분에서 월등하게 높은 함유량을 보이고 있다. 특히 단백질 함유량이 55~65%로 풍부하며, 비타민 A, B_1, B_2, B_{12}, C, E, K 등을 비롯하여 철분, 칼슘, 인, 칼륨, 마그네슘 등의 무기질이 골고루 함유되어 있다. 이외에도 클로렐라는 엽록소 함유량이 매우 높아 일반적인 녹황색 채소보다 10배나 많은 2.5~5%로 보고되고 있으며, 핵산과 아미노산으로 구성된 복합다당체인 'CGF(Chlorella Growth Factor)'라는 중요한 성분을 갖고 있다.

클로렐라의 중요성이 주목되면서 많은 연구가 이루어졌으며, 현재까지 알려진 클로렐라의 효능을 정리하면 다음과 같다. 그러나 이런 효능들이 모두 사실로 증명된 것은 아니며 현재로서는 확인이 필요한 단계에 있는 것도 많이 있다. 〈건강기능식품공전〉에서 인정한 기능성은 "피부 건강, 항산화 작용, 면역력 증진, 혈중 콜레스테롤 개선" 등이다.

① **영양소 보충제**: 클로렐라는 5대 영양소 및 엽록소, 식이섬유 등을 골고루 갖추고 있어 불균형한 식사로 부족하기 쉬운 각종 영양소를 보충해 주며, 특히 단백질의 공급원으로서 중요하다.

② **장내 유용세균의 활성화**: CGF는 유산균의 성장촉진 물질로 알려져 있으며, 장내 유용세균을 활성화하고 유해세균을 감소시켜 장 기능을 강화하고 변비

를 없애준다.

③ **중금속 해독:** 체내에 들어온 중금속을 흡착하여 배설시킨다. 특히 환경호르몬의 일종인 다이옥신을 흡착해서 몸 밖으로 배출시키는 효과가 식이섬유를 많이 함유한 일반채소에 비하여 2~4배 높은 것으로 보고되었다.

④ **성장 촉진:** '클로렐라 성장인자' 또는 '클로렐라 핵산'이라고 불리는 CGF는 새로운 세포를 만들어 내거나 세포의 분열, 성장 및 에너지 생산에 기여하는 물질로서 청소년의 성장을 촉진한다.

클로렐라의 인공 배양에는 연못, 수로 등에서 하는 옥외배양법과 발효조를 이용하는 옥내배양법이 있다. 옥외배양은 자연의 태양에너지를 이용하여 광합성하기 때문에 보다 많은 활성물질을 가지고 있으며, 옥내배양은 위생적이고 품질이 일정하다는 장점이 있는 한편 배양조건에 대한 연구가 뒷받침되지 않으면 옥외배양보다 성분이 다소 떨어지는 것이 보통이다. 배양법과 함께 건조 방법에 따라서도 영양성분의 함량이 달라지기 때문에 어느 방법이 더 좋다고 말하기는 어렵다. 클로렐라 제품은 제조회사마다 영양성분이나 소화율 등에 조금씩 차이가 있으며, 클로렐라 제품을 선택할 때는 믿을 만한 기관에서 분석한 정확한 분석치를 제시하고 있는지 따져보고 결정하는 것이 좋다.

8) 올리고당

3대 영양소의 하나인 탄수화물은 당(糖)이라고도 하며, 그 종류는 셀 수 없을 만큼 많다. 우리 몸은 탄수화물을 최소 단위인 단당류(單糖類)의 형태로 분해하여 흡수하게 되고, 분해하지 못하는 탄수화물은 흡수하지 못하고 그대로 배출하게 된다. 당이 여러 개 결합된 것을 다당류(多糖類)라고 하며 덱스트린(dextrin), 전분(澱粉, starch), 셀룰로오스(cellulose) 등이 여기에 해당한다.

올리고당(oligosaccharide)은 3~10개 정도의 단당류가 결합된 다당류의 일종이다. 올리고(oligo)란 라틴어로서 '소수(few)' 또는 '소량(little)'을 뜻하는 접두사이다. 2000년대에 들어서며 올리고당이 설탕, 물엿의 대용으로 주목을 받게 되었다. 올리고당은 우리 몸의 소화효소에 의해서는 잘 분해되지 않기 때문에 실제 이용되는 칼로리가 낮은 것이 특징이다. 올리고당의 칼로리는 설탕의 20~40% 수준이며, 단맛은 설탕의 30~70% 정도이다.

올리고당은 분해되기 어려워 식이섬유와 유사한 기능을 가지며, 비피더스균과 같은 장내 유용세균의 먹이가 되고, 충치를 예방하는 등의 특성이 있다. 그러나 식이섬유와는 다르게 고분자 물질이 아니므로 식품에 첨가하여도 물성과 조직감이 크게 변하지 않는 장점이 있어 여러 식품에 널리 이용되고 있다. 인간의 모유에는 80종류 이상의 올리고당이 함유되어 있으며 콩, 우엉, 양파, 마늘, 바나나, 감자 등 어떤 식물에나 함유되어 있다. 그러나 식물 속의 올리고당은 그 함량이 적기 때문에 충분한 양을 섭취하기 어렵다.

　제품으로 시판되고 있는 올리고당은 천연식품에 효소를 작용시켜 대량으로 생산한 것이며, 대표적인 올리고당의 종류 및 생리작용은 다음과 같다. 이 중에서 〈건강기능식품공전〉에 고시된 품목은 키토올리고당과 프럭토올리고당 두 품목뿐이다.

① **키토올리고당**(chito oligosaccharide): 게, 새우 등 갑각류의 껍질에서 얻은 키토산을 가수분해하여 제조한다. 키토산이 불용성인데 반해 키토올리고당은 물에 용해되어 체내 흡수가 빠르다. 〈건강기능식품공전〉에 고시된 효능은 "혈중 콜레스테롤 개선, 체지방 감소에 도움을 줄 수 있음"이다.

② **프럭토올리고당**(fructo oligosaccharide): 설탕 분자에 과당이 결합한 형태의 올리고당이고, 설탕을 원료로 제조하며 과자, 빵, 캔디, 음료 등에 저칼로리 감미료로 이용된다. 〈건강기능식품공전〉에 고시된 기능성 내용은 "장내 유익균 증식 및 배변활동 원활에 도움을 줄 수 있음"이다.

③ **이소말토올리고당**(isomalto oligosaccharide): 옥수수전분을 효소로 가수분해하여 얻는다. 최근에는 미생물에서 얻은 효소를 이용하여 일정한 크기의 올리고당으로 분해하는 방법도 사용되고 있다. 비피더스균 증식에 도움이 되고, 충치를 예방하며, 변비 개선에 효과가 있는 것으로 알려져 있다.

④ 갈락토올리고당(galacto oligosaccharide): 모유에도 존재하는 성분이며, 젖당(유당)에 효소를 작용시켜 제조한다. 비피더스균의 증식을 촉진하고 변비와 설사에 좋으며, 충치 예방 및 지질대사 개선에 효과가 있는 것으로 알려져 있다.

⑤ 대두올리고당(soybean oligosaccharide): 콩으로부터 대두단백질을 제조할 때 발생하는 대두 유청(whey)을 분리·정제하여 제조한다. 난소화성 올리고당이기 때문에 소화·흡수되지 않고 대장에 도달하여 비피더스균에 선택적으로 이용되며, 변비 개선에 효과가 있다. 특히 다른 올리고당의 수 배에 이르는 비피더스균 증식효과는 장내 환경개선에 도움을 주기 때문에 유아 식품에 많이 사용되고 있다.

9) 감마리놀렌산

일반적인 식용유에 많이 존재하는 리놀렌산은 오메가3 지방산인 알파(α)리놀렌산이고, 감마(γ)리놀렌산(gamma linolenic acid, GLA)은 오메가6 지방산이므로 EPA나 DHA로 변환될 수 없다. 감마리놀렌산은 인체의 생리활성물질인 프로스타글란딘(prostaglandin, PG)을 합성하는 데 필수적인 물질이다. PG는 탄소 다섯 개로 된 고리를 갖는 모든 화합물의 총칭으로서 혈압, 체온, 알레르기 반응을 비롯한 여러 생리현상에 영향을 미치는 호르몬과 유사한 물질이다. 인체의 모든 조직에서 발견되는 PG는 체중 1kg당 0.1mg 정도의 소량으로도 각종 생리현상에 영향을 미치며, 지금까지 밝혀진 작용만도 수백 가지이다.

감마리놀렌산은 보라지(borage) 종자유에 약 24%, 까막까치밥(black currant) 종자유에 약 16%, 달맞이꽃 종자유에 약 8% 함유되어 있으며, 건강기능식품으로 판매되는 감마리놀렌산은 주로 달맞이꽃의 종자에서 얻게 되므로 달맞이꽃 종자유와 감마리놀렌산을 혼동하여 사용하기도 한다. 감마리놀렌산의 여러 효능도 달맞이꽃 종자유의 유용성분을 밝혀내는 연구를 하는 도중에 알게 된 것이다.

달맞이꽃은 60~90cm 정도의 키에 꽃잎이 네 개인 노란색 꽃을 피우는 1~2년생 초본식물이다. 저녁 해 질 무렵에 피었다가 다음 날 아침 해가 뜨면 시들어 버리기 때문에 밤에 달을 보고 핀다고 하여 이런 이름이 붙었으며, 한자로는 월견초(月見草)라고 하고, 영어로는 'evening primrose'라고 한다. 원산지는 남아메리카의 칠레이나 현재는 세계적으로 널리 분포되어 있으며 우리나라에서도 흔히 볼 수 있는 야생화이다.

달맞이꽃의 약효를 처음 발견한 것은 북아메리카 원주민인 인디언들로서, 그들은 피부에 상처, 발진이나 종기가 나면 달맞이꽃의 잎, 줄기, 꽃, 열매를 통째로 갈아서 그것을 환부에 발랐다. 또한 외용약뿐만이 아니고 천식이나 폐결핵의 기침을 가라앉히거나 진통제 및 경련성 발작을 진정시키기 위한 내복약으로도 사용하였다.

1930년대에 들어서 달맞이꽃의 씨앗에서 얻은 기름에 이런 약리작용이 있다는 것이 밝혀지고, 이것이 체내에서는 합성될 수 없는 물질이므로 비타민F라고 하였다. 그 후 그것이 리놀레산(linoleic acid)임이 밝혀졌고, 오늘날에는 비타민F가 아니라 필수지방산으로 부르고 있다. 달맞이꽃 종자유는 리놀레산이 약 70% 들어있다.

유럽에서는 한때 달맞이꽃 종자유를 만병통치약처럼 취급하였고, 영국 정부에서는 국민의약품으로 선정하기도 했다. 달맞이꽃 종자유 및 감마리놀렌산에 대한 연구는 오랜 역사를 가지고 있으며, 그만큼 밝혀진 효능도 다양하다. 대표적인 효능으로는 다음과 같은 것이 있으나, 현재 〈건강기능식품공전〉에서 인정한 감마리놀렌산 함유 유지의 기능성은 "혈중 콜레스테롤 개선, 혈행(血行) 개선, 월경 전 변화에 의한 불편한 상태 개선, 면역과민반응에 의한 피부상태 개선" 등이다.

① **콜레스테롤 및 혈행 개선 작용:** 감마리놀렌산은 HDL 콜레스테롤에는 영향을 미치지 않고, LDL 콜레스테롤 저하에만 관여한다. 콜레스테롤 저하 효과는 감마리놀렌산 그 자체의 작용에 의한 것뿐만 아니고 그의 대사물로 전환되어서 더욱 잘 나타난다. 감마리놀렌산의 대사물인 PG는 혈압, 혈당치, 혈중 콜레스테롤 농도 등을 조절하는 아주 중요한 물질이다.

② **월경전조증 예방:** 감마리놀렌산이 월경전조증에 어떤 기전에 의해 도움을 주

고 있는지는 명확하게 밝혀지지 않았으나, 감마리놀렌산을 섭취하면 월경 기간의 단축, 출혈량 감소, 월경 전에 붓는 현상 감소 및 생리주기가 일정해지는 효과가 있다고 보고되고 있다.

③ **피부건강 유지:** 피부의 낙설상(落屑狀), 극세포증(棘細胞症), 탄력성 감소, 아토피성 피부염 등 피부질환이 있는 사람에게 감마리놀렌산을 섭취하게 하면 이런 증상이 없어진다고 한다. 또한 연고로 직접 발라주어도 피부의 건조를 방지하고, 탄력 있는 피부를 유지하여 피부의 노화를 방지하여 준다고 한다.

④ **비만증 예방:** 감마리놀렌산의 대사물인 PG는 갈색 지방세포에서 미토콘드리아의 작용을 촉진하여 지방을 소비하도록 함으로써 비만을 예방한다.

⑤ **노화 예방:** 노화의 여러 가지 원인 중의 하나가 생체 내 효소의 활성저하이다. 감마리놀렌산을 복용하면 PG를 합성하여 노화를 방지할 수 있다.

정상적인 사람의 경우에는 리놀레산을 섭취하면 감마리놀렌산을 합성할 수 있으므로 굳이 감마리놀렌산을 찾아서 섭취할 필요는 없다. 그러나 리놀레산을 감마리놀렌산으로 합성하는 데 작용하는 불포화효소(不飽和酵素, δ-6 desaturase)는 여러 가지 원인에 의해 제 기능을 발휘하지 못하거나 결핍되기 쉽고, 이런 경우에는 감마리놀렌산을 직접 섭취하는 수밖에 없다. 불포화효소의 저해요소로는 과음, 포화지방산 과다섭취, 무기질이나 비타민B$_6$ 결핍, 트랜스지방산, 질병, 스트레스 등이 있으며, 나이가 들면 그 활성이 떨어지게 된다. 감마리놀렌산의 하루 필요량은 90㎎ 정도라고 하며, 이 양은 달맞이꽃 종자유로써 약 1g에 해당한다.

10) 공액리놀레산(CLA)

식이섬유가 주종을 이루어 온 다이어트식품 시장에 공액리놀레산(CLA)이 새로운 인기상품으로 주목을 받고 있다. CLA(Conjugated Linoleic Acid)는 1998년 미국에서 다이어트식품으로 처음 판매되었으며, 우리나라의 경우 2006년 6월 HK바이오텍이 최초로 식품의약품안전청으로부터 건강기능식품 개별인정형 제품으로 승인을 받아 판매하였고, 현재는 〈건강기능식품공전〉의 고시 품목으로 등록되어 있다. 매스컴과 인터넷에서도 CLA의 기능성에 관한 다양한 정보가 제공되고 있으나, 아직은 다소 생소한 제품이다.

이중결합이 단일결합을 사이에 두고 짝으로 존재하는 경우를 공액이중결합(共軛二重結合)이라고 하며, 공액(共軛)이라는 단어가 어렵기 때문에 일반적으로 공액리놀레산보다는 CLA라는 약칭이 주로 사용된다. CLA는 필수지방산인 리놀레산과 마찬가지로 탄소수가 18개이며, 2개의 이중결합을 갖고 있는 불포화지방산이다. 리놀레산은 두 개의 이중결합 사이에 단일결합이 2개 존재하는 데 비하여 CLA는 이중결합의 위치가 이동하여 두 개의 이중결합 사이에 단일결합이 1개만 존재한다. 리놀레산은 10번 탄소와 11번 탄소, 11번 탄소와 12번 탄소 사이는 단일결합으로 되어 있고, 9번 탄소와 10번 탄소 사이 및 12번 탄소와 13번 탄소 사이에 이중결합을 가지고 있다.

이중결합의 경우 수소(H)가 같은 방향에 있는 시스(cis)형과 서로 다른 방향에 있는 트랜스(trans)형이 있으며, 이처럼 화학구조는 같고 방향만 다른 경우를 기하이성체(幾何異性體)라고 한다. CLA는 리놀레산과 이중결합의 위치가 바뀐 위치이성체(位置異性體)이며, 각 이중결합에는 시스형과 트랜스형의 기하이성체가 존재할 수 있으므로, 이론적으로는 8종류의 CLA가 있을 수 있다. 그러나 이중에서 9번 탄소와 10번 탄소 사이에 시스형 이중결합이 있고, 11번 탄소와 12번 탄소 사이에 트랜스형 이중결합이 있는 것(9cis, 11trans)과 10번 탄소와 11번 탄소 사이에 트랜스형 이중결합이 있고, 12번 탄소와 13번 탄소 사이에 시스형 이중결합이 있는 것(10trans, 12cis)이 생리활성이 높은 것으로 알려져 있다.

일반적으로 이야기하는 해로운 트랜스지방산은 이중결합이 하나뿐인 단일불포화지방산이다. CLA도 트랜스형 이중결합을 포함하고 있는데 인체 내의 작용이 다른 이유는 공액화(共軛化)되어 있기 때문이다. CLA에서는 짝을 이룬 두 개의 이중결합이 상호 영향을 미치게 되므로 독립적으로 존재하는 이중결합과는 물리적·화학적 성질에서 현저한 차이가 생기게 된다. 따라서 CLA는 이중결합이 하나뿐인 트랜스지방산과는 물론이고 비공액이중결합인 리놀레산과도 확연히 다른 기능성을 가지게 되는 것이다. CLA는 아직도 밝혀진 것보다는 모르는 것이 더 많은 신소재이다.

CLA는 경상대학교 교수를 역임하기도 하였던 하영래 박사가 1987년 미국 위스콘신대학(University of Wisconsin) 재직 시 맥도날드사의 위탁으로 쇠고기 패티(patty)에 대한 항암활성을 연구하던 중 처음으로 발견하였으며, 그 후 여러 학자에 의해 관련 논문이 잇달아 발표될 정도로 활발한 연구가 진행되고 있다. 현재까지 알려진 CLA의 효능은 다음과 같으며, 이 중에서 〈건강기능식품공전〉에서 인정한 효능은 "과체중인 성인의 체지방 감소에 도움을 줄 수 있음"뿐이다.

① 체지방 감소 효과: 사람의 체내에는 단백질과 결합된 상태로 존재하는 지질인 지방단백질(lipoprotein)을 분해하여 지방을 저장하는 역할을 하는 리포프로테인 라이페이스(lipoprotein lipase)라는 효소가 있으며, CLA는 이 효소의 활성을 낮추어 체내에 지방이 축적되는 것을 억제한다. 인체에서 지방을 분해하여 칼로리를 발생하는 것은 세포 내의 미토콘드리아(mitochondria)라는 조직이 담당한다. 지방을 미토콘드리아로 운반하는 역할을 하는 것이 카니틴(carnitine)이며, CLA는 카니틴의 활동을 원활하게 하여 체지방의 소모를 촉진시킨

다. 또한 CLA는 지방세포가 세포분열을 통해 크기가 줄어들고, 스스로 죽어가는 현상인 지방세포의 자가소멸(自家消滅, apoptosis)을 촉진시켜 체지방을 감소시키는 효과도 있다.

② **항암효과**: CLA가 1987년 햄버거 패티에서 처음 발견되었을 때에는 쥐의 피부암 발생을 억제하는 항암물질로 알려졌다. 그 후 다양한 실험에서 위암, 유방암, 대장암 등 여러 종류의 암 발생을 억제한다는 결과가 발표되었다. CLA가 암 발생을 억제하는 기전은 아직 명확히 밝혀지지 않았다.

③ **기타 효능**: CLA는 동물실험에서 대식세포(大食細胞, macrophage)의 기능을 향상시켜 면역력을 증강시킨다는 보고가 있으며, CLA를 급여한 동물의 조직에 있는 지방의 산화 정도를 측정하였을 때 항산화력이 나타났다고 한다. 또한, CLA를 섭취한 토끼에서 혈중 콜레스테롤이 감소하였으며, CLA 함유 사료를 먹은 닭의 계란 중 콜레스테롤 함량이 감소하였다고 한다. 햄스터의 경우는 동맥경화증 발생이 억제되었고, 쥐에 대한 실험에서는 인슐린 분비를 높여서 당뇨병의 치료와 예방에 효과가 있었다는 보고도 있다.

마가린 및 쇼트닝 외에도 우유, 치즈, 버터 등의 낙농제품과 쇠고기에도 CLA가 함유되어 있으며, 가금류나 난류(卵類) 및 일부 해산물에도 미량 들어있다. 자연계에 존재하는 CLA는 주로 소, 양 등 되새김질을 하는 동물의 위에 서식하는 미생물에 의해 만들어지고, 이들 동물의 몸속으로 흡수되어 육류, 우유 등에 함유되게 되며, 이를 섭취한 사람의 혈액이나 모유 등에서도 미량 발견된다. 치즈 제조에 사용하는 미생물도 CLA를 합성하여 치즈는 숙성기간이 길수록 CLA가 증가한다. 그러나 자연상태에서 만들어지는 CLA의 함량은 매우 적어 기능성을 나타내기에는 부족하므로 식용유지의 리놀레산을 원료로 하여 다량으로 생산하는 방법이 연구되고 있다. 식용유지 중에서도 홍화유(safflower oil)에 상대적으로 많은 양의 리놀레산이 포함되어 있어서(약 75%) 주로 사용된다.

인공적으로 CLA를 생산하는 방법으로 현재 가장 많이 이용되는 것은 리놀레산을 고온에서 알칼리(주로 NaOH)로 처리하는 방법이다. 이 방법은 대량생산과 높은 순도의 제품 생산이 가능하여 경제적이란 장점이 있으나, 합성 과정에서 여러 종류의 산화물 및 불순물이 발생한다는 단점이 있으므로 정제 공정을 통하여 유해한 물질을 제거하는 것이 필수적이다. 이 외에도 효소를 이용하는 방법, 미생물을 이용하는 방법, 자외선을 쪼이는 방법, 경화유 제조 시 생성된 CLA를 분리•농축하는 방법 등 여러 가지 방법이 연구되고 있다.

11) 코엔자임Q10

피부의 노화를 방지하고 탄력을 개선시켜 주는 효과가 있다고 하여 화장품의 원료로 많이 사용되던 코엔자임큐텐(coenzyme Q10)이 건강기능식품으로 주목을 받게 된 것은 2007년 무렵이다. 국내에서는 2000년대 중반에야 이름이 알려지기 시작하였으나 선진국에서는 이미 1990년대부터 건강기능식품, 의약품, 화장품에 이용되었다. 건강식품이나 화장품에서는 주로 코엔자임Q10이란 명칭이 사용되고 있으나, 학술적으로는 유비퀴논(ubiquinone)이란 이름이 가장 널리 사용되고, 이외에도 유비데카레논(ubidecarenone), 유비퀴놀(ubiquinol), 미토퀴논(mitoquinone) 등 여러 가지 이름으로 불리기도 한다. 유비데카레논이란 이름은 주로 의약품의 원료명으로 사용된다.

코엔자임Q10은 과거 비타민Q로도 불렸으며, 황색 또는 오렌지색의 지용성 물질로서 화학식은 '$C_{59}H_{90}O_4$'이며, 비타민E나 비타민K와 비슷한 화학구조를 가지고 있다. 이 물질의 존재는 1950년대 초부터 알려지기 시작하였으며, 미국의 프레데릭 크레인(Frederick Crane)이 1957년 소의 심장근육세포에서 처음으로 분리에 성공하였다. 같은 1957년 크레인보다 조금 늦게 영국의 모튼(R.A. Morton)도 쥐의 간에서 동일한 물질을 추출해내고 유비퀴논이란 이름을 붙였다. 1958년 칼 어거스트 포커스(Karl August Folkers)는 이 물질의 화학적 구조를 밝혀내고 합성에도 성공하였으며, 코엔자임큐텐(coenzyme Q10)이라 명명하였다.

유비퀴논(ubiquinone)이란 '동식물에 보편적으로 존재하는 퀴논

화합물'이라는 뜻으로 '보편적으로 어디에나 존재한다'는 의미의 라틴어 'ubique'와 퀴논(quinone)의 합성어이다. 퀴논은 방향족화합물의 벤젠고리에서 수소 2개가 산소 2개로 치환된 화합물을 총칭하는 말이다. 코엔자임Q10에서 'Q'는 퀴논에서 따온 것이며, '10'이라는 숫자는 이 물질의 구조에서 이소프렌(isoprene)이라 불리는 화학구조가 10번 되풀이되어 연결되고 있는 데서 유래한다.

유비퀴논은 거의 모든 식품에 포함되어 있으나, 식품을 통해 섭취되는 유비퀴논의 양은 인체에서 필요로 하는 양에 비하면 매우 적다. 유비퀴논의 대부분은 체내에서 합성되며, 인체에는 풍부한 양의 유비퀴논이 저장되어 있기 때문에 결핍증이 나타나기 어렵다. 유비퀴논의 합성량은 20세를 정점으로 감소하기 시작하여 40대에 이르면 20대의 약 70% 수준까지 감소하는 것으로 보고되고 있다. 유비퀴논을 합성하려면 타이로신, 메싸이오닌 등의 아미노산과 비타민 B군(B_2, B_3, B_6, B_9, B_{12} 등), 셀레늄 등이 필요하므로 이들을 적정량 섭취하는 것이 중요하다.

1970년대 중반 일본의 과학자들이 유비퀴논을 임상시험에 사용할 수 있는 정도의 대량생산에 성공하여 연구에 활기를 불어넣었으며, 1978년 영국의 피터 데니스 미첼(Peter Dennis Mitchell)은 유비퀴논의 역할을 포함하여 미토콘드리아에서 에너지가 만들어지는 과정을 밝혀낸 공로로 노벨 화학상을 수상하였다. 그 후 세계적으로 코엔자임Q10의 항산화 기능을 비롯한 여러 효능에 대한 연구가

발표되었으며, 의약품 및 화장품의 원료로 인정되게 되었고, 건강
식품으로서 판매되기 시작하였다. 코엔자임Q10의 대표적인 효능은
다음과 같다.

① **심장질환 예방:** 코엔자임Q10의 가장 큰 역할은 우리가 섭취한 영양소를 에너
지로 전환시키는 데 필요한 효소의 작용을 돕는 조효소(助酵素, coenzyme)로
작용한다는 점이다. 따라서 코엔자임Q10이 부족하면 에너지 생성이 원활하
지 못하여 신체 활력이 저하되는 현상이 발생한다. 심장은 체내 전체를 순환
하는 혈액을 공급하기 위해 많은 에너지를 필요로 하는 장기이므로 코엔자임
Q10을 충분히 공급하는 것은 심장질환을 줄이는 예방효과가 있다고 한다.

② **항산화 작용:** 세포에서 ATP를 만들 때는 호흡을 통해 들어온 산소가 이용되
며, 그중의 일부는 활성산소(活性酸素)라 불리는 불안정한 물질로 변한다. 활
성산소는 유해산소(有害酸素)라고도 하며, 자신의 불안정한 상태를 해소하기
위하여 인체의 세포를 산화시키게 된다. 활성산소에 의해 세포가 산화되면 나
타나는 현상이 노화와 각종 질병이다. 코엔자임Q10은 이러한 활성산소를 안
정된 분자구조로 바꾸어 주는 항산화제로 작용한다. 코엔자임Q10은 스스로
항산화제로 작용할 뿐만 아니라 비타민E가 항산화제로 작용할 수 있도록 활
성화시키는 역할을 한다. 코엔자임Q10이 없으면 비타민E가 있어도 활성산소
에 의한 산화가 진행되는 것을 막지 못한다.

이외에도 코엔자임Q10에는 치매를 예방하고, 파킨슨병의 악화를 지연시키는 효과가 있으며, 당뇨나 고혈압 환자의 증상을 호전시키거나 콜레스테롤을 낮추는 작용이 있다고 한다. 그러나 이런 효능들은 아직 충분히 증명된 것은 아니며 〈건강기능식품공전〉에서 인정된 기능성은 "항산화, 높은 혈압 감소에 도움을 줄 수 있음"이다. 코엔자임Q10은 과다하게 복용하더라도 특별한 부작용은 없다는 것이 대부분의 연구 결과이다.

05
콩 및 관련식품

콩과식물은 전세계에 1,200여 종이 존재하며, 초본류뿐만 아니라 등나무, 아카시아나무 등 목본류도 많이 있다. 한국인의 식생활에 이용되는 콩과식물은 대두를 비롯하여 완두콩, 강낭콩, 녹두, 팥, 동부 등 50여 가지에 이르며, 이들을 두류(豆類)라고 한다. 콩은 식용으로 이용되는 콩과식물의 종자 전부를 총칭하는 경우도 있으나, 일반적으로 콩이라 할 때에는 주로 대두(大豆, soybean)만을 의미한다.

대두는 중국 동북지역이 원산지로 추정되며, 이 지역은 고조선 및 고구려의 영토에 속하였던 곳이었으므로 우리나라에서는 오래전부터 콩을 재배하였다. 그러나 현재의 콩 주산지는 아메리카 대륙으로 미국, 브라질, 아르헨티나 등이 세계 콩 생산량 1, 2, 3위 국가로서 세계 콩 생산량의 약 90%를 차지한다. 콩의 원산지인 중국은 세계 4위의 생산국이지만 콩의 수입국으로 전락한 지 오래이다. 우리나라의 경우도 국내에서 소비되는 대부분의 콩을 수입하고 있다.

과거 쌀밥과 김치가 주식인 우리의 식생활에서 콩은 부족하기 쉬운 단백질 및 지방을 보충하여 주는 좋은 영양공급원이었다. 콩은 영양학적으로 우수한 식품일 뿐만 아니라 여러 가지 생리활성물질을 많이 포함하고 있어 암을 비롯한 여러 질병에도 효과가 있는 것으로 알려져 있다. 콩의 유용성분으로는 다음과 같은 것이 있다.

① **아이소플라본**(isoflavone) : 식물의 황색 색소 성분이며, 콩의 대표적 유용성분이다. 아이소플라본 중에서도 특히 제니스틴(genistin)이 항암효과가 있는 것으로 알려져 있으며, 대장암뿐만 아니라 유방암, 폐암, 위암, 전립선암 등에도 효과가 있었다는 연구 결과가 있다. 제니스틴에서 당이 떨어진 제니스테인(genistein)은 여성호르몬으로 알려진 에스트로겐(estrogen)과 화학구조가 매우 유사하며, 생체 내에서는 에스트로겐과 비슷한 효과를 내는 것으로 밝혀졌다.

② **레시틴**(lecithin) : 인지질(燐脂質)의 일종으로서 계란노른자를 비롯하여 동물의 간이나 뇌에 많이 포함된 성분이며, 식물에는 콩에 많이 들어있어서 대두유의 1~3%는 레시틴이다. 레시틴은 세포막을 구성하는 주요 성분이며, 신경전달물질을 만드는 데 꼭 필요한 물질로서 노인성 치매를 예방하는 효과가 있다. 또한 항산화제로도 작용하여 산화에 의한 비타민A의 손상을 방지한다. 레시틴은 건강기능식품으로도 판매되고 있으며 인정된 효능은 "콜레스테롤 개선에 도움을 줄 수 있음"이다.

③ **사포닌**(saponin) : 식물에 있는 계면활성성분의 총칭이며, 인삼에 가장 많은 양

과 종류의 사포닌이 있다. 콩류 중에서는 대두에 가장 많이 있으며, 약 0.3% 포함되어 있다. 사포닌은 화학적 구조가 콜레스테롤과 유사하기 때문에 콜레스테롤의 흡수를 저해하기도 하고 콜레스테롤의 배출을 돕기도 한다.

대부분 문제가 되지 않으나, 일부 예민한 사람의 경우는 콩에 대하여 알레르기 반응을 일으키기도 한다. 식품위생법에 의하면 콩 및 콩 유래 제품을 원료로 사용하였을 경우에는 표기하도록 되어 있으므로, 콩에 대하여 알레르기가 있는 사람은 제품을 선택할 때 표기사항을 잘 살펴보아야 한다.

1) 콩 가공 식품

콩은 필요한 영양소가 골고루 들어있고 여러 유용한 성분도 많이 들어 있는 장점이 있는 반면에, 단백질분해효소 저해인자(protease inhibitors)가 있어서 소화율이 약 55%밖에 되지 않는 단점이 있다. 날콩을 먹었을 때 설사를 하는 것도 이 때문이다. 또한, 비린내가 심하여 그대로 섭취하기에 어려운 단점도 있다. 이런 단점들을 극복하기 위하여 예로부터 다양한 방법으로 가공한 식품이 발달하여 왔다. 대표적인 가공식품으로는 다음과 같은 것들이 있다.

① 두부

가장 일상적으로 이용되는 콩 가공식품은 두부(豆腐)이며, 조리방법도 100여 가지가 넘는다. 일반적인 두부 제조법은 콩을 물에 불려서 곱게 갈고, 가열한 후 여과하여 얻은 액에 응고제를 넣어 굳힌 후 틀에 넣고 성형하는 것이다. 응고제로는 전통적 방법에서는 바닷물로 소금을 만들 때 부산물로 나오는 간수를 사용하였으나, 최근에는 간수의 주성분인 염화마그네슘($MgCl_2$)이나 황산마그네슘($MgSO_4$), 황산칼슘($CaSO_4$) 등의 분말을 사용한다.

여과하여 나온 액체는 콩국이라 하고, 건더기는 콩비지라고 하며, 여과하지 않고 그대로 응고제를 넣어 굳히거나 또는 콩가루를 물에 풀어 가열한 후 응고제를 넣어 굳힌 것을 전두부(全豆腐)라고 한다. 콩국에 응고제를 넣으면 콩의 단백질이 굳어지게 되는데, 이때 완전히 굳기 전에 남아있는 콩국물과 함께 먹는 것이 순두부이다. 완전히 응고된 후 압착하여 물을 짜내어 단단하게 한 것이 일반적으로 부르는 보통 두부이며, 물을 완전히 빼지 않고 부드럽고 말랑말랑하게 굳힌 것이 연두부(軟豆腐)이다. 콩국을 일정한 온도로 가열하면 표면에 막이 형성되는데 이것을 채취한 것이 유바(ゆば, 湯葉)이며, 두부를 얇게 썰어서 기름에 튀긴 것은 유부(油腐)라고 한다.

두부의 장점은 영양적으로 바람직한 식품이라는 것이다. 지방과 탄수화물의 함량이 적어 열량이 100g당 84kcal밖에 되지 않아 콩의 400kcal에 비해 매우 낮으며, 수분 함량이 높아 쉽게 포만감을 느낄 수 있으며, 단백질 함량은 상대적으로 높고, 부족하기 쉬운 칼슘, 철 등의 무기질이 풍부하여 다이어트 식품으로서 적당하다. 맛도 담백하여 부담이 없고, 소화흡수율도 콩으로 만든 가공식품 중에서 가장 높아 약 95%나 된다.

두부는 원료 콩에서 유래하는 아이소플라본, 레시틴, 사포닌 등의 유용성분이 많이 감소하기는 하였으나, 일상 식사에서 다양한 요리로 자주 접할 수 있기 때문에 누적효과는 콩보다도 많다고 하겠다. 두부를 자주 먹는 사람들이 그렇지 않은 사람들에 비하여 암, 골다공증 등의 질병에 걸리는 확률이 낮다는 연구보고도 있다.

② 두유(콩국)

예로부터 젖이 잘 나오지 않는 산모의 경우 모유 대신에 콩국을 아기에게 먹이기도 하였다. 요즈음에도 칼국수와 곁들여 먹는 콩국인 콩국수는 여름철의 별미로 사랑받고 있다. 콩국은 외관이나 영양소가 우유와 유사하기 때문에 '콩으로 만든 우유'라는 의미에서 두유(豆乳, soymilk)라고도 한다. 두유는 우유에 비하여 포화지방산이 적고, 콜레스테롤이 전혀 없다. 또한 유당(乳糖, lactose)이 없기 때문에 유당을 분해하는 효소인 락테이스(lactase)가 없어 우유를 먹으면 바로 설사하는 사람들도 안심하고 섭취할 수 있다.

③ 대두유(콩기름)

콩에는 약 18%의 지질이 함유되어 있어 예로부터 식용유의 원료로 널리 사용되어 왔으며, 지금도 세계 식용유 시장에서 가장 중요한 비중을 차지하고 있다. 일반적인 대두유의 지방산 조성은 팔미트산 5~12%, 스테아르산 2~7%, 올레산 20~35%, 리놀레산 50~57%, 리놀렌산 3~8% 등이다. 필수지방산인 리놀레산, 리놀렌산을 비롯하여 올리브유의 주성분인 올레산 등 대부분이 불포화지방산으로서 약 85%에 이른다. 특히 다른 식용유에는 거의 포함되어 있지 않으며, 오늘날의 식생활에서 부족하기 쉬운 오메가3 지방산의 일종인 리놀렌산이 약 8%나 들어있어 영양학적으로 매우 바람직한 조성으로 되어있다.

콩에서 기름을 추출하고 남은 대두박(大豆粕) 역시 식품으로 이용된다. 대두박은 가축의 사료나 비료로 이용되기도 하지만, 탈지대두(脫脂大豆)라고 하여 다른 식품의 원료로 주로 사용된다. 대표적으로는 간장, 된장, 고추장 등의 원료가 되며, 최근에는 콩고기의 원료로도 많이 이용된다. 콩고기는 식물성고기 또는 인조고기라고도 하며, 채식주의자나 다이어트를 하는 사람들에게 인기가 있다. 최초에 생산된 콩고기는 맛이나 식감에서 쇠고기 등의 육류에 비하여 차이가 심하였으나, 요즈음에는 기술이 발달하여 표기사항을 확인하지 않으면 맛과 식감은 물론이고 모양이나 색깔에서도 본래의 고기와 구분이 안 될 정도이다.

④ 콩나물

콩나물은 가공식품이라기보다는 콩을 발아시켜 재배한 일종의 채소이다. 콩나물을 어떻게 하여 식품으로 이용하게 되었는지는 알 수 없으나, 우리나라를 비롯하여 동양에서는 오랜 옛날부터 재배하여 왔으며, 신선한 채소가 귀한 겨울철의 중요한 반찬으로 이용되었다. 콩나물은 콩이 발아되어 성장하는 과정에서 체내대사가 이루어짐으로써 영양성분이 상당히 변하게 된다. 가장 큰 특징은 지방이 현저하게 감소하는 대신에 비타민류가 상당히 증가하게 된다. 특히 콩에는 거의 없는 비타민C가 콩나물에는 많이 생성되며, 비타민K도 현저하게 증가한다.

예로부터 과음을 한 후의 숙취 해소에 콩나물국을 끓여 먹었는데, 콩나물의 성분 중 아스파트산(aspartic acid)에 이런 효과가 있는 것이 여러 실험에 의해 입증되었다. 아스파트산은 아미노산의 일종으로서 흔히 아스파라긴산이라고도 하며, 콩나물 100g 중 약 1,300㎎이 들어있다. 아스파트산은 술 및 알코올 대사산물의 분해를 촉진시킴으로써 이들이 독성으로 작용하는 것을 억제하고, 간을 보호하는 기능이 있다.

2) 콩 발효 식품

콩을 가공하는 방법으로 오래전부터 미생물을 이용한 발효가 이용되어 왔으며, 대표적인 발효식품으로는 다음과 같은 것이 있다.

① 메주

메주는 재래식메주와 개량메주로 구분된다. 재래식메주는 콩을 삶은 후 덩어리로 뭉쳐서 자연에 존재하는 미생물로 발효시키는 것으로서 여러 미생물이 동시에 생육하지만 가장 많이 번식하고 영향력이 큰 것은 바실러스 서브틸리스(Bacillus subtilis)이다. 재래식메주의 경우 다양한 미생물이 작용하게 되고 주변 환경에 따라 번식하는 미생물이 달라지게 되므로, 품질의 변화가 많고 바람직하지 않은 냄새가 나며 시일이 오래 걸리는 단점이 있으나, 여러 향미성분이 생성되어 복합적인 맛이 난다.

개량메주는 삶은 콩에 아스퍼질러스 오리제(Aspergillus oryzae) 또는 아스퍼질러스 소예(Aspergillus sojae)와 같은 곰팡이를 접종하여 발효시킨다. 개량메주는 품질이 일정하고, 발효 시간을 단축할 수 있어 공업적으로는 모두 개량메주를 이용한다. 콩을 발효시켜 메주를 만드는 과정에서 미생물에 의해 단백질은 아미노산으로 분해되어 감칠맛을 내고, 탄수화물은 포도당이나 과당으로 분해되어 단맛을 내게 된다. 개량메주는 재래식메주에 비해 콩의 단백질이 잘 분해되어 감칠맛이 뛰어나지만, 한 종류의 미생물에 의해 발효되어 맛이 단순하다.

② 된장

재래식된장은 재래식메주에 소금물을 가하여 발효시키지만, 공장에서 생산하는 개량된장은 개량메주를 소금물에 담가 발효시키거나 처음부터 대두, 탈지대두, 쌀, 보리, 밀, 식염 등의 혼합물에 종국을 접종하여 발효·숙성시킨다. 이런 제조방법의 차이 때문에 풍미 및 영양성분에서도 차이가 발생한다.

된장은 콩에 들어 있는 영양성분뿐만 아니라 발효과정에서 생기는 생리활성성분에 의해 각종 질병 특히 암 예방에 중요한 역할을 하는 것으로 알려져 있다. 세계적으로 장수노인이 많은 것으로 유명한 일본의 오키나와(沖繩) 지역 주민들의 장수 원인으로 그들이 평상시 즐겨 먹는 일본식 된장인 미소(みそ)가 지목되고 있으며, 우리나라의 100세 이상 장수노인을 대상으로 실시한 조사에서도 밥상에 가장 많이 오르는 음식은 된장찌개인 것으로 나타났다.

된장은 약 4%의 나트륨(소금으로는 약 10%)을 함유하고 있어 고혈압환자의 경우는 주의해야 한다. 식품의약품안전청에서 2005년에 발행한 〈식품영양 가이드〉에 의하면, 된장찌개 1인분에는 950mg의 나트륨이 들어있으며, 우리나라 사람은 전체 나트륨 섭취의 22%를 간장, 된장 등의 장류에서 섭취한다고 한다.

③ 간장

간장은 제조방법에 따라 여러 종류로 구분된다. 재래식간장은 메주를 소금물에 담가 발효·숙성시켜 제조한다. 양조간장은 대두(또는 탈지대두)와 밀 등의 곡류를 혼합한 후 종국(種麴)을 접종하여 발효시킨 후 식염수를 가하여 숙성시킨다. 산분해간장 및 효소분해간장은 단백질 또는 탄수화물을 함유한 원료를 산 또는 효소로 가수분해하여 가공한다. 단백질 원료로는 주로 탈지대두가 사용되며, 혼합간장은 앞의 네 가지 간장을 원하는 비율로 혼합한 것을 말한다.

재래식간장이나 양조간장의 경우는 미생물발효에 의해 단백질이 분해되며 글루탐산을 비롯한 10여 종의 아미노산이 생성되어 감칠맛을 내고, 탄수화물이 분해되어 포도당 등의 당분이 되고 다시 알코올 성분으로 변하여 단맛과 독특한 향을 부여한다. 양조간장은 종국을 사용하여 발효시간을 단축할 수 있고 품질이 일정하여 공장에서 주로 제조되지만, 여러 미생물이 동시에 번식하는 재래식간장의 오묘한 풍미에는 미치지 못한다. 산분해간장이나 효소분해간장은 단시간에 대량으로 제조할 수 있는 장점이 있는 반면에 미생물발효에 의해 생성되는 맛과 향이 부족한 것이 단점이다. 이런 단점을 보완하기 위하여 재래식간장이나 양조간장을 섞은 것이 혼합간장이다.

간장에도 콩 및 콩 발효식품에서 발견되는 여러 유용한 생리활성 성분이 함유되어 있으나, 조리에서 사용되는 간장의 양을 고려하면 어떤 효과를 얻기에는 부족하다고 하겠다. 간장은 건강에 유익한 식품이라기보다는 조리의 기본이 되는 조미료로서 요즈음에는 동양뿐만 아니라 서양의 각 가정에서도 널리 사용되고 있다.

④ 고추장

고추장은 고춧가루를 원료로 사용한다는 점에서 된장과 구분되며, 된장의 경우는 콩을 주원료로 사용하지만 고추장의 경우는 쌀이나 보리 등의 곡류를 주로 사용하여 단맛이 강하다는 것도 차이점이다. 고추장은 각 가정이나 공장마다 원료의 배합이나 제조방법이 다르기 때문에 그 성분이 일정하지 않으나, 된장에 비해 단백질과 지방이 적은 대신 탄수화물과 비타민이 많다는 차이가 있다. 특히 된장에는 없는 비타민A와 비타민C가 많은 것이 특징이며, 이런 특징은 고춧가루에서 유래된 것이다.

고추장에는 고추의 매운맛 성분인 캡사이신(capsaicin)도 0.01~0.02% 포함되어 있으며, 캡사이신이 암이나 비만에 효과가 있다는 것은 여러 과학자들의 실험에서 입증되고 있다. 그러나 캡사이신이 유용하다고 하여 고추장까지 효과가 있다고 할 수는 없다. 예를 들어, 소렌 레먼(Soren Lehmann) 박사가 2006년 3월 미국암연구학회(American Association for Cancer Research)에 보고한 연구에서 쥐에게 경구 투여된 캡사이신의 양은 약 90kg의 사람에게 1주일에 400㎎씩 3회 투여한 양에 해당된다고 하였다. 400㎎의 캡사이신은 고추장으로 약 2.7kg에 해당한다. 즉, 일상적인 식사에서 섭취하는 고추장의 양으로는 도저히 불가능한 양인 것이다.

⑤ 청국장

청국장은 콩을 삶아서 콩알 형태 그대로 약 40℃ 정도의 고온에서 2~3일간의 짧은 기간에 발효시켜 제조한 것이다. 청국장과 된장의 가장 큰 차이점은 형태보다도 염분 함유 여부이며, 청국장은 콩의 단백질 성분을 그대로 유지하면서 염분이 거의 없는 게 장점이다. 콩만 사용하고 다른 원료를 사용하지 않은 발효상태 그대로의 것을 생(生)청국장이라 하여, 여기에 소금, 파, 마늘, 고춧가루 등으로 양념을 한 청국장과 구분하기도 한다. 생청국장은 그대로 먹지만 양념한 청국장은 주로 국이나 찌개로 조리하여 먹는다. 생청국장과 유사한 것이 일본의 낫토(納豆)이다. 〈식품공전〉에서는 생청국장과 청국장을 구분하지 않고 모두 청국장이라고 부르며, 낫토도 청국장에 포함된다.

재래식 방법으로 청국장을 만들 때는 삶은 콩에 볏짚을 넣고 온돌의 아랫목에서 이불을 덮어 2~3일간 발효시킨다. 볏짚에는 청국장을 발효시키는 고초균(枯草菌, *Bacillus subtilis*) 외에도 다양한 균이 붙어있으므로, 이들 원하지 않은 균에 의해 고약한 냄새가 발생한다. 이 특유의 냄새로 인하여 청국장은 즐기는 사람과 싫어하는 사람이 극명하게 구분된다. 청국장의 유용균은 바실러스(*Bacillus*)

속의 균들이며, 가장 많이 번식하고 영향력이 큰 것은 고초균이다. 공장에서 제조되는 청국장의 경우는 순수하게 분리된 바실러스 서브틸리스(B. subtilis) 또는 바실러스 나토(B. natto)를 접종하여 발효시키므로 재래식 청국장에 비하여 냄새가 약하다. 일본의 낫토는 바실러스 나토로 제조한 것이다.

　바실러스속의 균들이 콩을 발효할 때 생성되는 나토키나제(nattokinase)는 일본의 스미 히로유끼(須見洋行) 박사가 1980년 낫토에서 발견한 혈전용해효소(血栓溶解酵素)로서, 청국장의 실처럼 늘어나는 끈적끈적한 점질성 물질 중에 포함되어 있다. 혈전이란 혈관에 출혈이 있을 경우 지혈을 위해 생성되는 물질로서, 혈액 중에 혈전의 양이 늘어나면 혈액의 흐름을 느리게 하거나 혈관을 막아버려 고혈압, 뇌졸중, 동맥경화, 심근경색 등 심혈관계 질병을 일으키게 된다. 나토키나제는 강력한 혈전 용해 능력이 있어 이들 질병을 예방하는 효과가 있다.

06
김치

인류는 옛날부터 채소 생산이 어려운 추운 겨울에도 채소를 먹을 수 있는 저장방법을 개발하여 왔다. 중국과 일본에서도 오래전부터 채소의 소금절임이나 간장이나 된장에 담그는 장아찌류의 발효채소가 이용되어 왔으며, 서양의 경우는 거의 모든 나라에서 오이피클과 같은 다양한 피클류가 전래되고 있다. 이들은 모두 각 민족의 식습관이 형성된 역사적 배경이나 지역적 기후 특성 등에 의해 생긴 저장식품이며, 김치 역시 우리의 선조가 개발하고 발전시킨 발효식품이다.

김치는 과거에 채소가 생산되지 않던 겨울철 3~4개월 동안 부족하기 쉬운 비타민과 미네랄의 주요 공급원으로서 없어서는 안 될 아주 중요한 식품이었으나, 지금은 온실재배, 냉장고 등이 보편화되면서 겨울철뿐만 아니라 1년 내내 만들어 먹을 수 있는 식품이 되었다. 2006년 3월 미국의 저명한 건강잡지인 《Health(헬스)》에서 올리브유, 요구르트, 콩, 렌즈콩 등과 함께 김치를 세계 5대 건강식품으로 선정하였다는 사실이 알려지고 나서 더욱 주목을 받고 있다.

우리나라에서 김치가 언제부터 이용되었는지는 정확히 알 수 없으나, 기록에 의하면 삼국시대에는 이미 채소를 소금이나 장류(醬類), 술지게미, 쌀겨 등에 넣어 발효시키는 방법들이 다양하게 존재하였다. 고려 중엽 이규보(李奎報)의 시에 "장에 담근 무 여름철에 먹기 좋고, 소금에 절인 무 겨울 내내 반찬 되네"라는 표현이 나오며, 이때까지도 단순한 절임식품이었고 오늘날의 김치와는 차이가 있었다. 조선시대 초기의 문헌들에 나박김치나 동치미 형태의 김치가 등장하고, 단순한 채소절임에서 후추, 겨자, 회향(茴香) 등 향신료를 사용하는 것으로 발전하였으나, 오늘날과 같은 결구(結球)배추와 고춧가루를 주원료로 한 김치가 나타난 것은 조선시대 중반 이후의 일이다.

1715년에 나온 『산림경제(山林經濟)』에도 김치에 고추가 들어간다는 기록이 없고, 오늘날과 같이 고추를 사용한 김치는 1766년에 발간된 『증보산림경제(增補山林經濟)』에 처음 나타난다. 1809년에 저술된 『규합총서(閨閤叢書)』에 의하면 고추 외에도 마늘, 파 등 양념류와 젓갈류가 함께 사용되었다. 배추 포기 안에 여러 종류의 소재를 버무려 넣는 지금과 같은 형태의 김치가 만들어진 것은 결구배추가 도입된 18세기말 이후이다.

김치란 말의 어원에 관하여는 여러 가지 설이 있으나, "채소를 소금물에 담근다"는 의미의 침채(沈菜)에서 유래되었다는 설이 가장 유력하다. 침채는 과거에는 '팀채' 또는 '딤채'로 발음되었으며, 차츰 발음이 변하여 '짐치'가 되었다가, 다시 '김치'로 변하였다는 것이다. 배추김치에 대한 국제 통용명칭은 영문으로 'kimchi'이며, 국제식품규격위원회(CODEX)에서는 김치를 "절임배추에 고춧가루, 마늘, 생강, 파, 무 등을 기본원료로 하여 혼합한 양념으로 버무려 저온에서 유산(乳酸)을 생성시킨 발효식품"으로 정의하였다. 성분규격으로는 총산도(유산으로서) 1.0% 이하, 소금(염화나트륨) 함량 1.0~4.0%, 광물성 이물 0.03% 이하 등으로 정하였다.

김치는 재료의 종류, 배합비율, 숙성방법 등에 따라 특성이 다르고, 가정마다 전래의 독특한 방법으로 담그기 때문에 그 종류가 수없이 많으며, 지금까지 조사된 김치의 종류만 하여도 300가지가 넘는다. 그러나 김치 하면 대표적으로 배추김치를 연상하게 되고, 〈식품공전〉에서도 김치는 '배추김치'와 '기타 김치'로 구분하고 있다. 하지만, 배추김치라고 이름 붙일 수 있는 것이라도 세부적으로는 30여 종으로 구분할 수 있을 정도로 다양하다.

김치는 숙성과정에서 여러 가지 미생물과 효소가 작용하여 특유의 맛을 내고 보존성을 높여준다. 김치의 발효에는 소금의 농도가 중요하며, 2~3%가 적절하다. 김치의 발효에는 여러 미생물이 관여하지만 유산균이 주로 작용하게 된다. 김치의 발효에 관여하는 미생물은 기온이 낮을수록 활동이 원활하므로, 부패와 비정상적인 발효를 막기 위해서는 김치를 낮은 온도에서 보관하는 것이 좋다.

김치는 2~7℃에서 2~3주간 숙성시킬 때 가장 맛이 좋으며, 이때의 유산 농도는 0.6~0.8%가 되며, pH는 4.3 정도가 된다.

발효가 계속되어 유산의 농도가 1.0% 이상이 되면 신맛이 강하여 맛이 나쁘게 되고, 더욱 진행되면 내산성(耐酸性) 유산균 대신 곰팡이나 산막효모(産膜酵母)가 번식하게 되어 김치 표면에 막을 형성하며 군내를 내게 된다. 김치는 처음부터 한 종류의 균이 작용하는 것이 아니라, 산(酸)의 증가에 따라 그에 적응하는 미생물이 차례로 주도권을 쥐고 계속 변하게 되므로, 이들 미생물에 의해 다양한 생화학적 변화를 겪으면서 영양소의 종류가 풍부해지게 되며, 김치에 독특한 맛과 향을 부여하게 되는 것이다.

일반적으로 유산발효는 정상발효(homo lactic fermentation)와 이상발효(hetero lactic fermentation)로 대별된다. 정상발효는 발효산물로서 유산만을 생산하며, 이상발효는 유산 외에 초산 등 여러 유기산과 에탄올, 이산화탄소, 수소 등을 생산한다. 김치의 발효에 관여하는 유산균은 이상발효를 하며, 이때 생긴 이산화탄소는 김치에 청량감을 부여한다. 김치의 신맛은 숙성과정 중에 생긴 유기산 때문이며, 유산이 가장 많고 초산, 옥살산, 말론산, 석신산, 사과산, 구연산 등이 생성된다. 김치 내 유기산의 함량은 발효기간에 따라서 변화한다. 김치의 감칠맛은 주로 유리아미노산에 의해서 형성되는데 젓갈이나 굴과 같은 단백질 공급원을 첨가한 김치는 감칠맛이 더욱 강하다.

김치에는 여러 가지 건강에 유익한 점이 있는 것으로 알려져 있으며, 그중에서도 장내의 유익한 균을 증가시키고 유해한 균을 감소시키는 정장작용(整腸作用)이 제일 먼저 거론된다. 김치에 풍부한 식이섬유와 유기산은 장의 내용물을 증가시키고 장의 운동을 촉진시켜 변비를 예방하고, 대변에 포함된 유해물질이 장내에 머무르는 시간을 단축시켜 장염 및 대장암을 예방하는 효과가 있다. 김치의 유산균은 장내 유해균의 성장을 억제하여 장내 세균의 균형을 유익한 방향으로 바꾸는 역할을 한다.

김치에는 유산균이 풍부하여, 맛있게 익은 김치의 경우 g당 1억~10억 마리의 유산균이 있어 우유발효제품보다 약 10배나 많은 유산균이 있다고 한다. 영양학적으로 김치는 식이섬유를 많이 함유한 저칼로리 식품이며, 비타민과 무기질 등 생리조절 물질이 많은 것이 특징이다. 김치의 영양을 이야기할 때 나트륨 함량 문제를 빼놓을 수 없다. 김치를 담글 때 넣는 소금의 양에 따라 다르지만, 대체로 김치의 나트륨 함량은 매우 높은 편이다. 김치 10조각(약 100g)에는 약 1g의 나트륨이 들어있어 세계보건기구(WHO)의 1일 섭취제한 권장량인 2g의 50%에 이른다. 우리나라 성인의 평균 나트륨섭취량은 1일 약 3.9g 정도로서 매우 높은 편이며, 그중 약 30%는김치로 섭취한다고 한다.

07
우유

인류가 우유를 이용한 역사는 매우 오래된 일로서, 기원전 4,000년경으로 추정되는 이집트의 한 사원의 벽화에도 우유를 착유하는 모습이 새겨져 있다고 한다. 오늘날에도 우유는 모든 영양소가 골고루 들어있어 완전식품이란 평가를 받으며, 학교 급식에서도 권장되는 메뉴로 자리 잡아 모든 사람에게 어린 시절부터 익숙한 식품이다. 우유가 완전식품이란 평가를 받는 것은 단백질의 조성 성분인 각종 아미노산이 골고루 포함되어 있기 때문이다. 우유가 모유(母乳)에 가장 가까운 식품이기는 하나, 근본적으로 소가 다음 세대를 위하여 준비한 영양소의 집합체이므로 모유와 완전히 같을 수는 없다.

우유가 성장기 어린이에게 특히 좋다고 하는 것은 성장에 필수적인 아미노산을 비롯하여 칼슘이 풍부하기 때문이다. 칼슘은 인체 내에 가장 많이 들어 있는 미네랄로서 대부분은 인산칼슘의 형태로 뼈와 치아의 성분을 이룬다. 따라서 칼슘이 부족하면 골다공증,

충치, 발육부진 등의 증상이 나타난다. 칼슘은 우리나라 식생활에서 가장 결핍되기 쉬운 영양소 중의 하나로서 일일 권장섭취량은 청소년은 900~1,000㎎, 성인은 700㎎이다. 특히 폐경기 이후의 여성들에게 많은 골다공증은 뼛속의 칼슘이 부족하여 생기는 병으로 칼슘의 충분한 공급으로 예방하여야 한다. 우유 한 컵(200㎖)을 마시는 것만으로도 청소년은 칼슘 일일 권장섭취량의 21~23%를 섭취할 수 있고, 성인은 약 30%를 섭취할 수 있다.

우유에 여러 영양소가 들어 있는 것은 사실이나 수분이 약 90%로 대부분을 차지하기 때문에 각 영양소의 절대적인 양은 그리 많은 편은 아니어서 우유를 마신다고 다른 식품의 섭취를 소홀히 하여도 좋은 것은 아니며, 특히 비타민류는 부족한 편이다. 그러나 우유는 비교적 저렴하면서도 특별한 조리가 필요 없이 언제 어디서나 간편하게 섭취할 수 있다는 장점이 있다. 또한 맛이 담백하여 쉽게 질리지 않으므로 매일 꾸준히 섭취하는 것이 가능하다는 장점도 있다. 소형 종이팩 제품 한 개는 보통 200㎖로서 보통 크기의 컵 1잔에 해당하며, 이 정도를 매일 마신다면 비록 우유에 포함된 영양소의 절대량은 적지만 누적 섭취량으로서는 다른 어떤 식품에도 뒤지지 않는다.

우유를 마시면 속이 거북하고 소화가 안 되는 사람들이 있는데, 이는 우유의 탄수화물 성분 중 대부분을 차지하고 있는 유당(乳糖, lactose) 때문이다. 유당은 포도당(glucose) 한 분자와 갈락토오스

(galactose) 한 분자가 결합한 이당류의 일종으로 이를 소화시키기 위해서는 락테이스(lactase)라는 분해효소가 필요하지만 평소에 우유를 잘 마시지 않는 성인은 이 효소를 가지고 있지 않다. 락테이스가 몸 안에 없는 사람은 우유를 마실 경우 설사와 소화불량이 나타나며, 이런 증상을 유당불내증(乳糖不耐症, lactose Intolerance) 또는 유당분해효소결핍증이라고 한다. 이런 증상이 있는 사람은 요쿠르트 등 발효유를 섭취하는 것이 좋다. 발효유에 들어 있는 유산균이 락테이스를 갖고 있으므로, 유당불내증인 사람도 유당을 소화·흡수할 수 있게 된다. 그러나 우유 제품에 대한 알레르기가 있는 사람은 우유뿐만 아니라 우유가공품도 피해야 한다.

우유는 그 자체로도 많이 이용되지만 치즈, 버터, 요구르트, 분유 등 여러 가지 가공품의 형태로 이용되는 경우도 많다. 치즈는 우유에서 단백질을 걸러내어 발효·숙성시킨 것으로 그 종류가 2천여 가지에 이를 정도로 많다. 치즈는 크게 천연치즈와 가공치즈로 나눈다. 천연치즈는 종류가 매우 많고, 주로 유산균으로 발효시킨 것이 많으나 효모나 곰팡이로 발효시킨 것도 있고, 숙성이나 발효를 시키지 않은 생치즈(fresh cheese)도 있다. 천연치즈의 명칭은 원산지 지명이나 외관, 형태 등에서 유래된 것이 많다. 가공치즈는 종류와 숙성도가 다른 천연치즈를 혼합한 것을 주원료로 하고 식품첨가물 등을 가하여 융해하고 균질화하여 상품화한 것을 말한다. 시중에 판매되고 있는 치즈는 대부분 가공치즈이다.

치즈는 우유가 가지고 있는 모든 영양소가 농축되어 있으므로 지방, 단백질 및 미네랄이 풍부하고, 유산균 등 몸에 좋은 미생물과 이들의 작용으로 생성된 각종 유기산이 다양하게 함유되어 있다. 치즈는 숙성과정 중에 미생물의 작용으로 영양소들이 소화되기 쉬운 형태로 분해되기 때문에 소화기관이 약한 사람이나 어린이들에게 좋은 식품이다. 또한 미생물이 장내 환경을 개선하여 변비 등을 예방하고, 치료하는 데 도움을 준다. 치즈는 우유의 단백질 부분을 이용하여 가공한 것이므로, 우유에 비하여 단백질 함량이 매우 많은 것이 특징이다. 치즈의 지방산은 약 70%가 포화지방산이며, 불포화지방산 중에서는 이중결합이 하나인 올레산이 약 25%로 대부분을 차지한다. 또한 치즈에는 단백질과 지방 외에도 비타민A, 칼슘, 인 등의 함량이 높다.

버터는 우유 중의 지방을 분리하여 크림을 만들고, 이것을 응고시켜 만든 유제품으로 유지방(乳脂肪) 함량이 약 80%로써 고칼로리 식품이다. 버터의 지방산 조성은 치즈와 유사하며 포화지방산이 약 70%를 차지한다. 주요 지방산의 대략적인 함량은 미리스트산 12%, 팔미트산 29%, 스테아르산 11%, 올레산 28% 등이다. 요즘에는 칼로리가 높다하여 버터를 '나쁜 식품'으로 취급하고 있으나, 예전에는 아주 귀한 식품이었다. 버터의 지방은 소화•흡수가 잘 되어 운동량이 많은 어린이나 체력회복이 필요한 사람에게는 뛰어난 영양식품이 된다. 버터는 약 0.2%의 콜레스테롤을 함유하고 있어 기피하는 사람도 있으나, 이 정도의 양은 식품으로 섭취하여도 혈액의 콜레스테롤 수치에는 아무 영향도 주지 못한다.

우유를 유산균 또는 효모로 발효시킨 것이 발효유(醱酵乳)이며, 일반명칭으로는 요구르트(yoghurt)라고 한다. 발효유에는 살아있는 유산균이 포함되어 있으며, 유산균은 장을 깨끗이 하고 장운동을 조절하여 설사나 변비 등 소화기 질환으로 생기는 각종 문제점을 해결하고, 병원균이나 식중독균의 증식을 억제하여 이들에 의한 질환을 예방하는 기능이 있다.

우유의 수분을 제거하여 보존성을 높이고 저장과 운반이 용이하도록 가공한 것이 분유(粉乳)이다. 분유는 크게 전지분유(全脂粉乳), 탈지분유(脫脂粉乳), 가당분유(加糖粉乳), 조제분유(調製粉乳) 등 4종류로 구분한다. 전지분유는 우유 전체를 그대로 건조시킨 것이며, 탈지분유는 우유에서 지방을 제거한 후에 건조시킨 것이고, 가당분유는 우유에 설탕, 유당, 덱스트린 등 당류를 가하여 건조시킨 것이며, 조제분유는 모유의 조성에 가깝도록 필요한 영양소를 첨가하여 유아용으로 개발한 것이다.

08
계란

  계란(달걀)은 어느 집이나 냉장고를 열면 꼭 들어있을 정도로 평
상시 자주 먹는 식품이며, 비교적 저렴한 가격이면서도 완전식품이
라는 평가를 받을 만큼 영양이 풍부하다. 최근에는 계란에 여러
유용한 성분을 보강한 특수용도 계란도 개발되고 있으며, 위생적인
면을 강조한 계란도 판매되는 등 종류가 다양해지고 있다. 그러나
여러 가지 이유로 인하여 기피하는 사람들이 많은 것도 현실이다.
그 이유 중에는 콜레스테롤 문제, 조류인플루엔자(AI) 문제, 알레르
기 문제, 식중독 문제 등이 있다.

  계란은 눈에 보이지 않을 정도로 작은 다른 세포들과는 비교가
되지 않을 만큼 크지만 그 자체는 하나의 세포이며, 크게 난백(卵白,
흰자), 난황(卵黃, 노른자), 난각(卵殼, 껍질)의 세 부분으로 구성되어 있
다. 닭의 품종이나 나이, 알의 크기 등에 따라 차이는 있으나 세 부
분의 구성비는 난백 56~60%, 난황 28~32%, 난각 10~14% 등으로
되어있다. 계란 한 개의 무게를 60g 정도로 보면 대략 난백 35g, 난

황 18g, 난각 7g 등이 된다. 일반적으로는 난백과 난황만을 식용으로 하며, 난백과 난황을 합한 계란의 가식부 전체를 전란(全卵)이라고 한다. 전란 중의 난백과 난황의 비율은 약 2:1이 된다. 난각의 주성분은 칼슘(Ca)으로서, 가공하여 칼슘보충제로 이용되기도 한다.

원래 계란은 닭이 다음 세대를 위해 생장에 필요한 영양소를 최선의 방법으로 비축해 놓은 것으로, 외부로부터 아무런 영양소 보급이 없어도 일정한 온도만 유지하여 주면 알에서 병아리가 생겨날 정도로 영양소가 완전하다. 계란을 완전식품이라고 부르는 것은 특히 필수아미노산이 균형 있게 함유되어 있기 때문이다. 필수아미노산의 양과 비율을 측정하여 식품에 포함된 단백질의 품질을 수치화한 것을 단백가(蛋白價, protein score)라고 하며, 전란의 단백가를 100으로 하여 상대적인 품질을 비교한 것이다. 원래 단백질(蛋白質)의 단(蛋)은 난(卵)과 같은 의미이며, 단백질이란 난백에서 유래된 단어이다.

난백은 약 90%의 수분과 약 10%의 단백질로 되어 있으며, 지방이나 탄수화물은 거의 없는 고단백 저칼로리 식품이다. 계란 전체 단백질의 약 57%는 난백에 있으며, 난백의 단백질은 필수아미노산을 비롯하여 20여 종의 단백질이 이상적인 비율로 포함되어 있다. 난백의 단백질 중 50% 이상을 차지하는 알부민(albumin)과 약 10%를 차지하는 오보뮤코이드(ovomucoid)는 알레르기를 일으키는 요인이 되기도 하므로 계란에 알레르기가 있는 사람은 섭취하지 않는 것이 좋다.

난황에는 탄수화물은 거의 없으나 지방과 단백질이 풍부하여 칼로리가 높으며, 비타민과 미네랄의 종류와 양도 비교적 많이 포함되어 있다. 단백질을 제외한 계란의 모든 영양소는 대부분 난황에 들어있으며, 특히 난백에 비하여 비타민이 다양하게 들어있다. 계란에 있는 비타민 A, D, E는 모두 난황에만 있다. 그러나 식이섬유 및 비타민C 등이 들어있지 않으므로 이들 성분이 풍부한 야채나 과일, 곡류 등을 함께 섭취하면 보다 이상적인 영양을 공급할 수 있다.

난황에 풍부한 레시틴(lecithin)의 어원은 그리스어로 난황을 의미하는 'lecithos'에서 유래하였다. 레시틴은 포스파티딜콜린(phosphatidylcholine)이라고도 하며, 인지질의 일종으로 지방산에 인산이 붙어있는 것이다. 난황에는 약 8.6%의 레시틴이 있으므로 계란 한 개에는 1.1~1.5g 정도 들어 있는 셈이다. 레시틴은 세포막을 구성하는 주요 성분이며, 신경의 자극을 전달하는 물질인 아세틸콜린(acetylcholine)을 만드는 데 꼭 필요한 물질로서 뇌의 학습능력을 높여주고 노인성 치매를 예방하는 효과가 있다. 난황에서 추출한 레시틴은 건강기능식품으로도 판매되고 있으며 〈건강기능식품공전〉에서 인정한 기능성은 "콜레스테롤 개선에 도움을 줄 수 있음"이다.

난황에는 약 1.3%의 콜레스테롤이 함유되어 있으며, 콜레스테롤 때문에 계란을 기피하는 사람들이 있다. 세계보건기구(WHO)는 하루 300㎎ 이하의 콜레스테롤 섭취를 권장하고 있으며, 계란 한 개에는 200~250㎎의 콜레스테롤이 들어있으니 계란이 콜레스테롤 덩어리라는 것은 명백한 사실이다. 이 때문에 계란에서 콜레스테롤의 함량을 감소시키려는 많은 노력이 있었으나 만족할만한 성과를 이루지는 못하였다. 그 이유는 콜레스테롤이 병아리 신체조직 형성에 필수적인 물질이며, 콜레스테롤이 없으면 병아리가 부화할 수 없으므로, 닭은 일정 수준의 콜레스테롤이 난황 중에 축적되지 않으면 산란을 중지하기 때문이다.

건강과 콜레스테롤에 대한 관심이 높아지면서 1970년대부터 1990년대까지 세계적으로 계란의 소비가 20~30% 감소하기도 하였다. 그러나 1990년대에 접어들면서 난황 중의 레시틴 성분이 콜레스테롤의 흡수를 방해하므로 계란을 먹어도 콜레스테롤 수치가 올라가지 않는다는 연구 결과가 잇따르면서 계란의 소비가 다시 증가하기 시작했다. 현재는 건강한 사람이라면 매일 계란 1~2개 정도를 섭취하여도 아무런 문제가 되지 않는다는 것을 대부분의 학자들이 인정하고 있다.

우리나라에서 가장 흔한 식중독균 중 하나가 살모넬라(Salmonella)이며, 계란은 살모넬라균의 주된 오염원이다. 살모넬라균은 닭이 알을 낳을 때 분변 등에 의해 계란 껍질에 오염되고, 껍질에 있는 기공(氣孔)을 통하여 내부로 들어가 번식하게 된다. 이처럼 살모넬라균이 번식한 계란을 섭취하게 되면 식중독에 걸리게 된다. 살모넬라균은 60~65℃에서 20~30분간 가열하면 사멸하므로 계란을 익혀서 먹으면 식중독을 예방할 수 있다. 또한 살모넬라균은 10℃ 이하에서는 발육하지 않으므로 계란은 냉장고에서 저온으로 보관하는 것이 좋다. 계란의 표면을 물로 씻으면 표면의 보호막이 제거되고, 살모넬라균이 물과 함께 기공을 통하여 내부로 들어가 오염되기 쉬우므로 물로 씻는 것은 좋지 않다.

조류인플루엔자(AI)가 유행하면서 닭고기 및 계란의 섭취를 꺼리는 사람도 있는데, 기본적으로 AI는 조류에게 발생하는 전염병이며 사람에게 감염되기는 어렵다. AI는 보통 조류의 배설물을 통해 인체에 감염되는데, 조류의 배설물과 접촉할 기회가 적은 일반인은 감염 확률이 거의 없으며, 계란을 먹어서 AI에 감염된 사례는 없다. 지금까지 AI에 감염된 사람들은 모두 양계업자나 도살장 종사자 등과 같이 가금류와 밀접한 접촉을 하여 AI 바이러스에 지속적으로 노출된 사람들이었다. AI 바이러스는 75℃ 이상에서 5분 이상 가열하면 죽기 때문에 닭이나 계란 등을 충분히 익혀서 먹는다면 AI에 감염될 우려는 없다.

최근에는 건강에 대한 소비자들의 관심 증대와 더불어 브랜드 계란 및 기능성 계란의 판매가 증가하고 있다. 그러나 각종 기능성을 표방하고 있는 계란들이 성분이나 효과 면에서 일반 계란에 비하여 얼마나 차이가 있는지는 명확하지 않으며, 심지어 일반 계란과 별다른 차이가 없는데도 가격만 비싸게 판매되고 있는 것도 있다.

자연 상태에서 놓아기른 닭이 낳은 유정란(有精卵)이 인기를 끌고 있으나, 일반 계란과 비교하여 영양성분에 차이는 없다. 또한 백색란보다 갈색란이 좋다는 소비자도 있으나, 계란 껍질의 색깔은 품종에 따라 결정되는 것일 뿐이며 영양이나 맛에서 큰 차이는 없다.

브랜드 계란 중에는 위생적인 면을 강조한 제품도 있다. 이와 관련하여 2003년 1월부터 축산물등급판정소에서 계란등급제를 실시하고 있다. 계란의 등급 판정은 신선도와 내용물의 상태에 따라서 1⁺등급, 1등급, 2등급, 3등급으로 구분하며, 무게에 따라서 왕란(68g 이상), 특란(68g 미만~60g 이상), 대란(60g 미만~52g 이상), 중란(52g 미만~44g 이상), 소란(44g 미만) 등 5종류로 구분한다. 등급 판정을 받은 계란은 포장용기 및 계란 껍질에 등급판정 표시를 하고 있으므로 구매 시 참고하는 것이 좋다. 일반적으로 껍질이 까칠까칠하고, 깨뜨렸을 때 내용물과 껍질이 잘 분리되며, 난황이나 난백의 높이가 높고 탄력이 있으면 신선한 계란이다.

식초

식초는 예로부터 몸에 좋다고 인식되었으며, 식초를 이용한 다양한 민간요법이 전해지고 있다. 여기저기에 소개되고 있는 내용들을 보면 식초가 마치 만병통치약처럼 여겨진다. 이에 따라 요즘은 식초가 건강음료로 개발되어 여러 회사에서 제품을 출시하고 있기도 하다. 또한 식초는 신맛을 내는 대표적인 조미식품이며, 천연의 살균·방부제로서 음식 중의 식중독균이나 부패균을 억제하는 용도로도 아주 오래전부터 이용되어 왔다.

영어의 'vinegar'라는 단어는 프랑스어 'vinaigre'에서 왔으며, 이것은 포도주를 뜻하는 'vin'과 시다는 뜻의 'aigre'의 합성어라고 한다. 인류가 식초를 언제부터 이용했는지는 불분명하지만 술이 더욱 발효되면 식초가 된다는 사실에서 술의 역사와 식초의 역사는 거의 같은 것으로 추정할 수 있으며, 술은 인류의 역사와 함께 시작되었다고 할 정도로 오래되었다.

우리나라에서 식초가 언제부터 제조되었는지 역시 분명하지 않으나, 옛 문헌의 기록으로 보아 늦어도 삼국시대에는 식초가 사용되었을 것으로 추정되며, 고려시대에는 식초가 음식의 조리에 이용되었다는 기록이 많이 남아있다. 전통적으로 식초의 원료로는 쌀, 밀, 매실, 감 등이 주로 사용되었다. 공업적인 대량생산 식초는 1960년대까지는 빙초산을 희석한 합성식초가 사용되었으며, 양조식초로는 1969년 한국농산에서 사과식초를 출시한 것이 최초이다.

식초는 역사가 오래된 만큼 종류 역시 매우 많으며, 크게 양조식초(釀造食醋)와 합성식초(合成食醋)로 구분한다. 양조식초란 곡류, 과일류, 주류 등을 주원료로 하여 발효시켜 제조하며, 합성식초는 빙초산을 물로 희석하여 만든다. 빙초산은 순도 99.0% 이상인 순수 초산(醋酸, acetic acid)을 말하며, 녹는점(어는점)이 16.6℃로서 낮은 온도에서는 얼음과 같은 고체 상태이므로 빙초산(氷醋酸)이라는 이름이 붙었다. 초산(아세트산)은 석유를 원료로 하여 여러 화학적 처리 공정을 거쳐 제조하게 되므로 이를 희석하여 만든 식초를 합성식초라고 한다.

빙초산은 피부에 닿으면 화상을 입히고, 마셨을 경우에는 사망에 이를 정도로 위험한 물질이며, 우리나라의 경우 식품제조에 사용되는 식품첨가물로 분류되어 있다. 식품용 합성식초는 안전성을 고려하여 희석하게 되며, 규격은 초산 농도가 29.0% 미만이어야 한다. 합성식초는 가격이 저렴한 장점이 있으나, 초산 이외의 성분은 거의 없고 위험하므로 선진국의 경우는 식품용으로 사용하는 것을 금지하는 추세이다.

양조식초는 원료, 발효방법 등에 따라 다양한 종류가 있다. 원료는 크게 과일류(포도, 사과, 레몬, 감, 매실 등)와 곡류(쌀, 밀, 보리 등)로 나뉘며, 원료에 따라 포도식초, 사과식초, 현미식초 등으로 부른다. 발효방법은 재래식 방법과 공업적 속성발효 방법으로 구분할 수 있다. 재래식 방법은 원료를 우선 알코올발효에 의해 술로 만든 다음 다시 초산발효를 거쳐 식초를 제조하게 되며, 원료 고유의 풍미가 살아있고 여러 유익한 미량성분이 함유되어 있는 것이 장점이다. 반면에 시간이 많이 걸리고, 제조과정 중에 원하지 않는 다른 미생물이 작용하여 실패하기 쉬우며, 초산의 함량이 높아지지 않는 것이 단점이다. 전통적 방법으로 제조한 식초의 경우 산도는 보통 5% 정도가 되며, 감식초는 산도가 3~4% 정도로 더욱 낮고, 포도식초는 6~8%로 정도로 다소 높은 편이다.

공업적인 대량생산에서는 발효시간을 단축하고 발효 효율을 높이기 위하여 주정(酒精)을 원료로 사용하며, 알코올발효를 생략하고 바로 초산발효를 실시하는 것이 일반적이다. 초산발효란 초산균이 번식하며 알코올을 초산으로 변경시키는 현상을 말한다. 초산을 만들어내는 균은 여러 종류가 있으나, 식초 제조에 일반적으로 많이 이용되는 것은 아세토박터 아세티(*Acetobacter aceti*)이다. 공업적인 초산발효는 효율이 좋아 초산 함량이 20% 이상 되는 식초가 만들어지며, 시판되는 일반식초는 물로 희석하여 초산 함량이 6~7%

가 되도록 조정한 것이다. '2배식초' 또는 '3배식초'라는 제품이 있는데, 이는 희석 비율을 조정하여 일반식초보다 초산 함량이 2배 또는 3배가 된다는 의미이다.

식초의 효능을 이야기할 때 식초에 함유된 여러 유익한 성분이 거론되기도 한다. 비타민과 각종 무기질이 풍부하다거나, 각종 아미노산을 비롯한 60여 가지의 유기산이 들어있다는 등 영양소의 보고(寶庫)인 것처럼 이야기된다. 그러나 식초의 원료가 되는 곡류나 과일류 그 자체에는 이런 성분들이 있을 수 있으나, 최종 산물인 식초에는 거의 아무것도 남아있지 않으며, 남아있더라도 극히 미량일 뿐이다. 식초 100g에는 식초의 종류에 따라 다소 차이는 있으나 수분 87.9~93.7g, 탄수화물 1.2~7.4g, 단백질 0~0.2g, 지질 0g, 나트륨 2~12mg, 칼륨 8~22mg, 칼슘 2~3mg, 인 5~15mg, 철 0.1~0.2mg, 비타민B_1 0.01mg, 비타민B_2 0.01mg, 비타민B_3 0.1~0.3mg 등이 들어있다. 냉면, 초무침 등에 사용할 때 식초 1인분의 양은 약 14g이므로 실제 이들 성분의 섭취량은 위에 나온 수치의 1/7 정도밖에 안 된다. 결국 1인분 양을 기준으로 할 때 식초는 초산 외에는 특별한 성분이 거의 없는 셈이다.

식초가 몸에 좋다는 믿음은 아주 오래되었으며, 식초가 효능이 있는 질병으로는 당뇨, 고혈압, 동맥경화, 간장병, 위장병, 신장병, 변비, 비만, 불면증, 골다공증 등이 거론되고 있다. 그외에도 피부 노화 억제, 만성피로 회복, 항암효과, 소화 촉진, 면역기능 강화 등에 효과가 있다고 한다. 그러나 식초가 유익하다는 주장들은 모두 과학적 근거가 빈약하다. 식초에 대한 믿음이 위약효과(僞藥效果)에 의해 몸에 이롭게 작용할 수는 있으나, 잘못된 상식은 오히려 건강을 해칠 수도 있다.

식초의 유익함을 주장하는 사람들은 식초에 관한 연구가 세 번이나 노벨상을 받았다고 하며, 첫 번째는 1945년 핀란드의 비르타넨 (Artturi Ilmari Virtanen) 박사, 두 번째는 1953년 영국의 크렙스 (Hans Adolf Krebs) 박사와 미국의 리프먼(Fritz Albert Lipmann) 박사, 세 번째는 1964년 미국의 블로흐(Konrad Bloch) 박사와 독일의 리넨(Feodor Lynen) 박사 등을 거론한다.

첫째로, 비르타넨 박사는 음식물이 소화·흡수되어 에너지를 발생시키는 원동력이 식초의 초산 성분임을 최초로 발견하여 생리의학상을 받은 것으로 인용되고 있으나, 이는 사실과 다르며 완전히 와전된 것이다. 1945년에 생리의학상을 받은 사람은 플레밍(Alexander Fleming) 등 3명이며, 이들은 페니실린과 그 치료 가치를 발견한 공로로 상을 받았다. 비르타넨은 1945년 노벨화학상을 수상한 사람이며, 녹색 사료의 생산 및 보관을 개선하는 연구를 한 공로로 상을 받았을 뿐 식초의 인체 내 효능과는 아무 관련이 없다. 미생물이나 식물은 아세트산(CH_3COOH)을 이용하는 대사회로를 가지고 있으나, 인간을 비롯한 동물은 아세트산을 이용해 에너지를 낼 수 없다. 아세트산이 우리 몸의 대사 과정에 어떻게 쓰이는지는 아직 밝혀지지 않았다.

둘째로, 아세트산이 대표적인 에너지 대사인 TCA회로(tricarbox-ylic acid cycle)에 쓰여 에너지를 만들고 피로물질인 젖산을 제거한다는 주장에 크렙스 박사 등의 연구가 인용된다. TCA회로는 크렙스사이클(Krebs cycle) 또는 구연산회로(citric acid cycle)라고도 하며, 크렙스 박사가 크렙스사이클을 발견하고, 리프먼 박사가 이 대사 과정에 중요한 촉매 역할을 하는 아세틸조효소A(acetyl-CoA, 활성아세트산)를 발견한 공로로 생리의학상을 공동으로 받은 것은 사실이다. 이들은 인체 내의 에너지 대사를 연구하였을 뿐 식초에 관한 연구를 한 것은 아니다. 이런 주장이 나오게 된 것은 식초의 주성분인 아세트산과 활성아세트산을 혼동한 것으로 보이며, 이 두 물질은 전혀 다른 물질이다.

인체 내에서 포도당($C_6H_{12}O_6$)은 2분자의 피루브산($CH_3COCOOH$)으로 분해되면서 에너지를 생성하며, 이때 생긴 피루브산은 TCA회로를 거쳐 이산화탄소(CO_2)와 수소(H_2)로 분해되면서 다시 에너지를 내게 된다. 이 TCA회로는 피루브산이 탈탄산효소와 탈수소효소의 작용을 받아 이산화탄소와 수소를 잃고, 조효소A(CoA)와 결합하여 활성아세트산이 되는 것으로부터 시작한다. 활성아세트산은 옥살아세트산과 결합하여 구연산이 되며, 구연산은 다시 α-케토글루탐산, 호박산, 푸마르산, 사과산을 거쳐 옥살아세트산으로 되어 회로를 완료하며, 이때 생긴 옥살아세트산은 다시 다음 사이클에 이용된다. 이처럼 TCA회로에 등장하는 활성아세트산, 옥살아세트산, 구연산 등은 모두 대사의 중간 산물이며, 외부에서 공급되는 물질이 아니다. 식초에 있는 초산이나 구연산이 에너지를 만들거나 젖산을 제거하여 피로회복에 도움이 된다는 주장은 사실과 다른 이야기이다.

셋째로, 아세트산이 부신피질호르몬 생성에 쓰여 통증과 스트레스를 줄인다는 주장이 있으며, 블로흐 박사 등의 연구가 인용된다. 블로흐 등은 콜레스테롤 및 지방산의 생합성에 관한 대사작용을 발견한 공로로 생리의학상을 수상하였다. 이들은 콜레스테롤의 생합성은 30개 이상의 단계로 이루어져 있으며, 연쇄반응의 첫 번째 단계가 조효소A의 아세틸화라는 사실을 증명했다. 인체 내에서는 콜레스테롤을 출발물질로 하여 부신피질호르몬, 성호르몬, 비타민 D 등이 합성된다. 여기서 대사과정의 최초에 등장하는 물질도 초산이 아닌 활성아세트산이다. 따라서 식초가 부신피질호르몬 생성에 쓰인다는 것은 사실과 다르다.

식초의 효용을 주장하는 예로써, 식초는 산성이지만 몸에서 분해되면 알칼리성으로 변하므로 산성 체질 개선에 도움이 된다고 한다. 식초가 알칼리성이 되는 이유는 나트륨, 칼륨, 칼슘, 마그네슘 등의 알칼리성 미네랄이 있기 때문이라는 그럴싸한 설명도 곁들여진다. 그러나 근본적으로 산성 체질이란 없으며, 사람의 혈액은 항상 pH7.4로서 약알칼리성을 유지하고 있다. 어떤 이유에서 pH가

산성 쪽이든 알칼리성 쪽이든 이 수치를 벗어나면 몸 안에서 일어나는 생화학 반응의 속도가 느려져 질병을 유발하게 된다. 적정한 pH 균형을 유지하는 데 미네랄이 중요한 역할을 하는 것은 맞으나, 식초로 섭취하는 이들 성분의 함량은 1일 필요량의 1%에도 미치지 못하여 별 도움이 되지 못한다.

지나치게 초산 함량이 높은 경우가 아니면 식초가 유해하다는 증거는 없으며, 특유의 톡 쏘는 신맛 때문에 높은 산도의 식초를 섭취하는 일은 거의 불가능하다. 요즈음 한창 개발되어 판매되고 있는 식초음료들은 초산 함량을 적정한 수준으로 낮추어 마시기 편하게 하였고, 몸에 이롭다는 여러 물질을 첨가한 것이지만, 이들 역시 그 효능이 과학적으로 증명된 것은 하나도 없다. 즉, 식초를 물에 타서 마시거나 식초음료를 마시는 것이 몸에 해를 입히지는 않으나, 세간에 떠돌고 있는 만큼의 효과를 얻을 수도 없다. 식초를 마시고 효과를 보았다고 하는 체험담이 매우 많으나, 그것이 반드시 식초 때문이라는 증거가 되는 것은 아니다. 식초를 마시는 사람은 그만큼 건강에 신경을 쓰는 사람이고, 다른 음식물이나 생활 습관에서도 주의할 것이므로 효과를 보았을 수도 있다.

식초의 효용이 아직 과학적으로 증명되지 못하였을 뿐이라고 주장할 수도 있을 것이나, 식초가 인류의 역사와 함께 시작되었다고 할 만큼 오래되었고, 그동안 수없이 많은 연구가 수행되었으나 아직 이렇다 할 연구결과가 없다는 것은 시사하는 바가 크다. 그래도 식초는 여전히 우리에게 유익한 식품이다. 식초는 청량감을 주어 식욕을 돋우기도 하며, 천연의 살균·방부제로서 음식의 식중독균이나 부패균을 억제하여 준다. 냉면에 식초를 타는 것은 맛을 좋게 하는 이유도 있으나, 냉면 육수에 있을 수도 있는 대장균 등의 식중독균을 살균시키는 효과도 있기 때문이다. 식초는 음식에 신맛을 부여하는 조미식품 그 이상도 그 이하도 아니며, 의약품이나 건강식품처럼 취급하는 것은 부적절하다.

10
고급 식용유

종전까지 식용유로 주로 사용하던 대두유나 옥수수유에 유전자 조작 문제가 제기되었고, 마가린이나 쇼트닝 등 가공유지에서도 트랜스지방산 문제가 제기되면서 일반식용유 대신 고급식용유를 찾는 사람들이 증가하였다. 고급식용유로는 올리브유, 포도씨유, 카놀라유, 해바라기유 등이 판매되고 있다. 고급식용유는 각 제조회사 및 판매회사에서 여러 가지 장점이 있다고 선전하고 있으나, 실제에 대하여 정확히 알고 있는 사람은 의외로 적은 듯하다.

1) 올리브유

2000년대 웰빙(well being)이 유행하면서 올리브유가 관심을 끌게 되었으며, 고급식용유 시장을 주도하고 있다. 2006년 3월 《Health(헬스)》라는 미국의 건강잡지에서 올리브유를 세계 5대 건강식품으로 선정하였다는 사실이 알려지고, 올리브유를 소개하는 방송 프로그램이 줄줄이 방영되면서 올리브유의 인기가 치솟았다. 특히 젊은 여성들의 경우 올리브유를 다이어트식품으로 믿고 있는 경우도 있다. 올리브유에 많이 들어 있는 올레산(oleic acid)은 혈중의 좋은 콜레스테롤로 불리는 HDL을 높여주고 나쁜 콜레스테롤로 꼽히는 LDL을 낮춰 전체 콜레스테롤 수치를 낮춰주는 것으로 알려져 있다. 올리브유에는 비타민E(토코페롤) 및 프로비타민A(베타카로틴)가 많이 함유되어 있으며 이들은 노화를 방지하고, 암 발병을 예방하고, 피부 보호에도 효과가 있는 성분이라는 주장은 소비자의 관심을 끌기에 충분하다.

그러나 올리브유의 이러한 효능들은 판매회사의 광고에 의해 실제보다 부풀려져 있으며, 우리 국민의 식습관에 비추어 볼 때 큰 효과를 기대하기도 어려운 면이 있다. 올리브유가 세계 5대 건강식품으로 선정된 것은 미국인의 입장에서 보았기 때문이며, 미국인과 우리는 영양소 섭취 패턴에 차이가 있다. 미국인의 평균 육류 섭취량은 한국인의 4배 정도이며, 동물성지방과 식물성지방의 섭취비율은 3~4:1 정도로서 우리의 약 1:1에 비하여 동물성지방의 섭취량이 매우 많다. 어떤 연구에 의하면 미국인의 80% 정도가 필수지방산이 부족한 식사를 하고 있으며, 25% 정도가 필수지방산 결핍 상태에 있다고 한다. 이에 비하여 한국인의 지방산 섭취는 영양권장량에 근접한 이상적인 상태이다.

올리브유가 주목을 받게 된 것은 1960년대 후반에 발표된 미국 미네소타대학의 안셀 키즈(Ancel Keys) 교수의 "The Seven Countries Study(7개국 연구)"라는 논문 때문이다. 그는 그리스, 이탈리아, 네덜란드, 핀란드, 유고슬라비아, 일본, 미국 등 7개국의 12,000명을 대상으로 15년 동안 건강상태를 조사한 결과 그리스의 크레타(Creta)섬 사람들이 나머지 국가 사람들보다 훨씬 건강하였다고 하였다. 크레타섬 사람들은 칼로리의 45%를 지방으로 섭취하여 비교 국가 중에서 가장 많은 지방을 섭취하였으나 오히려 심장병과 암 사망률이 낮았다고 하였다. 그들은 섭취 칼로리의 33%를 올리브유에서 얻고 있었으며, 따라서 올리브유의 대부분을 차지하는 올레산의 효능에 그 원인이 있다고 보았다.

그러나 지방산 연구의 세계적 권위자인 미국의 아트미스 시모포로스(Artemis P. Simopoulos) 박사가 1998년에 쓴 『The Omega Diet - Lifesaving Nutritional Program』이란 책을 읽어보면 이야기가 달라진다. 이 책은 『오메가 다이어트』란 제목으로 국내에도 번역본이 나와 있다. 그녀는 그리스 출신으로 어려서부터 크레타식의 식사(크레타 식단)를 해온 사람이다. 이 책에서 그녀는 "크레타 식단은 이상적인 비율의 필수지방산, 특히 오메가3 지방산이 풍부한 식단이며, 크레타인들의 장수 비결은 필수지방산을 균형 있게 섭취하는 데 있다."라고 하였다. 이것은 크레타섬 사람들의 심장병과 암 사망률이 낮은 이유가 올리브유 때문이라는 주장을 부정한 것이다.

2005년 페니 크리스 에더톤(Penny Kris Etherton) 박사는 미국의 저명한 영양학 잡지인《Journal of the American Dietetic Assoication》에 발표한 논문에서 다가불포화지방산이 많은 해바라기유를 섭취한 실험군에서는 총 콜레스테롤 및 LDL 콜레스테롤을 낮추는 데 효과가 있었으나, 단일불포화지방산이 많은 올리브유를 섭취한 실험군에서는 효과가 없었다고 하였다. 연구 결과 심혈관 위험요소를 조절하기 위하여는 다가불포화지방산 또는 단일불포화지방산 중 어느 것이라도 더 많이 섭취하면 되는 것이 아니라 두 지방산을 적당한 비율로 섭취해야 되는 것이라고 하였다.

올리브유의 지방산 조성은 팔미트산 7~15%, 스테아린산 1~3%, 올레산 70~85%, 리놀레산 4~12%, 기타 1~3% 정도로서 오메가3 지방산은 거의 없다. 올레산은 탄소수 18개에 이중결합이 하나 있는 단일불포화지방산으로서 한국인은 굳이 올리브유가 아니더라도 충분히 섭취하고 있다. 다른 식품에 포함된 올레산의 함량을 보면 대두유 20~35%, 옥수수유 25~45%, 돼지기름 40~60%, 우지 30~50% 등 흔하게 분포되어 있다. 더구나, 올레산은 우리 몸에서 합성이 가능한 지방산이어서 필수지방산으로 분류되지도 않고 있다. 올리브유의 효능은 소문에 의해 부풀려진 면이 있으며, 과학적으로 명확하게 입증된 것이 아니어서 현재로서는 건강기능식품으로 인정받지도 못한 상태이다.

올리브유 특유의 향과 맛을 즐기기 위해서라면 이해할 수 있으나, 건강 또는 다이어트를 생각하여 올리브유를 찾는다면 목적을 달성하기 어렵다고 말할 수 있다. 올리브유를 요리에 사용할 때에는 용도에 맞게 골라서 사용하여야 한다. 열매를 압착하여 짜낸 버진 올리브유는 향이 강하고 발연점이 낮으므로 튀김이나 볶음과 같이 열을 가하는 요리에는 부적합하고, 참기름처럼 음식의 마무리 용으로 사용하거나 드레싱이나 소스 등에 사용하기에 적당하다. 퓨어 올리브유는 향이 약한 대신 일반 식용유처럼 사용할 수 있으며, 발연점이 높으므로 부침이나 튀김 요리에도 사용할 수 있다.

감람나무라고도 불리는 올리브나무는 지중해 연안이 원산지로 100여 가지 종(種)이 있으며, 종에 따라 맛과 향이 다르다. 올리브유는 가공 방법에 따라 압착 올리브유, 정제 올리브유, 혼합 올리브유로 구분한다. 압착 올리브유는 버진 올리브유라고도 하며, 과실을 압착하여 기름을 짠 후 세척, 원심분리, 여과 등의 물리적인 과정만 거친 것으로 일반적으로 녹황색을 띠며 올리브 특유의 풍미가 살아있는 식용유이다. 압착 올리브유 중에서 산가가 높아 식용으로 할 수 없는 것을 정제 처리하여 식용유로 한 것이 정제 올리브유이며, 압착 올리브유와 정제 올리브유를 섞은 것이 혼합 올리브유이다. 우리나라 〈식품공전〉에 따른 산가 기준은 각각 압착 올리브유 2.0 이하, 정제 올리브유 0.6 이하, 혼합 올리브유 2.0 이하이며, 국제올리브유협회(IOOC, International Olive Oil Council)의 구분은 다음과 같다.

① **엑스트라 버진 올리브유**(Extra Virgin Olive Oil): 산가 1.0 이하로서 최상급의 품질이며, 가급적 가열을 하지 않고 사용하며, 참기름처럼 뿌려 먹거나 약간 첨가해서 맛을 내는 데 이용한다.

② **파인 버진 올리브유**(Fine Virgin Olive Oil): 산가 2.0 이하로서, 그냥 버진 올리브유라고도 한다.

③ **일반 버진 올리브유**(Ordinary Virgin Olive Oil): 산가 3.3 이하로서 다소 품질이 떨어지는 등급이며, 스탠다드 버진 올리브유(Standard Virgin Olive Oil)라고도 한다.

④ **람판테 버진 올리브유**(Rampante Virgin Olive Oil): 산가 3.3 초과로서, 식용으로 사용할 수 없는 기름이다.

⑤ **정제 올리브유**(Refined Olive Oil): 람판테 버진 올리브유를 정제하여 얻으며, 산가 0.5 이하이다. 버진 올리브유와는 달리 맛과 향이 거의 없으며, 우리나라에서는 거의 판매되고 있지 않다.

⑥ **퓨어 올리브유**(Pure Olive Oil): 정제 올리브유에 향을 내기 위하여 람판테 버진 올리브유를 섞은 혼합올리브유로서 산가 1.5 이하이다. 그냥 올리브유라고도 하며, 혼합 비율에 따라 가격이 달라진다.

⑦ **포마세 올리브유**(Pomace Olive Oil): 버진 올리브유를 짜고 남은 찌꺼기에서 수증기와 솔벤트를 사용하여 추출한 기름이다. 공업용으로 비누나 머릿기름 등을 만들 때 사용하며, 식용으로는 사용하지 않는다.

2) 포도씨유

올리브유를 사용하는 사람이 늘었으나, 올리브유는 일반 식용유로 사용하기에는 향이 너무 강한 단점 때문에 이를 기피하는 소비자도 있다. 이에 대한 대안으로 포도씨유가 주목을 받고 있다. 포도씨유의 장점은 향이 은은하고 맛이 담백하여 음식 고유의 맛과 향을 살려주며, 특히 발연점(發煙點, smoking point)이 높아 튀김요리에 적합하다. 발연점이란 유지를 가열할 때 유지 표면에서 엷은 푸른 연기가 나기 시작할 때의 온도를 말한다.

다른 식용유의 발연점은 대두유 210℃, 옥배유 227℃, 올리브유 200℃, 쇼트닝 177℃ 등으로 200℃ 전후인 데 비하여 포도씨유의 발연점은 250℃이고, 튀김요리는 대체로 140℃~200℃ 내외로 가열된 유지에서 조리된다. 따라서 포도씨유로 튀김요리를 할 경우 검은 연기가 안 나고 음식이 잘 타지 않으며, 튀김옷에 배어드는 기름양이 적어 느끼함이 적고, 바삭함이 오래가는 장점이 있다.

포도씨에는 지방 20~30%, 단백질 10~15%, 탄수화물 3~6%, 무기질 2~3% 정도가 함유되어 있다. 포도씨유는 포도씨를 압착하여 짜낸 기름을 정제하여 얻는 것인데 1톤의 포도에서 얻을 수 있는 포도씨유가 겨우 1리터 정도에 불과하며, 포도의 주산지인 프랑스, 이탈리아, 스페인 등에서 주로 생산되고 있다. 포도씨유의 지방산 구성은 팔미트산 6.7~9.1%, 스테아르산 1.7~2.7%, 올레산

13.4~20.7%, 리놀레산 68~78% 등으로 필수지방산인 리놀레산이 대부분이다.

리놀레산이 우리 몸에 꼭 필요한 필수지방산이기는 하나 열량이 매우 높아서 지나친 섭취는 오히려 비만을 부를 수도 있다. 일반적으로 성인은 리놀레산 결핍증상이 나타나기 어려운데 그 이유는 상당히 오랜 기간을 리놀레산이 전혀 없는 식사를 하기 어렵고, 지방조직에 리놀레산이 저장되어 있어 부족할 때 사용할 수 있기 때문이다. 현대인의 식생활에서는 오히려 리놀레산을 비롯한 오메가6 지방산의 과잉섭취가 문제가 되어 섭취를 줄일 것이 권고되고 있는 형편이다. 또한 리놀레산은 포도씨유 뿐만 아니라 대두유, 옥배유, 현미유, 면실유 등 대부분의 식물성 식용유에도 들어 있는 성분이므로 리놀레산 섭취가 목적이라면 굳이 포도씨유를 고집할 필요는 없다.

포도씨유의 진정한 가치는 활성산소(活性酸素)를 억제하는 능력이 있기 때문이다. 인체의 세포는 산소를 사용하여 에너지를 생산함으로써 생명 유지에 활용하는데, 이때 대사 부산물로서 유해산소라고 불리는 활성산소가 3~5% 발생한다. 활성산소는 유전자, 효소, 세포막 등을 파괴하는 물질이며 암, 심장질환, 관절염, 노화 등 모든 퇴행성 질환의 80~90%는 활성산소의 작용과 연관되어 있는 것으로 알려져 있다. 항산화제(抗酸化劑, antioxidant) 또는 산화방지제(酸化防止劑)라고 불리는 것은 이러한 활성산소의 작용을 억제하는 물질들을 총칭하는 것이다. 포도씨유에는 다른 식물유에는 없는 카테킨(catechin)이란 물질이 100g당 3㎎ 이상 함유되어 있다. 카테킨은 강한 항산화 능력을 갖고 있으며, 일반식용유에 들어 있는 천연항산화제인 토코페롤보다 항산화력이 16.5배나 높다고 한다.

3) 카놀라유

제주도의 대표적인 관광자원 중의 하나가 봄이 오면 노랗게 피어나는 유채꽃이다. 채종유(菜種油)는 이 유채꽃의 종자(rape seed)로부터 얻는 기름이다. 채종유는 서양에서는 옛날부터 널리 이용하던 식용유였으나, 1960년대에 채종유에 많이 들어 있는 에루스산(erucic acid)이 동물실험에서 심장병을 일으킨다는 것이 밝혀진 이후 기피하게 되었다. 에루스산은 탄소수가 22개이며, 이중결합이 1개인 단일불포화지방산이다. 유채는 캐나다의 주요 경제작물이므로 위기감을 느낀 캐나다에서 품종개량에 노력한 끝에 얻어낸 결실이 카놀라(canola)이다. 카놀라는 캐나다에서 품종개량한 종자의 이름으로서 캐나다(Canada)와 오일(oil)의 합성어이며, 카놀라유란 카놀라종 유채씨에서 얻은 기름을 말한다.

재래종 유채에서 얻은 채종유에는 에루스산이 약 60%였으나, 1978년 품종등록 당시 카놀라유의 에루스산은 5% 이하였으며, 그 후에도 계속 품종개량이 이루어져 지금의 카놀라유에는 에루스산이 거의 함유되어 있지 않다. 현재 재배되고 있는 유채는 대부분 카놀라종이며, 공업용 목적으로 일부만이 에루스산이 많은 재래종 유채를 재배하고 있다. 따라서 시판되고 있는 식용 채종유는 거의 모두가 카놀라유이므로 채종유와 카놀라유가 같은 의미로 사용되기도 한다.

최초로 카놀라가 개발될 당시에는 전통적인 육종 방법인 품종 간 교배에 의해 이루어졌으나, 오늘날 캐나다에서 재배되고 있는 카놀라의 90% 이상은 GMO 품종이라고 한다. 이와 관련하여 일부에서 문제제기를 하고 있으나, GMO 문제는 카놀라유에 국한된 이야기는 아니고 대두유나 옥수수유에도 해당되는 논란거리이다.

카놀라유는 담백한 풍미를 갖고 산화안정성과 가열안정성이 우수하여 튀김요리, 부침요리, 볶음요리 등에 적합하다. 튀김에 사용하면 쉽게 눅눅해지지 않고 오랫동안 바삭한 질감을 느낄 수 있다. 카놀라유는 공업용으로는 윤활유, 디젤엔진 연료, 페인트, 화장품, 플라스틱 가소제 등으로 널리 사용되며, 기름을 짜고 남은 박(粕)은 가축의 사료로 이용된다.

카놀라유의 일반적인 지방산 조성은 팔미트산 4.2~4.5%, 스테아르산 1.6%, 올레산 63.4~66.0%, 리놀레산 17.1~21.2%, 리놀렌산 8.7~9.2% 등이다. 올리브유 다음으로 올레산이 많으며, 오메가3 지방산인 리놀렌산이 약 9%로 풍부한 편이고, 리놀레산 함량도 높아

불포화지방산이 전체의 94% 정도를 차지하여 콜레스테롤을 낮춰주고 혈압강하 효과가 있는 좋은 기름으로 알려져 있다.

4) 해바라기유

해바라기는 중앙아메리카가 원산으로 콜럼버스가 아메리카대륙을 발견한 이후 유럽에 알려졌으며, 오래전부터 동유럽 국가에서 많이 재배하여 씨와 기름을 이용해왔다. 해바라기유는 대두유, 팜유, 카놀라유 등에 이어서 세계에서 네 번째로 많이 생산되는 식용유이며, 주요 생산국은 우크라이나, 러시아, 아르헨티나 등이다.

해바라기유(sunflower oil)는 품종에 따라 지방산의 조성이 크게 다르다. 기존의 해바라기에서 얻은 식용유는 리놀레산 함량이 높아 저온에서도 결정이 잘 생기지 않기 때문에 러시아 등 추운 나라에서 마요네즈 제조용으로 사용된다. 그러나 다중불포화산인 리놀레산은 산화되기 쉽기 때문에 품종개량을 한 것이 고올레산 해바라기이며, 고올레산 해바라기유는 산화안정성이 개선된 반면 내한성은 떨어진다. 품종에 따른 해바라기유의 지방산 조성은 다음과 같다.

① **고리놀레산 해바라기유**: 팔미트산 5~6%, 스테아르산 4~5%, 올레산 19~20%, 리놀레산 66~69%, 리놀렌산 0~1%, 기타 2~3%

② **고올레산 해바라기유:** 팔미트산 3~4%, 스테아르산 2~4%, 올레산 83~87%, 리놀레산 3~4%, 기타 2~3%

2005년 쇼트닝, 마가린 등에 있는 트랜스지방산의 위험성이 부각되자 BBQ치킨에서 닭을 튀길 때 사용하는 기름을 올리브유로 변경하면서 고급식용유가 주목을 받게 되었다. BBQ치킨의 마케팅 성공에 자극을 받은 경쟁업체인 BHC에서는 2007년에 해바라기유를 사용한 치킨을 내놓게 되었다. 이에 이어서 오리온, 해태제과, 롯데제과 등 제과업계에서도 경쟁적으로 기존에 사용하던 기름을 해바라기유로 대체하였다. 한편 식용유 업체에서는 급격하게 성장한 올리브유, 포도씨유, 카놀라유 등의 고급식용유 시장에 해바라기유를 추가하였다.

업체들은 해바라기유가 항산화 효과가 뛰어나고 신체노화 방지의 효능이 있는 비타민E가 풍부하고, 필수지방산인 리놀레산이 약 67%나 되어 콜레스테롤의 혈중 농도를 낮추어 심장병 발생의 위험을 줄여주는 효능이 있으며, 심혈관계 질환에 심각한 영향을 미치는 포화지방산이 다른 식용유보다 적다는 등의 홍보를 하였다. 그러나 그 효과는 업체에서 주장하는 만큼 뛰어난 것은 아니며, 고급식용유란 이미지를 주기 위한 마케팅 전략일 뿐이다.

해바라기유에는 다른 식용유에 비해 약 2배 정도의 비타민E가 함유되어 있는 것은 사실이다. 그러나 우리나라에서는 주로 전이나 볶음요리 용도로 사용하고 있으며, 음식에 스며든 소량의 비타민E로 어떤 효과를 기대하기는 어렵다. 비타민E는 식물성식용유 외에도 계란노른자, 녹황색 야채, 곡류의 배아 등에 많이 들어있으며, 일상적인 식사를 통하여 충분한 양을 섭취하고 있어서 보통의 경우 결핍되는 일이 거의 없으므로, 굳이 비타민E 보충의 목적으로 해바라기유를 섭취할 필요는 없다.

필수지방산인 리놀레산이 풍부하다는 것은 고리놀레산 해바라기유에나 해당하는 말이다. 국내에서 판매되고 있는 해바라기유는 대부분이 고올레산 해바라기유이며, 이것은 다른 식용유에 비해 오히려 리놀레산 함량이 떨어진다. 그리고 일반식용유인 대두유나 옥배유에도 리놀레산이 약 55% 들어있어 리놀레산 섭취가 목적이라면 굳이 비싼 식용유인 해바라기유를 선택하는 것은 현명하지 못하다.

해바라기유에는 팔미트산이나 스테아르산과 같은 포화지방산이 5~11% 들어있으며, 이는 다른 식물성식용유에 비해 함량이 낮은 것은 사실이다. 그러나 그 차이는 2~3% 정도로 미미하며, 포화지방산의 주된 섭취 원인은 식물성식용유가 아니라 쇠고기, 돼지고기 등의 육류와 동물성식용유라는 점을 무시하고 있는 것이다. 포화지방산의 과잉섭취 문제는 어떤 식물성식용유를 사용하느냐에 달려있는 것이 아니라 기본적으로 육류와 동물성식용유의 섭취를 줄이는 것에 해결책이 있는 것이다.

해바라기유의 장점은 이런 영양학적 효능에 있는 것이 아니라 현실적인 면에 있다. 고올레산 해바라기유의 지방산 조성은 올리브유의 지방산 조성과 아주 유사하다. 두 식용유 모두 주성분은 단일불포화산인 올레산으로서 75~85% 정도 함유되어 있다. 그런데 가격은 해바라기유가 올리브유의 반값에도 미치지 못한다. 치킨업체인 BHC를 비롯하여 여러 제과업계에서 올리브유 대신에 해바라기유를 사용한 것은 경제적인 이유가 큰 몫을 하고 있다.

해바라기유의 발연점은 220~240℃ 정도로써 식용유 중에서는 약 250℃인 포도씨유 다음으로 높다. 발연점이 높기 때문에 튀김이나 부침 등 고온에서 조리되는 음식에 사용하기 적당하다. 또한 특유의 향이 있는 올리브유와는 달리 정제된 해바라기유의 경우에는 별다른 향이 없고 맛이 담백하여 음식 고유의 향이나 맛을 손상시키지 않는 장점이 있다.

11
해양심층수

건강에 대한 관심이 증가하면서 물에 대한 관심도 증가하고 있으며, 해양심층수(海洋深層水)란 낯선 이름이 매스컴 등에서 마치 신비의 물처럼 소개되기도 한다. 해양심층수는 그동안 일본과 미국으로부터 수입되어 일부 부유층을 중심으로 소비되어 왔으며, 2007년 7월 '해양심층수의 개발 및 관리에 관한 법률'이 통과되고, 2008년 2월부터는 법률의 효력이 발생하여 국내에서도 생산할 수 있게 되었다.

해양심층수란 수심 200m 이하의 깊은 바닷물을 말하며 영어로는 'deep water', 'deep ocean water' 또는 'deep sea water' 등으로 불린다. 바닷물은 한 곳에 머무르지 않고 아주 느린 속도로 대서양, 인도양, 태평양을 순환하며, 그린랜드의 빙하지역에 도착하면 매우 차가워져 비중이 커지게 된다. 비중이 커진 바닷물은 점점 아래로 내려가 수심 200m 아래까지 이르게 되는데, 이때의 온도는 약 2℃로서 위쪽 수면 가까이에 있는 표층수(表層水)와는 약 20℃의 온도 차이가 있으며, 비중 차이에 의해 서로 활발히 섞이지 못하고 마치 물과 기름처럼 서로 경계를 유지하며 존재하게 된다. 이런 상태로 심해에 존재하는 바닷물이 바로 해양심층수이며, 해양심층수는 표층수와는 구분되는 다음과 같은 특징을 지니게 된다.

① **저온안정성(低溫安定性)**: 해면 부근의 표층수 수온은 8~30℃로 계절에 따라 큰 폭으로 변하는 데 비하여 해양심층수는 태양광이 도달하지 않기 때문에 항상 약 2℃로서 저온에서 안정되어 있다. 1974년 제1차 오일쇼크에 대응해 미국에서 새로운 대체에너지를 찾게 되었으며, 그 결과 바닷물의 표층수와 심층수 사이의 온도차를 이용한 발전소를 검토하게 되었다. 그러나 그 후 국제유가가 안정되면서 해양온도차발전(海洋溫度差發電) 연구는 중단되었으나, 해양심층수라는 새로운 자원이 세상에 알려지게 되는 계기가 되었다.

② **부영양성(富營養性)**: 표층수는 햇빛의 영향으로 식물 플랑크톤에 의한 광합성도 일어나고 질소(N)나 인(P) 등의 영양염(榮養鹽)이 소비되지만, 햇빛이 도달하지 않는 해양심층수에는 플랑크톤이 없어 영양염이 소비되지 않아 영양물질이 풍부하게 함유되어 있다.

③ **청정성(淸淨性)**: 표층수에서는 활발하게 다양한 생물의 생명활동이 반복되고 있으므로 유기물이 많고 육지로부터 유입된 오염물질이 있으나, 심층수에는 미생물도 번식하기 어려우며, 육지나 대기로부터 바다로 유입된 유해한 화학

물질도 수심 200m까지는 내려오지 못하므로 해양심층수는 인체에 안전한 깨끗한 상태가 유지된다.

④ **풍부성(豊富性)**: 에베레스트산처럼 8,800m 이상 솟아오른 땅도 있으나, 육지의 평균 높이는 약 840m라고 한다. 이에 비하여 바다의 평균 수심은 약 3,800m로서, 만일 땅을 평평하게 한다면 지구는 평균 수심 3,000m 정도의 물로 덮이게 된다고 한다. 지구 표면의 약 3/4은 물로 덮여 있고, 이처럼 많은 물의 약 98%가 바닷물이며, 바닷물의 약 95%가 해양심층수이므로 고갈될 염려가 없을 만큼 풍부한 자원이다.

위와 같은 장점들로 인하여 많은 나라에서 해양심층수 개발에 나서고 있으며, 해양심층수의 개발 및 이용에서는 일본이 가장 앞서고 있다. 일본은 1976년부터 해양심층수를 개발하기 시작하였으며, 현재는 생수, 맥주, 음료, 소금, 화장품, 의약품, 두부 등 1천여 종의 해양심층수 이용 제품이 생산되고 있다. 우리나라의 경우는 2000년 한국해양연구원(韓國海洋硏究院) 주도로 해양심층수 개발에 착수하였으며, 해양심층수 관련 제품으로는 민간기업인 울릉미네랄에서 국내 최초로 해양심층수에서 추출한 소금을 2006년 6월부터 판매하기 시작하였다.

해양심층수는 동해안의 고성, 속초, 양양, 강릉 등 지방자치단체에서 특히 관심을 보이고 있으며, 그 이유는 지형적인 조건 때문이다. 서해에서는 수심이 200m가 넘는 심해가 없어 해양심층수의 취수가 불가능하고, 남해와 제주도의 경우도 수심이 200m가 넘는 심해까지의 거리가 상당히 멀어 사업타당성이 떨어진다. 이에 비하여 동해안에서는 수심이 200m가 넘는 심해까지의 거리가 2~3㎞ 정도밖에 안 되는 입지조건을 가지고 있다.

해양심층수에 대한 관심이 증가하면서 여러 가지 효능이 있다는 주장도 나오고 있다. 그들의 주장에 따르면 혈액순환을 개선하여 동맥경화 및 고혈압을 예방하고, 세포의 신진대사를 활성화시켜 노화를 억제하며, 면역력을 강화한다거나 변비, 콜레스테롤, 숙취해소에도 효과가 있다고 한다. 또한 아토피성 피부를 비롯한 각종 피부질환에 효능이 있고, 피부미용에도 좋다고 한다. 이외에도 해양심층수를 이용한 빵, 두부, 된장, 간장 등의 평균 숙성기간이 1.5배 빨라지고 저장기간은 2배 이상 길어졌다거나, 밥이나 찌개를 만들면 음식 맛이 더 좋아진다고 한다. 그러나 이런 주장들은 과학적으로 입증된 것은 아니다.

해양심층수는 식수뿐만 아니라 수산, 농업, 축산, 의학, 식품, 화장품 등 다양한 산업분야에서 응용 가능하다. 일본에서는 해양심층수의 저온성을 이용하여 냉장시설, 제빙시설, 화훼재배시설 등에도 활용하고 있다. 풍부한 영양성은 해조류 및 어패류 양식에서도 경제성이 있었으며, 새우 종묘장에 해양심층수를 사용해 바이러스의 발병률을 줄였다는 보고도 있다. 고추, 배추, 토마토 등의 육모

배양에 해양심층수를 사용한 결과 농약을 쓰지 않고도 웃자람을 막을 수 있었다고 한다.

해양심층수의 미네랄은 표층수보다 나트륨, 카드뮴, 아연 등이 많은 반면 납 성분은 적다. 하지만 그 차이는 미미한 정도로 어떤 효과를 나타내기에는 부족하다. 질소나 인 등의 영양성분이 많다는 것도 식물에게나 유용한 것이지 사람에게는 별 도움이 못 된다. 몇 백 년 전에 만들어진 물이라서 신비감이 있고, 무언가 몸에 좋을 것 같은 심리적인 효과는 있을지 모르나 실질적인 효과를 증명한 논문은 아직 발표되지 않았다. 해양심층수가 일본에서 사업적으로 성공한 것도 효과가 있어서라기보다는 홍보의 결과인 측면이 많다.

댐은 무한정 지을 수 없으나 해양심층수는 거의 무한정 뽑아낼 수 있으며, 생태계에도 전혀 영향을 끼치지 않는 환경친화적 자원이다. 우리나라는 국제연합에서 물 부족 국가로 분류하였으며, 해양심층수는 소금기만 제거하면 바로 식수로 사용할 수 있는 깨끗한 물이다. 더구나, 약수나 생수에 비교하여도 손색이 없는 천연 미네랄이 다량 함유된 물이며, 제조경비도 비교적 저렴한 편이다. 또한 부산물로 나오는 소금 역시 식용이 가능한 청정염(淸淨鹽)이다. 해양심층수는 신비한 물이 아니고 안전하고 유익한 자원의 하나로 취급하는 것이 바람직하다.

12
생수

우리나라는 수질이 좋아 예로부터 평범한 우물물이나 산속의 계곡물을 마셔도 문제가 없었기 때문에 마실 물의 중요성을 크게 느끼지 못하였으나, 외국의 경우에는 바로 마시기에는 부적합한 경우가 많아서 식용으로 하려면 적절한 처리를 하여야 했다. 유럽의 토양에는 석회석이 많이 섞여 있어서 지하수에도 석회질 성분이 많아 그냥 마실 수 없었기 때문에 물 대신에 맥주나 와인을 마셨으며, 중국의 경우도 수질이 좋지 않았기 때문에 차(茶)를 우려서 먹게 되었다고 한다.

물에는 여러 종류의 무기질이 포함되어 있으며, 포함된 무기질의 양에 따라 물의 맛이 다르고, 술을 비롯한 발효식품을 제조할 때에 미생물의 증식에도 영향을 주게 된다. 물에 포함된 무기질의 농도는 경도(硬度, degree of hardness)로 표시되며, 경도가 낮은 물을 연수(軟水, soft water) 또는 단물이라고 하고, 경도가 높은 물을 경수(硬水, hard water) 또는 센물이라고 한다. 물에 녹아있는 대표적인 무기질은 칼슘이온(Ca^{++})과 마그네슘이온(Mg^{++})이며, 이들의 양을 탄산칼슘($CaCO_3$)으로 환산해서 1리터당 1㎎를 함유한 것을 1경도라고 한다. 경수와 연수의 구분은 명확한 기준이 있는 것은 아니며, 일반적으로 경도가 75ppm 이하이면 연수, 75~150ppm이면 약한 경수, 150~300ppm이면 경수, 300ppm 이상이면 아주 강한 경수로 구분된다.

우리나라에서 먹는샘물을 본격적으로 팔기 시작한 것은 30년이 채 안되지만, 유럽의 경우에는 오래전부터 판매용 탄산수가 대중화되어 있었다. 기술이 발달하여 값싸게 대량의 물을 정수(淨水)할 수 있게 되면서 상품으로 나온 식용수가 생수(生水, natural water)이다. 생수는 법적인 용어는 아니며, 용기에 담기어 상품으로 판매되는 식용 가능한 물들을 통칭하는 말로서 영어로는 'bottled water'라고도 한다. 요즘은 우리나라에서도 종전에는 상상할 수 없었던 물을 구입해서 마시는 일이 일상화되었다.

세계 곳곳에는 미네랄이 풍부한 특별한 샘이 있으며, 프랑스 레만(Léman) 호수 남동쪽의 에비앙(Évian) 지역의 천연광천수 역시 그중의 하나였다. 이곳에서 생산된 '에비앙(evian)'은 세계 최초로 상품화된 생수이며, 생수 시장에서 부동의 1등을 유지해오고 있는 브랜드로 유명하다. 1789년 알프스 산맥에서 우연히 발견된 용천수(涌泉水) 덕택에 에비앙 지역은 유명한 휴양지가 되었고, 이곳의 지하수를 찾는 사람들이 많아지자 프랑스 정부로부터 공식 허가를 받아

1878년부터 판매하기 시작하였다.

우리나라에서는 1975년 생산 전량을 수출하거나 주한 외국인에게만 판매한다는 조건으로 제조 허가가 났던 것이 생수 개발의 시초였으며, 1995년 '먹는물관리법'이 제정되어 생수의 판매가 합법화되었다. 현재 시중에서 판매되고 있는 생수 브랜드는 200여 종이나 있으며, 외관상으로는 모두 무색투명하여 쉽게 구분이 가지 않는다. 그러나 생수에도 여러 종류가 있으며 그 가격도 천차만별이다. 정당한 가격을 치르고 생수를 구입하기 위해서는 생수병에 붙어 있는 라벨을 확인하여 어떤 유형의 생수인지 알아보는 습관을 키우는 것이 바람직하다.

① 먹는샘물

가장 대표적인 생수이며, 보통 생수라고 말할 때에는 먹는샘물을 의미하는 경우가 많다. 먹는샘물은 칼슘, 마그네슘, 칼륨 등의 광물질이 미량 함유되어 있어 광천수(鑛泉水)라고도 하며, 영어로는 미네랄워터(mineral water)라고 한다. 광천수 중에서 수온이 25℃ 이상인 것을 온천(溫泉), 25℃ 미만은 냉천(冷泉)이라 하는데, 먹는샘물은 보통 냉천을 원수(原水)로 사용한다.

일반적으로 연수는 미네랄이 적어 부드럽고 깔끔한 맛이 있고 목넘김이 좋으며, 경수는 조금 텁텁하고 쏘는 듯한 느낌이 있다. 개인의 취향이 있으므로 어떤 물이 좋다고 말할 수는 없으나, 단순히 비싸다는 이유로 맛도 더 좋을 것이라는 생각은 경계하여야 할 것이다. 우리나라의 물은 연수가 많아 그 맛에 익숙하기 때문에 국내에서는 연수의 판매량이 높은 편이다.

먹는샘물은 자연 그대로의 것을 단순히 페트병 등의 용기에 넣어서 판매하는 것이 아니라 여과, 흡착, 자외선살균 등의 방법으로 먹기 적합하도록 제조한 것이며, 오존(ozone, O_3) 살균을 제외한 어떠한 화학적 처리도 법으로 금지되어 있다. 이 점에서 염소(Cl)를 비롯한 여러 가지 화학약품을 사용하여 처리하는 수돗물과 차이가 있다. 먹는샘물 중에서 오존살균을 하지 않은 것은 'natural mineral water'라고 표시하고, 오존살균을 한 것은 'mineral water'라고 표시하여 구분하고 있다. 보통 원수(原水)의 상태가 좋을 경우에는 오존살균을 하지 않아 'natural mineral water'가 되며 'mineral water'에 비해 가격이 비싼 편이다.

원수에 브로민화이온(Br⁻)이 있을 경우 오존살균을 하면 국제암연구소(IARC)에서 발암우려물질로 분류한 브로민산염(bromate)이 발생할 수 있으며, 먹는샘물의 브로민산염 기준치는 0.01㎎/L 이하이다. 먹는샘물에서는 종종 브로민산염이 기준치 이상으로 검출되어 리콜을 실시하기도 하였다.

수돗물에 대한 불신 때문에 생수를 사서 마시는 사람이 많은데, 먹는샘물에서도 각종 위법사례가 적발되는 일이 끊이지 않아 불안감을 주고 있으며, 가장 많은 위반내역은 수질문제이다. 이는 대부분의 제조업체가 영세하여 기계설비의 노후화, 전문인력 미확보 등의 문제를 해결하지 못해 원수관리 및 품질관리에 어려움을 겪고 있기 때문에 발생하는 현상이다. 수질 다음으로는 표기사항 위반이 많으며, 먹는샘물 용기에는 약수, 생수, 이온수, 생명수 등 소비자를 혼동시킬 우려가 있는 용어나 그림 등을 표시할 수 없게 되어 있다. 먹는샘물 시장은 기술력보다 브랜드와 마케팅이 중요하며, 이런 점이 과잉·허위광고를 부추기는 원인이 되고 있다.

먹는샘물 중에 빙하수(氷河水, glacial water)라는 이름을 사용하여 무언가 신비한 물이라는 인상을 주는 제품이 있다. 빙하수는 구조적으로 육각수의 비율이 높으며, 활성수소가 풍부하고, 약알칼리수라고 하는 등의 광고를 하고 있으나, 이런 마케팅 전략에 현혹될 필요는 없다. 빙하수는 빙하가 녹아 물이 되면서 땅속으로 스며들어 화강암층에 고여 있는 지하수를 뽑아낸 것으로서 다른 먹는샘물과 크게 다를 것이 없는 제품이다.

② 탄산수

〈식품공전〉에서는 '탄산음료류'를 '탄산수(炭酸水, carbonated water)'와 '탄산음료'로 구분하고 있으며, 물에 탄산가스(이산화탄소, CO_2)만 있으면 탄산수이고, 탄산가스 이외에 당류나 다른 식품첨가물이 첨가되면 탄산음료로 분류된다. 생수로 판매되는 탄산수 제품 중에는 '초정탄산수'처럼 천연적으로 탄산가스가 함유되어 있는 것도 있으나, 대부분의 탄산수는 인위적으로 탄산가스를 첨가한 제품이다.

탄산수는 탄산음료의 톡 쏘는 청량감은 유지하면서 당분 등이 들어있지 않아 열량이 없고, 탄산음료와는 달리 색소 등의 첨가물이 없다는 건강상 이점이 있어 탄산음료의 대체재로 주목을 받고 있다. 그러나 탄산수가 미용이나 피로 해소에 도움이 된다는 등의 광고를 믿지는 말아야 한다. 현재까지의 연구 결과로는 탄산수가 인체에 나쁜 영향을 주지는 않지만, 특별히 좋은 효과도 없다고 한다. 탄산수에 포함된 탄산(carbonic acid)의 양은 탄산음료보다 많으며, 지나치게 많이 마시면 치아 건강에 나쁜 영향을 줄 수도 있다.

③ 혼합음료

〈식품공전〉에서는 혼합음료를 "먹는물 또는 동·식물성 원료에 식품 또는 식품첨가물을 가하여 음용할 수 있도록 가공한 것"이라고 정의하고 있다. 보통 혼합음료는 10% 미만의 과즙과 착향료를 사용하여 과일맛이 나는 음료를 의미하지만, 마시는 물인 생수로 판매되고 있는 혼합음료는 과즙이나 향료 대신에 미네랄을 첨가한 것이다.

먹는샘물은 원수 자체에 미네랄이 함유된 데 비하여 생수로 판매되는 혼합음료는 대부분 지하수나 수돗물을 증류하여 얻은 증류수(蒸溜水)에 합성미네랄을 첨가하여 만든다. 원료가 되는 물의 조건도 까다롭지 않으며, 제조방법도 가열살균이나 화학적 처리 등에 제한이 없기 때문에 손쉽게 만들 수 있다. 따라서 혼합음료로 분류되는 제품은 먹는샘물에 비하여 가격이 싼 편이다.

생수로 판매되는 혼합음료 중에는 알칼리이온을 첨가한 알칼리수라는 제품이 있다. 알칼리이온수, 알칼리환원수 등으로도 불리는 이 제품은 pH 8.5~10 정도의 알칼리성을 띠며, 여러 질병에 효과가 있다고 선전하고 있으나, 그 효과가 모두 과학적으로 입증된 것은 아니다. 현재로서는 만성설사, 소화불량, 위장 내 이상발효, 위산과다 등 위장관련 증상의 개선에 일부 도움을 준다는 정도이다. 식품의약품안전처에서는 알칼리수의 허위광고 등에 대해 강력하게 제재하고 있으며, 사용목적 이외의 허위광고에 속지 말 것을 당부하는 홍보도 겸하고 있다.

혼합음료 중에서 수소수(水素水)라는 제품은 고농도의 수소가 녹아있는 물로서 알칼리수와 마찬가지로 검증되지 않은 효능을 내세운 마케팅으로 판매를 늘려가고 있다. 업체에서는 수소수에 있는 활성수소가 인체의 활성산소를 제거하여 노화 방지, 피부미용 등에 좋다고 선전하고 있으나, 과학적으로 증명된 사실은 없다.

학계에서는 수소수 역시 1980년대 후반에 유행하였던 육각수(六角水)와 비슷한 유사과학의 하나로 보고 있다. 육각수는 물의 화학적 구조 중 하나이며 생체분자와의 친화성이 높은 6각형 고리구조의 비율이 높은 물을 의미한다. 출시된 후 약 10년 동안 만병통치약처럼 취급되었으나 결국 맹물과 다름없다는 결론이 났다. 물의 구조는 1,000억분의 1초 단위로 고리가 생성되고 분리되기 때문에 육각형 고리구조에 큰 의미가 없다고 판명된 것이다. 수소수의 경우도 의학적 효능 여부를 떠나 수소수가 담긴 캔이나 용기의 뚜껑을 여는 순간 녹아 있던 수소가 날아가 버리기 때문에 수소를 물에 녹여 마시는 것 자체가 불가능하다는 것이 학계의 중론이다.

13

비타민C

건강에 대한 관심이 높아지면서 영양보충제를 먹는 사람들이 늘고 있으며, 그중에서도 비타민C의 인기가 가장 높아 영양보충제 중에서 가장 많이 팔리는 제품이다. 비타민C가 이처럼 널리 알려지게 된 것은 매스컴의 영향이 크다고 하겠다. 1998년 비타민C가 건강의 특효약으로 여러 매스컴의 주목을 받은 일이 있었으며, 요즘도 비타민C와 건강에 대한 이야기는 매스컴의 좋은 소재로 자주 등장하고 있으나, 아직까지도 효능이나 부작용에 대한 논란이 계속되고 있는 것이 현실이다. 지금까지 밝혀진 비타민C의 효능은 다음과 같다.

① **콜라겐(collagen) 합성:** 피부, 뼈, 인대 등 모든 조직은 결합조직이 완전해야 튼튼해질 수 있으며, 콜라겐은 체내 단백질의 연결물질로서 세포를 접합시키는 결합조직의 역할을 하고, 손상된 상처의 치유를 빠르게 한다. 콜리겐의 합성에는 비타민C가 필수적이어서 비타민C를 투여하면 몇 시간 내로 콜라겐이 형성된다.

② **노르에피네프린**(norepinephrine) **합성**: 노르아드레날린(noradrenaline)이라고
도 하는 신경전달물질의 합성에 관여한다. 노르에피네프린은 감정 조절을 위
한 뇌의 기능에 필수적인 성분이며, 부신 호르몬의 일종으로서 혈관의 수축
에도 관여한다.

③ **카니틴**(carnitine) **합성**: 지방을 에너지로 바꾸기 위하여는 지방산을 세포 내의
미토콘드리아로 옮겨야 하는데, 카니틴은 지방산을 미토콘드리아로 전달하는
역할을 한다. 카니틴은 라이신(lysine)으로부터 생합성되는데, 이때 비타민C가
관여한다. 카니틴은 지방의 분해를 도와주므로 다이어트 보조식품으로도 판
매되고 있다. 카니틴이 부족하면 만성피곤증을 나타내며, 이 경우 비타민C를
공급하면 피곤증이 호전된다.

④ **항산화 작용**: 비타민C는 활성산소를 제거하는 항산화제로 작용한다. 나쁜 콜
레스테롤이라고 불리는 저밀도지질단백질(LDL)의 산화를 방지하여 동맥경화
를 예방하며, 노화를 예방하고 면역기능을 보호한다. 또한 강력한 항산화제인
비타민E의 항산화 작용을 돕는 작용도 하므로, 비타민E와 함께 복용하면 더
욱 항산화 효과가 증가하게 된다.

일반인들이 비타민C에 관심을 갖고 소비가 폭증하게 된 데에는
노벨상을 두 차례나 수상한 라이너스 폴링(Linus Pauling) 박사의 영
향이 크다. 그는 미국의 물리화학자로서 1954년에는 항원, 항체반

응이론에 관한 업적으로 노벨화학상을 받았으며, 1962년에는 핵실험 금지조약 체결을 위해 노력한 공로로 노벨평화상을 수상하였다. 그의 노벨상 수상과 비타민C는 아무 관련이 없으며 비타민C는 그의 전공분야도 아니었으나, 노벨상을 두 차례나 수상한 유명한 인사였기 때문에 그가 1970년에 저술한 『Vitamin C and the Common Cold(비타민C와 감기)』라는 책은 일반대중에게 비타민C의 효과를 신봉하게 하는 계기가 되었다.

폴링 박사는 그의 저서에서 비타민C를 하루에 1g 이상 먹은 사람의 45%가 감기에 덜 걸린다고 하였으며, 1976년에 수정 발간된 책에서는 감기에 효과가 있으려면 더 많은 양을 먹어야 한다고 하였고, 1979년에는 비타민C가 암에도 효과가 있다는 주장을 하였다. 1986년에 발행된 다른 책에서는 다량의 비타민C가 건강을 증진시키고 심장병이나 암에 좋은 것은 물론 노화를 방지하는 효과도 있다고 하였다. 그의 이런 주장들은 비타민C의 대중적 확산에 기여하였으며, 비타민C가 건강에 좋다는 일반 소비자들의 믿음의 근원이 되었다. 그러나 그의 주장을 뒷받침하기 위한 여러 연구기관의 실험에서 비타민C를 다량으로 복용하여도 감기나 암에 효과가 있다는 것을 증명하지는 못하였다.

폴링 박사의 주장에 대한 평가는 아직도 의견이 분분한 상태이나, 그의 주장을 신봉하는 사람들에 의해 비타민C 메가도스(mega dose)법이란 이름으로 전파되고 있다. 메가도스법이란 비타민C를 세계보건기구(WHO)의 일일 섭취권장량인 60mg보다 50~100배인 3~6g, 심지어는 10g까지 고용량으로 복용하면 노화도 지연되고, 암도 예방되며, 면역력도 높아지는 등 무병장수할 수 있다는 주장 이다. 국내에서는 서울의대 이왕재 교수, 경상의대 이광호 교수 등 이 이런 주장을 지지하는 대표적인 신봉자이다. 특히 이왕재 교수 는 교회의 안수집사이기도 하여 전국의 600여 교회를 돌며 '비타민 C 전도사'를 자처하면서 비타민C 메가도스법을 소개하기도 하고, 『비타민C가 보이면 건강이 보인다(1998)』, 『비타민C 박사의 생명 이 야기(2001)』 등의 책을 저술하여 국내에 비타민C 메기도스법을 유 행시켰다.

그러나 이 방법에 대한 반대론자도 매우 많다. 사실 비타민C 메 가도스법으로 효과를 보았다는 사람은 많지만 과학적으로 명확하 게 증명된 것은 없으며, 드물게는 요로결석 등의 부작용이 나타나 기도 하고 메스꺼움, 복통, 설사 등의 증상이 나타나기도 한다고 한 다. 의학 용어로 위약효과(僞藥效果, placebo effect)라는 것이 있다. 이는 약리적으로 아무 효과가 없는 성분(僞藥, placebo)을 환자에게 약으로 속여 투여함으로써 유익한 작용을 나타내는 것을 말한다. 반대론자들은 비타민C로 효과를 보았다는 사람들은 실제 비타민C 의 효과보다는 먹으면 건강해진다는 믿음 때문에 유익한 결과를 얻은 것이라고 주장한다. 또한 비타민C가 체내에 머무르는 기간은 약 6시간이며, 적정량 이상의 비타민C는 모두 소변으로 배출되고 마는데 왜 쓸데없이 아까운 낭비를 하느냐고 반문한다.

메가도스법의 신봉자들은 세계보건기구에서 비타민C의 일일 섭취권장량을 60㎎으로 정하고 있으나, 이는 섭취 하한선이며 섭취 상한선이 없다고 한다. 대부분의 지용성 비타민은 다량으로 복용하면 독성이 나타나기 때문에 상한선을 제시하고 있는 데 비하여 비타민C는 상한선을 정하지 않을 정도로 안전하며, 1930년대에 처음으로 알약으로 제조된 이후 현재까지 수십억 명이 아무 이상 없이 복용하여 안전성이 충분히 보장되었다고 한다. 또한 권장량 60㎎은 괴혈병을 예방하기 위하여 결핍증이 나타나지 않을 정도의 최소한의 양이며, 감기나 암을 비롯한 특정 질환의 예방 및 치료를 목적으로 할 경우에는 권장량의 수십 배 또는 수백 배 복용하여야 한다고 주장한다.

비타민C를 얼마나 섭취해야 되는가에 대한 명확한 답은 현재까지 밝혀지지 않았다. 식품의약품안전청에서 한국영양학회와 공동으로 건강기능식품을 통하여 비타민, 무기질이 필요 이상 과다하게 섭취되는 것을 막기 위한 위해평가를 실시한 결과를 2007년 5월에 발표하였으며, 이에 따르면 비타민C의 일일권장량은 100㎎, 상한섭취량은 2g이었다. 비타민C는 각종 과일이나 야채에 많이 포함되어 있기 때문에 특별히 주의를 기울이지 않아도 결핍증이 나타나는 일은 드물다.

비타민C 메가도스법을 반대하는 사람들의 주장도 상한섭취량을 초과한 과량을 복용하더라도 효과가 없다는 것이지 유해하다는 것은 아니다. 일부 요로결석 등의 부작용이 경고되고 있기는 하나 그것도 발생 가능성 정도로서 심각한 내용은 아니다. 사실 비타민C는 수용성이어서 몸에 축적되지 않고 소변에 섞여 배출되어 버리므로 복용량이 많아도 치명적인 부작용이 발생하기는 쉽지 않다. 메가도스법을 신봉하고 비타민C 영양제를 수시로 복용하면, 실제 효능 여부를 떠나 위약효과에 의한 작용도 있을 수 있고, 건강해질 수 있다는 믿음으로 정신 건강에도 좋은 장점이 있다. 마음의 위안을 위하여 한 달에 몇 천 원 정도를 투자할 수 있다면 비타민C 영양제를 복용하는 것도 나쁘지는 않을 것이다.

14
타우린

　타우린(taurine)은 건강음료로 인기가 높은 '박카스D'의 주성분이 기도 하여 일반인들에게도 이름이 낯설지 않다. 마른 오징어의 표면을 덮고 있는 흰 가루가 바로 타우린이다. 얼마 전까지 오징어, 문어 등은 콜레스테롤 함량이 높다고 하여 기피되기도 하였으나, 요즘은 여러 가지 유용한 생리활성 작용을 하는 타우린이 많이 포함되어 있어서 오히려 건강식품으로 재평가되기도 한다.

　타우린은 1827년 독일의 프리드리히 티드만(Friedrich Tiedemann)과 레오폴트 그멜린(Leopold Gmelin)에 의해 소의 담즙(膽汁)에서 처음으로 분리되었으며, 타우린이란 이름은 라틴어로 '황소'를 의미하는 'taurus'에서 유래되었다. 타우린의 분자식은 'H₂NCH₂CH₂SO₃H'로서 일반적으로 황(S)을 포함한 아미노산의 일종이라고 말하고 있으나, 카복실기(carboxyl group, -COOH)를 포함하고 있지 않으므로 엄밀한 의미에서는 아미노산이 아니며, 설폰산기(sulfonate group, -SO₃H)를 포함하고 있으므로 아미노설폰산이라 부르는 것이 타당하다. 학술적 이름은 아미노에테인설폰산(2-aminoethanesulfonic acid)이다.

타우린은 식물에는 거의 들어있지 않으나 동물에는 널리 분포되어 있으며, 사람의 경우에는 심장, 뇌, 간 등의 주요 장기에 다량 함유되어 있고, 근육에는 글루탐산에 이어 두 번째로 많은 아미노산이다. 타우린은 최초로 발견된 이후에도 한동안은 별다른 주목을 받지 못하였으며, 1960년대 말부터 본격적인 연구가 시작되었다. 1975년 헤이즈(K.C. Hayes) 등이 장기간 타우린이 결핍된 사료를 섭취한 고양이의 광수용체(photoreceptor)에 구조적인 변화가 나타났다고 발표하여 영양학적인 중요성을 일깨우는 계기가 되었다.

이 때문에 사람에게도 꼭 필요할 것으로 여겨졌으나, 사람의 경우 타우린은 필수영양소가 아니다. 사람은 시스틴, 시스테인, 메싸이오닌 등 황을 함유한 아미노산으로부터 타우린을 합성할 수 있다. 타우린은 음식으로 섭취하는 것보다는 체내에서 합성되는 것이 대부분이어서 철저한 채식주의자의 경우에도 결핍증이 나타나는 경우가 드물다. 타우린이 우리 몸에 반드시 필요한 물질임에는 틀림없으나, 굳이 식품으로 보충하지 않아도 필요한 만큼은 체내에서 합성된다. 다만, 신생아나 유아의 경우에는 타우린의 체내 합성량이 부족하여 외부로부터 보충하여야 한다.

지금까지 알려진 타우린의 효능은 다음과 같으나, 아직 과학적으로 증명되지는 못하여 〈건강기능식품공전〉에는 공시되지 못하였으며, 시판되고 있는 타우린 함유 제품은 건강기능식품이 아닌 일반 건강식품이다. 타우린은 영양강화제로 사용되는 식품첨가물의 하나로서, 어린이의 성장에도 매우 중요하여 조제분유에는 타우린을 첨가하도록 권장되고 있다.

① **담즙산 생성 촉진**: 타우린은 간에서 담즙산의 생성을 촉진시켜 음식물로 섭취한 지방의 흡수를 도와주고 혈액 중 중성지질과 콜레스테롤의 증가를 억제함으로써 동맥경화와 같은 질병을 예방한다는 것이다. 콜레스테롤은 대부분 중성지질을 원료로 하여 간에서 만들어지며, 혈액 중의 콜레스테롤 수치가 증가하면 간으로 운반되어 타우린 등과 결합하여 담즙산을 형성하게 된다. 형성된 담즙산은 장으로 배출되며, 장에서 지방을 흡수하는 것을 돕게 되고, 일부는 대변으로 배설된다. 이와 같은 체내의 순환에서 타우린은 콜레스테롤 수치 조절 및 지방 흡수에 중요한 역할을 담당한다.

② **해독작용**: 타우린은 간의 해독작용을 도와 간 기능을 향상시키는 역할을 한다. 화학물질, 농약, 독소 등 유해물질은 간에서 분해되어 수용성 물질로 전환되어 담즙이나 소변과 함께 체외로 배출되며, 이런 간의 해독작용에는 타우린, 시스테인 등과 같은 황 함유 아미노산이 필요하다. 간의 해독작용이 원활하게 이루어지기 위하여는 여러 종류의 항산화제가 간에 충분히 존재하여야 하며, 타우린은 항산화제로서의 역할도 한다.

③ **심장근육 보호:** 타우린은 심장의 수축에 중요한 역할을 하는 칼슘이온의 농도를 조절하는 작용을 하여 심장을 보호한다. 근육세포 안의 소포체(小胞體)에 저장된 칼슘이 방출되면 근육이 수축되고, 방출된 칼슘 이온이 소포체로 되돌아가면 수축된 근육이 이완되는데, 타우린은 심장근육세포 안에 칼슘이 과잉 축적되는 것을 억제하여 심장의 수축력을 강화한다. 타우린의 항산화 기능은 심장근육의 세포막이 산화되어 손상되는 것을 방지하여 심장근육을 보호한다. 이런 이유로 타우린은 심장의 근육이 늘어나는 확장성심근증(dilated cardiomyopathy)의 치료제나 강심제로 이용된다.

④ **기타 기능:** 타우린은 과도한 신경 흥분을 억제하는 신경조절 작용을 하여 혈압강하나 뇌졸증 예방의 효과가 있으며, 간질의 발작을 안정시키는 효과도 있어 간질병의 진정제로 사용되기도 한다. 타우린은 망막에서 신경전달물질로 작용하며, 광수용체 세포막에 존재하는 인지질의 산화를 억제하여 망막의 구조를 안정화시킨다. 타우린의 결핍이 지속되면 망막의 기능이 퇴화하여 실명하게 된다. 타우린은 또한 염증부위에 발생하는 독성이 강한 차아염소산(HOCl)과 반응하여 제거함으로써 세포를 보호하는 작용을 한다. 이외에도 타우린은 삼투압 조절작용을 통하여 세포의 부피를 유지하며, 지질대사를 촉진하여 당뇨병 환자의 혈당을 낮추고, 면역체계를 유지하는 것으로 알려져 있다.

타우린은 뇌에 있는 아미노산 중에서 농도가 가장 높으며, 중추신경계에 다량 함유되어 있어 두뇌의 기능과 밀접한 연관이 있을 것으로 추정되나 아직 정확한 내용은 밝혀지지 않았다. 또한 모유에는 많은 양이 함유되어 있으며, 임신기간 중에 타우린이 부족하면 유산과 사산의 확률이 높아지고, 태아가 저체중이 되거나 중추신경계의 발달이 비정상적으로 이루어지게 된다고 한다.

15
포화지방산과 불포화지방산

　화학반응을 쉽게 설명할 때 탄소는 흔히 '손이 4개'라고 표현하며, 탄소가 서로 손을 잡고 옆으로 늘어서면 2개씩의 손을 사용하고도 2개의 손이 남게 된다. 이 남는 2개의 손에 수소가 달라붙으면 비로소 모든 손을 다 사용하게 되어 포화상태(飽和狀態)가 되며, 이런 지방산을 포화지방산(飽和脂肪酸, saturated fatty acid)이라고 한다. 대표적인 포화지방산으로는 동물성기름에 많은 팔미트산(palmitic acid)과 스테아르산(stearic acid)이 있다.

　수소가 부족하여 남은 2개의 손 중 하나에만 수소가 오게 되면, 인접한 탄소의 남은 손도 서로 맞잡게 되어 두 개의 손으로 잡고 있는 상태로 된다. 이것을 탄소의 이중결합(二重結合, double bond)이라고 하며, 이와 같이 이중결합이 있는 지방산을 불포화지방산(不飽和脂肪酸, unsaturated fatty acid)이라고 한다. 포화지방산은 안정된 구조이므로 화학반응이 일어나기 어려우나, 불포화지방산은 구조적으로 매우 불안정한 상태이며, 다른 물질과 반응하여 쉽게 변질될 수 있다.

단일불포화지방산(單一不飽和脂肪酸, monounsaturated fatty acid)이
란 불포화지방산 중에서 이중결합이 1개인 것을 말하며, 올리브유
에 많은 올레산(oleic acid)이 대표적인 예이다. 이중결합이 2개 이상
있으면 다중불포화지방산(多重不飽和脂肪酸, polyunsaturated fatty
acid) 또는 다가불포화지방산(多價不飽和脂肪酸)이라고 한다. 이중결
합이 2개이며 대두유, 옥수수기름, 목화씨기름 등에 많은 리놀레산
(linoleic acid), 이중결합이 3개이며 들기름에 많은 리놀렌산(linolen-
ic acid) 등이 이에 속한다.

굳어 있는 물질에 열을 가하여 녹는 온도인 융점(融点, melting
point)은 온도를 낮추어가는 반대의 상황에서는 굳는 온도인 빙점
(氷點, freezing point) 된다. 즉, 융점(빙점)이란 녹는 온도인 동시에
굳는 온도인 셈이다. 식용유를 구성하는 성분들의 융점은 스테아르
산 69℃, 팔미트산 62℃, 글리세린 20℃, 올레산 13℃, 리놀레산
-5℃, 리놀렌산 -12℃ 등 다양하다. 식물성식용유가 상온에서 액체
상태인 것은 융점이 낮은 리놀렌산, 리놀레산, 올레산 등의 함량이
많기 때문이다. 쇠고기, 돼지고기, 버터 같은 동물성기름에는 팔미
트산과 스테아르산이 많아 상온에서 고체 상태로 된다.

흔히 동물성기름은 포화지방산이 많아 나쁜 기름이고, 식물성기
름은 불포화지방산이 많아 좋은 기름이므로 가능한 한 동물성기
름은 먹지 말고 식물성기름은 많이 먹어도 되는 것처럼 인식되고

있다. 그러나 야자유, 팜유 등은 식물성기름이지만 동물성기름과 마찬가지로 포화지방산이 많아 상온에서도 고체 상태이고, 반대로 고등어, 참치 등 생선의 기름은 동물성기름이지만 불포화지방산이 많아 식물성기름과 같이 상온에서도 액체 상태이다.

포화지방산은 간에서 콜레스테롤을 합성하는 원료로 사용되며, 혈중 콜레스테롤 수치를 높여 동맥경화증, 협심증, 뇌졸중 등의 원인이 될 수 있으므로 나쁜 기름이라는 오명을 쓰고 있다. 그러나 포화지방산은 체내에서 효율적인 에너지원이고, 체온을 조절하고, 중요한 장기를 보호하고, 세포막을 만들며, 기타 여러 가지 생리기능물질을 만드는 중요한 영양소이다.

불포화지방산은 혈중 콜레스테롤 수치를 낮추어 주므로 좋은 기름이라는 호평을 받고 있으나, 화학적으로 불안정한 물질이므로 세포가 에너지를 만들면서 필연적으로 발생하게 되는 활성산소(活性酸素)와 반응하여 과산화물(過酸化物, peroxide)을 형성하기 쉽다. 인체에 과산화물이 쌓이면 세포막을 파괴시키고, 암을 유발할 수 있으며, 퇴행성 변화로 노화를 가져올 수 있다.

결국 나쁘다고 마냥 피할 것도 아니고, 좋다고 많이 먹어서도 안 되며, 균형 있는 섭취가 중요한 것이다. 2000년 한국영양학회에서 발표한 한국인영양권장량을 보면 다중불포화지방산과 단일불포화지방산, 그리고 포화지방산을 1:1:1의 비율로 섭취할 것을 권장하였다. 그러나 도시지역의 서구화된 식사 패턴에서는 불포화지방산보다는 포화지방산을 섭취할 기회가 많으며, 점차 서구화된 식사 패턴으로 변해가는 추세이므로 포화지방산의 섭취를 줄이라는 충고는 나름대로 의미가 있다.

16
식품첨가물

식품 안전에 대해 이야기할 때에 대표적인 나쁜 성분으로 식품첨가물이 지적되고 있다. 특히 식품 관련 사건·사고의 많은 부분이 식품첨가물과 관련되어 있어 소비자들에게는 불안한 화학물질로 인식되고 있는 경향이 있다. 그러나 이러한 부정적인 생각은 식품첨가물에 대한 막연한 불신에 근거하고 있으며, 이러한 인식의 일정 부분은 매스컴과 소비자단체의 영향을 받은 결과이기도 하다. 식품첨가물이 대부분 화학적 합성품이기 때문에 위험하다고 생각하는 사람이 많으나, 사용이 허용된 식품첨가물은 독성실험 등을 통하여 안전성이 입증된 것이므로 법규를 준수하고 정상적으로 사용된 식품첨가물이라면 그것을 첨가한 식품에 의해 건강상 위해가 발생할 가능성은 거의 없다.

식품첨가물(食品添加物, food additive)이란 식품의 외관, 맛, 향, 조직, 저장성 등을 향상시키기 위하여 미량으로 식품에 첨가되는 물질로서, 이 식품첨가물의 법적 정의는 나라마다 조금씩 차이가 있고 이에 따라 식품첨가물의 범위, 관리대상 등이 구체적으로 정해진다. 예를 들면, 우리나라에서는 영양강화제(비타민 등)를 식품첨가물로 규정하고 있으나, 유럽연합(EU)이나 WHO 같은 국제기구에서는 이를 첨가물로 간주하지 않는다.

인류는 아주 오랜 옛날부터 식품첨가물을 사용하여 왔다. 예를들면, 두유에 간수를 가하여 응고시켜 두부를 만들고, 식물의 열매나 잎, 꽃 등을 사용하여 식품에 색과 향을 부여하기도 하였다. 다만, 종전에는 천연의 물질을 식품첨가물로 사용하던 것이 최근에는 주로 화학적 합성품을 사용한다는 점에서 차이가 난다. 우리나라의 경우 종전에는 식품첨가물을 합성(合成)과 천연(天然)으로 구분하였으나, 2016년에 분류체계를 개정하면서 현재는 그런 구분이 없어졌다. 일반적으로 식품첨가물로 사용이 허가되는 물질은 다음과같은 요건을 충족하여야 한다.

① 인체에 해로운 영향을 끼치지 않는다는 안전성이 확인될 것
② 소량으로 사용 목적을 달성할 수 있을 것
③ 식품 자체의 영양가에 영향을 주지 않을 것
④ 식품에 나쁜 이화학적 변화를 주지 않을 것
⑤ 화학분석 등을 통하여 그 첨가물을 확인할 수 있을 것

우리나라에서는 1962년에 최초로 식품첨가물에 대한 규정이 마

런되었고, 그 후 매년 사용할 수 있는 식품첨가물의 종류가 증가하고 있으며 현재는 약 700개의 품목이 있다. 식품첨가물은 그 종류만큼이나 사용 목적이 다양하며, 같은 물질이 한 가지 용도에만 사용되는 것이 아니고 다른 목적을 위하여 사용되는 경우도 종종 있다. 식품첨가물의 용도 및 사용기준에 관한 사항은 〈식품첨가물공전(食品添加物工典)〉에 수록되어 있으며, 식품첨가물을 사용용도별로 정리하면 감미료(甘味料), 고결방지제(固結防止劑), 거품제거제, 껌 기초제(基礎劑) 등 32종류가 있다.

식품첨가물의 사용에 대하여는 그 물질의 안전성, 사용되는 식품의 유형, 식품첨가물이 사용된 식품의 섭취량 등을 감안하여 용도만을 제한하거나, 사용 가능한 식품 또는 사용할 수 없는 식품을 지정하여 제한하거나, 대상 식품과 사용량을 제한하는 등의 사용기준을 정하여 두고 있다. 개별 사용기준이 설정되어 있지 않은 경우에는 공통기준에서 효과를 낼 수 있는 최소량을 사용하도록 포괄적으로 규정하고 있으며, 실제로 대부분의 식품첨가물은 특별히 법으로 규제하지 않아도 소량만 넣어도 목적하는 효과를 얻을 수 있고 지나치게 넣으면 오히려 효과가 떨어지게 되므로 통상적으로 사용되는 양은 어느 정도 결정되어 있다.

현재 우리나라에서 식품첨가물로 허가되어 있는 품목 중에서 소비자단체 등으로부터 문제가 제기되고 있는 것은 타르색소, 안식향산나트륨 등 몇몇 품목에 불과하다. 대부분의 식품첨가물은 인체에 전혀 무해할 뿐만 아니라 영양강화제의 경우처럼 유익한 것도 있으며 유화제, 응고제, 효소제 등과 같이 사용하지 않으면 식품 자체를 제조할 수 없는 것도 있다. 일부 품목에 문제가 있다고 식품첨가물 전체를 배척하는 것은 올바른 태도가 아니며, 문제가 있다면 문제가 있는 그 품목만을 지적하여 유•무해의 시비를 가려야 할 것이다.

옛날처럼 주로 자급자족에 의한 생활을 할 때는 식품첨가물의 필요성이 상대적으로 낮았으나, 천연의 자원은 생산량과 시기가 한정되어 있고 대부분 저장기간이 길지 않아 인류의 식량문제를 근본적으로 해결하지 못한다. 과거와는 달리 삶의 방식이 바뀌게 되어 오늘날은 가공식품 없이는 생활 자체가 불가능하다. 우리가 다양한 식품을 슈퍼 등에서 쉽게 구할 수 있게 된 것은 식품첨가물이 있기 때문에 가능한 것이다. 식품첨가물에는 이처럼 긍정적인 측면도 있으므로 무조건 부정적으로 볼 일만은 아니다.

1) 타르색소

식품첨가물은 식품을 제조•가공하는 데 부득이 사용되기는 하지만 엄격히 말하면 식품 본래의 성분이 아닌 이물이며, 따라서 항상 안전성 문제가 따르게 된다. 식품첨가물의 안전성 문제가 거론될 때마다 등장하는 것이 타르색소이다. 타르색소는 1856년 영국인 윌리엄 퍼킨(William H. Perkin)이 콜타르(coal tar)에 함유된 아닐린(aniline)이란 물질을 사용하여 처음으로 합성에 성공하면서 사용되기 시작하였다. 콜타르는 석탄을 높은 온도에서 건류(乾溜)할 때 부산물로 생기는 검고 끈적끈적한 액상 물질로서, 여기서 타르색소라는 이름이 유래되었으며, 방향족 탄화수소를 주원료로 하는 합성착색료(合成着色料)를 총칭하는 단어로 사용되고 있다.

우리나라에서 식품첨가물로 허용되어 있는 타르색소는 황색4호(tartrazine), 황색5호(sunset yellow FCF), 적색2호(amaranth), 적색3호(erythrosine), 적색40호(allura red), 적색102호(ponceau 4R), 녹색3호(fast green FCF), 청색1호(brilliant blue FCF), 청색2호(indigo carmine) 등 9종류이다. 품목수로는 적색2호, 황색4호, 황색5호, 적색40호, 녹색3호, 청색1호, 청색2호 등의 알루미늄레이크(aluminium lake) 7종을 포함하여 16품목이다. 알루미늄레이크는 산성염료에 알루미늄이온을 결합시켜 물에 녹지 않고 기름에 분산시킬 수 있도록 만든 색소이다.

타르색소는 원래 섬유류의 착색을 목적으로 개발된 것이며, 일반적으로 타르색소는 소화효소의 작용을 저해하고, 간이나 위 등에 장해를 일으키며, 발암의 원인이 되는 등 위험성이 있다고 알려져 있다. 현재 식품첨가물로 허용되어 있는 품목들은 그중에서 안전성이 입증된 것이다. 그러나 타르색소의 안전성을 평가하는 독성실험 결과에 대한 해석과 문화적 배경의 차이 때문에 국가별로 타르색소

허용기준이 다르다. 우리나라의 타르색소 허용 품목은 국제식품규격위원회(CODEX)의 허용 품목보다 적으며, 일본이나 유럽 등 다른 나라에 비하여도 엄격한 편이다.

타르색소의 안전성을 이야기할 때는 일일섭취허용량(acceptable daily intake, ADI)이란 개념이 사용된다. 일일섭취허용량은 일생동안 매일 먹더라도 유해한 작용을 일으키지 않는 1일 섭취 한계량을 의미한다. 예를 들면, 어떤 화학물질을 쥐에게 먹여 2년간 만성독성 시험을 한 결과 먹이의 최대 1%까지는 아무 해가 없었다고 할 경우의 일일섭취허용량은 다음과 같이 된다. 체중이 400g인 쥐는 1일에 약 20g의 먹이를 먹으므로, 1%는 200㎎이며 체중 1㎏으로 환산할 때 그 화학물질의 해가 되지 않는 1일 최대섭취량은 500㎎이 된다. 여기에 쥐와 사람의 감수성의 차를 1:10, 또한 사람의 개인차를 1:10으로 보아 안전계수 1/100을 곱한 값 5㎎이 그 화학물질에 대한 인간의 체중 1㎏당 일일섭취허용량(ADI)이 된다. 만일, 체중이 60㎏인 사람이라면 ADI는 5㎎×60, 즉 300㎎으로 환산된다.

1984년 FAO 및 WHO에서 공동으로 설정한 타르색소의 일일섭취허용량은 다음 표와 같다. 예로서, 체중 40㎏의 초등학생에 대한 적색2호의 일일섭취허용량은 20㎎(0.5㎎x40)이 된다. 만일 적색2호를 0.001%(10ppm) 첨가한 사탕의 경우라면 2㎏에 해당하는 양으로서, 통상적으로는 절대 매일 섭취할 수 없는 많은 양이다. 타르색소를 사용하는 목적은 식품의 색상을 보기 좋게 하여 상품가치를 향상시키는 것인데, 과도하게 사용하면 오히려 식욕을 감퇴시키는 너무 진한 색깔의 제품으로 되고 만다. 따라서 사용되는 양에는 저절로 제한이 생기며, 통상적으로 수십 ppm 이하 수준으로 첨가된다.

〈타르색소 일일섭취허용량(mg/kg·bw/day)〉

품목	적2호	적3호	적40호	적102호	황4호	황5호	녹3호	청1호	청2호
ADI	0.5	0.1	7.0	4.0	7.5	2.5	25.0	12.5	5.0

　예전에는 식품의 색을 내는 데 주로 천연 색소를 사용하였으나, 조리·가공이나 저장 중에 변색하거나 퇴색하는 단점이 있었다. 따라서 합성착색료가 발명된 이후에는 변색의 우려가 없고 색이 선명한 합성착색료를 광범위하게 사용하게 된 것이다. 일반적으로 천연색소와 합성착색료(타르색소)를 구분하는 간단한 방법은, 색소에 물든 옷을 햇빛에 노출시켰을 때 색이 없어지면 천연색소이고 색이 그대로 남아있으면 합성착색료라고 판단하면 된다.

　많은 우려에도 불구하고 제조업체들이 타르색소를 사용하는 이유는 우리 속담에 "보기 좋은 떡이 먹기도 좋다"라는 말이 있듯이 시각적으로 좋게 보이는 식품이 먹고 싶은 충동을 느끼게 하고 더 맛있는 것처럼 느끼게 하기 때문이다. 이것은 제품의 매출과 직접적인 관련이 있기 때문에 제조업체들은 제품의 색상에 신경 쓰지 않을 수 없게 된다. 소비자들이 타르색소를 부정적 시각으로 보게 만든 데에는 일부 부도덕한 업자들의 잘못도 있다. 이익 추구에만 몰두하여 타르색소를 사용하여서는 안 되는 식품에까지 무분별하게 사용하는 일이 자주 있었다. 예로서, 가격이 싼 흰 참깨를 고가의 검정 참깨로 둔갑시키거나, 저급 검정참깨의 색상을 좋게 보이기 위하여 타르색소를 사용하기도 하였다.

그러나 타르색소는 나쁘기만 한 것이 아니라 저가이면서도 효과가 뛰어나다는 경제적인 장점이 있다. 타르색소에 대한 위험성은 소비자단체나 매스컴에 의해 부풀려진 면이 있으며, 그 부담은 결국 소비자에게 돌아가게 된다. 현재는 타르색소에 대한 소비자의 인식, 위해성 논란 등으로 식품업계에서는 타르색소의 사용을 자제하고 천연색소로 대체하고 있는 경향이다. 특히 2006년 3월 KBS의 '추적 60분'이란 프로그램에서 '과자의 공포'라는 제목으로 방영한 이후 그 경향은 가속화하고 있다. 천연색소는 일반적으로 타르색소에 비하여 같은 효과를 내는 데 더 많은 비용이 소요되며, 이것은 결국 가격인상이라는 부메랑이 되어 소비자에게 돌아가게 된다.

현재 식용으로 허용된 타르색소는 일반 소비자들이 생각하는 것처럼 위험한 것도 아니며, 우리 국민의 섭취 정도는 전혀 우려할 만한 수준이 아니다. 이와 관련하여 식품의약품안전청에서는 2007년 1월 국내 타르색소 섭취량 조사 결과를 발표하였다. 이에 따르면 사탕류 309품목 등 총 13종 704품목의 식품유형별 타르색소 평균함량은 불검출~5.38ppm이었다고 한다. 또한 조사대상 식품 중 타르색소가 포함된 식품만을 섭취하였다고 가정하고 노출량을 평가한 결과는 일일섭취허용량의 0.01~16.4%를 섭취하는 것으로 나타났으며, 타르색소 고섭취 그룹을 대상으로 한 극단적인 경우에 대한 평가에서도 일일섭취허용량의 32.3%로 나타나 안전한 수준인 것으로 조사되었다고 한다.

2) 발색제

고기를 오래 두거나 열을 가하면 고유의 선홍색에서 갈색으로 변하게 되며, 이를 막기 위하여 발색제(發色劑)를 사용한다. 발색제는 그 자체의 색을 식품에 부착시키는 방법으로 색을 내는 착색료(着色料)와는 달리, 식품 자체에 있는 색소 성분의 발색을 촉진하거나 안정화시켜 색이 변하지 않도록 하는 식품첨가물로서 색도유지제(色度維持劑)라고도 한다. 우리나라에서는 아질산나트륨(sodium nitrite, $NaNO_2$), 질산나트륨(sodium nitrate, $NaNO_3$), 질산칼륨(potassium nitrate, KNO_3) 등 3개 품목의 사용이 허용되고 있으며, 주로 햄, 소시지 등에 사용된다.

질산나트륨이나 질산칼륨의 질산이온(NO_3^-)은 세균이 생성하는 환원효소에 의해 아질산이온(NO_2^-)으로 변해야 비로소 그 효과를 나타낼 수 있기 때문에 장기간의 염지(鹽漬)를 필요로 하는 뼈가 붙어있는 햄 등의 제품에 한정적으로 사용되고, 대부분의 제품에는 아질산나트륨이 사용된다. 따라서 발색제라고 하면 보통 아질산나트륨을 생각하게 된다. 아질산이온은 육류에 함유되어 있는 붉은 색소인 미오글로빈(myoglobin)이나 헤모글로빈(hemoglobin)과 결합하여 안정된 화합물인 니트로소미오글로빈(nitrosomyoglobin)이나 니트로소헤모글로빈(nitrosohemoglobin)을 형성하여 육류의 선홍색이 유지되도록 한다.

식품첨가물은 보통 한 가지 용도만 있는 것이 아니라 여러 가지 용도로 사용되며, 아질산나트륨의 경우도 햄, 소시지 등 육류제품의 색소 고정 목적 이외에 염지육(鹽漬肉) 특유의 향미를 부여하는 효과도 있다. 또한 육가공 제품에서 많이 발생하는 식중독균인 보툴리누스균(Clostridium botulinum)의 성장을 억제하고, 지방이 산화되는 것을 막아 육류가 상하지 않도록 지켜주는 효과가 있기 때문에 보존료(保存料) 또는 산화방지제(酸化防止劑)의 역할도 한다.

육류의 먹음직스러운 고유 색상을 유지시키고, 보존성과 풍미를 향상시키는 유익한 작용을 하는 아질산나트륨이 문제로 되는 것은 인체에 해를 끼칠 수도 있다는 가능성 때문이다. 아질산이온은 우리 몸속에서 아민(amine)과 반응하여 니트로소아민(nitrosoamine)이라는 화합물이 된다. 아질산이온이 들어 있는 육가공품을 높은 온도에서 조리할 때에도 니트로소아민이 형성될 수 있다. 니트로소아민은 동물실험에서 암을 발생시키는 것으로 밝혀졌으며, 그 양이 농축되면 출산 장애나 돌연변이를 일으키기도 한다고 한다. 아질산이온 자체가 발암물질은 아니지만 니트로소아민이라는 발암물질을 생성할 수 있기 때문에 경계의 대상이 되는 것이다.

아질산나트륨의 다량 섭취는 메트헤모글로빈(methemoglobin)을 형성하여 혈액의 산소 운반 능력을 떨어뜨린다. 적혈구의 헤모글로빈 중에 있는 철(Fe)은 정상적인 경우 2가이온(Fe^{++})으로 되어 있으나, 아질산나트륨의 작용으로 산화되어 3가이온(Fe^{+++})이 되면 산소 운반 능력이 없어지고, 혈액의 색깔도 검붉은 색으로 변하여 손발의 끝과 입술이 파랗게 변한다. 이렇게 변한 헤모글로빈을 메트헤모글로빈이라고 한다. 정상인 경우도 혈액 중에 소량 존재하지만 1% 이상이 될 경우는 메트헤모글로빈혈증이라고 부르며, 메트헤모글로빈을 정상적인 헤모글로빈으로 환원시키는 효소가 부족한 생후 1년 이하의 유아에게서 나타나기 쉽다.

이와 같이 아질산나트륨이 인체에 유해할 가능성이 있기 때문에 식량농업기구(FAO)와 세계보건기구(WHO) 합동의 식품첨가물전문가위원회(JECFA)에서는 아질산염에 대하여 일일섭취허용량(ADI)을 아질산이온으로서 체중 1kg당 0.06mg으로 정하고 있다. 그러나 위험성이 심각한 수준이 아니기 때문에 대부분의 국가에서는 사용량에 제한을 두는 조건에서 식품첨가물로 허용하고 있다. 어육가공품이나 명란젓 등의 생선알 가공품에도 사용되지만 가장 많은 용도는 식육가공품이며, 식육가공품에 대한 각국의 아질산염 사용기준은 우리나라 0.07g/kg, 일본 0.07g/kg, 미국 0.2g/kg, EU 0.05~0.175g/kg, CODEX 0.05~0.125g/kg 등이다.

※ 한국과 일본은 아질산이온으로, 그 외에는 아질산염류로 표현한 값임

햄, 소시지 등 육류가공제품이 식품첨가물에 거부반응을 일으키는 소비자들의 의심을 받게 된 이유는 그 색깔 때문이었다. 삼겹살을 구워 먹으면 익으면서 본래의 고기 색깔이 퇴색하는데, 돼지고기를 주원료로 한 햄과 소시지는 열을 가하여도 본래의 선홍색을 유지하고 있으므로, 무언가 몸에 해로운 화학물질을 섞은 게 아닌가 하는 의문이 생기게 된 것이다. 이런 불안한 심리에 불을 지핀 것은 서울환경연합이라는 시민단체였다. 서울환경연합은 2004년 4월 햄, 소시지 등 육류가공식품 30여 품목에 대한 아질산염 함유량을 조사한 결과 제품 1g당 0.05mg을 넘는 제품이 25%에 이르며, 어린이들이 아질산염의 일일섭취허용량보다 과잉으로 섭취하고 있어 안전관리에 문제가 있다고 발표하였다.

서울환경연합의 주장에 의하면, 우리나라의 육가공품에 대한 아질산염 사용기준은 1g당 0.07mg까지 첨가할 수 있으며, 한편 하루 최대 섭취허용량은 세계보건기구의 기준에 따라 체중 1kg당 0.06mg으로 정해 놓았으므로, 이들 기준에 의하면 햄 1조각(25g 기준)에는 최대 1.75mg(0.07×25)까지 첨가할 수 있어서, 체중 20kg의 어린이가 햄 1조각만 먹어도 하루 섭취허용량 1.2mg(0.06×20)을 넘어버리

는 상황에 노출되어 있다는 것이다. 그리고 아질산염은 육가공품의 색을 보기 좋게 하려고 넣는 식품첨가물인데 건강을 위협하는 요소를 감수하면서 굳이 첨가할 이유가 없으므로 아질산염 사용 금지 운동을 벌여나갈 계획이라고 밝혔다.

그러나 서울환경연합의 주장에는 중대한 오류가 있었다. 일일섭취허용량이란 그 양만큼 평생 매일 섭취할 경우를 가정하여 인체에 해가 되지 않는 수준을 정한 것이다. 따라서 하루 혹은 수 주일 동안 이 허용량을 초과하여 섭취하였다고 하여도 문제가 되지는 않는다. 물론 성장을 하면서 체중도 증가하게 되므로 같은 사람이라도 일일섭취허용량은 항상 같지가 않다. 실제로 우리 국민의 육가공품 섭취 빈도를 고려하면 일시적으로 일일섭취허용량을 초과할 수는 있으나, 지속적으로 초과하지는 않는다.

이와 관련하여 식품의약품안전청이 보건산업진흥원에 의뢰하여 조사한 자료에 의하면 2004년 5월~10월 기간 중 시중에 유통되고 있는 129개 제품 중에서 94%에 달하는 121개 제품에서 아질산염이 검출되었으며, 사용기준을 초과하여 첨가한 제품은 없었고, 국민 1인당 하루 평균 섭취량도 세계보건기구에서 권고한 일일섭취허용량 대비 1% 정도로 안전한 수준이었다고 한다. 연령별로는 햄이나 소시지 등을 상대적으로 많이 먹는 3~6세 아동의 아질산염 섭취율은 평균치의 5배 정도였으며, 일일섭취허용량의 5% 수준인 것으로 조사되었다.

서울환경연합의 발표 후에 아질산염의 해로운 점에 대하여 주장하는 글들이 인터넷에 많이 유포되고 있으나, 대부분은 사실과 다르거나 일부러 사실을 왜곡하고 있다. 햄이나 소시지 등의 육가공식품에 아질산나트륨이 들어있다거나, 니트로소아민이 발암물질이며, 아질산나트륨의 다량 섭취는 메트헤모글로빈혈증을 일으킬 수 있다는 것은 사실이다. 그러나 건강한 사람이라면 이를 해독할 능력이 있으며, 사용기준을 준수한다면 인체에 해가 되지 않는다는 것이 국제적으로 공인된 사실이고, 우리나라의 사용기준은 다른 나라에 비하여 엄격한 편이다.

　아질산나트륨의 위해성에 대한 실험 결과는 정상적인 경우라면 절대로 먹지 못할 만큼 과다한 양을 실험동물에게 억지로 먹여서 얻은 것이며, 위험의 가능성이 있다는 것일 뿐 실제로 위험하다는 결론은 아니다. 어떤 발암물질도 조금만 먹으면 바로 암에 걸리게 하지는 못하며, 암을 발생시키기에 충분한 양을 섭취할 경우에만 암에 걸리게 되는 것이다. 아직까지 식품을 통한 아질산염 과다섭취로 인하여 부작용이 일어난 사례는 보고된 것이 없으며, 아질산염은 우리보다 육가공식품을 훨씬 많이 먹는 미국이나 유럽에서도 사용되고 있는 식품첨가물이고, 오히려 첨가하지 않을 경우는 보툴리누스균에 의한 식중독의 위험이 있다.

　아질산나트륨 등의 발색제가 위험할 수도 있다는 사실을 알고 있는 것은 좋으나, 정확하지 않은 주장에 동조하여 햄이나 소시지 등의 육가공식품을 기피할 필요는 없다. 인터넷에 널리 퍼져있을 만큼 공공연한 사실을 무시하고 방치할 정도로 식품 관련 공무원들이 무지하거나 태만하지는 않다. 오히려 이런 내용을 인터넷에 무책임하게 유포시키는 사람들을 경계하는 것이 올바른 자세라 하겠다.

3) 표백제

야채나 과일의 껍질을 벗기거나 절단하면 급속히 갈색으로 변하는 것처럼 식품 중에는 가공 또는 저장 중에 변색이 일어나는 경우가 있으며, 이를 방지하기 위하여 사용하는 식품첨가물이 표백제(漂白劑)이다. 그 자체의 색을 식품에 부착시키는 방법으로 색을 내는 착색료 또는 식품 자체에 있는 색소 성분의 발색을 촉진하거나 안정화시켜 색이 변하지 않도록 하는 발색제와는 달리 표백제는 식품이 본래 가지고 있는 색을 없애거나 혹은 변색을 방지하여 식품을 희게 보이게 함으로써 상품의 외관을 향상시키는 물질이다. 대부분의 표백제는 표백효과 이외에도 산화방지제, 보존료, 살균제 등으로도 사용된다.

표백제는 작용 원리에 따라 크게 산화형(酸化形) 표백제와 환원형(還元形) 표백제로 구분할 수 있다. 산화형 표백제로는 과산화수소, 과산화벤조일, 차아염소산나트륨, 표백분 등이 있으며, 식품이 가지고 있는 색소 성분을 산화하여 탈색시킴으로써 희게 만드는 역할을 하고, 한번 탈색되면 다시 복원되지 않는다. 환원형 표백제로는 아황산나트륨, 차아황산나트륨 등이 사용되며, 산화에 의해 변색된 식품을 환원시켜 본래의 흰색이 나타나도록 하는 역할을 하고, 이산화황(SO_2)의 환원력이 작용하는 동안은 효과가 있으나 이산화황이 소실되어 환원력이 없어지면 다시 변색이 일어나는 단점이 있다.

아황산나트륨은 자연계에 흔히 존재하는 물질로서 자연 상태의 농수축산물에서도 검출된다. 특히, 파를 비롯한 양파, 마늘 등 향이 강한 향신식물에는 최대 135ppm까지 들어있다. 세계보건기구(WHO)에서는 아황산나트륨의 일일섭취허용량(ADI)을 이산화황으로 환산하여 0.7mg/kg으로 정하고 있으며, 〈식품첨가물공전〉에서 정하고 있는 아황산나트륨의 사용 기준은 만성독성을 나타내는 일일섭취허용량과 섭취 빈도를 고려하여 결정된 것이다. 우리나라의 아황산나트륨 사용 기준은 몇몇 개별 규정이 있는 식품을 제외한 대부분의 식품에 대하여 이산화황으로 환산하여 0.03g/kg(30ppm)으로 정하고 있다.

아황산나트륨은 법에서 규정한 범위 내에서 사용하면 절대로 안전한 물질이다. 그런데 아황산나트륨이 문제가 되어 매스컴에 자주 등장하는 것은 일부 제조업자나 판매업자가 규정을 지키지 않고 사용하기 때문이다. 표백제를 주로 사용하는 식품은 껍질을 깐 도라지, 밤 등의 1차 가공식품이며, 이를 생산하거나 판매하는 사람들이 고의로 규정을 어기는 것이 아니라 규정을 몰라서 위반하는 경우도 적지 않다. 이들은 식품제조 허가도 받지 않은 개인이거나 영세 제조업자인 경우가 대부분이다.

이들은 식품법규나 식품첨가물에 대한 기본적인 지식도 갖추고 있지 못한 것이 일반적이며, 자신이 법규를 위반하고 있다는 사실조차 모르는 경우가 허다하다. 농산물, 임산물 등 자연식품이나 이들의 단순가공품에는 아황산나트륨을 사용할 수 없도록 규정하고 있으나, 껍질을 벗기면 쉽게 갈변하여 상품가치가 떨어지므로 단순한 생각에 표백제를 처리하여 희게 만드는 것이다. 더구나 아황산나트륨 등 환원형 표백제의 경우 일단 표백 처리를 하더라도 시간이 지나면 이산화황이 소실되어 다시 변색이 일어나므로, 과량으로 사용하는 경향이 있다.

생산하고 판매하는 사람이 법을 모르고 규정에 벗어나게 표백제를 사용하는 것이 현실이라면, 사용하는 소비자가 조심하는 수밖에 없다고 하겠다. 농산물, 임산물 등을 구입할 때 유난히 흰 제품이 있다면 표백제를 과다하게 사용했을 가능성이 높기 때문에 주의하는 것이 좋다. 이와 함께 정부와 학계, 소비자단체 등에서도 영세업체를 대상으로 한 홍보와 교육을 강화하는 방안을 마련해야 할 것이다.

4) 보존료

미생물에 의한 품질 저하를 방지하여 식품의 보존기간을 연장시키는 목적을 위해 사용되는 식품첨가물이 보존료(保存料)이며, 방부제(防腐劑)라고도 한다. 부득이 사용되기는 하지만 식품 본래의 성분이 아닌 화학적 합성품이므로 항상 안전성 문제가 따르게 된다. 보존료로 주로 사용되는 것으로는 소르빈산칼륨과 안식향산나트륨이 있다.

① **소르빈산칼륨**(소브산칼륨, potassium sorbate): 소르빈산칼륨의 항균작용은 소르빈산(소브산, sorbic acid)의 74% 정도이나, 물에 잘 녹고 비교적 안전하기 때문에 보존료로 가장 많이 사용된다. 사용이 허가된 식품은 치즈, 식육가공품, 젓갈류, 된장, 고추장, 잼류, 건조과실류, 마가린 등 비교적 광범위하다. 소르빈산칼륨 자체로는 발암의 가능성이 없으나, 아질산염과 함께 사용하면 항균효과는 상승하지만 DNA를 손상시키는 물질이 생성되어 발암의 원인이 되거나 중추신경마비, 출혈성 위염, 염색체 이상, 피부 점막 자극 등의 증상이 나타날 수 있다.

② **안식향산나트륨**(벤조산나트륨, sodium benzoate): 소르빈산칼륨 다음으로 널리 사용되며, 안식향산(벤조산, benzoic acid)보다 효과가 약하나 물에 잘 녹기 때문에 많이 사용된다. 안식향산나트륨은 세계보건기구(WHO)에서 눈의 점막을

자극하거나 기형아를 유발하는 가능성 등을 경고하고 있는 물질로서 음료, 쨈, 마가린 등 사용할 수 있는 식품이 한정되어 있다. 허가된 사용량을 준수할 경우에는 안전성에 문제가 없으며 CODEX를 비롯하여 미국, 일본, EU 등 대부분의 국가에서 사용을 허가하고 있다.

식품첨가물의 안전성은 만성독성을 나타내는 일일섭취허용량(ADI)과 급성독성을 나타내는 반수치사량(50% lethal dose, LD_{50})으로 구분한다. 일일섭취허용량은 일생 동안 매일 먹더라도 유해한 작용을 일으키지 않는 1일 섭취 한계량을 의미하며, 소르빈산칼륨의 ADI는 25.0mg/kg·bw/day이고, 안식향산나트륨의 ADI는 5.0mg/kg·bw/day이다.

급성독성이란 어떤 물질을 실험동물에 1회 또는 24시간 이내에 수회 투여하였을 때 나타나는 독성 증상을 의미하며, 통상적으로 투여 후 14일 동안을 관찰기간으로 한다. LD_{50}이란 실험동물의 50%가 죽는 투여량을 통계적 방법으로 계산한 것을 말한다. 급성독성 시험은 투여 경로에 따라 입을 통하여 투여하는 경구독성, 피부를 통하여 투여하는 피부독성, 호흡을 통하여 투여하는 흡입독성 등이 있으나, 보통 쥐를 대상으로 한 경구독성이 일반적이다.

급성독성은 LD_{50}값이 낮을수록 독성이 강한 것을 의미하며, 25mg/kg 이하를 고독성물질이라 하고, 25~200mg/kg 범위를 독성물질이라 하며, 200~2,000mg/kg 범위를 유해물질이라 한다. 5,000mg/kg

이상이면 독성이 없는 것으로 판단하며, 2,000~5,000㎎/㎏ 범위의 물질은 유·무해의 판단을 유보한 경계물질이다. 소르빈산칼륨의 LD_{50}은 5,860㎎/㎏이고, 안식향산나트륨의 LD_{50}은 2,700㎎/㎏이다.

2006년 시중에 유통 중인 비타민C 음료의 90% 이상에서 암을 유발하는 물질인 벤젠이 검출되어 크게 문제가 된 일이 있었다. 음료 중에 비타민C와 안식향산나트륨이 함께 존재할 경우에는 제품 원료에 들어 있는 철(Fe), 구리(Cu) 등 금속촉매제의 작용에 의해 화학반응을 일으켜 벤젠이 생성될 수 있다는 것은 1990년 미국식품의약청(FDA)에서 처음 밝혀냈으나, 생성되는 양이 심각한 수준은 아니어서 비타민C 음료에는 안식향산나트륨을 사용하지 말 것을 권고하는 정도이다. 우리나라의 경우에도 식품에 대한 벤젠 관리기준은 없고 먹는물 수질기준에서 0.01㎎/L 이하로 관리하고 있을 뿐이다.

2006년 당시 검출된 벤젠도 일부러 첨가한 것은 아니고 유통 중에 생성된 것이었으며, 이 사건 이후 식품의약품안전청에서는 음료류 제조 시에 비타민C와 안식향산나트륨을 같이 사용하지 않도록 제조업체에 권고하였다. 그 후 제조업체에서 제조방법을 개선하여 몇 개월 후에 식품의약품안전청에서 다시 실시한 검사에서는 시중 58개 음료제품 중에서 6개 제품에서만 벤젠이 검출되었다고 한다.

식품에 사용되는 소르빈산칼륨, 안식향산나트륨 등의 보존료는 법에서 규정한 범위 내에서 사용하면 안전한 물질이지만, 규정을 잘 모르는 영세업체 등에서 규정을 지키지 않아 문제가 된 경우가 매스컴에서 종종 보도되고 있다. 이는 고의로 규정을 어기는 것이 아니라 규정을 몰라서 위반하는 경우도 적지 않다. 그 원인은 식품 제조업체의 영세성에서 찾을 수 있다.

식품의약품안전처에서 발표한 2015년 식품 및 식품첨가물 생산실적 자료에 의하면, 식품제조·가공업체의 수는 29,374개이며, 종업원수는 301,140명으로서 평균 종업원수는 10.3명이었다. 규모별로는 종업원 5인 이하인 업체가 69.2%, 10인 이하인 업체가 81.9%를 차지하였으며, 종업원 101명 이상인 업체는 전체의 1.3%에 불과하였다. 이 통계가 보여주는 것처럼 식품 및 식품첨가물 제조업체 5개 중에 4개는 종업원이 10명 이하에 불과한 영세업체이다.

종업원 10인 이하의 영세 제조업체는 대부분 소자본으로 창업한 생계형 사업이며, 창업주가 식품에 대한 충분한 지식을 갖춘 경우가 드물고, 품질관리를 위한 별도 부서나 담당자가 없는 경우가 대부분이다. 또한 식품 관련 법규는 한 번 정해진 후 그대로 있는 것이 아니며, 새로운 사실이 밝혀지거나 어떤 사회적 이슈가 발생하면 수시로 바뀌는 것이기 때문에 품질관리 담당부서를 갖춘 대기업조차 미처 챙기지 못하는 일이 종종 있다. 결국 식품관련 법규나 지식에 애초부터 취약한 영세업체의 경우는 법규를 위반할 가능성에 항상 노출되어 있는 셈이다.

일부에서는 식품첨가물을 사용하여 제품을 만드는 사람들이 자신들의 제품을 가족에게는 안 먹일 거라고 오해하기도 하나, 극소수 악덕 업자를 제외하면 그런 일은 없으며, 이는 범죄행위이다. 일부 강도나 사기 등의 범죄자가 있다고 하여 그 사회의 구성원 모두를 범죄자로 볼 수 없듯이 일부 악덕 업자가 있다고 식품제조업자 전체를 나쁘게 보는 것도 잘못된 일이다. 사실 자기 회사의 제품을 가장 많이 먹는 것은 그 회사의 종업원과 그 가족이다. 또한 저자의 경험으로 보아도 제품 개발자는 누구보다도 그 제품을 가장 많이 먹게 되는 사람이므로 자신의 건강을 위해서라도 식품첨가물을 무리해서 첨가하지는 않는다.

5) 산화방지제

인체의 노화와 암을 발생시키는 원인의 대부분은 인체를 구성하고 있는 지질이 활성산소에 의해 산화되어 과산화지질로 바뀌기 때문이라고 한다. 따라서 이러한 산화를 막는 항산화물질이 건강기능식품의 소재로 각광을 받고 있다. 인체에서 산화가 문제가 되듯이 식품에서도 산화가 일어나면 품질의 저하가 발생하여 식품으로서의 가치를 상실하게 한다. 지방의 산패나 색깔의 변화와 같은 산화현상을 방지하기 위해서는 산화방지제(酸化防止劑)라는 식품첨가물을 사용한다.

넓은 의미의 보존료(preservative)는 식품의 변질, 부패 및 화학적 변화를 방지하여 식품의 영양가와 신선도를 유지하기 위하여 사용되는 식품첨가물을 총칭하며, 산화방지제도 포함하는 개념이다. 이 때문에 일반소비자들은 방부제(보존료)와 산화방지제를 종종 혼동하기도 한다. 〈식품첨가물공전〉에서는 보존료를 미생물에 의한 부패를 방지하여 식품의 저장기간을 연장시키는 식품첨가물로 정의하고, 산화방지제는 산화에 의한 식품의 품질 저하를 방지하는 식품첨가물로 정의하여 구분하고 있다.

유지(油脂)가 화학변화를 거쳐 불쾌한 냄새가 나고, 맛이 나빠지거나 빛깔이 변하는 것을 산패(酸敗, rancidity)라고 하며, 넓은 의미에서 유지의 산패는 미생물에 의한 변질, 가수분해에 의한 변질 등을 포함하나, 좁은 의미에서의 산패는 유지의 산화(酸化, oxidation)에 의한 변질을 의미한다. 유지의 산화는 상온 부근에서 일어나는 자동산화(autoxidation), 높은 온도에서 자동산화와 가열반응이 복합적으로 진행되는 가열산화, 빛에 의해 활성화된 감광체와 산소 간에 진행되는 산화 등이 있으나, 산화방지제는 주로 자동산화를 억제하는 역할을 한다.

자동산화를 촉진하는 요소는 온도, 산소, 광선, 방사선, 금속촉매 등 여러 가지가 있다. 온도는 높을수록, 산소는 많을수록 산화가 촉진되며, 자외선이나 고에너지 방사선에 쪼이거나 금속촉매의 존재 하에서도 산화가 촉진된다. 산화방지제는 여러 요인에 의해 발생된 유리기(遊離基, free radical)나 과산화물의 작용을 억제하거나 금속촉매를 불활성화함으로써 산화를 방지한다. 산화방지제는 산화를 완전히 막지는 못하며, 지연시키는 작용을 할 뿐이고 항산화 능력이 상실되면 산화는 급격히 진행된다.

산화방지제는 화학적 합성품뿐만 아니라 향신료 추출물, 베타카로틴 등 천연의 물질도 많이 있다. 화학적 합성품 중에는 아스코브산(비타민C), 토코페롤(비타민E) 등과 같이 본래 천연물이었으나 그 화학구조가 밝혀져 공업적으로 대량생산하여 사용하게 된 것도 있다. 지금까지 항산화 기능이 있는 것으로 알려진 물질은 매우 많으나, 안전성 등을 고려하여 현재 식품첨가물로 사용이 허가되어 있는 물질은 제한적이다.

산화방지제 중에서 안전성에 문제가 있는 것으로 자주 거론되는 것은 디부틸히드록시톨루엔(BHT)과 부틸히드록시아니솔(BHA)이다. BHT의 반수치사량(LD_{50})은 실험용 집쥐(rat)의 경우 1,700~1,970mg/kg이고, 실험용 생쥐(mouse)의 경우에는 1,390mg/kg이며, BHA의 LD_{50}은 집쥐의 경우 2,200~5,000mg/kg이고, 생쥐의 경우 2,000mg/kg이므로 BHT가 더 위험한 물질이라 하겠다. 그러나 BHT에 대한 생쥐의 LD_{50} 1,390mg/kg을 체중 60kg의 사람으로 환산하면 83.4g에 해당하여 정상적인 경우라면 도저히 섭취할 수 없는 많은 양이다.

따라서, BHT는 일반적으로 안전한 식품첨가물로 인식되고 있으며, EU에서는 별도의 표기가 필요 없는 식품첨가물로 분류된다. BHT나 BHA가 발암을 비롯하여 염색체 이상, 콜레스테롤 상승, 칼슘 부족 등의 원인이 된다는 일부 주장이 있으나, 아직까지 WHO를 비롯한 공신력 있는 연구기관에서는 인정하지 않고 있다. WHO 등에서 정한 일일섭취허용량은 BHT가 $0.3mg/kg$, BHA가 $0.5mg/kg$이며, 우리나라의 〈식품첨가물공전〉에서는 LD_{50}과 일일섭취허용량을 근거로 사용기준을 정하고 있다. BHT 및 BHA는 단독으로도 사용되지만, 함께 사용되는 경우도 있으므로 합계량으로서 한도를 정하고 있으며, 사용 식품에 따라 $0.05{\sim}1g/kg$으로 차이가 있다. 사용 가능한 식품도 식용유지류, 어패류, 껌, 시리얼류, 마요네즈 등의 품목으로 한정되어 있다.

유지류 및 유지를 포함한 식품에서 산화가 진행되면 불쾌한 냄새와 함께 착색이 되어 품질이 저하되며, 산패의 결과물인 과산화물 등의 화합물은 설사, 복통 등의 소화장애를 일으키는 등 부작용을 나타내므로 산화방지제를 사용하여 식품의 보존기간을 연장시키는 것이 반드시 나쁘다고만은 할 수 없다. 산화방지제로서 BHT, BHA 등 화학적 합성품이 이용되는 것은 천연의 항산화제에 비하여 항산화력이 높고 가격이 저렴하기 때문이다. 그러나 최근에는 소비자들의 불필요한 오해를 피하기 위하여 제조업체에서는 가능하면 천연 항산화제를 사용하려는 경향이 나타나고 있다.

6) 감미료

식품의 기본맛 중에서 단맛만이 농도가 높아져도 대부분의 사람에게 호감을 주며, 인류는 아주 오래전부터 단맛을 내는 천연물질을 식품에 이용해 왔다. 대표적인 것이 설탕, 벌꿀, 물엿, 포도당 등이며, 이처럼 단맛을 내는 것을 감미료(甘味料)라고 한다. 식품첨가물로 사용되는 감미료의 종류는 매우 많으며, 그중에는 천연감미료뿐만 아니라 합성감미료도 다수 있다.

보통 단맛의 세기를 표현할 때에는 10% 설탕 용액의 단맛을 100으로 하고, 이에 대한 상대적 수치로 표시하며, 이를 감미도(甘味度)라고 한다. 과당, 포도당, 벌꿀, 물엿 등 단맛을 내는 식품들은 보통 감미도가 70~180 정도로서 설탕보다 단맛이 다소 약하거나 강하더라도 2배를 넘지 않는 데 비하여 감미료로 사용되는 식품첨가물들은 단맛의 세기가 보통 설탕의 수십~수백 배에 이른다. 일반적으로 많이 사용되는 감미료는 다음과 같은 것이 있다.

① **스테비올배당체**(Steviol glycoside): 남아메리카 파라과이 원산의 국화과 식물인 스테비아(stevia)의 잎에서 추출한 결정체이며, 스테비오사이드(stevioside)라고도 한다. 청량감이 있는 단맛이 나며, 단맛의 세기는 설탕의 약 300배이다. 인슐린이나 혈당 농도에 크게 영향을 미치지 않으므로 당뇨병 환자들이 사용하기에도 안전하다. 백설탕, 갈색설탕, 포도당, 물엿, 벌꿀 등을 제외하면

사용에 제한은 없으며 우리나라에서는 스포츠음료에 많이 사용되고 있다.

② **사카린나트륨:** 사카린(saccharin)의 나트륨염이다. 사카린은 1879년 처음 발견 된 후 1884년부터 판매되기 시작하여 100년 이상 사용되고 있는 감미료이 며, 합성감미료의 시초라고 할 수 있는 물질이다. 사카린은 설탕보다 300~500배 정도의 단맛을 가지고 있으나 인체에서 이용되지 못하고 배출되 므로 칼로리는 없다. 젓갈류, 절임식품, 음료류, 어육가공품 등 23품목 외에는 사용할 수 없으며, 허용 기준은 식품에 따라 0.08~1.2g/kg으로 다양하다. 사 카린나트륨은 0.02% 농도에서 약 20%의 사람이 단맛과 함께 쓴맛을 느끼게 되므로 식품에는 0.02%(0.2g/kg) 이상 첨가하면 좋지 않다.

③ **아스파탐(aspartame):** 아스파탐은 아스파트산(aspartic acid)과 페닐알라닌 (phenylalanine)을 결합시켜 만든 감미료이며, 설탕과 유사한 맛을 내지만 단맛 은 200배 정도 세다. 인체에서 분해되어 설탕과 같은 칼로리(4kcal/g)를 내지 만, 소량만 첨가하여도 설탕과 같은 단맛을 나타내므로 설탕의 대체 감미료로 이용된다. 아스파탐은 당류가 아니고 아미노산이기 때문에 당뇨병 환자식에 도 사용된다. 아스파탐은 대부분의 국가에서 안전한 감미료로 인식되어 사용 량에 제한이 없이 널리 사용되고 있다. 우리나라의 경우에도 빵류, 과자류, 시 리얼류, 특수의료용도등식품, 체중조절용 조제식품, 건강기능식품 등에서 0.8~5.5g/kg으로 사용량의 제한을 둘 뿐이고, 기타 식품에 사용할 경우에는 제한이 없다.

④ **수크랄로스**(sucralose): 설탕을 원료로 하여 합성되기 때문에 설탕과 가장 유사한 단맛을 가지며, 단맛의 세기는 설탕의 600배 정도이다. 섭취된 수크랄로스의 대부분은 신체에 흡수되지 않고 그대로 배설되기 때문에 칼로리는 거의 없다. 안전한 물질로 인식되고 있으며, 모든 식품에 사용이 가능하다. 아스파탐이 고온에서 분해되는 것과는 달리 수크랄로스는 고온에서도 안정하기 때문에 제조시 가열공정이 있는 식품에도 적용할 수 있다. 사용량은 식품에 따라 0.032~1.2%로 제한량의 폭이 넓은 편이다.

⑤ **자일리톨**(xylitol): 자작나무, 떡갈나무를 비롯하여 채소나 과일 등 식물에 널리 존재하는 천연소재의 감미료로서, 포도당이 6개의 탄소로 이루어진 6탄당인데 비하여 자일리톨은 5개의 탄소로 이루어진 5탄당의 구조를 가지고 있다. 단맛의 세기는 설탕과 비슷하며 1890년대에 처음 알려졌다. 원래 천연감미료였으나 요즈음은 대부분 미생물 발효에 의해 인공적으로 생산한다. 사용에 제한은 없으며, 1970년대부터 충치 예방에 적합한 감미료로 인정받아 껌 등의 제품에 주로 사용된다.

합성감미료의 안전성과 관련하여 자주 거론되는 품목은 사카린나트륨과 시클라메이트(cyclamate)이다. 사카린의 안전성에 최초로 문제를 제기한 것은 1977년 캐나다 보건당국이었으며, 실험 결과 발암성 물질로 판명되었다고 하여 사용을 금지시켰다. 그러나 그 후 미국, 캐나다 등에서 광범위한 실험을 실시한 결과 정상적인 사용 농도에서는 인체에 무해하다는 결론을 내리고, 1991년 미국 및 캐나다에서 사카린 사용 금지를 철회하였다. 또한 WHO와 FAO가 공동으로 구성한 식품첨가물전문가위원회(JECFA)에서는 1993년 사카린의 ADI를 종전의 2.5mg/kg•bw/day에서 5mg/kg•bw/day로 재조정하였으며, 미국의 국립환경보건과학연구소(NIEHS)에서는 2000년 5월 발암물질 목록에서 사카린나트륨을 제외시켰다.

사카린의 유해성에 관한 주장이 국내 매스컴에 등장한 것은 논란이 거의 마무리되어 가던 1980년대 후반이었다. 합성첨가물에 대한 거부감을 갖고 있는 소비자단체 등에서 사카린의 발암 가능성을 사회적 이슈로 확대하였고, 식품 당국은 과학적 위해 평가 없이 여론에 밀려 1990년 사카린을 특정 제한된 식품에만 사용할 수 있도록 하는 방침을 발표하여 사건을 마무리하였다. 사카린이 안전한 물질이며 발암의 위험성이 없다는 것이 세계적으로 인정된 과학적 결론이며, 사카린나트륨에 대한 규제를 푸는 것이 세계적인 추세였음에도 불구하고, 국내에서는 잘못된 지식에 근거한 소비자단체의 압박에 밀려 1992년 사카린나트륨 허용 식품의 범위를 대폭 축소하여 규제를 강화하였다. 안전성에 대한 잘못된 편견으로 그 사용이 필요 이상 제한받고 있는 대표적 식품첨가물이 바로 사카린나트륨이다.

시클라메이트는 담뱃잎에서 처음 발견되었으며, 설탕보다 약 30배 단맛이 강하고 고온에서도 안정하여 1950년대부터 합성감미료로 사용되던 식품첨가물이었다. 그런데 1966년 발암 의심물질을 생성한다는 연구 결과가 발표되고, 1970년부터 미국 FDA에서 사용을 금지시킴에 따라 우리나라에서도 같은 해 4월부터 사용을 금지하고 있는 품목이다. 그러나 그 후의 연구에서 발암과는 관련이 없다는 것이 밝혀져 현재 EU를 비롯하여 호주, 뉴질랜드 등 50여 국가에서 사용이 허가되고 있으며, JECFA에서는 1994년 시클라메이트의 ADI를 11mg/kg·bw/day로 발표하였다.

식품첨가물의 안전성은 평가 시점에서 얻어진 자료에 근거하며, 당시에는 안전성에 문제가 없었으나 그 후에 문제가 드러나 사용이 취소되기도 한다. 따라서 소비자단체에서는 식품첨가물의 안전성을 이야기할 때 현재는 안전하다고 판단하고 있으나 우리가 미처 확인하지 못한 새로운 사실이 드러날 수도 있으며, 그러면 그때까지는 위험성이 있는 물질을 섭취하게 되는 것이라고 주장하며 합성첨가물 모두에 대하여 불신을 나타내고, 시클라메이트와 같은 경우를 예로 들기도 한다.

그러나 식품첨가물의 안전성 평가 기술도 꾸준히 발전하여 왔으며, 현재는 예전의 평가 방법에 비해서는 상당히 엄격한 기준과 다양한 항목에 대한 평가가 이루어지고 있다. 그리고 유해성이 확인되지 않았더라도 위험의 가능성만 발견되어도 사용이 금지되는 것이 일반적인 경우이다. 역설적으로 시클라메이트와 같은 경우가 식품첨가물에 대한 사용 기준을 신뢰하게 하는 것이라고 말할 수 있다. 시클라메이트는 유해성이 확인되어 사용이 금지된 것이 아니며, 위험의 가능성이 있다고 하여 규제된 것이고, 현재까지 확인된 바로는 안전하다는 것이다. 오히려 예전의 불완전한 실험방법에서 유해성 물질로 규정되었던 것이 안전한 물질이라고 확인되는 경우도 많이 있다. 사카린나트륨이나 MSG의 경우가 좋은 예이다.

최근 비만과 당뇨병 등이 사회적 문제로 등장함에 따라 설탕을 비롯한 당류를 대체할 저칼로리 감미료에 대한 관심이 증대하고 있으며, 이에 대한 대안으로서 합성감미료들이 주목을 받고 있다. 합성감미료는 대부분 칼로리가 없으며, 칼로리가 있다고 하여도 단맛이 강하기 때문에 극소량만 사용하여도 효과를 볼 수가 있다는 장점이 있다. 확실하지도 않은 위험성 때문에 합성감미료를 기피하기보다는 현대 과학의 수준을 신뢰하고, 지금까지 수십 년 내지는 백여 년 동안 이상 없이 사용하여 온 경험을 믿는 것이 현명한 선택일 것이다. 그러나 이러한 사회적 합의가 없는 한 소비자의 반응에 민감할 수밖에 없는 제조업체에서는 합성감미료의 사용을 꺼리게되며, 결과적으로 소비자는 선택할 기회를 상실하게 되는 것이다.

17
MSG

식품 분야에 있어서 MSG만큼 숱한 화제와 논쟁을 불러일으킨 성분은 없을 것이다. 현재 우리나라에서 사용이 허가된 식품첨가물은 약 700개 품목이지만, 식품첨가물 하면 가장 먼저 떠오르는 것이 MSG로서 식품첨가물의 대명사가 되어 있다. 또한 조미료란 "음식을 만드는 주재료인 식품에 첨가해서 음식의 맛을 돋우며 조절하는 물질"을 의미하며 소금, 설탕, 식초, 간장 등이 모두 조미료에 속하지만, 보통 조미료 하면 MSG를 지칭하는 말이 되고 있다. 이처럼 귀에 익숙한 단어이지만 MSG에 대하여 제대로 알고 있는 사람은 의외로 드물다.

보통 화학조미료 또는 MSG(mono sodium glutamate)라고 줄여서 부르는 L-글루탐산나트륨(monosodium L-glutamate)은 글루탐산(glutamic acid)에 나트륨(Na)과 물(H_2O) 한 분자가 결합한 물질이고, 화학식으로는 '$C_5H_8NNaO_4 \cdot H_2O$'이다. 글루탐산은 물에 거의 녹지 않기 때문에, 용해도를 높이기 위하여 글루탐산에 나트륨이 결합한 나트륨염(鹽)으로 만든 것이다. MSG는 물에 녹으면 글루탐산 이온과 나트륨 이온으로 해리된다.

글루탐산은 자연계에 널리 존재하는 아미노산의 일종으로 단백질의 중요한 구성성분이며, MSG에서 감칠맛을 내게 하는 성분이다. 글루탐산은 1907년 일본의 이케다 기쿠나에(池田菊苗) 박사에 의해 다시마에서 발견되었다. 그 당시까지 단맛, 신맛, 짠맛, 쓴맛 등 4가지만이 기본적인 맛으로 인정되고 있었으나, 이케다 박사는 이들 외에 제5의 맛인 감칠맛을 내게 하는 물질의 존재를 증명하기 위한 연구를 하였으며, 마침내 글루탐산을 찾아내게 되었고, 감칠맛을 뜻하는 일본어 '우마미(うま味, umami)'는 국제적인 공용어로 인정되었다.

MSG는 1909년 현재의 아지노모토(味の素, Ajinomoto)사의 전신인 스즈키제약소(鈴木製藥所)에서 '맛의 근원'이란 의미인 '아지노모토(味の素)'라는 상품명으로 최초로 판매하였다. 우리나라에서 MSG가 최초로 생산된 것은 1956년 현재 대상그룹으로 이름을 바꾼 옛 미원그룹의 모체인 동아화성공업주식회사에 의해서이다. '아지노모토'와 비슷한 '맛의 으뜸' 또는 '맛의 근본'이란 의미인 '미원(味元)'이란 상품명은 아지노모토가 일본에서 그랬던 것처럼 한국에서 조미료의 대명사가 되었다. MSG가 본격적으로 일반화된 것은 1963년 미원에서 발효공법으로 대량생산 체제를 갖추고부터이다.

화학조미료라는 명칭은 MSG에 대해 나쁜 인식을 가지고 있는 소

비자단체 등에서 주로 사용하고 있으며, 잘못된 상식을 바탕으로 한 정당하지 못한 이름이다. 화학조미료라고 하면 인공적으로 화학물질을 합성하여 만든 것처럼 들리나, 지금은 대부분 간장, 식초 등의 경우와 같이 미생물로 발효시켜 생산하는 제조법을 사용하고 있으므로 발효조미료라고 하여야 할 것이다. MSG의 원조인 일본에서도 과거에는 화학조미료라고 불렸으나, 요즘은 '아미노산조미료($アミノ$酸調味料)' 또는 '우마미조미료(うま味調味料)'라고 부르고 있다.

아지노모토는 1909년에 처음 판매된 이후 약 30년 동안 일본 조미료 시장에서 독점적인 지위를 누렸다. 차츰 경쟁 상품이 나타나면서 경쟁사들은 아지노모토가 조미료의 대명사로 불리는 데에 불만을 토로하였고, 아지노모토 대신에 화학조미료라고 부르게 되었다. 요즈음에는 거부감이 가는 용어이지만, 화학공업의 성장이 꿈이었던 1940년대의 일본인들에게 화학(化學)이라는 용어는 최첨단을 의미하는 좋은 선전문구였던 것이다. 이것이 MSG가 화학조미료라고 불리게 된 계기이다.

요즘은 발효를 통해 MSG를 만들지만, 초기의 제법은 글루탐산을 포함한 단백질을 분해하여 만들었다. 단백질 원료로는 밀가루의 단백질인 글루텐(gluten)이나 탈지대두(脫脂大豆)가 사용되었다. 단백질을 염산(HCl)으로 분해하여 아미노산으로 나누고, 정제과정을 거쳐 글루탐산만 얻게 된다. 순수하게 얻은 글루탐산에 다시 수산화나트륨(NaOH)을 처리하여 나트륨염으로 만든 것이 MSG이다.

원료 자체는 천연적인 것이나 제조과정에 염산이나 수산화나트륨 같은 화학물질을 사용하므로 화학조미료라고 부르게 된 것이다. 요즘은 사탕수수의 즙에서 설탕 성분을 추출하고 남은 당밀(糖蜜) 등을 원료로 미생물을 증식시켜, 그 대사산물로 글루탐산을 얻게 된다. 이 글루탐산에 수산화나트륨을 처리하여 나트륨염으로 만드는 것은 동일하다.

결국 수산화나트륨으로 처리해서 MSG로 만드니까 이것도 화학조미료라고 주장할 수도 있으나, 이런 식으로 분류한다면 흔히 먹는 식용유도 화학식용유라고 불러야 될 것이다. 대두유, 옥수수유, 채종유 등 모든 정제 식용유는 제조과정 중에 탈산(脫酸)이라는 공정이 있는데, 이것은 유리된 지방산을 수산화나트륨으로 중화하여 제거하는 공정이다.

1964년부터 '미풍(味豊)'이란 상품명으로 MSG를 생산해 오던 제일제당에서 이른바 천연조미료라는 '다시다'를 1975년에 내놓고, 이어서 1977년에는 핵산조미료를 생산하였다. 이때는 시기적으로 국민소득이 증가하면서 사람들의 음식에 대한 관심이 인공적인 것에서 자연적인 것으로 넘어가던 시기였으므로, 시장점유율에서 절대적인 열세였던 제일제당은 화학조미료가 아닌 천연조미료임을 강조하며 다시다를 홍보하였다. 그 결과 다시다는 성공한 제품이 될 수 있었으나, 미원으로 대표되던 MSG는 화학조미료란 오명을 쓰고 소비자의 외면을 받게 되었다.

다시다는 선전에서 쇠고기분말, 파, 마늘 등을 넣었다며 천연(天然)을 강조하였으나, 실제로 주 성분은 여전히 MSG였다. 2005년 환경연합이 시중에서 판매되고 있는 다시마, 감치미 등 8종류의 조미료 성분을 조사해 본 결과, 천연성분의 비율은 3.7~13.7%에 불과하고 MSG는 15~22%나 되었다고 한다. 또한 다시다의 공세에 밀려 일반소비자 시장에서는 미원(MSG)을 찾아보기 어렵게 되었으나 식품제조사, 식당 등 업소를 대상으로 하는 시장에서는 여전히 미원이 강세이며, 우리는 가공식품이나 외식 등을 통하여 간접적으로 MSG를 계속 섭취하고 있다.

핵산(核酸, nucleic acid)은 세포핵(細胞核)의 DNA, RNA 등에 존재하는 산(酸, acid)이라고 해서 핵산이란 이름이 붙었으며, 핵산조미료에는 이노신산(inosinic acid, IMP)과 구아닐산(guanylic acid, GMP)이 있다. MSG와 함께 감칠맛을 내는 물질로서, IMP는 가다랑어에서 발견하였으며 쇠고기맛을 내고, GMP는 표고버섯에서 발견하였으며 버섯의 감칠맛 성분이다. 공업적으로는 두 가지 모두 미생물 발효공법에 의해 생산한다. 이들은 MSG와 함께 사용할 때 상승효과가 있으며, 시판되는 핵산조미료는 97% 이상의 MSG와 2.5% 전후의 IMP 및 GMP가 혼합된 것이다.

MSG는 소금과 후추 다음으로 많이 쓰이는 조미료로서 연간 세계 수요는 약 200만 톤에 이르며, 중국을 비롯하여 일본, 한국, 동남아국가 등 아시아에서 약 70%를 소비하고 있다. 이는 이들 아시아 국가들이 전통적으로 콩 발효식품(간장, 된장, 낫토, 면장 등)을 즐겨 먹어 아미노산의 감칠맛에 익숙해져 있는 것과도 관련이 있을 것이다. 1909년 처음 생산되어 일본을 중심으로 소비되던 MSG가 전세계적으로 퍼지게 된 것은 제2차 세계대전이 계기가 되었다. 일본이 점령했던 지역은 물론이고, 종전 후 일본에 주둔했던 미군에 의해 미국과 유럽에도 전파되었다.

미국과 일본을 오가며 격렬하게 진행됐던 MSG의 유해성 논쟁이 한국에 전해진 것은 처음 논란이 제기된 때로부터 거의 20년이 지난 뒤인 1985년이었다. 당시 국제소비자기구(IOCU)가 '국제식량의 날'인 10월 16일을 '화학조미료 안 먹는 날'로 제정해 회원국 단체에 통고하였으며, 이는 이미 화학조미료라고 하여 거부감을 갖고 있던 소비자들에게 인체에 위해하다는 불안감까지 심어주는 계기가 되었다. 지금도 소비자단체에서는 MSG의 위해성을 주장하고 있으나, 그 근거가 되는 논문은 모두 오래된 것으로 그 후의 정밀 시험에서 사실이 아님이 입증되었다.

인터넷에는 MSG에 대하여 별별 흉흉한 소문이 다 돌아다니지만 별로 믿을 것은 못 된다. 놀라운 것은 대개의 글이 하나의 글을 그저 복사해서 붙인 것에 지나지 않는다는 것이다. 물론, 거기에는 아무런 근거도 제시되지 않고 있다. 예를 들면, 그저 단정조로 "MSG는 천식을 유발한다(고 알려져 있다)." 운운할 뿐이어서, 애초에 누군가가 왜곡된 정보를 제공하면 이것이 마치 바이러스가 퍼져나가듯이 다수의 사람들에 의해 복사되고 전파된다. 이런 글들의 특징은 간단한 확인만으로도 사실 관계를 알 수 있는 잘못된 내용을 아무런 거리낌 없이 베껴 쓰고 있다는 것이다.

오늘날 MSG는 세계보건기구(WHO) 및 국제연합식량농업기구(FAO)에서도 안전하다고 판단하고 있으며, 미국 식품의약청(FDA)에서는 GRAS(Generally Recognized As Safe)로 분류하여 사용량에 제한을 두지 않고 있다. GRAS란 후추, 설탕, 식초 등에도 적용되는 것으로 가장 안전하다는 분류이다. 우리나라의 경우도 MSG는 사용기준에 제한이 없는 식품첨가물로 되어 있다. MSG는 많이 넣으면 맛이 너무 강하여 느끼한 맛을 주므로 저절로 첨가량에 제한이 가게 되며, 보통 맛을 내는 데 적정 첨가량은 0.1~0.5% 정도이다.

MSG의 유해성을 이야기 하는 사람들 중에는 다시마, 버섯, 멸치 등으로 자연조미료를 만들어 사용할 것을 권하고 있으나, 이들 원료에 들어 있는 아미노산이나 MSG의 글루탐산이나 기본적으로 안전성에서 차이가 없다. 글루탐산은 가장 흔한 아미노산의 일종으로서 토마토, 버섯, 콩, 치즈, 육류, 생선 등 단백질을 포함하는 식품 거의 모두에 들어있으며, 모유에도 100g당 170mg 정도 포함되어 있다. 식품 자체에 들어 있는 단백질 상태의 글루탐산도 단백질 그대로는 흡수되지 못하고, 글루탐산으로 분해되어야만 흡수할 수 있으며, 결국 MSG를 통하여 들어온 글루탐산과 차이가 없게 된다. 글루탐산은 비필수아미노산으로서 식품으로 섭취하지 않아도 인체에서 하루 평균 40g이 합성된다.

우리가 너무 MSG의 맛에 길들여져 중독되어가고 있다는 한탄의 말이 나오기도 한다. 그러나 우리는 MSG의 맛에 길들여져 있는 것이 아니라 글루탐산의 맛에 길들여져 있다고 하겠다. 우리는 오랫동안 간장이나 된장, 청국장 등으로 글루탐산의 감칠맛을 즐겨왔는데, 이 맛을 보다 효율적으로 값싸게 낼 수 있도록 개발된 제품이 MSG일 뿐이라는 표현이 더 적절하다.

전통적 방식으로 메주를 만들어서 소금물에 넣고 발효시킨 다음에 걸러내면 남는 고체는 된장이고, 액체는 간장이 된다. 즉, 간장이란 콩단백질을 분해해서 만든 아미노산 용액이다. 간장의 맛은 글루탐산만의 맛은 아니지만, 글루탐산과 다른 아미노산들이 같이 내는 오묘한 맛이다. 소금물에 녹는 만큼은 간장이 되어서 나가고, 용해도를 초과한 아미노산이나 미처 분해되지 않은 단백질, 섬유질 등은 그대로 남아 된장이 된다. 청국장도 콩단백질을 발효해서 아미노산으로 분해한 것인데, 청국장에서 나는 고약한 냄새는 단백질이 분해되면서 나오는 휘발성 유기화합물이다. 청국장을 떠 보면 끈적끈적한 실 같은 것이 딸려 오는 것을 볼 수 있는데, 이 점액성 물질의 주성분은 글루탐산이다.

MSG의 간편성 때문에 음식 맛의 다양성을 상실하는 비극적인 결과를 낳을 수도 있다. MSG는 소량 사용하면 잘 느껴지지 않던 맛도 잘 느끼도록 해주는 대단히 좋은 조미료이지만, 너무 많이 넣으면 감칠맛이 너무 강해져서 다른 맛을 모두 죽여 버리고 그야말로 무엇으로 끓이든 똑같은 맛이 된다. MSG의 유해성 논란과는 상관없이 MSG의 사용량을 줄여야 하는 진짜 이유는 이것이 아닐까 싶다.

2006년 10월 MBC의 '불만제로'라는 프로그램에서 짜장면 고유의 맛은 화학조미료(MSG)에서 나온 것이라며, 일부 중국음식점 짜장면에서 기준치 이상의 화학조미료가 검출됐다고 보도하여 크게 문제가 된 일이 있었다. 제작 관계자는 MSG의 사용을 줄여보자는 취지로 제작하였다고 하였으나, 사명감에 충만한 나머지 정확한 근거 자료나 전문가의 조언을 듣는 공부도 없이 성급하게 방송하여 죄 없는 중국음식점들만 피해보게 하였다. 중국음식점 관계자들은 당연히 반발하였고, MBC 측은 "10여 그릇만 대상으로 한 것은 샘플이 너무 적었다고 판단해 대상을 늘려 추가 조사 중"이라고 해명하였으나, 그 후 추가 보도는 없었다. 그러나 그 당시 유행하던 MBC의 '환상의 커플'이란 인기 드라마에서 주인공이 짜장면을 먹는 장면을 자주 노출하여 중국음식점에 대한 나름대로 배려를 한 것 같다는 세간의 평가가 내려지기도 하였다.

사실 거의 모든 식당에서 MSG를 사용하고 있으나, "우리 식당은 MSG를 사용합니다. 음식에는 MSG가 어느 정도 들어가야 맛이 제대로 납니다"라고 떳떳하고 용기 있게 말하는 곳은 전혀 없다. 대부분의 가공식품에도 MSG가 직접 또는 간접적으로 첨가되고 있으나,

소비자의 반발을 우려하여 표현하지는 못하고 있다. 소비자단체에서는 MSG에 아무런 문제가 없다면 왜 "화학조미료를 넣지 않았다"고 광고하는 식품이 늘고 있냐며, MSG의 유해성을 강조하고 있다.

그러나 식품을 전공한 사람들은 대부분 MSG가 인체에 무해하다는 것을 알고 있으며, 여론몰이식 비판 때문에 입을 다물고 있을 뿐이다. 그만큼 "화학조미료는 건강에 해롭다"는 고정관념이 일반인의 뇌리에 깊이 박혀있다. 1633년에 있었던 종교재판에서 코페르니쿠스의 "지구가 태양을 중심으로 돈다"는 지동설(地動說)을 신봉한 죄목으로 재판을 받았던 갈릴레이가 자신의 신념을 부정하여 풀려나면서 "그래도 지구는 돈다."라고 중얼거렸다는 유명한 일화가 생각나게 하는 대목이다.

1) 중국음식점증후군

MSG의 유해성을 처음 제기한 사람은 미국의 로버트 호만 곽(Robert Homan Kwok)이라는 의사였다. 그는 1968년 《New England Journal of Medicine(뉴잉글랜드 의학잡지)》에 "중국 음식점에서 식사를 한 후 목과 등, 팔이 저리고 마비되는 증세를 느꼈으며, 갑자기 심장이 뛰고 노곤해졌다"는 경험담을 보고하며, 이 증상의 원인으로 MSG를 지목하였다. 그 후 이와 비슷한 증상을 여러 사람이 보고하였고, 이런 증상을 중국음식점증후군(Chinese Restaurant Syndrome, CRS)이라고 부르게 되었다. 그 후의 연구에서 이것은 잘 못된 결론임이 드러나 요즘은 CRS보다는 MSG복합증후군(MSG Symptom Complex, MSC)이라는 용어가 사용된다.

중국음식점증후군을 증명하기 위하여 많은 시험이 있었으나 대부분은 시험 설계에 문제점이 있는 것으로 평가되었다. 우선 대다수의 시험에서는 MSG를 넣은 음식이나 음료를 사용했기 때문에 MSG의 맛을 숨기지 않았다. 의학 용어로 위약효과(僞藥效果, place-bo effect)라는 것이 있다. 이는 약리적으로 아무 효과가 없는 성분(僞藥, placebo)을 환자에게 약으로 속여 투여함으로써 유익한 작용을 나타내는 것을 말한다. 이에 반대되는 개념이 노시보효과(noce-bo effects)이며, 아무 효과도 없는 성분을 투여했을 때 나타나는 부정적인 영향을 의미한다. MSG가 들어간 것과 그렇지 않은 것을 맛으로 구분이 가능한 경우라면 시험 대상자의 응답에 영향을 주게 된다. 맛을 느끼지 못하게 고용량의 MSG를 캡슐로 만들어 투여한 시험에서는 중국음식점증후군이 관찰되지 않았다.

다음으로 중국음식점증후군이 다분히 주관적인 느낌이라는데 문제가 있다. 혈압이 올라간다거나 혈당치가 변한다거나 하는 것은 숫자로 표현될 수 있으나, 목이 뻣뻣하다거나 두통이 있다거나 하는 것은 주관적이기 때문에 평가가 어렵다. 사실 우리는 꼭 중국음식을 먹지 않더라도 가끔씩 이유를 알 수 없이 두통에 시달리거나 목이 뻣뻣하거나 팔다리가 쑤시거나 몸이 좋지 않은 경험을 한다. 의식은 몸의 상태에 의외로 큰 영향을 주는데, 명절만 되면 주부들에게 나타난다는 명절증후군이 대표적인 예이다. 스스로 중국음식점증후군이 있다고 믿고 있는 사람은 MSG의 맛에 민감하게 반응하게 된다. 그런데. 스스로 MSG에 민감하다고 믿는 사람들을 대상으로 한 시험에서도 중국음식점증후군은 일관성 없이 발생하였다. 결국 현재는 중국음식점증후군이란 일관성이 없고 재현성이 부족하여 신빙성이 없다는 결론이 내려져 있는 상태이다.

MSG는 1909년에 처음 생산되어 1968년까지 60년 가까이 10억이 넘는 아시아인들이 별 탈 없이 즐겨 사용하던 조미료인데 왜 갑자기 유해성이 문제가 된 것일까? 중국음식점에는 이상증세를 일으킬 만한 요인이 무수히 많다. 가령 담배연기라든가 중국음식점에서 사용하는 각종 향신료나 해산물들도 의심해 볼 만하다. 그러나 이상증세를 경험했던 사람들이 하나같이 그것이 MSG 때문이라고 이야기했고, 일반 사람들은 그렇게 믿었던 것이다.

MSG는 중국음식점에서만 사용하는 것이 아니고 미국인이 즐겨 먹는 각종 패스트푸드는 물론이고 육가공품에도 들어가며, 서양식당에서도 사용하는데 유독 중국음식점에서만 문제가 되는 것일까? 여기에는 MSG가 유해하여서가 아니라 MSG가 유해하기를 바라는 심정이 바탕에 깔려있다고 생각할 수 있다. 우리나라를 비롯하여 일본, 중국 등 아시아 국가들은 전통적으로 콩 발효식품을 즐겨 먹어 아미노산의 감칠맛에 익숙해져 있기 때문에 비슷한 맛을 내는 MSG가 부담 없이 받아들여질 수 있었으나, 이런 맛에 경험이 없는 미국이나 유럽에서는 쉽게 받아들여지기 어려웠을 것이다.

그 당시는 물론 현재도 전 세계적으로 MSG는 일본과 한국의 기업에 의해 공급되고 있으며, 최근에 중국의 회사에서도 MSG를 생산하기 시작하였다. 이는 미국과 유럽의 대기업들에는 기분 좋은 일이 아니었을 것이며, 국제적인 교류의 증가와 함께 미국과 유럽지역에 번져나가는 중국음식점을 비롯한 아시아계 식당들은 기존의 서양음식점에 경계심을 갖게 하였을 것이다. 따라서 무언가 꼬투리를 잡아 MSG 및 아시아계 식당들의 확산을 저지하고 싶었을 것이다. 마치 GMO 문제가 단순한 안전성 문제가 아니라, 유럽의 농민들이 미국산 농산물의 수입을 저지하기 위한 구실을 내재하고 있는 것과 유사하다.

MSG에 대한 이런 견제 심리는 21세기 초에 호주에서도 드러났다. 호주의 뉴사우스웨일스(New South Wales)주에서 식당 메뉴에 MSG 사용 여부를 표기하는 법안이 2002년에 제출된 것이다. 이 법안은 2년간의 검토 끝에 2004년 부결되었으며, 의회에서 이 법안의 폐단을 강력히 주장한 한 상원의원은 "MSG 사용규제 법안은 명백히 중국, 베트남, 한국 식당 등을 죽이는 차별법안이다"라고 하였다. 실제로 이 법안이 발효됐다면 그 피해의 1순위는 중국식당이고, 그 다음으로 베트남, 태국 그리고 한국과 일본 식당이라는 것은 그 누구도 부인할 수 없는 사실이었다.

2) 기타 MSG의 위해성 논란

MSG는 맛을 내는 데 훌륭한 조미료이고, 1909년 처음 생산된 이래 100여 년 동안 전 세계에서 사용하여 왔으나 아직까지 MSG로 인한 인체의 위해가 입증된 사례는 한 건도 없다. 이 사실은 MSG가 안전하다는 것을 단적으로 증명하는 일임에도 불구하고 아직도 위해성 논란이 끝나지 않았다. 그동안 제기된 MSG의 위해성은 중국음식점증후군 외에도 다음과 같은 것이 있다.

① 천식 유발

MSG가 천식을 유발한다는 것은 알렌(Allen)과 베커(Baker)가 1981년 《뉴잉글랜드 의학잡지》에 "두 명의 천식환자가 중국음식점에서 식사를 하고 12시간 후에 천식 발작을 일으켰다."라고 발표한 논문이 원조이다. 여기에서 MSG가 천식을 유발한다는 미신이 생겼는데, 논문 내용은 천식이 없던 건강한 사람에게 천식이 생긴 것이 아니라 MSG가 천식환자에게 발작을 일으키게 한다는 것이었다. 그들은 그 후 2명의 천식환자에게 2.5g의 MSG가 들어 있는 캡슐을 먹였더니 12시간 후에 발작이 나타났다는 시험 결과를 발표하였고, 1987년에는 환자 수를 32명으로 늘려서 비슷한 결과를 보고하였다.

그런데, 이들의 시험에는 "왜 12시간 후인가?"라는 중대한 의문이 있었다. 12시간이면 섭취한 MSG는 이미 소화되어 글루탐산으로서 인체의 구성 단백질이 되어 있거나 몸 밖으로 배출되었을 텐데, 어째서 발작은 한참 후에 나타난 것일까? 다음으로 연구 대상으로 삼은 사람들은 기관지확장제를 상용하는 중증환자들이었으며, 시험에서 처음에는 플라시보(僞藥)를 주고 그 다음부터 MSG를 주었는데, 플라시보를 주기 전에 기관지확장제을 끊게 하였다는 것이다.

결국 플라시보를 먹는 동안에는 약 기운이 남아있었으나 MSG가 투여될 때쯤에는 약 기운이 다 떨어진 상태가 되었다는 이야기다. 또 MSG는 낮에 준 사람도 있고 밤에 준 사람도 있었는데, 통상 천식환자들은 밤에 발작하는 경향이 있다는 것을 생각할 때 문제가 많은 시험 디자인이었다. 모든 사람은 자기가 보고 싶은 것만을 보는 경향이 있어서, 이 논문은 결정적인 문제점에도 불구하고 여기저기서 인용되어 MSG가 천식 발작을 유발한다는 근거로 사용되고 있다. 그러나 세계보건기구(WHO)의 천식 관련 설명 어디에도 MSG를 피하라는 말은 나오지 않는다.

② 독성

1989년 호주의 한 여학생이 중국음식점에서 음식을 먹은 뒤 바로 발작을 일으켜 사망한 사건이 있었다. 그 여학생은 천식을 앓고 있었으며 발작을 일으킨 원인이 MSG 때문이라고 보도되었고, MSG의 유해성을 주장하는 사람들은 이것이 MSG가 알레르기성 체질의 사람에게는 독성으로 나타난다는 사실을 입증한 것이라고 하였다. 이 여학생의 발작과 MSG의 연관성을 입증하는 아무런 증거도 없었으나, 아직도 이것이 MSG가 독성이 있다거나 알레르기를 일으킨다는 근거로 인용되고 있다.

어떤 물질의 급성독성은 일반적으로 LD_{50}(반수치사량)이라는 값으로 표현되며, 수치가 낮을수록 독성이 강하고 수치가 높을수록 독성이 없다는 것을 의미한다. 일반적으로 LD_{50} 값이 5g/kg 이상이면 독성이 없는 것으로 판단하며, LD_{50} 값이 200㎎/kg 이하이면 독성 물질로 간주한다. MSG의 LD_{50} 값은 자료에 따라 다르지만 15~20g/kg 정도로 소금의 LD_{50} 값인 3.75g/kg의 4배 이상이다. 즉, 소금보다 4배 이상 안전하다는 것이다.

③ 암 유발

MSG의 유해성을 말하는 글에는 MSG를 먹으면 암에 걸린다거나, MSG가 고온에서 발암물질로 변한다는 내용을 찾아볼 수 있다. 그 근거로는 일본 도시샤대학(同志社大学)의 니시오카 하지메(西岡一) 교수가 1985년 대학에서 발간하는 잡지에 기고한 논문을 거론하고 있다. 그 내용은 "MSG를 300℃ 이상으로 가열하였더니 발암물질로 변하였다."라는 것이었다. 그런데, 일반적인 조리·가공은 200℃ 이하에서 이루어지며, 보통의 식품이라도 300℃ 이상으로 가열하면 발암물질로 변하는 것은 아주 흔한 일이다. 육류를 300℃ 이상으로 구우면 발암물질이 생긴다는 것은 잘 알려진 사실인데, 이것을 문제로 삼으면 우리가 잘 먹고 있는 쇠고기나 돼지고기도 암을 유발하는 위험한 식품인 셈이다.

이와는 별도로 시바타(柴田, Shibata M.A.) 등이 1995년 《Food and Chemical Toxicology》에 발표한 논문에 의하면, "MSG가 5% 포함된 먹이를 쥐에게 먹여도 암을 유발하지 않았다"고 한다. 성인이 한 끼에 먹는 식사량이 약 1kg이라고 하면, 5%는 50g이나 되는 어마어마한 양이다. 결국 우리가 통상적으로 섭취하는 정도의 MSG라면 암을 유발할 가능성은 없다고 하겠다.

④ 뇌세포 손상

MSG를 섭취하면 뇌세포를 손상시키고, 내분비계에 교란을 일으키며, 특히 유아에게 해롭다는 주장도 자주 나온다. 여기에는 워싱턴대 의과대학 올니(John. W. Olney) 박사의 실험이 근거로 제시된다. 그는 1969년 "화학조미료의 양이 적을 때는 증세가 잘 나타나지 않지만 많은 양일 때는 뇌조직 손상이 가능하고, 특히 시중에서 판매되고 있는 MSG가 첨가된 유아식품을 어린 쥐가 섭취한 결과 눈과 뇌에 손상을 주었다"고 발표했다. 이 발표 후 미국의 유아

식품 제조업자들은 이를 반박하는 주장을 하였으나 결국 소비자들의 여론과 압력에 밀려 유아식품에 MSG 사용을 금지하겠다고 선언하였다.

이어서 올니 박사는 다음해인 1970년에 "난 지 10~12일 된 쥐에게 체중 1kg당 0.5g의 MSG를 경구 투여하였더니 실험대상 쥐의 52%에서 1g 투여마다 100%의 비율로 신경세포의 손상이 일어났다"고 발표하였다. 이후에 다른 사람에 의한 실험에서는 이와 유사한 결과도 나왔고, 전혀 다른 결과를 보이는 실험도 보고되었다. 미국 FDA에서는 1995년에 그간에 수행된 총 59건의 연구결과를 검토하여 MSG가 신경손상을 일으킨다는 증거가 없다고 결론짓고, MSG를 사용량에 제한을 두지 않는 GRAS로 분류하였다.

18
설탕

  현대인들은 설탕의 홍수 속에서 살고 있다. 설탕의 소비는 문명의 척도라는 말이 있듯이 일반적으로 문명이 발달할수록 그리고 소득수준이 올라갈수록 설탕 소비량이 많아진다. 설탕은 사탕수수 또는 사탕무에서 추출한 즙에서 얻어진 당액(糖液)을 정제한 것으로서, 음식에 단맛을 내는 가장 기초적인 조미식품으로서 오래전부터 이용하여 왔다. 그토록 애용되던 설탕이 요즘은 여러 가지 질병을 일으키는 원인이 된다고 하여 기피되고 있다.

  사탕수수의 원산지는 인도의 갠지즈강 유역으로 추정되며, 인도 사람들은 기원전부터 사탕수수로부터 설탕을 추출하여 사용하였다. 사탕수수는 5~6세기경에 중국, 태국, 인도네시아 등에 전래되었고, 8세기경에는 유럽과 아프리카에도 전해졌다. 1492년 콜럼버스의 아메리카 대륙 발견 이후 이곳에도 전파되어, 16세기경에는 브라질 등 중남미 국가들이 사탕수수의 주생산지로 자리 잡게 되었다. 설탕이 우리나라에 소개된 것은 20세기 초로 생각되며, 최초의 공업적 생산은 1953년 CJ주식회사의 전신인 제일제당공업주식회사가 시작하였다.

설탕은 정제 정도에 따라 정백당(精白糖), 황백당(黃白糖), 흑설탕(黑雪糖) 등으로 분류하며, 이들을 기본으로 하여 용도에 따라 가공 처리한 가루설탕, 각설탕 등 특수용도의 설탕도 있다. 정백당은 원당을 정제하여 제일 먼저 나오는 설탕으로 자당(蔗糖, sucrose)의 함량이 99.7% 이상으로서 흰색을 띠고 있으므로 백설탕(白雪糖) 또는 상백당(上白糖)이라고도 한다. 황백당은 정백당을 추출하고 남은 원료를 재차 처리하여 나오는 것으로 중백당(中白糖) 또는 갈색설탕이라고도 하며, 공정을 반복하면서 장시간 열을 받게 되어 황갈색을 띠고, 자당 함량은 97.0% 이상이다. 흑설탕은 황백당을 추출하고 남은 것을 다시 처리하여 얻게 되고, 세 번 가열한다고 하여 삼온당(三溫糖)이라고도 부르며 자당 함량은 88.0% 이상이다. 흑설탕은 황백당보다 색이 더욱 짙어서 흑갈색을 띠며, 색이 필요한 식품에 사용하므로 카라멜 시럽을 약간 섞기도 한다.

인터넷뿐만 아니라 매스컴에서도 건강과 관련하여 그럴듯한 이론으로 포장하여 여러 가지 주장이 난무하고, 어떤 음식은 절대 먹어서는 안 될 유해식품으로 분류되는 경우가 흔하다. 설탕 역시 건강의 적으로 평가받고 있다. 그러나 이는 지나친 편견이며, 설탕은 값싸고 효율 좋은 에너지를 얻을 수 있는 귀중한 식품이다. 과잉 섭취의 문제점은 설탕뿐만 아니라 모든 식품에 공통적으로 적용될 사항인 것이다.

설탕을 많이 먹으면 당뇨병에 걸린다고 한다. 설탕은 빠른 속도로 흡수되어 혈당을 급격하게 높이며, 이를 막기 위하여 혈당조절 호르몬인 인슐린이 과도하게 분비되어 오히려 정상보다 혈당이 떨어지게 되고, 우리 몸은 다시 당분을 요구하게 되는 악순환을 하게 된다는 것이다. 이처럼 혈당이 급격하게 오르고 내리는 것을 반복하는 것을 롤러코스터(roller coaster) 현상이라고 하며, 이런 상태를 방치하면 인슐린을 분비하는 췌장의 기능이 제 역할을 못하여 당뇨로 이어진다는 것이다.

그러나 롤러코스터 현상은 확인되지 않은 가설일 뿐이며, 췌장에서 인슐린이 과다 분비되어 저혈당이 된다는 증거는 없다. 오히려 설탕은 저혈당 증세가 있을 때 치료제로 사용된다. 저혈당은 당뇨병 환자를 치료하는 과정에서 적정량 이상의 인슐린을 투입하여 일어나는 증세이지 설탕과의 직접적인 관련성은 없다. 우리 몸에는 혈당을 낮추는 인슐린만 있는 것이 아니라 혈당을 증가시키는 아드레날린(adrenaline)이나 글루카곤(glucagons)과 같은 호르몬도 있어 혈당량을 일정하게 조절하고 있다.

당뇨병은 췌장에 이상이 생겨 우리 몸에 인슐린이라는 효소가 부족하여 혈관에 있는 포도당을 우리 몸의 조직 안으로 공급해주지 못해서 생기는 병으로, 이에 따라서 체세포 내로 흡수되지 못한 포도당이 혈관에 남아 고혈당 증세를 보이고, 소변을 통해 배출되면서 신장에 무리를 주는 등 포도당 대사와 관련된 질환이지 설탕을 먹어서 걸리는 병이 아니다. 밥이나 빵과 같은 탄수화물이 풍부한 식품을 먹어도 속도의 차이가 있을 뿐이지 혈당이 오르는 것은 마찬가지이다. 당뇨병이 있는 환자의 경우 설탕과 같은 단순당은 혈당을 급격히 상승시키므로 해롭다고도 하나, 서서히 분해되는 빵이나 파스타 등 복합당질 식품보다 설탕이 혈당을 특별히 더 올리는 것도 아니기 때문에 미국 당뇨병학회에서는 당뇨병 환자의 금지식품 리스트에 설탕을 포함시키지 않고 있다.

설탕을 많이 먹으면 충치에 걸린다고 한다. 일반적으로 충치는 치아에 붙어있는 음식물의 찌꺼기를 먹이로 입 속에서 살고 있는 세균이 배설하는 산(酸)에 의해 치아의 표면이 녹아서 발생한다고 한다. 그러나 충치의 원인은 한 가지가 아니라 여러 요소가 복합적으로 작용하여 발생하며, 설탕 등 당분의 섭취는 중요한 원인 중의 하나일 뿐이다. 충치 때문에 설탕이 포함된 음식을 제한한다는 것은 본말이 전도된 태도이다. 본래 치아의 가장 중요한 기능은 음식물을 자르고, 잘게 부수어서 소화하기 쉽도록 하는 것이다. 인체에게 중요한 것은 음식이며, 치아는 도구로 이용될 뿐이다. 사람이 생명 유지를 위하여 선택하여야만 한다면 포기하여야 할 것은 치아이지 음식이 아니다. 또한, 치아의 건강 유지를 위하여는 칫솔질을 비롯하여 다른 유용한 수단도 많이 있다.

이외에도 설탕을 과잉 섭취하면 "심장질환의 위험도를 증가시킨다.", "면역력을 떨어뜨린다.", "불안, 초조, 짜증, 신경질, 집중력 저하 등 정서가 불안정해진다.", "갑상선의 기능이 약해진다.", "임산부가 입덧을 심하게 한다.", "성장기 어린이의 뼈가 부실해진다.", "중독성이 있다" 등등 여러 가지 해로운 점이 지적되고 있다. 그러나 이 모든 주장은 그 근거가 빈약하며, 대부분의 학자들은 설탕 그 자체로는 인체에 해가 되지 않는 물질이라는 데 의견을 같이 한다. 미국 FDA에서는 1976년부터 10년간 '설탕의 인체에 대한 영향'을 연구하였으며, 연구 책임자였던 알란 포베스(Allan Forbes) 박사는 최종 결론으로서 "설탕은 비만, 당뇨, 고혈압, 심장병 등과 무관하다."라고 공식 입장을 밝혔다. 이에 따라 FDA에서는 설탕을 GRAS로 분류하여 사용의 제한을 두지 않고 있다.

설사 설탕이 유해하다고 하여도 실질적으로 설탕의 섭취를 효과적으로 줄일 방법도 없다. 설탕은 그 자체로 섭취하기 보다는 음식에 포함되어 섭취하는 경우가 대부분이기 때문이다. 빵, 과자, 음료를 비롯한 대부분의 가공식품과 식당에서 판매되고 있는 여러 음식은 물론이고, 가정에서 직접 만드는 여러 요리에도 사용된다. 설탕 사용을 줄이기 위해 요리를 할 때 물엿, 꿀 등을 대신 사용할 것이 추천되기도 한다. 그러나 물엿의 주성분은 포도당이고, 꿀의 주성분 역시 과당과 포도당이어서 함량에서 차이가 있을 뿐 영양학적으로 포도당과 과당이 결합한 설탕과 다를 바가 없다. 설탕 섭취를 줄이기 위하여 과일이나 호박, 고구마 등과 같은 자연단맛을 느낄 수 있는 식품이 권장되기도 하지만, 이들의 단맛 역시 과당이나 맥아당이다.

단당류나 이당류와 같은 단순당은 해롭고 밥이나 감자 등에 든 전분처럼 다당류는 이롭다는 주장도 있다. 그러나 단순당이나 다당류나 모두 탄수화물이며, 음식으로 먹으면 최종적으로 포도당이나 과당과 같은 단당류로 분해되어 우리 몸에 흡수된다. 즉, 소화에 시간이 많이 걸리고 덜 걸리고의 차이가 있고 소화율에 차이는 있어도 똑같은 성분인 셈이다. 결국 섭취하는 탄수화물의 총량을 줄이지 않는 한 설탕을 비롯한 단순당을 줄일 수 없다.

설탕에 대한 오해 중에는 백설탕은 몸에 해롭고 갈색설탕이나 흑설탕은 몸에 이롭다는 것이 있다. 그러나 설탕의 색깔은 열을 더 받았느냐 덜 받았느냐의 차이가 있을 뿐이며, 갈색설탕이나 흑설탕은 원당에 들어있던 미네랄 등의 미량성분이 백설탕보다 많이 남아 있고 당분의 열변성(카라멜화)에 의해 독특한 향이 있으나 영양학적으로는 별 차이가 없다. 남아있는 미네랄도 인체에 도움을 줄 정도로 많은 양이 들어 있는 것은 아니다.

일부 설탕의 유해함을 주장하는 글을 보면 "설탕에는 칼로리로 표시되는 에너지만 있을 뿐 영양소는 없다"거나 "설탕은 체내에 들어가 몸에 소중한 비타민과 미네랄을 소모시킨다"는 등의 황당한 이야기가 대단한 지식인 양 소개되고 있기도 하다. 이런 글을 쓰거나 옮기는 사람들이 생각하는 영양소는 대체 무엇인지 궁금하지 않을 수 없다. 설탕 등 탄수화물이 우리 몸에서 하는 가장 중요한 역할은 바로 사람이 살아가는 데 필요한 에너지를 내는 것이며, 그런 역할 때문에 3대 영양소의 하나로 꼽는 것인데 영양소가 없다는 것은 말이 되지 않는다.

또한 비타민과 미네랄이 5대 영양소로 불리며 소중하게 취급되는 주된 이유는 3대 영양소인 탄수화물, 지방, 단백질의 대사에 관여하여 이들이 인체에 유용하게 사용될 수 있도록 도와주는 역할을 하기 때문이다. 예로서, 포도당이 물과 이산화탄소로 분해되며 에너지를 내기 위하여는 TCA 사이클이라 불리는 매우 복잡한 단계를 거치게 되며, 여기에는 여러 효소가 작용하고, 이 효소들의 작용을 돕는 보조인자(조효소)로서 아연, 철 구리 등의 미네랄과 B군에 속하는 비타민들이 관여한다. 즉, 설탕을 섭취하여 소중한 비타민이나 미네랄이 소모되는 것이 아니라 설탕을 에너지로 바꾸는 데 사용하기 위하여 비타민이나 미네랄이 필요한 것이다.

19
식염

 소금은 인류의 가장 오래된 조미료이고, 식품을 오래 보관하는 수단으로 다양하게 활용되어 왔다. 또한 예로부터 여러 국가에서 생산과 유통을 직접 관리할 정도로 중요한 생필품이었다. 오늘날 봉급을 뜻하는 영어 단어 샐러리(salary)의 어원은 라틴어로 소금을 뜻하는 'sal'이며, 로마시대에 군인들의 급료로 소금을 지급한 데서 유래하였다고 한다. 우리나라에서도 소금은 쌀 다음으로 소중한 식품이었으며, 장 담그는 일은 주부의 살림살이 중 가장 중요한 연례행사의 하나였다.

 예전에는 소금을 구하기 쉽지 않았으므로 사람들이 소금을 많이 먹을 수가 없었으나, 요즘에는 소금을 싸고 쉽게 구할 수 있게 되어 소금의 섭취가 급격하게 증가하였으며, 이에 따라 소금의 과잉섭취가 문제로 제기되고 있다. 우리들은 의사에게서 또는 매스컴을 통하여 "소금을 많이 먹으면 건강에 해롭다"는 말을 귀가 따가울 정도로 듣고 있으며, 많은 사람이 그렇게 생각하고 있다.

소금 혹은 식염(食鹽)이라고 불리는 물질은 전통적으로 바닷물을 증발시켜 만들거나 땅속에 있는 암염(巖鹽)을 캐내어 얻게 된다. 이렇게 얻은 소금은 천일염(天日鹽) 또는 자연염(自然鹽)이라고 한다. 오늘날에는 화학공업의 발달로 전기분해 등의 방법으로 염화나트륨의 순도가 높은 소금을 대량으로 생산하게 되었으며, 이렇게 얻은 소금을 정제염(精製鹽) 또는 식탁염(食卓鹽)이라고 부른다. 이외에도 천일염을 녹여서 여과하여 불순물을 제거한 후 다시 결정화시킨 보통 꽃소금으로 부르고 있는 재제염(再製鹽)이 있고, 원료 소금을 400℃ 이상의 고온에서 태우거나 용융(熔融) 등의 방법으로 처리한 죽염(竹鹽), 구운소금 등이 있고, 소금에 다른 식품이나 식품첨가물을 섞어서 만든 가공소금도 있다.

종전에는 천일염은 납, 비소, 카드뮴, 수은 등의 중금속 오염이 우려되어 김치 제조 시 배추의 절임 등 원료의 전처리용으로만 사용할 수 있도록 규정되어 있었으나, 식품위생법이 개정되어 2008년 3월부터 가공용뿐만 아니라 직접 식용으로 이용하는 것도 가능해졌다. 개정안 입법에 앞서서 실시한 식품의약품안전청의 실태조사에 의하면 국내에 유통되고 있는 천일염의 중금속 함유량은 CODEX에서 정한 기준보다 적은 것으로 나타났다.

천일염은 염화나트륨(NaCl) 95.6% 외에도 염화마그네슘(MgCl$_2$) 1.8%, 황산마그네슘(MgSO$_4$) 1.2%, 황산칼슘(CaSO$_4$) 0.9%, 염화칼륨(KCl) 0.6% 등 여러 종류의 미량성분이 섞여 있는 혼합물질이다.

정제염은 염화나트륨의 함량이 99.8%로서 거의 100%에 가까우며 그 외에 염화마그네슘 0.09%, 황산마그네슘 0.08%, 염화칼륨 0.02%, 황산칼슘 0.01% 등이 미량 포함되어 있다. 염화나트륨은 짠맛을 내며, 그 이외의 성분은 쓴맛, 떫은맛 등을 나타낸다. 따라서 정제염에는 짠맛밖에 없으나 천일염에는 짠맛 이외에도 여러 가지 복합적인 맛이 난다.

염화나트륨은 염소이온(Cl^-)과 나트륨이온(Na^+)이 1:1로 결합되어 있는 화합물이며, 염소와 나트륨은 모두 우리 몸에 꼭 필요한 무기질이므로 부족하거나 넘치게 되면 어느 쪽이든 인체에 나쁜 영향을 미치게 되지만, 현대인의 식생활을 볼 때 결핍은 나타날 수 없고 과다 섭취가 문제로 된다. 염소의 원자량은 35.45이고 나트륨의 원자량은 23이므로, 무게로 보아 소금의 약 60%는 염소이고 약 40%가 나트륨이 된다. 즉, 소금을 먹게 되면 나트륨의 1.5배에 해당하는 염소를 섭취하게 되는 셈인데, 소금의 과다 섭취를 이야기할 때는 주로 나트륨을 거론하게 된다. 그 이유는 나트륨의 과잉에 의한 위험성에 대한 연구는 많이 되었으나, 아직까지 염소의 과잉이 인체에 미치는 영향은 밝혀진 것이 별로 없기 때문이다.

나트륨의 해로운 점을 이야기할 때 가장 많이 거론되는 것이 고혈압의 원인이 된다는 점이다. 운동이나 흥분 등으로 인하여 혈압이 일시적으로 변화하기도 하나, 고혈압은 혈압이 올라가서 내려가지 않는 상태가 지속적으로 유지되는 것을 말한다. 나트륨이 과다하게 섭취되어 혈액에 나트륨의 농도가 높아지면 인체는 농도를 낮추기 위하여 수분을 공급하게 되어 혈액의 양이 증가하게 되며, 혈액이 증가하면 혈관 벽에 미치는 압력이 커지게 되어 고혈압이 된다고 한다.

나트륨의 과다 섭취로 인하여 혈액이 일시적으로 증가할 수는 있으나, 건강한 사람이라면 신장(콩팥)의 조절작용에 의하여 과잉의 나트륨과 수분이 소변으로 배설되어 정상으로 회복된다. 그러나 잘못된 식습관으로 인하여 항상 나트륨 과잉 상태에 놓인다면 신장의 조절 능력에도 한계가 오게 된다. 신장 기능이 감소하면 나트륨과 수분을 배설하지 못하여 몸이 붓고, 혈압이 높아지며, 심장에도 무리한 부담을 주게 된다. 현재로서는 나트륨과 고혈압의 관계가 명확하게 규명되지는 않았으며, 나트륨과 고혈압은 관계가 없다는 실험 결과도 종종 발표되고 있기는 하지만, 나트륨은 고혈압을 유발하는 여러 요인 중의 하나라는 것이 정설로서 받아들여지고 있다.

나트륨의 위험으로 고혈압 다음으로 지적되는 것이 위암이다. 그러나 아직까지 나트륨이 위암의 원인이 된다는 직접적인 연구 결과는 나오지 않고 있으며, 위암의 원인으로서 작용할 수 있다는 수준의 주장이 대부분이다. 즉, 짜게 먹는 습관이 오래 지속되면 염소, 나트륨 등이 위의 점막을 자극하여 염증이 발생하게 되며, 위암이 생기기 좋은 환경을 만들게 되어 결국 위암에 걸리게 된다는 것이다.

사람의 몸에 필요한 나트륨의 양은 기후, 생활환경, 나이, 활동량 등에 의해 차이가 난다. 에스키모인은 소금을 전혀 먹이 않아도 건강하게 사는데, 그 이유는 나트륨을 많이 함유한 물고기나 짐승을 주식으로 함으로써 간접적인 섭취를 하고, 기후 조건으로 인하여 땀을 거의 흘리지 않기 때문이라고 한다. 사람에게 필요한 나트륨의 최소량은 하루에 200~400mg 정도로서 소금으로는 0.5~1g 정도에 불과하다. 더운 곳에서 땀을 많이 흘리는 사람이라면 하루에 20g 정도로 많은 양의 소금을 섭취하여야 하지만, 보통의 사람이라면 하루 3g 정도의 소금이면 충분하다. 세계보건기구(WHO)에서 정한 하루 섭취 제한 권장량은 5g(나트륨으로는 2g)이다.

　일반적으로 신체의 기능은 평상시에 처리할 수 있는 양의 약 6배 정도는 처리할 수 있는 잠재능력이 있다고 한다. 따라서 어느 정도 정상을 벗어나도 당장에 표시가 나지 않고 조금씩 축적되어 비로소 병으로 드러나게 된다고 한다. 우리 국민의 경우 소금을 많이 먹어도 별 탈 없이 지내고 있는 것은 우리 몸이 겨우겨우 적응해 가고 있을 뿐이지 문제가 없는 것은 아니다. 따라서 건강을 위해서는 소금(나트륨)의 섭취를 줄이는 것이 바람직하다. 그렇다고 지금까지 짠맛에 길들여 온 입맛을 당장 고치기란 거의 불가능하다. 그러므로 소금의 섭취를 줄여야 된다는 것을 분명히 인식하고 서서히 줄여나가는 노력이 필요하며, 일반적으로 다음과 같은 방법이 권장되고 있다.

① **식습관:** 어릴 때 짜게 먹으며 자라면 성인이 되어서도 계속 짜게 먹게 되므로, 가능한 한 자녀에게 짠 음식을 먹이지 않는다.

② **김치의 나트륨:** 김치냉장고 등의 보급으로 여름철에도 짜지 않게 김치를 담아도 오래 보관할 수 있으므로 김치를 담글 때 소금 간을 약하게 한다. 식품의약품안정청의 2005년 〈식품영양 가이드〉에 의하면 평균적으로 김치 10조각(100g)에는 1g의 나트륨이 있으며, 취식 빈도를 고려한 나트륨 섭취는 대부분 김치에 의한 것으로 전체의 약 30%를 차지하는 것으로 나타났다.

③ **짠 음식:** 소금, 간장, 된장, 고추장, 젓갈류 등의 짠 음식 섭취를 줄인다. 소금이나 장류(醬類)의 경우 음식의 간을 맞출 때 사용하기도 하지만 직접 찍어서 먹는 경우도 많으며, 특히 우리 국민은 소금으로 직접 섭취하는 나트륨이 전체 나트륨 섭취의 17%에 이른다고 한다.

④ **국물:** 조리할 때 간을 맞추기 위해 사용하는 소금이나 간장, 된장의 양을 점차 줄여나가며, 국이나 찌개, 라면 등은 건더기만 먹고 국물은 가능한 한 남긴다. 한국인이 즐겨 먹는 된장찌개, 김치찌개 등의 1인분에는 900~950mg의 나트륨이 포함되어 있으며, 라면 1인분에는 약 2,100mg의 나트륨이 포함되어 있다.

죽염, 구운소금, 수입산 가공소금 등 몸에 좋다고 선전하는 모든 소금은 그를 입증할 만한 근거를 제시하지 못하고 있으므로 믿을 것이 못 된다. 정제염은 나쁘지만 천일염은 여러 가지 유익한 성분이 있으므로 좋다는 주장도 있으나, 천일염도 다양한 미네랄 성분 때문에 맛에서 차이가 있을 수는 있어도 주성분은 염화나트륨이며, 천일염에 있는 미네랄도 섭취수준을 감안할 때 영양학적으로 유의미한 효능을 기대할 수 없다. 저염(抵鹽)소금이라 하여 짠맛은 유지하면서 나트륨의 함량을 낮춘 제품이 있으며, 이것은 염화나트륨($NaCl$)의 일부를 염화칼륨(KCl)으로 대체한 것이다. 저염소금은 나트륨의 섭취를 줄이는 효과가 있으나, 가격이 비싸고 약간 쓴맛이 나는 단점이 있다.

몸에 좋다는 식품에 몰두하는 것이 위험한 것처럼 몸에 나쁘다는 식품을 마냥 기피만 하는 것도 좋지 않다. 나트륨 섭취를 줄이기 위하여 나트륨 함량이 높은 식품을 기피하다 보면 그 식품에 있는 유용한 성분까지 놓치게 된다. 나트륨을 다소 많이 섭취하더라도 평소에 운동이나 노동을 하여 땀을 흘리고 물로 수분을 보충하면 체액 중의 나트륨 농도를 적정하게 유지할 수 있다. 나트륨 섭취를 줄이는 노력은 하여야 하지만 지나치게 과민하게 반응할 필요는 없다.

최근에는 WHO에서 권고하는 성인 1일 나트륨 섭취량 2g 이하가 타당한 것인지에 대해 이의를 제기하는 주장도 나오고 있다. 이런 기준을 정하게 된 근거가 된 실험이 소규모로 단기간에 이루어진 것이어서 신빙성이 낮으며, 이 실험과는 다른 결과를 보여주는 논문도 발표되고 있기 때문이다. 1일 섭취 권장량을 높이거나 아예 폐지하여야 한다는 주장은 아직 많은 과학자의 지지를 받는 것은 아니나 현재 진행되고 있는 논쟁이 결론을 내게 되면 새로운 기준이 정해질 것이다.

20
트랜스지방산

육체적인 성(性)과 정신적인 성(性)이 반대인 사람을 트랜스젠더 (transgender)라고 하듯이 '트랜스(trans)'란 라틴어에서 사물의 성질이나 위치가 엇갈려 있는 상태를 표현하는 접두어이다. 참고로, '시스(cis)'란 같은 방향을 의미하는 접두어이다. 트랜스지방산(trans fatty acid)은 불포화지방산의 일종이며, 탄소의 이중결합 부분에 있는 수소의 위치가 일반적인 수소의 위치와 반대인 지방산을 말한다. 자연 상태에서 존재하는 불포화지방산은 거의 모두가 시스형 결합을 하고 있으며, 극히 예외적으로 소, 양, 염소 등 되새김질을 하는 초식동물의 고기나 젖에서 극소량의 트랜스지방산이 발견된다.

시스형 이중결합에서는 수소의 위치가 같은 방향에 있어서 이중결합 부분에서 탄소 사슬이 굽은 형태이지만, 트랜스형 이중결합에서는 수소가 서로 반대 방향에 있으므로 불포화지방산이면서도 포화지방산과 구조적으로 유사한 직선형 탄소 사슬을 형성하고 있다.

우리 몸의 세포는 세포막을 통해 영양분을 받아들이고 노폐물을 배출하며, 생체활동에 필요한 물질을 받아들이고 유해한 병원균은 차단한다. 이러한 세포막의 신비한 기능은 선택적투과(選擇的透過)로 설명된다. 세포막의 주요 구성 성분은 필수지방산이며, 필수지방산의 이중결합은 시스형으로 탄소 사슬이 구부려져 있으므로 선택적투과에 적절한 형태를 취하고 있다. 그런데, 트랜스지방산은 구조만 틀리지 같은 불포화지방산이므로 이 필수지방산의 자리에 대체될 수가 있으며, 트랜스지방산의 탄소 사슬은 막대기 모양으로 펴져 있으므로 선택적투과 기능이 뒤엉켜버린다. 결국 필요한 영양분을 배출하고 바이러스와 같은 병원균을 쉽게 받아들이는 등 제 기능을 상실하게 된다.

트랜스지방산이 이슈로 떠오르게 된 것은 심장병, 당뇨병, 암 등에 영향을 끼친다는 연구 결과들이 속속 공개되면서부터이다. 영국의 의학 전문지 《LANCET》에 의하면 트랜스지방산의 섭취가 2% 증가하면 심장병 위험이 25~30% 상승된다고 한다. 미국 하버드의대의 프랭크 후(Frank B. Hu) 박사는 14년간 8만4천여 명을 대상으로 역학조사를 한 결과 트랜스지방산 섭취를 2% 늘리면 당뇨병 발생률이 39% 증가한다고 하였다.

식용유를 가공할 때 인위적 조작에 의해 다량의 트랜스지방산이 발생하기 때문에 문제가 제기되었고, 대표적인 것이 마가린(margarine)이나 쇼트닝(shortening)을 제조하는 공정 중 하나인 경화(硬化)

이다. 상온에서 액체인 식물성기름을 원료로 하여 불포화지방산의 이중결합에 강제적으로 수소(H)를 첨가하면 단일불포화지방산이나 포화지방산으로 변하면서 상온에서 고체인 경화유(硬化油)가 되며, 이때 형성된 단일불포화지방산 중 일부는 시스형이 아닌 트랜스형으로 바뀌게 된다. 어떤 사람들은 마요네즈도 반고체 상태이므로 경화유를 사용한 것으로 오해하여 트랜스지방산이 많은 식품으로 알고 있으나, 마요네즈에 사용하는 기름은 식물성식용유로서 트랜스지방산이 거의 없으며, 따라서 마요네즈에서는 트랜스지방산이 거의 발견되지 않는다.

트랜스지방산의 해악이 경고된 것은 1970년대부터이나 식품가공업체들은 최근까지 이를 무시해 왔다. 트랜스지방산의 대명사인 마가린과 쇼트닝을 사용한 팝콘, 빵, 과자, 스낵, 닭튀김, 감자튀김 등의 제품은 그당시 이미 바삭하고 고소한 식감 때문에 소비자의 입맛을 사로잡고 있었으며, 마가린과 쇼트닝이 공급되지 않으면 수많은 공장과 식당들이 문을 닫을 수밖에 없을 정도로 보편화되어 있었기 때문이다.

인제대학교의 송영선, 노경희 교수팀은 부산지역 여고생 542명을 대상으로 트랜스지방산 섭취 수준을 조사하여 2003년 한국영양학회 추계 학술대회에 발표하였다. 이에 따르면 트랜스지방산의 주요 섭취원은 과자류(37.5%), 빵류(28.7%), 우유 및 유제품(17.2%), 튀김류(9.7%), 기타(6.9%) 등이었으며, 1일 평균 섭취 수준은 4.24±0.18g 이었다. 이는 미국 6~15g, 캐나다 8.4g, 아이슬란드 6.0g 등에 비하면 낮은 편이었다.

2005년 일부 언론을 통해 트랜스지방산의 위험성이 지적되면서 국내에서도 트랜스지방산에 대한 관심이 높아졌다. 트랜스지방산에 대한 국민의 관심과 우려가 급증함에 따라 식품의약품안전청은 2006년 민관합동대책반을 중심으로 지속적인 트랜스지방산 저감화 노력을 추진하였으며, 그 결과 2006년 12월의 조사에서는 가공식품 중 트랜스지방 수준이 2004년~2005년 대비 평균 50% 이상 감소되었다고 하였다.

아예 안 먹으면 좋지만, 어쩔 수 없이 먹어야 한다면 어느 정도가 안전한 섭취량일까? 세계보건기구(WHO)는 2003년 성인의 하루 섭취 칼로리의 1% 이내로 트랜스지방산을 제한했다. 성인의 하루 섭취 칼로리를 2,000kcal로 하면 20kcal 이하가 되며, 지방 1g이 9kcal를 내므로 트랜스지방산의 하루 제한량은 대략 2.2g 정도가 되는 셈이다. 식품의약품안전청에서 2006년 국립암센터에 의뢰하여 전국 3천여 명을 대상으로 조사한 바에 따르면, 우리나라 사람의 트랜스지방 1일 평균 섭취량은 0.37g이었으며, 조사대상자 중 WHO의 권고수준을 초과한 경우는 2.8%에 불과하였다고 한다. 이는 미국의 5.3g, 캐나다의 8.4g, 영국의 2.8g, 스페인의 2.1g 등에 비하여 매우 낮은 수준으로 우리 국민의 트랜스지방 섭취량은 크게 우려할 수준이 아니라고 하였다.

그러면, 트랜스지방산은 백해무익한 물질인가? 2006년 일본 도후쿠대학(東北大學)의 엔도 야스시(遠藤泰志) 교수 등이 학술잡지《The Journal of General and Applied Microbiology》에 발표한 연구에 의하면 트랜스지방산인 엘라이드산(elaidic acid)이 장내 유산균의 세포막 구성성분으로 이용되어 유산균의 증식을 촉진한다는 것을 밝혀냈다. 이들은 트랜스지방산이 프리바이오틱스(prebiotics)로서 작용할 가능성을 제시하였으나, 한편으로는 트랜스지방산의 감소라는 새로운 가능성을 제시하기도 한 것이다. 즉, 연구 결과 유산균이 시스지방산보다 트랜스지방산을 적극적으로 이용하므로, 트랜스지방산을 함유한 식품을 섭취할 경우 유산균을 함께 섭취하면 트랜스지방산은 유산균의 균체 내로 흡수되고 사람의 소화기관으로는 흡수되지 않아서 트랜스지방산의 폐해로부터 건강을 지킬 수 있을 것이다.

트랜스지방산에 대하여는 아직 밝혀진 것보다는 밝혀지지 않은 것이 더 많으며, 앞으로 연구가 계속되면 어떤 결과가 나올지는 아무도 모른다. 현재는 천덕꾸러기인 트랜스지방산이 건강기능식품으로 각광받을 수도 있는 일이다. 이런 일은 식품과학 분야에서 종종 있었고, 앞으로도 현재의 학설을 뒤집는 연구결과는 계속 발표될 수 있기 때문이다. 실제로 트랜스지방산의 일종인 공액리놀레산(CLA)은 비만을 억제하는 건강기능식품으로 인기를 얻고 있다.

21
콜레스테롤

콜레스테롤(cholesterol)은 동맥경화와 이것이 원인이 되어 일어나는 심장병, 뇌혈관 장애 등을 일으키는 물질로서 흔히 몸에 해로운 물질로 취급된다. 그러나 지방질의 일종인 콜레스테롤은 우리 몸의 구성 성분으로 빼놓을 수 없는 물질로서 약 1/3은 뇌신경계에 존재하며 1/3은 근육에, 그리고 나머지 대부분은 세포를 지켜주는 세포막에 존재한다. 우리 몸을 구성하고 있는 세포는 매일 새것으로 재생산되는데, 손상된 세포를 보수하거나 새롭게 재생하는 데 콜레스테롤이 꼭 필요하다. 이 때문에 모유에도 포함되어 있으며, 유아용 분유나 이유식에는 콜레스테롤이 첨가된 것이 대부분이다.

또 우리 체내에서 일어나는 여러 기능이 원활하게 작용할 수 있도록 미묘한 조절작용을 맡고 있는 부신피질호르몬과 성생활에 중요한 성호르몬도 모두 이 콜레스테롤을 원료로 만들어지고 있으며, 지방의 소화에 꼭 필요한 담즙의 주성분인 담즙산도 그 재료는 콜레스테롤이다. 이와 같이 콜레스테롤은 우리 몸에 해로운 것이 아니라 꼭 필요한 중요한 물질이다.

우리 몸의 콜레스테롤은 혈액에 의해 콜레스테롤을 필요로 하는 장기로 운반된다. 콜레스테롤은 물에 녹지 않으므로 당연히 혈액에도 녹지 않으며, 다른 지방질, 단백질 등과 함께 결합된 지질단백질(脂質蛋白質, lipoprotein)이라는 작고 둥근 입자 형태로 혈액 중에 존재한다. 콜레스테롤을 운반하는 지질단백질은 간에서 각 조직으로 콜레스테롤을 실어 나르는 저밀도지질단백질(low density lipoprotein, LDL)과 각 조직에서 간으로 콜레스테롤을 가져오는 고밀도지질단백질(high density lipoprotein, HDL)이 있다. 따라서 LDL이 많으면 혈관으로 콜레스테롤이 많이 쌓여서 동맥경화가 촉진되는 것으로 생각된다. 일반적으로 LDL은 동맥경화를 일으키는 '나쁜 콜레스테롤', HDL은 동맥경화를 막는 '좋은 콜레스테롤'이라고 부른다.

콜레스테롤은 음식물로 섭취되기도 하지만 대부분은 포화지방산 등을 원료로 하여 간에서 생합성하여 만들어진다. 음식물을 통해 얻어지는 콜레스테롤은 전체 콜레스테롤의 30% 정도이며, 나머지 70%가 간에서 만들어진다. 음식으로 공급되는 콜레스테롤의 양은 일정할 수가 없다. 그래서 우리들의 몸은 음식을 통해 섭취되는 콜레스테롤 양에 따라 간에서 콜레스테롤 합성 양을 조절하여 항상 일정한 수준의 콜레스테롤을 유지시키려 하고 있으며, 성인의 경우에는 약 140~160g 정도가 된다고 한다. 이 말은 보통의 건강한 사람은 식품으로 섭취하는 콜레스테롤을 지나치게 의식하지 않아도 된다는 것이다.

이와 관련하여 2015년 2월 미국 AP통신이 보도한 바에 따르면, 미국 연방정부의 영양 관련 자문기관인 식생활지침자문위원회(DGAC)에서 2015년판 식생활 지침 권고안을 발표했으며, 이에 따르면 "음식물을 통한 콜레스테롤 섭취가 혈중 콜레스테롤을 증가시킨다는 증거가 부족하다."라는 결론을 내리고 콜레스테롤 섭취에 대한 유해성 경고를 삭제했다고 한다.

정상적인 사람은 콜레스테롤에 민감하지 않아도 좋으나 심혈관질환을 앓고 있거나 위험인자가 많은 사람들은 콜레스테롤을 낮추는 노력이 중요하다. 콜레스테롤의 대부분은 체내에서 합성되고 외부에서 섭취하는 양은 많지 않으므로 식이요법만으로 혈중 콜레스테롤의 수치를 크게 낮추지는 못하며, 또한 식이요법에 대한 반응은 개인차가 꽤 있다. 그러나 콜레스테롤을 섭취하면 혈중 콜레스테롤의 농도가 어느 정도 상승하는 것은 자명하므로 심혈관질환이 있는 사람은 콜레스테롤이 많이 함유된 식품의 섭취를 피하는 것이 바람직하다.

콜레스테롤 못지않게 어떤 지방산을 함께 섭취하는가 하는 점도 매우 중요하다. 실제로 혈중 콜레스테롤에 영향이 큰 것은 식품 중의 콜레스테롤보다 콜레스테롤 합성의 원료가 되는 포화지방산이다. 포화지방산을 섭취하면 음식으로 콜레스테롤을 전혀 섭취하지 않더라도 간에서 콜레스테롤이 합성되기 때문이다. 포화지방산이 많은 식품으로는 크림, 버터, 육류 등이 있다. 포화지방산과 반대로 불포화지방산은 콜레스테롤 수치를 낮추어 주는 것으로 생각되고 있다. 불포화지방산은 올리브유, 대두유, 옥배유 등 식물성기름에 많이 함유되어 있다.

콜레스테롤 하면 고(高)콜레스테롤만 문제로 여기고 있으나, 실제로는 저(低)콜레스테롤도 위험하다. 콜레스테롤 수치가 낮으면 정신적으로 불안정하여 폭력적으로 되기 쉽고, 우울증에 걸리기 쉽다. 또한 최근의 연구에 의하면 콜레스테롤 수치가 너무 높거나 너무 낮을 경우 사망의 위험성은 높아진다고 한다. 특히 암 사망자의 경우 콜레스테롤 수치가 낮을수록 위험성이 높았으며, 총콜레스테롤 180mg/dl 미만의 암 사망자는 280mg/dl 이상인 사람의 5배였다고 한다. 즉, 암에 걸렸을 경우 저콜레스테롤인 사람은 고콜레스테롤인 사람에 비하여 사망할 확률이 훨씬 높다는 실험 결과이다.

22
GMO

GMO는 매스컴 등을 통하여 자주 접하게 되지만 일반인들은 자세히 알지는 못하고 막연히 불안감을 갖고 있는 것이 보통이다. GMO란 'Genetically Modified Organism'의 줄인 말로서 '유전학적으로 변경된(또는 수정된) 유기체(또는 생물)'로 번역될 수 있다. 유전자변형생물체(遺傳子變形生物體)라는 용어가 사용되기도 하나 그냥 GMO라고 하는 것이 일반적이다. 'GM'에 대해 학계 등 일부에서는 형질전환(形質轉換)이나 유전자재조합(遺傳子再組合)이란 용어를 쓰기도 하며, 소비자단체 등에서는 유전자조작(遺傳子造作)이라는 부정적 이미지의 용어를 사용하고 있다.

GMO에 대하여 국제적으로는 "현대적 생명공학기술을 이용하여 만들어진 새로운 유전물질을 포함하고 있는 모든 생물체를 말한다"고 정의하고 있으며, LMO(Living Modified Organism, 살아있는 변형된 생물체) 또는 GEO(Genetically Engineered Organism, 유전공학생물체)라는 용어가 사용되기도 한다. 우리나라 식품 당국 및 식품업계에서는 GMO와 유전자변형식품(遺傳子變形食品)을 동일시하여 사용하는 경향이 있으나, 엄밀하게 말하여 유전자변형식품은 'GMO를 이용하여 제조·가공한 식품 또는 식품첨가물'을 의미하며, 국제적으로는 'Genetically Modified Food(GM Food)' 또는 'Genetically Engineered Food(GE Food)'라고 하여 GMO와는 구분하고 있다.

1798년 영국의 경제학자 맬서스(Thomas Robert Malthus)는 인구의 기하급수적 증가와 식량의 산술급수적 증가로 인한 식량위기를 경고하였다. 이런 식량 위기는 1950년대와 1960년대에 이루어진 품종 개량과 화학비료 개발을 통한 식량 증산, 이른바 녹색혁명(綠色革命)을 통해 극복하여 왔다. 그러나 세계 인구는 끊임없이 증가하여 1960년대 30억 명 수준에서 1999년에는 60억 명에 이르렀으며, 2050년대에는 100억 명에 이를 것으로 전망된다. 이에 따라 기존의 식량 증산 방법으로는 한계를 보이게 되었으며, 새로운 품종을 효율적으로 개발하기 위한 방법을 모색하게 되었고, 그 대안으로 등장한 것이 '제2의 녹색혁명'이라는 유전자재조합기술인 것이다.

유전자재조합에 의한 품종개량과 종래의 품종개량은 유용한 유전자를 서로 조합시켜 원하는 성질을 갖는 품종을 만든다는 공통점을 갖는다. 그러나 종래의 품종개량은 각각 원하는 특성을 지닌 유사한 종들을 교배하여 생성된 잡종 중 목적하는 품종만을 찾아내는 것으로, 한 품종을 개발하기 위해서는 많은 시행착오와 시간이 소요되는 것이 일반적이다. 이에 비해 유전자재조합에 의한 품종개량은 원하는 특성을 지닌 유전자를 생물체에 직접 삽입함으로 써 목적하는 품종만을 바로 얻을 수 있어 그 소요시간이 짧다는 것이 특징이다. 또한 삽입하고자 하는 유전자는 같은 생물 종(種)에 서뿐만 아니라 서로 다른 생물 종에서도 얻을 수 있어, 품종개량의 폭이 넓은 것이 특징이다.

GMO의 안전성 문제는 끊임없이 제기되고 있으나, 현재 전 세계 적으로 수천 종 이상의 GMO가 연구되고 있으며, 상용화된 것도 수십 종에 이른다. GMO 1세대는 생산량 증가, 영농 편이, 농약 사 용량 감소 등의 목적으로 개발되어 제초제 내성, 해충 저항성 등의 특성을 가지고 있다. 현재 개발 중인 2세대는 건강과 같은 소비자 의 요구를 충족시키기 위하여 영양성이나 기능성을 강화한 특성 (예: 비타민A 함유 쌀)을 가지고 있으며, 3세대는 고부가가치를 갖는 의약품(예: 콜레라백신 함유 바나나), 대체 에너지 생산 등의 목적으로 연구되고 있다. 현재 유전자재조합기술은 농업, 식품, 의약, 화학, 에 너지, 환경 등 여러 산업 분야에서 활발히 응용되고 있으며, 앞으 로 이 기술을 이용한 산업은 정보통신산업의 성장률보다도 높을 것으로 예측되고 있다.

그런데, 미국과 유럽의 GMO를 보는 시각은 크게 다르다. 유전자 변형기술이 앞선 미국의 경우 슈퍼마켓에서 팔리는 식품의 절반 이 상이 GMO를 함유하고 있으며, 미국 국민들의 절대 다수는 GM식 품이 안전하다고 신뢰한다. 그러나 유럽 국가의 환경단체들은 GM

식품을 '프랑켄슈타인 식품'이라고 부르며, 일반 대중도 대체로 기피하고 있다. 프랑켄슈타인은 영국의 메리 셸리(Mary Wollstonecraft Godwin Shelley)가 쓴 『프랑켄슈타인(Frankenstein)』이란 유명한 소설에 나오는 인조인간의 이름이다. 프랑켄슈타인이 과학기술의 결정체로 태어났지만 결국 괴물 같은 존재가 된 것처럼, GM식품도 처음 의도와 다르게 인류의 건강과 환경에 재앙으로 변할지 모른다고 하여 '프랑켄슈타인이나 먹는 음식'이라는 비난을 하는 것이다.

유럽의 GMO 반대운동의 배경에는 전통을 중시하는 유럽인들의 새로운 과학 산물에 대한 막연한 거부감과 유럽 농민들의 미국산 농산물 수입 거부운동이 겹친 대단히 복잡 미묘한 사안이라고 할 수 있다. 유럽연합(EU)은 GMO의 판매를 금지한 것은 인체에 해로운 영향을 끼칠지도 모른다는 우려가 제기되고 있기 때문이라고 주장하였으며, 미국은 비관세장벽이라 하여 미국과 EU간에 통상마찰이 심화되었다. 그러나 GM식품이 실질적으로 안전하지 못하다는 과학적 근거가 없기 때문에 유럽연합은 GMO 판매금지를 해제할 수밖에 없었으며, 그 대신 GM식품 표시제를 엄격하게 하여 실질적인 유통이 어렵게 하고 있다. 미국은 GMO 표시제를 반대하고 있으며, 따라서 별도의 표시규정도 없다. 안전성 심사에서 승인된 GMO는 일반 작물과 같다는 입장이다. GMO 표시가 실질적으로 생산비용의 상승을 가져와 수출을 어렵게 하므로 비관세장벽이라고 주장한다.

우리나라의 경우 GMO에 대한 일반 소비자의 인식은 대부분 부정적이며, 안전하지 못하다고 여기고 있다. 그러나 GMO에 대하여 자세히 알고 있지는 못하며, 이런 인식은 소비자단체와 언론의 영향을 받은 결과가 크다. GMO에 대한 부정적인 인식은 유럽의 소비자에 비하면 낮은 수준이며, 알지 못하는 식품에 대한 막연한 불안감에 가까운 성격으로서 GMO에 대하여 정확한 지식을 갖게 되면 인식이 바뀔 가능성이 크다. 농림축산식품부, 식품의약품안전처 등 정부 당국의 입장은 GMO에 대하여 긍정적이고, 대국민 홍보도 하고 있으나 그다지 효과를 보고 있지는 못하다. 생명공학자 대부분은 GMO가 보통 작물과 마찬가지로 안전성만 확인된다면 별다른 문제는 없다고 보고 있다.

GMO의 안전성에 대한 논란은 계속되고 있으나, 우리나라의 경우 판매는 허용하되 GMO에 대한 정보를 제공하는 표시를 하도록 하고 있다. 표시기준에 의하면 제품의 원재료 종류와 함량에 관계없이 유전자 변형 DNA가 조금이라도 남아 있으면 각 원재료에 GMO 표시를 해야 한다. 다만, 유전자 변형 DNA가 남아 있지 않은 식용유, 간장, 당류 등은 표시 대상에서 제외되었다.

소비자단체는 최종제품에 유전자재조합 DNA가 남아있지 않아도 표시를 해야 한다고 요구하고 있다. 콩의 경우 전체 수입 물량의 약 80% 정도가 GM 콩임에도 불구하고 우리가 늘 접하는 콩 제품 중 유전자재조합식품이라고 표시된 것은 찾아보기 힘들다고 불만이다. 그러나 외래 단백질이 완전히 제거된 GM식품은 일반식품과 성분이 똑같으므로 표시할 필요가 없다는 것이 식품의약품안전처의 입장이다. 수입되고 있는 GM 콩은 거의 전량 식용유 착유용으로 사용되고 있으며, 식용유에는 유전자재조합 DNA가 남아있지 않아 표시 대상이 아니므로 시중에서 유전자재조합으로 표시된 콩제품을 찾아보기가 힘든 것이라고 한다.

GMO는 막연한 두려움으로 거부하기엔 너무나도 많은 가능성과 유용성을 지닌 대안이다. 식량을 대부분 수입하고 있는 우리나라의 현실에서 GM식품이 미래에 차지하게 될 중요성과 장점을 간과할 수는 없다. 우리가 보유하고 있는 높은 교육수준의 풍부한 인력자원을 토대로 효율적인 연구개발을 위한 네트워크를 구축한다면 우리도 충분히 경쟁력을 갖출 수 있다. GMO에 대하여 반대하는 목소리가 가장 높은 유럽을 비롯하여 세계 각국이 앞다투어 GMO의 개발에 박차를 가하고 있다는 것을 감안한다면 가능성만을 근거로 모든 GMO를 거부할 수는 없으며 그것이 올바른 선택도 아닐 것이다.

1) GMO 개발 방법

유전자재조합에 의한 GMO의 개발은 원하는 특성을 지닌 유전자를 생물체에 직접 삽입함으로써 목적하는 품종을 바로 얻을 수 있어 그 소요시간이 종래의 품종개량 방법에 비하여 짧다는 것이 특징이다. 그러나 유전자재조합에 의한 GMO의 개발은 주사기로 영양제를 혈관에 주입하듯 간단히 이루어지는 것은 아니며 다음과 같은 복잡하고 정교한 과정을 거치게 된다.

① **유용한 유전자의 탐색:** 최근에는 생물체별로 게놈(genom) 프로젝트가 활발히 이루어지면서 각 생물체의 유전자 서열을 밝히고 각 유전자의 기능을 밝히는 작업이 이루어지고 있다. 이렇게 해서 유전자의 서열과 기능이 밝혀진 정보를 토대로 원하는 기능의 유전자를 탐색하여 형질전환에 사용하게 된다.

② **유전자 설계:** 원하는 유전자를 개량하고자 하는 생물체에 이식하였다 하여도 그 사실을 확인하려면 생물체를 완전히 키워서 원하는 형질이 나타났는가를 실험해야 하는 불편이 있다. 이런 불편을 해소하기 위하여 표지인자(marker)를 활용하게 된다. 표지인자란 원하는 유전자와 밀접한 관련이 있어 함께 옮겨 다니며, 독특하고 식별이 용이한 조직을 말한다. 유전자를 탐색하였으면 필요로 하는 유전자를 갖고 있는 생물에서 DNA 절단효소로 원하는 유전자만 절단하여 얻는데, 이때 절단된 DNA 조각 안에 표지인자가 포함되도록 하는 것이 유전자 설계이다.

③ **유전자운반체에 연결:** 이렇게 설계된 유전자라도 단 한 번의 작업으로 생물체

에 성공적으로 이식할 수는 없으므로 설계된 유전자를 다량으로 확보할 필요가 있다. 이를 위해서는 숙주세포에 침투가 쉽고, 복제가 가능하며, DNA를 자르거나 붙이기가 쉬운 유전자운반체(vector)를 활용하게 된다. 유전자운반체의 종류에는 plasmid, bacteriophage, cosmid, phagemid 등 여러 가지가 있으며, 그중 가장 널리 쓰이는 것은 대장균을 숙주(host)로 하는 플라스미드(plasmid)이다. 플라스미드는 박테리아에 존재하는 본체 DNA와 분리되어 독자적으로 복제가 가능한 DNA이다. 절단효소를 이용하여 유전자운반체의 DNA 중 일부를 잘라내고, 그 부분에 접합효소를 이용하여 설계된 유전자를 연결하게 된다.

④ **유전자 다량 확보**: 유전자운반체에 연결이 되면, 그 유전자운반체를 원래의 숙주에 다시 집어넣고 배양하여 증식시킴으로써 원하는 유전자를 다량으로 확보하게 된다. 이처럼 똑같은 유전적 형질을 지닌 개체를 다량으로 얻는 것을 유전자클로닝(gene cloning)이라 한다.

⑤ **유전자 삽입**: 클로닝하여 원하는 유전자를 확보한 후에는 그 유전자를 품종 개량하고자 하는 생물체에 삽입하게 되는데, 이때에는 아그로박테리움법, 원형질세포법, 입자총법 등의 방법을 이용하여 시험관 내에서 수천에서 수만의 조직절편에 유전자를 삽입하게 된다.

⊙ 아그로박테리움법이란 아그로박테리움(*Agrobacterium*)이라는 미생물이 식물세포에 자신의 유전자를 삽입시키는 성질이 있는 것을 이용하는 방법이

며, 목적하는 유용한 유전자를 아그로박테리움의 플라스미드에 삽입시킨 후 이것을 식물의 조직절편과 함께 배양하여 식물 조직절편의 상처를 통해 식물체 내로 대상 유전자의 전이를 유도한다. 가장 일반적인 방법이지만 아그로박테리움은 벼 등의 외떡잎식물에는 감염하지 않으므로 유전자를 삽입할 수 있는 식물은 한정되어 있다.

ⓛ 원형질세포법이란 생물체의 세포벽을 효소나 화학물질로 용해시켜 유전자가 들어가기 쉽도록 세포벽이 없는 원형질체를 만들고, 전기충격을 주어서 유용한 유전자가 생물의 원형질 속으로 들어가도록 하는 것이다.

ⓒ 입자총(Particle-gun)법이란 금속의 미립자에 유용한 유전자를 결합시키고, 그 미립자를 고압가스의 힘으로 생물체의 조직절편에 강제로 밀어 넣어 유전자가 들어가도록 하는 방법이다.

⑥ **조직절편의 선발**: 유전자가 삽입된 수천에서 수만 개의 조직절편 중에서 실제로 유용한 유전자가 원래 생물체 고유의 특성에 영향을 미치지 않고 유용한 유전자의 기능을 나타내는 것은 극히 일부에 불과하다. 이러한 극히 일부의 것을 선발해내기 위하여 먼저 각각의 조직절편을 적절한 배지에서 배양한다. 그리고 하나의 생물체로 성장하면서 삽입된 유전자의 특성을 나타내는 것을 선발해 나가는 과정이 필요하다. 삽입 유전자가 생물체의 게놈 상에 삽입되는 위치와 삽입된 정도에 따라 나타나는 특성이 달라질 수 있어 이러한 특성 변화를 관찰하면서 원하는 것을 가려내는 것이 중요하다.

⑦ **유용한 유전자의 발현 확인:** 유전자가 삽입된 조직절편을 배양하여 성숙한 생명체로 키운 후, 성숙한 생명체에서 DNA, RNA, 단백질 등을 분리하여 유용한 유전자가 생물체의 염색체 내로 도입되었는지 여부를 확인한다. 유용한 유전자가 도입된 것이 확인되면 정상교배에 의해 차세대 생물체를 생산하고, 차세대 생물체에서도 유용한 유전자가 나타나는지 확인한다.

⑧ **안전성 확인:** 유용한 유전자를 갖는 새로운 생물체(GMO)를 개발하였다고 하여도 바로 상품화할 수는 없으며, 안전성 검증을 받아야 비로소 상품으로 판매할 수 있게 된다. 확인된 DNA 배열의 삽입에 의해 생물체에 특정의 형질(의도적인 영향)을 준다고 하는 목적을 달성할 때, 여분의 형질을 얻거나 기존의 형질이 없어지거나 수식(修飾)되는 경우가 있다(비의도적인 영향). 따라서 안전성 확인을 위하여는 의도적 영향과 비의도적 영향 모두를 고려하고, 새롭거나 또는 변형된 위해를 확인하며, 주요 영양소의 사람의 건강에 관련된 변화를 확인한다. 안전성 평가는 현재까지 알려진 최선의 과학적 지식에 비추어 그 GMO가 의도하는 용도에 따라 조리, 사용, 섭취되었을 경우는 유해하지 않다는 것을 보증하는 것이다.

2) GMO의 안전성 평가

GMO는 인류의 식량문제를 해결할 효과적인 대안으로 떠오르고 있으나, 한편으로는 인체에 미칠지도 모르는 바람직하지 못한 영향을 우려하는 목소리가 있다. 새로운 과학기술은 편리와 위험이라는 양면성이 있으며, 확실한 과학적 지식도 없이 GMO에 대한 무조건적인 반대만 앞세우는 감정의 대립에서는 해결책을 기대할 수 없다. 자동차 배기가스가 대기를 오염시키고, 교통사고로 많은 사람이 죽어간다고 하여 자동차의 편리함을 포기할 수 없는 것처럼, GMO는 이미 피할 수 없는 흐름이 되고 있다. 따라서 GMO의 안전성을 어떻게 확보할 것인가 하는 점이 보다 현실적인 해결책이라 할 수 있다.

유용한 유전자를 갖는 GMO를 개발하였다고 하여도 바로 상품화할 수는 없으며, 안전성을 검증받아야 비로소 상품으로 판매할 수 있게 된다. GMO의 안전성 평가와 관련해서는 국제식품규격위원회(CODEX)에서 2003년에 합의된 평가방법에 기초하여 각국이 규정을 제•개정하고 있다. 코덱스는 1962년에 설립되어 식품에 대해 국제적으로 통용될 수 있는 기준 및 규정을 제정•관리하는 전문조직이다. 이 조직은 정부 간의 모임이며, 세계보건기구(WHO)와 국제연합식량농업기구(FAO)가 합동으로 운영한다.

그동안 안전성 평가는 오랫동안 화학물질(잔류농약, 오염물질, 식품첨가물 등)에 의한 위해에 대처하기 위하여 이용되었으며, 최근에는 미생물에 의한 위해나 영양학적인 요인에 대한 분석도 증가하고 있다. 그러나 GM식품의 안전성 평가는 지금까지 일반적으로 다루어온 식품의 오염물질이나 잔류물질과 달리 식품 그 자체의 평가가 필요하다는 점에서 기존의 안전성 평가와 개념과 다르다.

식품 그 자체에 대한 안전성 평가에는 그것이 화합물의 복합혼합물이며, 종종 조성이나 영양가에서 광범위한 편차를 보여, 동물시험을 용이하게 적용할 수 없다. 또한 먹는 양과 포만감 등으로 동물에게 줄 수 있는 양은 한정되며, 독성실험의 결과를 얻기에 충분한 양을 먹일 수가 없다. 더욱이 안전성 평가의 대상이 되는 GM식품과 관련이 없는 위해의 영향을 피하기 위해서는 사용되는 식이의 영양가와 균형을 고려하지 않으면 안 된다. 이런 이유로 기존의 동물 모형을 통한 독성 테스트가 GM식품과 일반식품 간의 작은 차이를 밝혀내기에는 부적절하다.

현재 우리가 섭취하고 있는 식품은 사람이 오랜 기간 먹어 온 경험을 통하여 안전성이 확인된 것이다. 그러므로 새로이 개발된 GM식품이 기존의 식품과 비교하여 성분상의 차이가 없다면 동일하게 취급하여 안전하다고 볼 수 있다. 이것이 실질적 동등성(substantial equivarant)의 개념이며, 1993년 OECD가 제안하여 CODEX의 안전성 평가 기준에도 적용되고 있다. 즉, 유전자재조합기술을 이용한 식품이나 식품첨가물이 기존의 것과 비교할 때 성분 종류가 동일하고, 그 함량도 기존 품종의 오차범위 안에 있을 때에는 기존의 것과 동일한 것으로 간주한다. 이것이 현 시점에서는 GM식품의 안전성 평가에 최적의 방법이라고 생각되고 있다.

따라서 GM식품의 안전성을 검토하는 경우는 GM식품에 관련되는 모든 위해를 검증하는 것이 아니라 기존의 일반식품과의 비교에 근거하여 새롭거나 바뀐 위해를 확인하는 것을 목적으로 하고 있다. 기존의 일반식품에서도 식품에 관련되는 위해의 전부를 완전히 밝히는 방법으로 평가된 식품은 거의 없다. 더욱이 많은 식품에는 종래의 안전성 검사방법을 이용한 경우 유해하다고 볼 수 있는 물질이 소량이지만 함유되어 있는 사례가 많다. CODEX의 평가방법에 의한 GM식품의 안전성 평가에서는 일반식품과 GM식품 간에 요구되는 위해도 수준이 지나치게 다르지 않도록 해야 한다는 원칙이 있다.

GMO의 특정 성분이 기존의 품종에는 없는 것이거나 양이 크게 다른 경우, 신규성이 있는 것으로 판단한다. 신규성을 판단하는 것은 안전성 평가의 필요한 범위와 정도를 제시하는 것으로, 그 자체가 안전성 평가는 아니다. 또한 신규성은 유전자의 소재와 그 소재를 식품으로 이용한 경험, 구성 성분, 섭취 방법 등을 고려하여 판단한다. 신규성이 있는 물질에 대해서는 만성독성이나 유전독성 등과 같은 독성실험에 의해 안전성을 확인하여 그 자료를 확보하여야 한다.

안전성 평가의 최종 목표는 이용할 수 있는 최신의 과학적 지식에 비추어 그 식품이 의도하는 용도에 따라 조리, 사용, 섭취되었을 경우는 유해하지 않다는 것을 보증하는 것이다. 위해도 평가에 관련된 새로운 과학적 정보를 입수했을 경우는 그 정보를 적용하기 위해 지금까지의 평가방법을 재검토하여 필요에 따라 위해도 관리 방법을 수정해야 한다. 이에 따라 우리나라 식품위생법의 경우 안전성 평가를 받은 후 10년이 지난 GMO는 재평가를 받도록 되어있다.

GMO는 각기 다른 방법으로 도입된 서로 다른 유전자를 함유한다. 따라서 GM식품의 안전성은 식품군으로서가 아니고 개개의 GM식품에 대하여 별도로 평가되어야 하며, 다음과 같은 사항을 고려하여 판단한다.

① **건강에의 직접적 영향(독성):** 공여체에 존재하는 이미 알려져 있는 독소를 생성하는 유전자가 통상은 그러한 독성 특성을 발현하지 않는 GMO에 전달되어 있지 않음이 입증되어야 한다.

② **알레르기 반응을 일으키는 경향(알레르기 유발성):** 삽입 유전자에 기인하는 단백질이 식품에 함유되는 경우는 반드시 알레르기 유발성을 평가해야 한다.

③ **영양 또는 독성적인 성질이 있다고 생각되는 특수 성분:** 종래의 영양 테스트 또는 독성 테스트 방법에 의해 판단한다.

④ **도입한 유전자의 안전성:** 공여체의 종류, 식품으로 섭취해온 경험, 새로운 형질의 발현되는 양이나 발현 부위 및 발현 시기, 종래의 육종방법으로도 도입

이 가능한지 여부 등을 고려한다.

⑤ **유전자재조합에 의해 만들어진 영양 효과:** GM식품의 구성성분 등을 기존 식품과 비교한다.

⑥ **유전자 도입으로 인한 의도하지 않은 영향:** GM식품에서 잔류물 또는 대사산물의 양에 변화가 인정되었을 경우는 사람의 건강에 대한 잠재적인 영향을 평가한다.

⑦ **기존의 품종과 신품종의 사용방법의 차이:** 수확시기 및 저장방법, 가식부위 및 섭취량, 조리 및 가공방법 등을 고려한다.

GM식품의 안전성을 검토하는 경우 알레르기 유발성은 코덱스의 평가방법에서도 별도의 항목을 둘 정도로 특히 중요하게 여기고 있다. 그 이유는 GMO가 DNA의 일부를 재조합한 것이며, DNA는 단백질의 합성에 중요한 역할을 하기 때문이다. 지금까지 알려진 알레르기를 유발하는 식품으로는 땅콩, 돼지고기, 계란, 우유, 대두, 토마토 등 그 종류가 매우 다양하며, 대체로 단백질이 알레르기 항원(allergen)인 경우가 많다. 알레르기 유발성은 다음과 같은 사항을 고려하여 판단하며, 실제로 GMO를 개발하는 과정에서 알레르기 유발 가능성이 확인되어 개발이 중단된 사례가 있었다.

① **신규 도입 단백질의 특성:** 알려져 있는 알레르기항원과 분자량, 아미노산 배열, 단백질의 구조 등의 유사성 여부, 조리·가공에서의 열에 대한 안정성이나 소화과정에서의 효소나 산에 대한 안정성, 신규 도입 단백질의 특이성 등을 검토한다.

② **신규 도입 단백질의 섭취량과 형태:** 식품 중 해당 단백질 섭취량이 크게 변할 경우, 알려져 있는 알레르기항원이 유의하게 증가하는지 여부를 확인하고, 그 단백질을 분리·정제하여 감수성이 있는 환자의 혈청으로 알레르기 반응 검사를 한다. 또한 1일 단백질 섭취량에서 차지하는 비율, 공여체가 식품으로 이용된 경험과 섭취량 등도 함께 검토한다.

3) GMO에 관한 논란

식량위기에서 인류를 구할 신기술이며, '제2의 녹색혁명'이라는 찬사를 들으며 화려하게 등장했던 GMO가 현재는 안전성을 비롯한 여러 가지 반대 주장에 부딪히고 있다. 소비자단체와 환경단체를 비롯한 GMO 반대론자들은 지금도 계속 위험성을 제기하고 있으며, 그들의 관심과 감시는 과학이 반인류적으로 가는 것을 견제하는 중요한 역할을 하고 있다. 문제는 이들이 제기하는 내용이 확인되지 않은 사실임에도 이를 접하는 일반 소비자에게 불안감을 심어준다는 것이다. 진정한 감시는 과학적 사실에 근거하여야 하며, 그렇지 않을 경우 소비자에게 잘못된 정보를 전달하게 되는 것인데, 이런 일이 GMO에 관련되어서는 유독 빈번하게 발생하고 있다.

과학적 실험의 신뢰성은 재현성을 최우선으로 삼는다. 어떤 사람이 한 실험 결과는 다른 사람이 해도 같은 결과가 나와야 한다. 황우석 사건에서 경험한 것처럼, 모든 논문은 다른 과학자에 의해 검증 받아 진실로 규명되어야 비로소 가치 있는 논문이 된다. 또 실험을 하다 보면 온갖 결과가 다 나오지만 통계적으로 의미 있는 결과만이 정리돼 발표된다. 실험 도중의 일부 데이터만을 인용하면 사실과는 다른 내용이 되기 쉽다. GMO는 개발 과정에서 여러 가지 테스트를 받으며, 그 모든 테스트에서 안전성이 인정된 것만이 상품으로 승인되어 판매되게 된다.

1994년에 GMO 토마토가 최초로 상품화되어 GM식품이 유통된지 20여 년이 지났지만 아직까지 전세계적으로 GM식품을 섭취한 사람의 건강에 나쁜 영향을 주었다는 보고는 없다. GMO의 안전성에 대한 논란은 아직까지 인체의 건강에 해를 끼친다는 결정적인 증거도 없고, GMO가 안전하다는 결정적인 증거도 없는 상황이다. 다만, 2000년에 채택되고, 2003년 9월부터 효력을 발휘한 '바이오안전성의정서(Biosafety Protocol)'라는 국제적인 협약이 이루어진 후부터 논란이 가라앉고 있는 분위기이다. 이 협약의 핵심적인 내용은 수입국가에서 GMO의 수입을 사전에 최종적으로 결정할 권리를 부여하는 것이다.

GMO에 관한 논란 중에서 가장 핵심은 GM식품의 안전성에 관한 것이며, 그 주된 내용은 GMO는 이제까지 지구상에 존재하지 않았던 생물체이므로 우리가 알지 못하는 독성을 지니고 있을 수 있다는 것이다. 논쟁이 되었던 몇 가지 사례를 보면 다음과 같다.

① 유전자변형 미생물

1994년에 일본의 쇼와덴코(昭和電工)가 유전자변형 미생물을 이용하여 생산·판매한 식품첨가물(트립토판)로 만든 다이어트식품을 장기간 복용한 후 EMS라는 신경장애(神經障碍)가 발생하여 미국 내에서 37명이 사망하고 1,500여명이 장애를 당한 부작용이 보도되었다. GMO 반대론자들은 이것은 유전자변형 기술이 매우 위험한 것이라는 좋은 예라고 주장하였다. 그러나 정밀조사 결과 이것은 트립토판 정제과정에서 모든 박테리아가 갖고 있는 EBT라는 독성물질을 완전히 제거하지 못하였기 때문에 발생한 사고로 밝혀졌다. 결국 이 사고는 제품 생산과정에서 불순물질을 제거하지 못하여 일어난 것이며, 유전자변형기술 자체와는 아무 관련이 없는 것이었다.

② 유전자변형 옥수수 사료

2002년 4월 영국의 BBC방송은 1996년 영국정부가 GM 옥수수를 승인하면서 GM 옥수수를 먹은 닭들이 그렇지 않은 닭에 비하여 2배나 많이 숨진 사실을 은폐하였다고 GMO 반대론자들 주장을 인용하여 보도하였다. 그러나 이것은 실험 내용을 잘못 해석하여 이와 같은 주장을 편 것이었다. 당시 실험 내용을 보면 병아리 280마리를 반으로 나누어 140마리에게는 제초제 저항성 옥수수(T-25)를 먹이고 나머지 140마리에게는 일반 옥수수를 먹였는데, T-25 옥수수를 먹인 병아리는 10마리가 죽었는데 비하여 보통 옥수수를 먹인 병아리는 5마리가 죽었다. 그런데 양계장에서 닭을 키우다 보면 여러 가지 원인에 의해 통계적으로 8%(평균폐사율) 정도는 죽게 되며, 140마리의 8%인 11마리까지는 정상적인 사육과정에서도 죽을 수 있는 숫자이므로, 5마리나 10마리나 통계적으로는 의미 있는 수치가 아니다. 이 보도 내용은 다시 거론되지는 않고 있지만, 소비자들의 뇌리에는 GMO는 해로운 것이라는 인식이 새겨지는 계기가 되었다.

③ GM콩의 쥐 실험

2006년 국정감사에서 민주노동당의 강기갑, 현애자 의원은 2005년에 발표된 러시아의 과학자 일리나 에르마코바의 실험을 인용하여 GMO의 안전성에 대한 우려를 제기하였다. 이 실험에 의하면 GM콩을 먹인 쥐의 사산율이 56%로 일반 콩을 먹인 쥐의 사산율 9%에 비해 매우 높았고, 출산한 쥐의 36%도 성장이 둔화되었다고 한다. 그러나 이 GM콩을 이용한 많은 동물실험이 학술논문으로 보고되었으나, 일리나 에르마코바의 실험과 일치하는 결과의 논문은 없었으며, 영국의 학술단체 등이 연구의 상세정보 공개와 학술 논문으로 공식 발표할 것을 요구하였으나 응하지 않았다. 따라서 영국에서는 이 연구결과의 부적절성에 대한 성명서를 발표하였으며, 일본에서는 이 연구 결과가 GMO에 의한 영향이라기보다 실험 설계 오류로 인한 영양결핍에 의한 것으로 판단된다고 발표하였다

④ 브라질너트(Brazil nut) 알레르기

1996년 세계적 종자회사인 미국의 'Pioneer Hi-Bred'는 브라질 땅콩의 유전자를 이식해 필수아미노산인 메싸이오닌을 강화한 GM 콩을 개발하였다. 그러나 이 콩을 먹은 사람들에게서 알레르기가 유발되었으며, 브라질 땅콩의 유전자에서 유래된 단백질에 의한 것으로 밝혀짐에 따라 100만 달러의 연구비를 날린 채 연구를 중단했다. 이것은 GMO 옹호론자들이 알레르기 유발 GMO가 개발 단계에서 제외됨을 주장하는 사례이지만, 역으로 GMO 반대론자들에게는 GMO가 알레르기를 일으킬 수 있다는 증거로 자주 인용되고 있다.

안전성 다음으로 지적되는 것이 비승인 GMO의 유통 문제이다. GMO 반대론자들은 의도적이든 비의도적이든 승인되지 않은 GMO가 유통되어 식품 안전을 위협할 가능성이 있으며, 실제로 유통된 사례도 있다고 한다. 이에 대해 GMO 옹호론자들은 검사 과정에서

의 실수나, 공업용 또는 사료용 원료의 식용 유통, 식품 내 유해물질의 혼입 등의 문제라면 그것은 GMO에 한정된 것이 아닌 식품 전체의 문제이며, 일반식품과 유전자재조합식품 간에 요구하는 안전성 수준이 지나치게 다르지 않도록 해야 한다고 주장한다.

① 스타링크(StarLink) 옥수수 사건

스타링크는 미국 아벤티스(Aventis)사가 1999년에 개발한 해충 저항성 GM 옥수수이며, 스타링크에 포함된 'Cry9C'란 단백질이 알레르기 유발 가능성이 있다는 이유로 식용이 아닌 사료용으로만 허가되었다. 그러나 재배 및 유통 과정에서 식용과 엄격한 구분 관리가 이루어지지 못하여 일반 옥수수와 섞이는 문제가 발생하였다.

미국 환경단체인 '지구의 벗(Friends of the Earth)'은 시중에 있는 식품을 수거하여 검사한 결과 크래프트푸드(Kraft Foods)에서 제조하고, 멕시코 요리의 패스트푸드점을 운영하는 타코벨(Taco Bell)이 판매하는 '타코쉘(Taco Schells)'에 스타링크가 포함되어 있다는 것을 밝혀냈으며, 2000년 9월 이런 내용이 《워싱턴포스트(The Washington Post)》 조간에 보도되면서 옥수수 가루를 함유하고 있는 300개 이상의 식품에 리콜이 실시되었다. 이 사건으로 미국 FDA의 허술한 식품감독의 문제점이 지적되었고, GMO의 유통관리 문제에 대한 세계적인 관심을 촉발시켰다. 그 당시 우리나라 및 일본의 경우 스타링크가 혼입된 옥수수에 대하여 통관보류, 회수 등의 조치를 취하는 등 소동이 벌어졌었다.

② 멕시코 옥수수 사건

옥수수의 원산지이면서 GM 옥수수가 재배된 적이 없는 멕시코 남부 오악사카(Oaxaca) 지방의 재래종 옥수수에 GM 옥수수의 유전자가 유입되었다는 논문이 2001년 영국의 유명한 학술지인 《네이처(Nature)》에 발표되어 커다란 파문이 일어났었다. 그러나 이 논문은 그 후의 검증 과정에서 내용이 과학적으로 입증하기에 불충분하여, 2002년 4월 《Nature》의 편집자는 해당 논문이 게재된 것은 잘못이었으며 그 논문의 게재를 정식으로 취소한다는 기자회견을 하였다.

그린피스(Greenpeace)는 수입된 식용 GM작물의 일부가 종자용으로 사용되어 토종 작물을 오염시킬 수 있다고 경고하여 왔으며, 이 사건도 멕시코에서 불법적으로 GM 옥수수가 재배되어 재래종 옥수수에서 형질전환 유전자가 발견된 것으로 추정되었다. 2002년 1월 멕시코 정부는 22개 조사지역 중 15개 지역의 토종 옥수수가 오염되었음을 공식적으로 확인하였으며, 이 사건은 GM작물과 일반작물의 공존 문제를 세계적인 관심사항으로 촉발시키는 계기가 되었다.

③ 프로디진(ProdiGene) 옥수수 사건

2002년 10월 아이오아주의 일반옥수수 경작지 및 네브라스카주의 콩 경작지에서 GM 옥수수가 발견되는 사건이 발생하였다. 이 GM 옥수수는 미국의 프로디진(ProdiGene)이란 회사에서 돼지의 대장균성 설사에 대한 백신을 제조하기 위해 농가와 계약하여 시험 재배한 것으로, 수확 후 완벽한 처리를 하지 못해 남겨진 종자가 자생적으로 성장한 결과이다.

미국 농무부는 프로디진사에게 25만 달러의 벌금을 부과하고, 계약 농가가 입은 피해를 변상하도록 하였으며, 미국에서 GM작물을 시험하는 민간기업이 농작물보호법 위반 혐의로 당국의 벌금을 부과받은 것은 이것이 처음이었다. 해당 옥수수는 식품으로 유통되기 전에 적발되어 모두 폐기되었으나, 이 사건은 GM작물이 원래 의도와 상관없이 인간 및 가축의 식량으로 쓰일 다른 작물을 오염시킬 수도 있다는 사실을 경고하였다. 그 후 비의도적 오염을 방지하기 위한 법률적 보완책이 마련되었다.

GMO 유전자가 인체나 우리 몸속의 미생물로 전이되거나 변종이 발생할 문제점이 지적되기도 한다. 항생제 저항성 유전자가 들어 있는 식품을 먹었을 때 우리 몸의 면역체계에 변화를 초래하거나, 소화장기에 서식하는 대장균 등의 미생물에 전이되어 항생제 내성 미생물을 만들 수도 있다는 주장이다. 그러나 우리가 먹은 GM식품의 유전자가 인체 내로 이전된다는 것은 과학적 상식에 어긋난다. 만일 그런 일이 가능하다면 우리 몸에는 그동안 먹어 온 수많은 동식물의 유전자가 나와야 한다. 유전자는 GM식품에만 있는 것이 아니라 인간이 식품으로 섭취하는 모든 동식물에도 있는 것이다. 변형된 유전자라고 하여도 특수한 물질이 아니며, 단지 도입한 생물이 원래부터 가지고 있지 않던 유전자일 뿐이다.

GM식품의 유전자가 우리 몸에 살고 있는 미생물로 이전된다는 것도 마찬가지로 과학적 상식에 어긋난다. GM식품이 온전하게 장에 도달하여도 미생물은 자신의 유전자가 아닌 외부에서 들어온 유전자를 분해하여 소멸시켜서 자기 자신만의 유전자를 지키고 종을 유지하는 안전장치를 가지고 있다. 외부의 유전자가 이 안전장치를 통과하여 미생물 내에 존재한다는 것은 상상하기 어려우며, 그러한 예는 아직까지 발견된 적이 없다. 만일 그런 일이 가능하다면 장내 미생물에서 쌀이나 보리, 또는 소나 돼지의 유전자가 발견되었어야 한다.

유전자변형 유채 유전자

2000년 영국의 《인디펜던트(The Independent)》라는 신문은 독일 예나(Jena) 대학 꿀벌연구소의 한스 하인리히 카츠(Hans-Hinrich Kaaz) 교수 연구팀이 제초제 저항성 유채를 재배한 밭의 꿀벌 배설물 속에 있는 박테리아에서 유전자변형 유채의 유전자를 발견함으로써 유전자변형 작물의 유전자가 미생물 또는 동물로 전이될 수 있는 가능성을 제기하였다고 보도하였다. 그러나 이 연구의 결과는 다른 과학자들에 의해 재현되지 않았으며, 실험의 신빙성이 의심되어 이제는 누구도 인용하지 않고 있지만, GMO의 유전자가 인간을 비롯한 다른 생물에 이전될 수 있다는 증거라고 하여 큰 관심을 끌었었다.

GM작물을 재배하면 해충 저항성 작물에 적응한 슈퍼해충이 출현할 수 있다는 주장도 제기되고 있다. 현재 개발된 해충저항성 GM작물은 모두 토양 박테리아인 '*Bacillus thuringiensis*'로부터 분리한 Bt독소 생성 유전자를 기존 작물의 유전자에 결합시켜 개발한 것이다. Bt독소는 1911년에 처음 발견되어, 1950년대에 상업적으로 개발된 후 60년이 지난 지금까지도 가장 널리 사용되는 천연 살충제이다. Bt독소는 단백질의 일종이며, 인간과 동물에게는 해가 없지만 특정 대상 해충의 세포에 작용하여 해충을 죽이는 역할을 한다. GMO 반대론자들은 GM작물이 생성해 내는 Bt독소에 대한 내성을 키운 슈퍼해충의 출현을 우려하지만, GM작물이 재배되기 시작하여 약 20년이 지난 지금까지 여전히 해충에 대하여 효과를 보이며, 해충이 저항성을 키웠다는 증거는 발견되지 않고 있다.

제초제 내성 슈퍼잡초

제초제에 대한 내성을 갖춘 잡초가 등장하였다고 2003년 1월 《뉴욕타임즈(The New York Times)》가 보도하였다. 이 신문은 전세계에서 널리 쓰이고 있는 강력 제초제인 라운드업(Round-up)에 내성을 지닌 잡초들이 2000년에 처음 발견되어 이 제초제에 내성을 지니도록 개발한 GM콩 재배지에서 확산되고 있다고 전했다. 신문은 농부의 말을 인용하여 "몇 년 동안 라운드업 제초제를 사용하여 라운드업에 내성이 있는 콩을 아무 문제없이 재배하여 왔는데, 2000년 콩밭에서 잡초인 쥐꼬리망초를 발견해 라운드업을 몇 차례 뿌렸지만 죽일 수 없었다"고 하였다. 신문은 전문가의 말을 인용하여 "오래도록 과도하게 제초제를 쓰면서 잡초가 진화한 데 따른 것으로 보인다"고 덧붙였다. 이 보도 이후 이를 뒷받침하는 어떤 실험 결과도 발표되지 않고 있으나, 이 보도는 그 진위 여부를 떠나 슈퍼 잡초 문제를 환기시키는 데 큰 영향을 주었다.

GMO 반대론자들은 제초제에 내성을 지닌 작물을 재배하게 되면 조심스럽게 제초제를 사용할 필요가 없으므로 제초제를 더 많이 사용하게 되고, 이에 따라 잔류농약이 일반 작물에 비하여 많을 수 있고, 제초제의 독성이 토양에 잔존하여 토양미생물 생태계를 파괴할 수 있다고 주장한다. 이에 대하여 GM작물 개발자들은 GM작물을 재배함으로써 효과적으로 제초할 수 있어 농약의 사용량을 줄이고 소득을 높일 수 있을 것이라고 하였다.

GM작물의 농약 사용

미국의 비영리 연구단체인 '국립식품농업정책센터(NCFAP, National Center for Food and Agricultural Policy)'가 발표한 2002년 6월 보고서에 따르면, 미국에서 재배한 주요 GM작물은 상당한 수확량의 증가로 재배 농부에게 이익을 주었으며, 농약 사용의 감소를 가져다주었다고 한다. 20개의 대학 및 정부기관의 70여 명의 생물공학 전문가들이 콩, 옥수수, 면화, 파파야, 호박, 카놀라 등 6종의 GM작물에 대해 40개의 특별 사례연구를 검토하였는데, 이들 GM작물은 농부들의 수입을 15억 달러 증가시켰고, 4,800만 파운드의 농약 사용을 감소시켰다고 한다. NCFAP의 그 후 연구 결과에는 GM콩을 재배한 미국 13개 주에서 에이커(acre) 당 제초제 사용량은 9% 줄어들었다고 한다.

GMO 반대론자들은 GM작물이 일반작물에 비해 생존력이 강하므로 GM작물을 전세계적으로 재배하면 생물다양성이 붕괴되고, GMO가 개발 목적과는 달리 의도하지 않았던 생물에 영향을 줄 수도 있다고 주장한다. 그러나 일반적으로 작물이 재배되는 농경지는 인간에 의해 통제되므로 실제의 자연환경과는 많은 차이가 있으며, GM작물이나 일반작물 모두 인간의 관리와 보호를 벗어나서 자연 상태에서의 생존경쟁력은 야생식물에 비해 떨어진다.

GM작물의 생존경쟁력

GM작물이 보통의 식물에 비해 생존력이 강하다는 주장을 확인하기 위하여 영국에서 감자, 유채, 옥수수, 사탕수수 등 4종의 작물에 대해 10년간 실험하여 그 결과를 2001년 《Nature》에 발표하였다. 연구팀은 새로운 잡초의 출현, 겨울나기 및 생존력 등에 대하여 조사하였으나, GM작물과 일반작물의 차이점을 발견할 수 없었고, 주변의 야생식물과의 생존경쟁력도 약하여 4년 후에는 완전히 사라져 버렸다고 보고하였다. 이 연구 결과는 실험 의도와는 달리 GM작물의 재배와 국제교역을 강하게 반대하던 영국을 비롯한 유럽 국가들의 입장을 곤란하게 만들었다.

일부 반대론자들은 GMO는 대기업의 이익만 증대시킨다는 이유로 반대하기도 한다. GMO가 확대되면 이 GMO에 대한 특허와 종자를 보유한 대기업에 예속되어 식량의 무기화 가능성이 있다고도 한다. 또한 특정 제초제에만 효과가 있도록 개발된 GMO와 시스템적으로 연관되어 대기업의 독과점에 따른 경제적 이익만 증대될 것이라고 주장한다. 그러나 이런 주장은 오늘날의 농업은 자신이 수확한 작물에서 종자를 얻는 것이 아니라 매년 종자를 구입하는 경우가 더 많으며, 기존의 종자개발 방법에 의한 종자도 대기업에서 개발한 것이라는 점(즉, 이미 대기업의 독과점이 현실임)을 간과하고 있는 것이다. 마찬가지로 비료나 농약의 경우도 이미 대기업이 독과점하고 있으며, GMO 때문에 독과점이 강화되는 것은 아니다.

GMO 옹호론자들이 가장 크게 내세우는 것은 앞으로의 식량문제를 해결하기 위하여는 GMO를 통한 식량 증산이 반드시 필요하다는 점이다. 그러나 GMO 반대론자들은 전세계의 기아 문제가 단순히 식량의 절대량이 모자라기 때문만은 아니라고 반박한다. 그 예로서, 한쪽에서는 굶어 죽어가는 사람들이 있는데 다른 한쪽에서는 과다하게 남아도는 곡류를 가격 폭락을 막기 위하여 바다에 버리는 일이 발생하고 있으며, 이런 구조를 개선하기만 하여도 기아를 막을 수 있다고 한다. 또한 이런 구조가 지속되는 한 아무리 식량 생산이 늘어나도 빈곤한 나라의 굶주림은 해결하지 못한다고 한다. 즉, 문제는 생산된 식량의 배분에 있지 증산에 있는 것이 아니라는 주장이다.

그러나 이런 주장은 근본적으로 GMO 문제와는 별개의 경제적 또는 국제 정치적 문제이고, 더욱이 인류의 증가 추세로 보아 조만간 바다에 버릴 곡물도 없는 세계 식량의 절대부족 시대가 다가오고 있다는 것을 무시하고 있다. 또한 GMO는 곡물을 원조 받는 것이 아니라 농업환경이 열악한 후진국에서 곡물 생산량을 늘릴 수 있는 방법이 되어 식량의 배분에도 기여할 수 있다는 점을 간과하고 있다.

다수확 품종의 밀을 개발하여 세계 식량문제에 기여한 공로로 1970년 노벨평화상을 수상한 미국의 노먼 볼로그(Norman E. Borlaug) 박사는 2000년 한 포럼에서 GMO에 대한 자신의 입장을 발표하였다. 볼로그 박사는 50년 이상 세계의 식량문제를 해결하기 위하여 개발도상국가에서 농업생산성 향상을 위해 헌신해 온 이른바 녹색혁명의 선구자이다. 그는 생명공학의 산물이 위험하다는 증거는 없으며, 곡물 생산량이 두 배 이상 올라간 중국과 브라질의 예를 들면서 아프리카와 다른 개발국가처럼 식량 공급에 위협을 받고 있는 나라들이 채택할 수 있는 유일한 방법이라고 하였다. 그는 GMO가 없는 세계를 옹호해온 사람들을 유토피아를 꿈꾸는 사람으로 평가하면서, 단 1kg의 식품도 생산한 적이 없는 사람들이 그 기술에 연관된 생물의 안전성과 위험을 떠드는 것에 지나지 않는다고 비판하였다.

23
인스턴트식품

인스턴트식품이 보편화되면서 이제 우리는 도마나 칼이 없이도 살 수 있는 시대에 살고 있다. 가스레인지나 전자레인지가 있고 숟가락과 젓가락만 있으면 힘 안 들이고 맛있는 음식을 즐길 수 있게 된 것이다. 맞벌이 부부나 홀로 사는 사람에게 없어서는 안 될 필수품이 또한 인스턴트식품이다. 바쁘게 살아가는 현대인에게 시간을 절약하고 간편하게 식사를 해결할 수 있는 인스턴트식품은 없어서는 안 되는 소중한 음식이지만, 한편으로는 거센 비난을 받는 것도 사실이다.

우리가 흔히 이야기하는 인스턴트식품(Instant Food)은 법률이나 학술적인 용어는 아니며, 일반적으로 "단시간에 손쉽게 조리할 수 있고, 저장이나 보존도 간단하며, 수송·휴대가 편리한 식품"을 의미한다. 인스턴트식품은 그 종류가 매우 많으며 대표적으로 다음과 같은 것이 있다.

① **즉석면류** : 면 종류를 기름에 튀겨 탈수·건조시킨 것으로 대표적인 인스턴트 식품이며 라면, 우동 등의 제품이 있다.

② **통조림 및 레토르트식품** : 식품을 금속제의 캔이나 여러 겹으로 된 납작한 포장지(pouch)에 넣어 밀봉한 후 가열·살균한 제품으로서 장기간 보존이 가능하며, 개봉하여 그대로 먹거나 간단히 데우기만 하면 먹을 수 있다. 참치통조림, 옥수수통조림, 레토르트카레 등의 제품이 있다.

③ **냉동식품** : 찌거나, 튀기거나, 끓이는 등 간단한 가열 과정만 거치면 먹을 수 있도록 손질하여 냉동시킨 식품을 말하며 만두, 피자 등이 있다.

④ **건조식품** : 물에 녹이거나 물을 붓고 끓이면 바로 먹을 수 있도록 분말이나 덩어리 형태로 건조시킨 식품을 말하며 커피, 분말수프, 즉석국 등이 있다.

그러나 인스턴트식품의 개념은 명확하지 않으며, 일반소비자들은 종종 다른 식품과 혼동하여 사용하기도 하고, 범위를 넓혀서 사용하기도 한다. 인터넷에서 인스턴트식품에 대하여 검색하여 보면 얼마나 다양한 개념으로 인스턴트식품이라는 용어를 사용하고 있는지 금방 알 수 있다. 가장 흔한 혼동은 인스턴트식품과 가공식품을 동일시하는 것이다. 인스턴트식품은 가공식품 중에서 앞에서 설명한 편의성을 특징으로 하는 일부분의 식품군일 뿐이며, 가공식품 모두를 인스턴트식품이라고 할 수는 없다. 예로서, 과자, 간장, 식용유, 포장김치 등의 가공식품을 인스턴트식품이라고 하지는 않으며, 같은 면 종류라도 라면을 인스턴트식품이라고 말하는데 주저하지 않지만 국수를 인스턴트식품이라고 말하는 사람은 드물다.

인스턴트식품과 패스트푸드(Fast Food)를 혼동하는 경우도 자주 있는 일이며, 인스턴트식품을 정크푸드(Junk Food)라고 부르는 사람도 있다. 패스트푸드는 식당에서 주문하면 바로 나오는 음식을 의미하며 주로 햄버거, 피자, 닭튀김 등을 지칭한다. 정크(Junk)란 '폐물', '쓰레기'를 뜻하는 말이며, 정크푸드는 열량은 높지만 비타민 등의 영양소를 골고루 갖추지는 못하여 비만의 원인이 되는 식품들을 낮추어 부르는 이름으로서, 패스트푸드를 비롯하여 감자칩, 팝콘 등의 스낵류 및 콜라와 같은 음료류가 주로 거론된다. 그러나 인스턴트식품은 패스트푸드나 정크푸드와는 다른 개념이다.

우리나라 어문 정책 전반에 관련된 연구를 주관하기 위하여 설립된 국립국어원(國立國語院)에서는 인스턴트식품을 즉석식품으로 순화하여 부르도록 홍보하고 있으나, 아직도 즉석식품보다는 인스턴트식품이라는 용어가 자주 쓰이고 있다. 그리고 인스턴트식품이라는 용어를 사용할 때에는 대체적으로 인공적, 싸구려, 일회용, 건강에 해로움 등의 이미지를 함축한 부정적인 의미로 사용하고 있다. 인스턴트식품이라는 용어를 주로 사용하는 사람들에 의하면 인스턴트식품은 절대로 먹어서는 안 되는 불량식품이라고 한다. 그러나 인스턴트식품의 입장에서 보면 이들의 주장은 대부분 그릇된 오해에서 비롯된 것이다.

인스턴트식품에 대한 오해 중 가장 대표적인 것은 인스턴트식품에는 방부제를 비롯한 식품첨가물이 많이 들어 있다는 인식이다. 방부제는 식품이 미생물에 의해 부패하는 것을 방지하여 오래 보관하기 위하여 사용하는 식품첨가물이다. 그러나 대부분의 인스턴트식품에는 방부제가 들어있지 않으며, 방부제를 첨가할 필요도 없다. 통조림이나 레토르트식품의 유효기간이 1년 이상 되는 것은 방부제를 사용하였기 때문이 아니라 고온에서 가압살균하여 미생물을 죽였기 때문이며, 즉석면류나 건조식품은 수분이 적어 미생물이 자랄 수 없고, 냉동식품은 온도가 낮아 미생물이 자랄 수 없으므로 굳이 방부제를 사용할 이유가 없는 것이다.

인스턴트식품은 "식품이 아니라 화학품이다."라고까지 혹평하며, 각종 첨가물과 인공조미료로 맛을 낸 위험한 먹거리라고도 한다. 물론, 인스턴트식품도 가공식품의 일종이므로 법에서 허용된 범위 내에서 식품첨가물을 사용하고 있는 제품도 있다. 그러나 커피나 레토르트 밥류, 대부분의 참치통조림 등과 같이 전혀 첨가물을 사용하지 않은 인스턴트식품도 많이 있으며, 모든 인스턴트식품에 사용하는 첨가물이 동일하지도 않다. 일부 인스턴트식품에 사용되는 첨가물이 문제가 된 적이 있다 하여 모든 인스턴트식품에 문제가 있는 것처럼 확대해서는 안 된다.

인스턴트식품의 대명사라고 할 수 있는 라면의 나트륨 함량을 문제 삼는 경우도 있다. 식품의약품안전청에서 2005년에 발행한 〈식품영양 가이드〉에 의하면, 라면 한 그릇에는 2,100㎎의 나트륨이 있어 된장찌개 950㎎, 자반고등어 한 토막 1,500㎎, 김치 10조각 (100g) 1,000㎎, 김밥 한 줄 650㎎에 비하여 상대적으로 나트륨 함량이 높은 것은 사실이다. 그러나 취식 빈도를 고려한 나트륨 섭취는 대부분 김치에 의한 것으로 전체의 30%를 차지한다. 다음으로 간장, 된장 등의 장류에서 22%를 섭취하고 있으며, 소금으로 직접 섭취하는 비율도 17%에 이른다. 그에 비하여 라면에서 섭취하는 나트륨은 5% 정도로 상대적으로 적었다.

라면에 함유된 나트륨 함량이 우리 국민의 짜게 먹는 식습관을 부추긴다는 의견도 있으나, 이는 앞뒤가 바뀐 말이다. 김치나 젓갈, 장류 등 짜고, 매운 음식을 선호하는 국민의 식습관에 맞추어 개발하다 보니 짜고, 매운 라면이 주류를 이루게 된 것이라는 설명이 보다 합리적이다. 제조사에서 저염(抵鹽) 라면을 개발하는 것은 쉬우나, 저염 라면이 소비자의 기호에 맞지 않아 팔리지 않게 된다면 결국 생산을 중단할 수밖에 없을 것이다. 짜고, 매운 음식을 선호하는 국민의 식습관을 라면, 더 나아가서는 인스턴트식품의 탓으로 돌리는 것은 합당치 않다.

인스턴트식품은 신선재료로 조리한 식품과 비교할 때 영양 성분이 크게 부족하다는 인식이 있다. 열량은 높지만 비타민과 무기질 등 다른 영양소의 함량이 아주 낮아 영양이 균형을 잃게 되고, 질병의 원인이 된다고 한다. 인스턴트식품의 제조과정에서 비타민이 감소된다는 것은 피할 수 없는 사실이나, 천연재료의 비타민도 생식을 하지 않는 한 조리 과정에서 비타민의 손실을 막을 수는 없다. 인스턴트식품의 무기질 함량이 낮다는 것은 대단한 오해이다. 무기질은 원소상태의 단일물질이므로 통상적인 식품가공 과정에서 없어지는 일은 거의 없다. 오히려 가공 과정에서 농축되고, 또는 일부러 첨가하여(예: 칼슘 강화 식품) 신선재료에 비하여 함량이 높은 경우가 많다 할 것이다.

인스턴트식품은 열량이 높아 비만이 되기 쉽고, 대장암 등 성인병에 걸릴 확률도 높아진다고 한다. 또는 인스턴트식품만을 편식하면 영양의 불균형을 가져온다고도 한다. 이는 인스턴트식품의 개념 정리가 잘못된 데에서 오는 오해이다. 인스턴트식품이란 하나의 식품을 가리키는 말이 아니며, 인스턴트식품의 범주에는 수백, 수천의 제품이 있을 수 있다. 그중에는 열량이 높은 것도 있고, 섬유질이 전혀 없는 것이 있을 수도 있으나, 모든 인스턴트식품이 그런 것은 아니다. 인스턴트식품이라도 여러 제품을 골고루 섭취한다면 영양의 부족이나 불균형을 일으킬 이유는 전혀 없다. 또한 인스턴트식품과 채소나 과일 등 천연식품을 함께 섭취한다면 아무런 문제가 될 것이 없다.

인스턴트식품은 사용에는 편리하나 맛이 없다는 인식이 있다. 물론 개발 초기에는 맛이 좋지 않은 것도 있었으나 현재는 가공기술의 발전으로 가정에서 만든 요리 이상으로 맛있는 것도 많다. 각 가정에 오랜 기간 전래되어 온 독특한 손맛이 사라지고, 모든 음식이 규격화되어서 식생활의 낭만이 없어졌다고 한탄하기도 한다. 하지만, 라면 마니아들이 개발해 내는 다양한 라면요리를 보면 그런 말은 못 할 것이다. 인스턴트식품에도 각자의 개성 있는 변화를 덧붙여서 독특한 분위기와 풍미를 더하는 일은 얼마든지 가능하다.

미숫가루나 건조시킨 백설기 등 인스턴트식품은 옛날부터 이용되어 왔으며, 인스턴트식품이 없는 현대인의 생활은(특히 도시에서) 상상할 수 없게 되었다. 어차피 피할 수 없는 것이라면 차라리 즐기는 것이 현명한 태도가 아닐까? 인스턴트식품이라 하여 방부제 같은 첨가물이나 섞은 맛도 없고 그저 끼니를 때우기 위한 식품이라는 그릇된 인식에서 탈피하여야 한다. 인스턴트식품은 첨단 식품공학의 산물로서 환영받았으면 받았지 결코 나쁘게 볼 대상이 아니다.

24
방사선조사식품

학교 급식에서의 집단 식중독 사고와 같은 미생물과 관련된 식품 안전 문제의 해결책으로 최근에 방사선조사식품(放射線照射食品, Irradiated Food)이 거론되고 있다. 방사선 조사는 식품의 살균을 위해 방사선 에너지를 일정 시간 동안 식품에 처리하는 것을 말한다. 소비자단체들은 안전성을 이유로 반발하고 있으며, 식품의약품안전처에서는 소비자들이 방사선조사식품에 대하여 잘 모르기 때문에 우려하는 것이라며 홍보를 강화하고 있는 상황이다.

방사선조사식품은 1905년에 처음 시도된 이후 1971년 우주비행사의 음식에 일부 적용된 것을 계기로 그 대상 식품을 확대하여 왔으며, 현재 세계 50여 개 나라에서 허용하고 있다. 우리나라의 경우도 감자, 양파, 마늘 등 20여 개 품목에 대하여 방사선 조사가 허용되어 있으며, 그 대상을 확대시키는 것이 추진되고 있다.

방사선(放射線, radiation)이란 에너지의 흐름이기 때문에 방사선이

지나가는 곳에 어떤 물체가 있으면 방사선 에너지의 일부가 그 물체에 흡수된다. 방사선의 일종인 햇빛에 피부가 노출되면 따뜻함을 느끼는 것이 바로 이 때문이다. 이 흡수된 에너지의 양을 나타내는 단위는 그레이(gray, Gy)이며, 1Gy는 1kg의 식품에 1주울(joule)의 에너지가 흡수되는 것과 같은 양의 에너지다. 종전에는 라드(rad)라는 단위를 사용하기도 하였으며, 1Gy는 100rad에 해당한다.

0.05~1kGy의 방사선을 조사함으로써 야채나 과일의 발아, 숙성 등 성장을 억제하여 보관기간을 연장할 수 있으며, 0.5~3kGy의 방사선 조사로 곡물, 콩, 과일, 건조식품, 생선, 생고기 등 저장식품에 들어 있는 유충과 알을 포함한 해충류를 죽이거나 번식을 막을 수 있다. 또한 미생물의 종류 및 오염도에 따라 1~10kGy의 방사선 조사로 미생물을 살균하는 것이 가능하다. 식품에는 방사선 중에서도 침투력이 좋고, 균일하게 조사되고, 환경에 유해한 위험도가 적은 장점이 있는 감마선이 주로 사용된다. 우리나라의 경우 감마선 중에서도 코발트60(Co-60)에서 나오는 감마선만을 사용하도록 되어 있으며, 방사선 조사는 국가에서 허가를 얻고 면허를 받은 방사선 조사 시설에서만 할 수 있다.

소비자들의 방사선조사식품에 대한 우려의 가장 큰 이유는 방사선이란 용어에서 오는 거부감이다. 자주 혼동되는 방사능 오염식품은 방사능 물질에 의해 오염된 식품으로서 방사선조사식품과는 전혀 다른 것이다. 방사능(放射能, radioactivity)이란 불안정한 원소의 핵이 스스로 붕괴되어 안정된 원자핵으로 변환하면서 내부로부터 알파(α), 베타(β), 감마(γ) 등의 방사선을 방출하는 현상을 말한다. 방사선 조사란 방사능 물질에서 나오는 에너지(방사선)를 식품에 쪼이는 것으로, 방사선은 식품을 통과해 빠져나가 버리므로 식품 속에 방사능이 잔류하는 일은 없다. 건강검진을 할 때에 X-ray 사진을 찍는다고 인체에 방사능 물질이 남지는 않는 것과 같은 이치이며, 연탄불로 밥을 지을 때 열만 전달되고 연탄이 밥에 섞이지 않는 것과 같다.

방사선조사식품에 방사능이 잔존하지 않는다는 것을 이해하더라도 소비자단체에서는 방사선의 높은 에너지에 의해 발생하는 방사성 분해산물(Radiolytic Roducts)에 대한 우려를 나타내고 있다. 소비자단체의 주장에 의하면 식품에 포함되어 있는 수분이 과산화수소 등 독성이 강한 액체로 변하고, 식품을 구성하는 세포의 DNA 차원에서 변형이 일어나며, 영양물질이 파괴되는 대신 검증되지 않은 새로운 물질이 생성되는데 이들의 독성 여부가 확인되지 않았다는 것이다.

방사선 조사에 의하여 방사선 분해산물이 생성되는 것은 사실이며, 가장 큰 영향을 주는 것은 조사되는 방사선의 양이다. 어떤 연구에 의하면 60kGy로 조사한 식품 속에 약 60종류의 방사성 분해산물이 검출되었다고 한다. 그러나 그것들은 방사선 조사 전의 식품에도 이미 미량 함유되어 있는 것이거나 다른 종류의 식품에서도 발견할 수 있는 것들이 대부분으로 전혀 생소한 새로운 것은 아니며 일반적인 가열, 건조 및 전자레인지 등의 처리에서도 생성되는 것으로 알려져 있다.

식품을 조리할 때 불을 사용하다가 전기히터를 사용하고, 현재는 그보다 더욱 편리한 전자레인지를 사용하고 있듯이 방사선 역시 더욱 발달된 에너지의 한 형태일 뿐이다. 1992년 5월 과거 40년간의 방사선조사식품에 관한 다양한 연구 보고서를 토대로 WHO(세계보건기구), FAO(국제식량농업기구), IAEA(국제원자력기구) 등의 국제기구와 IOCU(국제소비자연맹) 등은 공동으로 10kGy 이하의 방사선 조사는 건강에 해로움을 줄 수 있는 식품성분의 변화를 초래하지 않으며, 방사선조사식품에서는 어떠한 방사능도 검출되지 않을 뿐 아니라 유전독성학적으로도 전혀 문제가 없는 것으로 결론지었다. 현재 국제적 합의 규격은 10kGy 정도이나, 1990년 WHO/FAO/IAEA 공동주최 전문가회의에서는 그 100배인 1,000kGy까지 높여도 건강상 위험이 없다고 결론을 내린 바 있다.

소비자단체들의 또 다른 우려는 방사선조사식품의 처리과정에서 식품이 가진 본래의 맛을 변질시키고 영양가를 파괴하지 않을까 하는 것이다. 10kGy 이하로 조사할 경우 탄수화물, 지방, 단백질 및 무기질 등의 영양소는 변화가 없으며 비타민의 일부가 손실된다. 그러나 그 손실 정도는 끓이거나 가열하는 등의 일반적인 조리 시에 발생하는 손실이나 통조림, 훈증, 건조 등 다른 살균방법에서의 손실보다 적다. 가장 좋은 것은 살균처리가 필요 없는 안전하고 신선한 식품만을 섭취하는 것이나, 현대 사회에서 특히 도시 생활에서는 그것이 불가능하다. 비타민 손실은 방사선 조사에 문제가 있는 것이 아니라 살균처리를 하여야만 하는 현실에 원죄가 있는 것이다.

많은 양의 방사선을 육류에 조사하면 바람직하지 않은 냄새의 변화가 일어나며, 우유를 비롯한 일부 유제품은 적은 양의 방사선 조사로도 소비자가 감지할 수 있을 정도로 이상한 냄새가 나고, 방사선 조사된 감자나 전분이 함유된 수프의 점도가 저하되기도 한다. 음식을 요리할 때 지나친 열을 가하여 태우거나 하면 먹을 수 없는 것처럼 방사선도 과도하게 쪼이면 식품의 색과 맛이 변하여 먹을 수 없게 된다. 따라서 식품의 종류와 조사 목적에 따라 적정량의 방사선을 사용하게 되며, 일반적으로 현재의 식품조사에 이용되는 10kGy 이하에서는 색이나 맛 등 식품의 관능적 품질에 아무런 영향도 미치지 않는다고 한다.

심각한 식량부족 상태에서도 매년 세계 식량 생산량의 약 25%가 부패와 오염으로 수확 후 폐기되고 있다고 한다. 인간은 수렵과 채취로 살아가던 시절부터 식품의 저장법을 다양한 형태로 발전시켜 왔다. 식품의 저장은 변질 요인을 가능한 한 제거함으로써 식품의 양적 손실, 영양가 파손, 안전성과 기호성의 저하를 최소화하려는 수단이며 제품의 품질, 저장기간과 경비를 감안한 최적의 기술이 요구된다. 그래서 발전한 저장법이 수분을 말리는 건조법, 소금이나 설탕에 설이는 절임법, 연기를 쏘이는 훈연법, 밀봉 살균하는 통조림법, 온도를 떨어뜨리는 냉장냉동법, 보존료나 방부제를 사용하는 약품처리법 등이다. 방사선 조사는 현재 많이 사용되고 있는 살균법인 자외선살균과 마찬가지로 고에너지로 처리되는 최신 살균법일 뿐이다.

과거에는 우유를 생(生)으로 마셨으나, 젖소에서 발생한 결핵이 우유를 통해 그대로 사람에게 옮겨진다는 사실이 알려진 후 우유에 열을 가해 살균 처리를 하게 되었고, 이에 대한 소비자의 인식을 긍정적으로 바꾸는 데 무려 50년이라는 세월이 걸렸다고 한다. 방사선조사식품도 향후 오랜 기간 안전성에 대한 논란이 계속될 수밖에 없고 또 소비자 인식도 쉽게 바뀌지는 않을 것이다. 그렇기 때문에 정부나 업계가 더욱 방사선조사식품의 안전성에 대한 대국민 홍보를 강화할 필요가 있다.

25
식품 사건과 매스컴 보도

오늘날은 매스컴이 지배하는 사회라고 해도 과언이 아닐 정도로 매스컴이 우리 사회에 미치는 영향이 매우 크다. 신문과 방송 등의 매스컴은 없어서는 안 될 중요한 기능을 하고 있으나, 순기능과 함께 역기능도 가지고 있다. 대개의 사람들은 매스컴이 전하는 내용을 매우 민감하게 받아들이고 있으며, 매스컴이 전하는 내용은 모두 사실로 받아들이는 경향이 있다. 따라서 매스컴이 잘못된 정보를 전달하게 되면 그 피해는 엄청나게 커지게 된다. 식품과 관련될 경우 잘못된 정보는 매스컴을 수용한 사람이 잘못된 선택과 행동을 하게 되어 건강상의 문제를 일으키고 최악의 경우 목숨까지 잃게 할 수도 있다.

매스컴은 끊임없이 자극적인 소식을 전달함으로써 일반 대중의 시선을 붙잡아 두려는 속성이 있다. 시청률 또는 구독률이 바로 광고수입으로 연결되기 때문이다. 일반 대중이 식품 관련 보도에 과민반응을 보이는 과정에는 문제의 본질과 실질적 의미보다 사람들의 관심을 끌기 위한 선정적인 보도에 몰두하는 매스컴의 자세가 영향을 끼쳤을 수도 있다. 언론은 식품의 위해 문제를 제기하는 정보 제공자로부터 정보를 받아 수요자에게 전달하는 역할을 한다. 그 과정에서 얼마나 정보를 빠르게 전달할지를 놓고 서로 경쟁을 벌이게 된다. 따라서 속보성에 무게를 두고 정보 공급자의 주장을 여과 없이 보도함으로써 진실을 왜곡할 소지가 크다.

식품 문제를 대하는 매스컴의 자세는 과거에 발생하였던 식품 사건들을 돌이켜 보면 잘 알 수 있다. 대표적인 식품 사건으로는 우지사건, 통조림 포르말린 사건, 불량 만두 사건 등이 있으며, 이 외에도 1995년 10월 고름우유 사건, 1999년 11월 유전자변형 두부 사건, 2005년 고경화 의원이 밝힌 내용이 발단이 되어 중국과 무역 마찰까지 불러 일으켰던 회충알 김치 사건, 2006년 3월 KBS의 '추적60분'이란 방송이 원인이 된 과자의 식품첨가물에 의한 알레르기 사건, 2006년 6월에 발생한 노로바이러스에 의한 집단식중독 사건, 2006년 10월 MBC의 '불만제로'란 방송이 원인이 된 화학조미료 자장면 사건 등 일일이 열거하기도 힘들 정도로 많은 사건이 있었으며, 현재와 같은 풍토가 개선되지 않으면 앞으로도 계속 있을 것이다.

지금까지 발생하였던 수많은 식품 사건을 돌이켜 보면 정보의 사실 여부를 정확히 따져 원인과 결과에 대해 책임을 진 사례가 별로 없다. 이런 점은 매스컴이 진실 규명보다는 시청률 또는 구독률에만 신경 쓰는 원인을 제공하기도 한다. '아니면 말고' 식으로 선정적으로 보도하여 태풍처럼 몰아치고 지나간 후 순식간에 사람들의 뇌리에서 사라지는 풍토 속에서 애꿎은 희생양이 만들어지기도 한다. 이제까지의 식품 사건에서 희생양은 언제나 식품을 만드는 사람들이었다.

식품의 특성상 사건이 터지면 사건의 내용이 명확하게 규명되기도 전에 해당 업체는 돌이킬 수 없는 피해에 직면하게 되고, 정확한 내용을 일반인들이 인식할 때쯤엔 이미 그 업체는 치명적인 타격을 받아 도산한 경우가 허다하다. 모든 여론의 비난을 받으면서도 억울하고 답답한 심정을 토로하지도 못하고 부도덕한 인간으로 내몰려 귀중한 생명을 버리게까지 하였다. 그리고 시일이 지나 그들의 잘못이 아니었음이 밝혀져도 그들이 겪은 혹독한 시련에 대한 보상도 없이 흐지부지 잊혀졌다.

세상을 떠들썩하게 했던 대부분 식품 사건은 정보 제공자의 한탕주의와 매스컴의 선정적 보도 태도가 결합하여 발생하였다. 식품 사건의 정보 제공자들은 대부분 식품을 전공으로 한 사람들이 아니어서 식품이 갖는 특수성을 무시한 채 소영웅주의에 빠져 사회적 파장은 고려하지 않고 무책임한 발표를 일삼곤 하였다. 식품은 사람들이 가장 관심을 가지는 것이므로, 이런 발표를 접한 매스컴은 시선을 끌기 위하여 절제되지 않은 보도로 확대 재생산하여 지엽적이고 사소한 문제를 사건(事件)으로 키워 왔다. 단순한 해프닝에 불과한 내용도 특종기사로 취급하여 사회적 이슈로 만들어 왔으며, 이로 인하여 사건과 무관한 관련 식품업계 전반에까지 피해를 주곤 하였다.

여기에 오늘날에는 인터넷과 SNS의 일상화로 인하여 정보의 확산 및 여론 형성이 예전보다 더욱 빠르게 진행된다. 이런 악순환의 고리를 끊으려면 매스컴 자체의 정화 노력도 있어야 하지만 일반 소비자들도 매스컴의 감각적 자극에서 벗어나 사실의 실체를 보는 안목이 필요하다. 이를 위하여는 식품 관련 대형 뉴스를 접하였을 때 즉각적으로 반응하지 말고 1~2주쯤 사태의 진전을 지켜보는 냉정함을 보이는 것이 현명한 태도라 하겠다.

1) 우지사건

일명 '우지사건(牛脂事件)'은 1989년 11월 검찰이 삼양식품, 삼립식품공업, 오뚜기식품, 서울하인즈, 부산유지 등 5개 업체의 대표자와 실무자를 구속, 입건하면서 시작되었다. 그 뒤 약 1개월 동안 매스컴의 집중 보도로 해당 업체에 심각한 피해를 준 후 점차 사람들의 기억에서 사라져 갔으며, 사건 발생 7년 9개월 후인 1997년 8월 대법원에서 최종 무죄판결을 받았다. 그동안 지방의 중소기업인 부산유지는 회사의 문을 닫았으며, 60% 이상의 시장점유율을 가졌던 삼양식품은 라면업계 1위 자리를 농심에게 넘겨주고, 1997년의 외환위기를 맞아 결국 부도를 내고 말았다. 삼립식품공업 역시 그 여파로 부도를 내었으며, 서울하인즈의 경우 부도는 내지 않았으나 심각한 타격을 입었다. 오뚜기식품만이 비교적 타격을 덜 받고 사건을 헤쳐 나갔다.

그 당시 논쟁의 초점은 "미국에서 식용(edible)으로 분류하지 않은 우지를 우리나라에서 식용으로 사용할 수 있는가?" 하는 것과 "식품규격에 벗어난 원료를 정제하여 식품규격에 맞게 하였을 경우 원료로 사용할 수 있는가?" 하는 점이었다. 당시 수사를 맡았던 검사는 "걸레를 아무리 세탁하고 빨아도 걸레는 걸레다."라는 유명한 말을 남겼으며, 모든 매스컴은 해당 업체를 비난하는 말을 쏟아내기에 바빴다. 각 회사의 대표들이 수갑을 차고 구속되는 장면을 여과 없이 방영하기도 하였다. 냉정하게 사건의 실체에 접근하려는 시도는 전혀 보이지 않았다.

최초의 오해는 검찰이 발표한 공업용(工業用)이란 용어에서 비롯되었다. 사건 초기 검찰은 "비누나 윤활유를 만들 때 사용되는 공업용 우지를 사용하였다."라고 발표하였고, 매스컴은 아무런 검증 작업 없이 보도하였으며, 심지어는 "비누를 끓여서 라면을 튀긴다."고까지 보도하였다. 검찰의 논리는 "식용(edible)이 아니므로 비식용이고, 비식용이므로 공업용"이라는 것이었다. 이에 대하여 해당 업체 및 식품학자들은 미국에서 사용하는 'Edible Tallow(食用牛脂)'

라는 용어는 별도의 처리 없이 바로 식용으로 할 수 있는 우지를 의미하고, 그 아래 등급의 우지도 가공하면 먹을 수 있다고 주장하였으며 대법원은 업체의 주장을 수용하였다.

사실, 식품회사에서 공업용 우지를 사용하는 것이 문제가 될 이유는 없다. 식품제조업도 엄연한 공업(工業)이며, 삼립식품공업처럼 회사 이름에 공업이란 단어를 사용하는 예는 매우 많다. 식품회사에서 사용하는 식품공업용 농수축산물 원료의 대부분은 그대로는 사용할 수 없으며, 적절한 가공 및 정제과정을 거쳐야만 사용할 수 있다. 이 사건이 문제가 된 것은 공업용이란 용어를 사용하면서 사실과 다른 윤활유 등을 언급하여 마치 식용으로 하면 유해한 석유화학 제품으로 오인하게 발표했고, 매스컴에서는 이를 확인하지도 않고 확대 재생산하였기 때문이었다.

2) 통조림 포르말린 사건

1998년 7월 검찰이 통조림제품에 포르말린(formalin)을 넣은 혐의로 우리농산, 대진산업, 남일종합식품 등 3개 업체를 기소하면서 '통조림 포르말린 사건'이 시작되었다. 이 사건은 2000년 9월 대법원에서 무죄 판결이 내려졌으나, 이미 해당 3개 업체는 모두 부도가 난 후였으며, 이 사건과 직접 관련이 없는 여러 중소 통조림 업체들도 함께 부도가 났다.

이 사건보다 약 10년 전의 우지사건과 다른 점은 우지사건의 경우 해당 업체들이 대기업이었기 때문에 부도를 겪는 등 우여곡절은 있었으나 재기한데 비하여 이번 사건의 당사자들은 모두 중소기업이었기 때문에 재기하지 못하고 회사가 망했다는 것이다. 무죄 판결을 받은 후 각 언론사를 상대로 소송을 제기하였으나,《경향신문》에서 5천만 원의 손해배상을 받아낸 것이 고작이었다. 당시 피해 업체의 한 여성은 '사장님 사모님'에서 하루아침에 파출부로 전락하였고, 그 후에도 대형할인점에서 고객도우미를 하며 생활하게 되었다고 한다.

포르말린은 발암물질인 포름알데히드(formaldehyde)를 37~40% 정도가 되도록 물로 희석한 것으로 살균 및 방부제로 사용되며, 2006년 최대 히트작인 영화 '괴물'에서 미군이 한강에 대량 방출하여 괴물이 탄생하게 되었다는 바로 그 물질이다. 당시 검찰은 "술안주 등으로 애용되는 번데기, 골뱅이 등의 통조림제품에 시체의 부패 방지용으로 사용되는 포르말린을 첨가하였다"고 발표하였으며, 매스컴은 이를 그대로 보도하여 사건으로 확대하였다.

사람들이 즐겨 먹는 통조림에 인체에 치명적인 유해물질을 넣었다는 보도는 곧 엄청난 분노를 자아냈고, 관련자들에 대한 엄벌을 요구하는 여론까지 형성되었다. 애초부터 매스컴은 당사자들의 반론을 제대로 듣지 않았을 뿐만 아니라 검찰의 수사결과에 의문을 제기할 수 있는 다른 자료들이 나왔는데도 거의 대부분 이를 무시했다. 매스컴으로서는 세상의 눈과 귀를 잡아둘 좋은 소재거리가 생겼는데 이를 그냥 놓치기는 아까웠기 때문이라고 말하면 지나친 억측일까?

그러나 재판 과정에서 검찰의 수사에 문제점이 있음이 곧 드러났다. 검찰이 업자들이 일부러 첨가하였다는 포르말린의 양은 자연 상태의 식품에서도 발견될 수 있는 정도의 수준에 불과하였기 때문이다. 이 사건 역시 회사는 망했지만 책임지는 사람은 아무도 없는 채 잊혀졌으나, 매스컴의 받아쓰기 관행의 문제점을 반성하게 하는 계기가 되었다. 그 당시에도 공공기관이 발표한 내용은 무조건 공신력이 있다고 판단하였기 때문인지, 아니면 설사 오보(誤報)가 된다 하더라도 면책될 수 있다고 믿기 때문인지 매스컴이 너무 쉽게 받아쓴다는 지적이 있었으나, 그 후에도 이런 관행은 고쳐지지 않고 반복되고 있다.

3) 불량 만두 사건

일명 '쓰레기 만두 사건'은 2004년 6월 6일 경찰이 "쓰레기로 버려지는 중국산 단무지 자투리를 수거해 폐우물의 물로 탈염, 세척해 전국 25개 유명 식품회사 등에 만두 재료로 납품해온 악덕업자 6명을 입건했다."라고 발표하여 시작되었다. 경찰 브리핑에서 쓰레기 만두라는 용어가 처음 사용되었으며, 당시 매스컴은 이 용어를 문제 업체의 만두에만 한정시켜 사용하지 않고 기사 제목에서부터 쓰레기 만두라 통칭하였고, TV에서는 경찰 측이 제공한 화면을 별다른 확인 작업 없이 보도하여, 단무지가 폐기 처분되는 화면이 마치 만두소(만두의 속 재료)의 제조과정인 것처럼 잘못 인식시켰다.

매스컴은 연일 쓰레기 만두를 비난하는 기사를 내보내어 사건 1주일 만에 만두의 매출이 70% 이상 급감하였고 사건과 직접 관련이 없는 중소제조업체와 일반 만두가게가 줄줄이 문을 닫게 하였다. 심지어 비젼푸드라는 중소업체 사장은 억울함을 호소하며 한강에 투신하여 자살하기도 하였다. 당시 실시된 여론조사에서 약 75%가 "매우 불쾌하고 충격적"이라 답하였으며, 인터넷에서는 "감옥에 가두고 죽을 때까지 그 만두를 먹여라.", "먹을 것을 가지고 장난치는 사람은 사형을 시켜야 한다." 등 분노하는 글들이 올랐다. 이런 여론에 몰려 식품의약품안전청에서는 6월 10일 사건 관련 28개 업체의 명단을 공개하기도 하였다.

그러나 앞의 여론조사의 다른 항목을 보면 거센 반응과는 대조적으로 정작 불량만두 사건의 내용에 대하여 정확히 알지 못하는 사람이 많았다. 즉, "일부 식품업체가 단무지 자투리를 비위생적인 방법으로 만두소 재료에 사용했다."라고 제대로 알고 있는 사람(32.2%)보다 "일부 식품업체가 버려진 단무지 찌꺼기를 만두소 재료에 사용했다."라는 대답(64.3%)이 두 배나 되었다. 이런 결과는 사건 초기에 매스컴이 취한 선정적인 보도의 영향을 받은 것으로 추정된다. 사건이 진정 기미를 보인 후에 나타난 진실을 보면 식품에 문외한인 경찰 등의 섣부른 터트리기 식의 발표와 매스컴의 선정적인 보도가 얼마나 일반 소비자의 판단을 그르치게 할 수 있는지 단적으로 보여준다.

식품의약품안전청에서 발표하였던 28개 업체 중에서 14개 업체는 최종적으로 무혐의 판정을 받았으며, 사건의 단초를 제공한 으뜸식품을 제외한 나머지 업체도 사실상 무혐의나 다름없는 시정명령이나 행정지도조치에 그쳤다. 이 정도라면 만두소를 제조한 으뜸식품에 대하여 행정처분을 하고, 그 만두소를 사용한 제조업체에 대하여는 해당 만두를 수거하도록 지시하는 수준에서 끝났을 사소한 문제였다. 식약청의 청장도 "여론에 떠밀려 조사를 서둘러 발표한 측면이 있다"고 밝혀, 발표 과정에서 일부 업체가 억울하게 피해를 입었음을 시인했다. 불량만두 사건은 매스컴에 의해 과대 포장된 내용이 소비자의 감성을 자극하고, 인터넷의 파급 효과에 의해 강력한 힘을 발휘한 여론이 정부의 부적한 조치가 취해지도록 압박하는 부작용을 낳을 수도 있다는 것을 확인시켰다.

냉정하게 살펴보면 만두 제조업체들은 만두소 제조업체에서 제공한 제품을 원료로 사용한 죄밖에 없다. 그 만두소는 정부에서 위임받은 전문기관에서 적합 판정을 한 시험성적서가 첨부된 정상적인 상품이었으니, 만두 제조업체는 가해자가 아닌 피해자인 셈이다. 만두소를 제조한 으뜸식품 조차도 사회적 지탄을 받을 만큼 나쁜 짓을 하지는 않았다. 당초 경찰의 발표와는 달리 쓰레기를 원료로 사용하지도 않았으며, 식용으로 사용하기에는 위험한 물을 사용하지도 않았다.

문제가 된 단무지를 생산할 때 부산물로 나오는 자투리는 크기가 부적합하여 단무지로 사용되지 못할 뿐이지 식용으로 할 수 없는 쓰레기는 아니었다. 원료 세척 시에 폐우물의 물을 사용한 것 역시 수질검사를 하지 않은 물을 식품제조에 사용하였다는 점에서 식품위생법에 위배되는 것은 사실이나, 그 물에 대한 수질검사 결과는 식수 기준 46개 항목 중 탁도(濁度)만이 1.28로 기준인 1.0을 약간 넘었을 뿐 미생물, 중금속 등 나머지 45개 항목은 모두 적합 판정을 받았다. 이 정도면 등산길에 식수로 사용하는 웬만한 약수터의 물보다 수질이 우수한 편이었다.

26
광우병

　2008년 4~7월 한국은 광우병 파동으로 온 나라가 미증유의 혼란을 겪었다. 4월 29일 MBC의 'PD수첩'은 "미국산 쇠고기, 과연 광우병에서 안전한가?"란 제목의 프로그램을 방영해 국민 불안감을 최대로 고조시켰다. 이런 불안은 시위로 이어졌고, 5월 2일 서울 청계광장에서 첫 번째 대규모 촛불집회가 열린 이후 약 3개월 동안 시위가 계속되었다. "뇌 송송 구멍 탁", "나는 아직 죽기 싫어요.", "미국산 쇠고기는 미친 소" 같은 감성적인 구호만 난무하고 광우병에 대한 과학적 사실과 국제 기준에 대한 정상적 토론은 실종됐다.

　MBC의 보도 내용은 제작진의 의도적 왜곡이 포함된 것이었으며, 이 사건에 대한 대법원의 최종 판결은 "방송에서 일부 허위 보도가 인정되지만, 관련 피해자들에 대한 명예훼손까지는 아니다."라는 내용을 담고 있다. 대법원에서는 보도 내용 가운데 "주저앉은 소를 광우병에 걸린 소인 것처럼 보도한 것", "미국인 아레사 빈슨이 인간 광우병으로 사망하였을 가능성이 있다고 한 것", "한국 사람이 광우병 걸린 쇠고기를 먹으면 인간광우병에 걸릴 확률이 94%라고 한 것" 등 핵심내용이 허위라는 판단을 하였다.

당시 미국산 쇠고기는 '30개월 미만, 뼈를 제거한 고기'라는 조건으로 수입이 되기는 하였으나, 광우병 파동의 후폭풍으로 수입량은 급감하였다. 그러나 약 10년이 지난 2017년에는 수입량 1위였던 호주산을 제치고 미국산 쇠고기가 1위를 차지하였다. 요즘은 광우병 때문에 미국산 쇠고기를 먹지 못하는 사람은 거의 없다.

광우병(狂牛病)이란 명칭은 이 병에 걸린 소가 미친 듯한 행동을 보이기 때문에 붙여진 것이다. 이 병에 걸린 소는 이상한 행동을 하고, 제대로 서있지 못하며, 전신이 마비되는 등의 증상을 보이다가 100% 죽게 된다. 이 병의 공식명칭은 우해면양뇌증(牛海綿樣腦症, Bovine Spongiform Encephalopathy, BSE)이며, 죽은 소의 뇌를 현미경으로 관찰하였을 때 뇌의 조직이 마치 스폰지(Sponge, 海綿)처럼 변형되어 있었기 때문에 이런 병명이 붙게 되었다. 광우병은 2~5년의 긴 잠복기를 거치며, 4~5세의 소에서 주로 발생하는 만성신경성 질병이다. 소 외에도 여러 동물에서 이와 유사한 질병이 알려져 있으며, 양 및 산양의 스크래피(scrapie), 사슴류의 만성소모성질병(chronic wasting disease, CWD) 등이 그것이다. 이러한 질병들을 총칭하여 전염성해면양뇌증(Transmissible Spongiform Encephalopathy, TSE)이라는 명칭을 사용하기도 한다.

광우병이 알려지기 훨씬 이전인 1920년에 이미 독일의 정신과의

사인 크로이츠펠트(Hans Gerhard Creutzfeldt)와 야콥(Alphons Maria Jakob)에 의해 사람에게도 광우병과 유사한 질병인 크로이츠펠트-야콥병(Creutzfeldt-Jakob disease, CJD)이 알려져 있었다. CJD는 100만 명에 1명 정도 걸리는 희귀한 질병으로 4~20년간의 잠복기를 거쳐 발병하며, 약 4개월간 집중력 상실, 무기력감, 불안 증상, 치매 증상 등을 보이다가 사망하는 질병이다. 아직 발병 원인은 밝혀지지 않았고, 우리나라를 포함하여 전세계적으로 매년 환자가 발생하고 있다. 이 병은 연령이 높아짐에 따라 발병률이 높으며 일반적으로 55세 이상에서 발병한다.

1986년 광우병이 영국에서 처음 보고되었을 당시에는 유럽에서 발생한 신종 동물병 정도로 취급되었다. 광우병이 주목을 받게 된 것은 1995년 영국에서 이 병에 감염된 것으로 추정되는 환자가 사망하는 일이 발생하고, 1996년 영국의 보건부장관이 이 병이 인간에게 감염될 가능성이 있다고 발표하면서부터이다. 광우병의 감염에 의해 발병하는 것으로 의심되는 변형크로이츠펠트-야콥병(vCJD)은 젊은 층에도 발생한다는 점에서 CJD와 차이가 있고, 잠복기는 10년 이상이며, 발병하면 평균 14개월 정도 우울증, 근육기능 저하, 치매 등의 질병 증상을 보이다가 사망하게 된다.

광우병, 크로이츠펠트-야콥병, 스크래피 등 질병의 공통점은 뇌의 조직이 스폰지처럼 변형된다는 것이며, 여기에는 프리온(prion)이라는 단백질이 관여하는 것으로 알려져 있다. 프리온에는 정상프리온과 변형프리온의 두 종류가 있으며 질병의 원인이 되는 것은 변형프리온이다. 프리온이란 '단백질(protein)'과 바이러스의 최소단위를 의미하는 '바이리온(virion)'을 합쳐서 만든 합성단어로 '감염성이 있는 단백질'로 풀이할 수 있다. 미국 캘리포니아대학의 스탠리 프루시너(Stanley Prusiner) 교수가 처음 사용하였으며, 그는 프리온의 정체를 밝힌 공로로 1997년 노벨의학상을 수상하였다. 프리온은 인간 및 동물의 정상적인 신경세포막에 존재하는 단백질이지만 어떤 원인에 의해 비정상적인 구조로 변하면 신경세포를 파괴하게 된다.

정상프리온과 변형프리온은 아미노산의 구조는 같지만 단백질의 입체구조가 다를 뿐이며, 변형프리온과 정상프리온이 결합하면 두 개의 변형프리온이 만들어지게 된다. 결국 변형프리온이 기하급수적으로 증가하여 질병을 일으키게 되는 것이다. 생물을 무생물과 구분하는 가장 큰 특징은 아무리 작은 바이러스라 할지라도 DNA나 RNA와 같은 유전물질에 의해 자기와 닮은 개체를 복제한다는 것이다. 변형프리온은 이러한 유전물질이 없으므로 생명체로 볼 수 없는 단순한 유기물이면서도 스스로 증식을 하며, 병을 전염시킨다는 특성을 가지고 있다. 그러나 구제역이나 조류독감(AI)처럼 공기나 접촉을 통하여 급속히 전파되는 전염병이 아니므로, 감염된 소 한 마리가 발생하여도 농장 전체의 소가 감염되지는 않는다.

변형프리온에 의한 질병의 최초 기원은 아직 모르며, 소에게 이

병이 생긴 것은 사료로 먹이는 양의 육골분(肉骨粉)을 통하여 전염되었을 것으로 추정된다. 1970년대 초반부터 영국에서는 젖소의 우유 생산량을 늘리기 위해 단백질 공급원으로 양과 소의 내장과 뼈를 함께 갈아서 사료에 섞어 사용하였는데, 이때 스크래피에 걸린 양의 내장과 뼈가 혼입되어 소에게 전염된 것으로 보고 있다. 이에 따라 영국 정부는 1988년 육골분을 소의 사료로 사용하는 것을 금지하였으며, 1996년 세계보건기구(WHO)의 권고가 있은 후 지금은 대부분의 나라에서 사용을 금지하고 있다. 이러한 조치 이후 광우병 발생은 1992년에 약 186,000건으로 최고조에 달한 후 1999년에는 2,254건으로 감소하였고, 2005년의 560건, 2008년 215건, 2016년 2건 등으로 계속 감소 추세에 있다. 지금까지 발생한 광우병의 98% 이상은 영국에서 발견되었으며, 유럽 전역과 미국, 캐나다, 일본 등에서도 발생하였으나, 우리나라의 경우는 아직 발생하지 않았다.

광우병은 미생물에 의한 전염성 질병과는 달리 원인체(변형프리온)가 쉽게 분리되지 않기 때문에, 현재까지 살아있는 상태에서 진단할 수 있는 방법은 없으며, 광우병을 판별할 수 있는 신뢰할 만한 방법은 죽은 소의 뇌조직을 검사하는 것뿐이다. 변형프리온이 있는지 확인하기 위해 사용되는 일반적인 방법은 변형프리온에 감염된 것으로 의심되는 물질을 실험용 쥐에 투여하여, 쥐가 죽거나 뇌에 특이적인 변형이 나타나는가를 관찰하는 것이다. 이 방법의 단점은 최장 700일 정도 소요되는 장기실험이라는 것과 음성으로 나타났을 때는 변형프리온이 정말 없어서 그런 것인지 또는 투여한 변형프리온이 너무 적어서 그런 것인지 단정할 수가 없다는 것이다.

변형프리온은 지금까지 알려진 생명을 가진 병원체가 아니며, 따라서 세균성 질환이나 바이러스성 질환에 적용되는 치료법이나 예방법은 전혀 효과가 없다. 변형프리온은 정상프리온과 아미노산 구조가 같고 분자량도 같기 때문에 면역체계에 대한 거부반응이 없어 항체가 만들어지지 않는다. 정상프리온은 효소에 의해 분해되지만, 변형프리온은 효소에 의해서도 분해되지 않는다. 변형프리온은 열, 방사선, 화학물질 등에 강한 저항력을 갖고 있어 일반적인 조리•가공 시에 사용하는 방법으로는 파괴할 수가 없다. 심지어 병원에서 기구 등을 소독할 때 사용하는 가압소독법을 쓰거나, 360℃에서 1시간 동안 가열하여도 전염력이 현저히 감소하기는 하지만 완전히 파괴되지는 않는다. 따라서 현재로서는 vCJD를 백신 등으로 예방하거나 치료할 수 있는 방법이 전혀 없으며, 전염의 가능성이 있는 식품 등을 피하는 것이 유일한 수단이다.

사람에게 나타나는 vCJD는 광우병에 걸린 소의 변형프리온이 포함된 식품을 섭취함으로써 발병하는 것으로 알려져 있다. 변형프리온을 섭취할 경우 어떻게 소화기에서 뇌까지 도달하는지는 아직 밝혀지지 않았다. 변형프리온은 감염된 소의 뇌와 척수에서 많이 발견되어 이들 부위가 가장 위험하며, 소장이나 중추신경 계통의 부산물에서도 발견될 수 있다. 살코기나 우유를 통하여 전파된다는 직접적인 증거는 없으며, 낙농제품은 안전하다. 공기나 접촉에 의한 감염은 일어나지 않으며, 산모로부터 태아에게 전염될 가능성은 확인되지 않았다. 감염된 사람의 혈액을 수혈받아도 감염될 수 있다고 하나 정확히 밝혀지지는 않았다.

세계무역기구의 자문기관이며, 동식물 검역에 관련된 국제 기준을 정하는 국제기관인 국제수역사무국(國際獸疫事務局, Office International des Epizooties, OIE)은 2005년의 제73차 총회에서 "특정 조건하에 뼈가 제거된 30개월 미만의 소 살코기는 광우병(BSE) 발생 여부와 상관없이 무역을 자유화한다"고 결정했으며, 이것이 우리나라가 미국 쇠고기를 수입하는 기준 중 '30개월 미만의 소'라는 조항의 근거가 되고 있다.

소의 연령을 30개월 미만으로 한 것은 영국 수의연구청(VLA)의 실험 결과를 반영한 것이다. 어린 소에게 변형프리온을 인공적으로 감염시켰더니 32개월 뒤 뇌에서 변형프리온이 검출되고, 35개월 뒤에 광우병 증상이 나타났다는 것이 실험의 요지이다. 그러나 생후 30개월 미만인 소에서도 영국에서 19건, 일본에서 2건의 발생 사례가 보고되어 있기 때문에, 30개월 미만의 소라도 안전을 보장할 수 없다는 주장도 있다. 이를 근거로 일본은 미국산 쇠고기에 대하여 '20개월 미만'이라는 기준을 적용하고 있다.

vCJD는 1995년 영국에서 처음 발생했으며, 2006년 6월까지 전세계적으로 194명의 환자가 발생하여 이 중 183명이 사망하였다. 대부분이 영국에서 발병하였으며(162명), 다른 나라에서 발병한 환자도 영국에서 생활한 경험이 있는 사람이 많았다. vCJD는 뇌의 조직검사를 하여야만 정확히 판정할 수 있으며, 환자 가족이 동의하지 않으면 확인할 길이 없다. 따라서 실제 vCJD 환자는 발표된 통계보다 많을 것으로 짐작된다. vCJD는 발생 환자 수가 적어 아직 충분한 검토가 이루어지지 못하였으며, 지금까지는 광우병에 걸린 소에서 유래된 변형프리온이 포함된 식품을 섭취하면 vCJD에 걸린다는 것이 가장 유력한 학설이다.

광우병이 인간에게 전염될 수 있다는 사실을 알기 전인 1980년대 말부터 1995년까지 대부분의 영국 사람들이 광우병에 감염된 소의 고기를 먹었으나, 수천만 명에 이르는 영국인 중에서 vCJD에 걸려 사망한 사람은 200명도 채 되지 않는다. 또한 광우병 소에 대한 관리와 감시가 전세계적으로 실시된 이후 vCJD에 걸린 환자는 급격히 감소하여 요즘은 거의 발생하지 않고 있다. 아직 발병 원인조차 모르는 크로이츠펠트-야콥병(CJD)은 100만 명에 1명 정도 걸리는 희귀한 질병이며, 변형 크로이츠펠트-야콥병(vCJD)의 발생비율은 이보다도 매우 낮다. vCJD의 위험성은 일부 단체 및 매스컴에 의해 실제보다 부풀려진 면이 있으며, 광우병 파동은 매스컴이 의도적으로 왜곡할 때 사회 전반에 얼마나 큰 해악(害惡)을 미칠 수 있는지 잘 보여준 사례라 하겠다.

27
조류인플루엔자

우리나라의 경우 2003년 이후 거의 매년 조류인플루엔자(Avian Influenza, AI)가 발생하고 있다. AI를 전에는 조류독감(鳥類毒感)이라고 하였으나 국내의 닭, 오리 관련 업계에서 조류독감이란 용어 대신에 조류인플루엔자라는 용어를 사용해 달라고 요구하여 현재는 거의 조류인플루엔자 또는 AI란 용어를 사용하고 있다. 업계에서 조류독감이란 용어의 사용에 반대했던 것은 독감이란 표현이 사람들에게 걸리는 독감을 연상시키고 불안감을 키워 닭과 오리고기의 소비를 기피하게 만들기 때문이었다. 인플루엔자(influenza)란 바이러스에 의해 일어나는 호흡기 감염성 전염병을 의미하며, AI는 조류에서 발생하는 인플루엔자를 말한다.

AI는 1900년대 초에 이탈리아에서 처음 보고되었으며, 1930년대 이후 발생이 없다가 1983년 유럽에서 재발생한 후 현재까지 매년 전세계적으로 발생되고 있다. 주로 닭, 칠면조 등 가금류(家禽類)에 발생하여 많은 피해를 입히며, 고(高)병원성, 약(弱)병원성, 비(非)병원성 등 3종류로 구분한다. 또는 비병원성을 제외하고 고병원성과 저(低)병원성의 2종류로 구분하기도 한다. 이 중 고병원성 AI는 폐사율이 100%에 이르고 전염성이 높기 때문에 국제수역사무국(OIE)에서 A급으로 분류하고 있으며, 우리나라에서도 제1종 가축전염병으로 분류하고 있다.

AI는 바이러스에 감염된 조류의 콧물, 호흡기 분비물, 배설물 등에 접촉한 조류들이 다시 감염되는 형태로 전파된다. 특히 바이러스에 오염된 배설물에서 입을 통하여 감염되는 경우가 많다. AI 바이러스는 가금류의 분변 속에서 35일 이상 생존이 가능하며, 오염된 분변 1g이면 약 100만 마리의 닭을 감염시킬 수도 있다. 가금류 사육 농장 내 또는 농장 간에는 주로 오염된 먼지, 물, 알의 겉에 묻은 분변, 사람의 의복이나 신발, 차량 등에 의해 전파되며, 공기를 통하여 다른 지역으로 전파되지는 않는다. 철새들도 AI 전파에 중요한 역할을 하는데, 철새들은 AI 바이러스에 감염되어도 증상이 약하거나 없지만 닭이나 오리 같은 가금류는 저항력이 상대적으로 낮아 고병원성을 보인다.

바이러스(virus)는 독자적으로는 살아갈 수 없으나, 다른 생물의 세포 속에서는 증식할 수 있는 생물과 무생물의 경계선에 있는 물질이다. 바이러스는 증식과 종족 유지를 위하여 자신의 유전정보를 간직한 핵산(DNA 또는 RNA)과 소수의 단백질만을 가지고 있으며,

그 밖의 모든 것은 자신이 기생하고 있는 살아있는 세포에 의존한다. 이처럼 바이러스가 증식하는 터전이 되는 살아있는 세포를 숙주세포(宿主細胞)라고 한다. 바이러스는 숙주세포를 먹이로 증식하게 되므로, 바이러스가 증식하게 되면 숙주세포는 파괴되고 만다. 결국 숙주세포의 몸통이 되는 사람이나 조류 등 생물에 이상 증세를 나타내게 되며, 이러한 이상 증세가 바로 바이러스성 인플루엔자인 것이다.

바이러스는 그 종류가 수없이 많으며, 번식률이 높고, 돌연변이가 자주 발생하기 때문에 진화의 속도가 상상을 초월한다. 어떤 바이러스는 인류가 1만 년 동안 진화해 온 것을 하루만에 이룰 수도 있다고 한다. 바이러스의 이런 특징 때문에 인류가 아무리 항바이러스성 약품을 개발하여도 바이러스성 질환을 뿌리 뽑지 못하고 있으며, 앞으로도 정복하기 어려울 것으로 보고 있다. 다행히 인체도 이와 같은 바이러스의 침입에 대항하기 위하여 면역체계를 강화하는 쪽으로 진화하여 왔으며, 그 결과 몇몇 특별한 바이러스 외에는 인체에 영향을 주지 못한다. 그러나 인체의 면역체계로 방어할 수 없는 신종 바이러스가 나타난다면 언제든지 새로운 질병이 발생할 수 있다.

생물의 세포는 자기방어를 위하여 필요한 물질만 드나들 수 있도록 세포벽에서 선택적 투과가 이루어진다. 이 선택적 투과 기능을 담당하고 있는 것을 수용체(受容體, accepter)라고 하며, 흔히 자물쇠로 비유한다. 바이러스는 숙주세포의 수용체를 열 수 있는 열쇠가 있어야만 세포 안으로 침입할 수 있다. 바이러스의 입장에서 보면, 자신의 숙주세포에 다른 바이러스가 들어오면 자신의 생존에도 나쁜 영향을 주기 때문에, 일반적으로 '한 종류의 세포에는 한 종류의 바이러스'라는 원칙이 적용되고 있다. 다시 말하면, 한 종류의 바이러스가 가지고 있는 열쇠로는 한 종류의 자물쇠(수용체)밖에 열수 없으며, 이것이 AI가 인체에 감염되기 어려운 이유이다.

인플루엔자 바이러스는 A, B, C형으로 구분하며, 이 중 A형은 모든 동물이 숙주(host)가 될 수 있으나, B형과 C형은 사람만이 유일한 숙주이다. C형은 변이도 잘 일어나지 않고 사람에게 이미 면역체계가 갖추어져 있어 감염되어도 발병되는 일이 거의 없다. A형과 B형이 인체에 전염병을 일으킬 우려가 있고, 특히 A형이 변이도 심하고 주기적으로 대유행을 일으켜 위험하다고 알려져 있다. A형 바이러스의 표면에는 H혈청형과 N혈청형이라는 두 가지 단백질이 있으며, H는 16종이 있고 N에는 9종이 있으므로, 이론상으로는 두 가지 단백질의 조합(16x9)에 따라 144종류의 A형 바이러스가 존재할 수 있다. 그러나 같은 형의 바이러스 중에서도 단백질의 일부분만이 차이가 나는 변종이 존재하므로, 실제로는 무수히 많은 A형 바이러스가 존재할 수 있다.

일반적으로 바이러스는 종류에 따라 기생하는 숙주가 다른데, 사람에게는 H1, H2, H3, N1, N2 등이 감염을 일으키고, 조류에게는 H5, H7, H9 등이 관련이 있으며, 생물의 종(種) 간에는 벽이 있기 때문에 기본적으로 AI 바이러스는 사람에게 감염되기 어렵다. AI 바이러스 중 지금까지 알려진 사람에게 감염되는 타입은 H5N1, H7N7, H9N2 등이 있다. 이 중 1997년 홍콩에서 처음 발견하였으며, 2003년 겨울부터 아시아 지역에서 유행하고 있는 AI 바이러스는 H5N1 타입이다. 2003년 네덜란드에서 수의사 1명이 AI에 감염되어 숨졌는데 H7N7 바이러스가 원인이었다. 1999년 홍콩에서 발생한 감염자에게서는 H9N2 바이러스가 검출되었다.

그동안 AI는 조류 사이에만 전염된다고 생각하여 왔으나, 1997년 홍콩에서 18명이 AI에 감염되고 그중 6명이 사망하는 사건이 발생하여 세계적인 주목을 끌게 되었다. 그 후 매년 AI 감염에 의한 사망자가 발생하고 있으며, 2006년 11월까지 세계적으로 10개국에서 258명이 감염되어 그중 153명이 사망하였다. 지금까지 AI에 감염된 사람들은 모두 양계업자나 도살장 종사자 등과 같이 가금류와 밀접한 접촉을 하여 AI 바이러스에 지속적으로 노출된 사람들이었고, 가금류를 먹어서 감염된 사례는 없으며, 사람에서 사람에게 전염된 경우도 없다. 사망자는 베트남이 93명으로 가장 많았고 인도네시아, 태국, 중국 등이 그 뒤를 따랐다. 세계보건기구는 이들 지역이 전통적으로 가금류와 같은 생활공간을 사용하는 사람들이 많아 피해가 큰 것으로 보았다. 우리나라의 경우는 아직 AI 감염에 의한 사망자는 발생하지 않았다.

현재로서는 가금류와 밀접한 접촉을 하는 사람에게만 AI 감염이 발생하였으나, 돌연변이를 잘 일으키는 바이러스의 특징 때문에 사람에서 사람으로 전염되는 변종 AI 바이러스의 출현을 우려하는 목소리도 있다. 사람에서 사람으로 전염되는 변종 AI 바이러스가 출현하기 위하여는 사람의 몸속에 들어와 돌연변이를 일으켜야 하는데 그 확률은 그리 높지 않다. AI는 원래 조류에게만 감염되는 것으로, 사람에게 감염되는 것 자체가 매우 이례적인 일이며, 감염이 되더라도 인체의 면역기능 때문에 모두 발병하는 것은 아니다. 지금까지 가금류와 밀접한 접촉을 하는 사람에게만 발병된 사례들을 보아도 소량의 AI 바이러스 감염으로는 발병하지 않는 것으로 보인다. 실제로 2003년 우리나라에서도 4명이 H5N1 바이러스에 감염되었으나 아무도 발병하지는 않았다. 고병원성(高病原性) AI란 조류에게 치명적이지 사람에게도 고병원성인 것은 아니다.

사람이 AI에 감염되면 약 1주일의 잠복기를 거쳐 일반적인 감기나 독감에 걸렸을 때와 비슷하게 기침이 나고, 38℃ 이상의 열이 나며, 목이 아프거나 호흡이 곤란한 증상 등을 보이게 된다. 그러나 AI는 접촉에 의해 전염되는 질병이므로 증상이 나타나기 전 7일 이내에 닭이나 오리와 같은 가금류와 접촉하지 않았다면 AI를 의심하기 보다는 감기나 독감일 가능성이 높다. AI 감염을 예방하기 위하여는 가금류와의 접촉을 피하고, 손을 자주 씻어야 한다. AI 바이러스는 75℃ 이상에서 5분 이상 가열하면 죽기 때문에 닭이나 오리 등을 충분히 익혀서 먹는다면 AI 바이러스에 감염될 우려는 없다. AI는 보통 조류의 배설물을 통해 인체에 감염되는데, 배설물과 접촉할 기회가 적은 일반인은 감염 확률이 더욱 낮다. 따라서 인체 감염에 대한 막연한 불안감을 가질 필요는 없다.

28
멜라민

멜라민(melamine)은 접착제, 화학비료, 기계부품, 건축재료 등의 원료로 사용되어 우리 주변에서 흔하게 발견할 수 있는 유기화합물이다. 특히 멜라민을 원료로 한 멜라민수지는 내열성과 방수성이 좋고, 가볍고 단단하며, 다양한 색깔을 표현할 수 있어서 식기, 어린이용 식판, 가정용 젓가락, 국자 등 주방용품에 널리 사용된다. 사기그릇과 비슷하게 생겼으면서도 잘 깨지지 않고 가벼운 용기가 바로 멜라민수지로 만든 것이다.

공업용 소재로만 인식되던 멜라민이 건강과 관련하여 관심을 끌게 된 것은 2004년과 2007년에 중국에서 만든 애완동물용 사료가 미국, 캐나다 등에 수출되어 이를 먹인 애완동물들이 집단 폐사하는 사건이 발생한 것이 계기가 되었다. 당시 그 원인을 추적하는 과정에서 멜라민이 함유된 중국산 밀단백이 지목되었으며, 탈이 난 개와 고양이를 대상으로 연구한 결과 대부분 신장에 이상이 있는 것으로 밝혀졌다. 그 후 다양한 동물을 대상으로 한 실험이 본격화하였으며, 대부분의 실험에서 방광 및 신장에 영향을 끼치는 것으로 나타났다.

당시까지 동물에 대한 실험 결과는 많으나 아직 사람에 대해서는 연구가 부족한 형편이었으며, 멜라민 섭취에 의해 요로결석이나 급성신부전과 같은 신장계통 질환이 발생할 수 있다는 것이 밝혀진 정도이다. 멜라민은 발암물질로 분류되지는 않았으며, 멜라민 자체의 급성독성은 낮은 편이어서 안전하지만, 장기간 섭취 시에는 신장 중의 멜라민 농도가 높아져서 결석을 만들고 이것이 소변의 통로인 작은 관들을 막아 신장질환을 유발시키는 것이다. 멜라민의 반수치사량(LD_{50})은 3,200mg/kg 이상으로 알려져 있으며, 이는 식염의 LD_{50} 값인 3,750mg/kg과 비슷한 수준으로 독성물질이 아니다.

2008년 9월에 발생한 중국산 분유에 포함된 멜라민을 먹고 중국의 많은 유아가 사망한 사건은 전세계에 충격을 주었으며, 우리나라에서도 식품에서의 멜라민 기준치가 제정되는 계기가 되었다. 그 기준은 영유아를 대상으로 한 식품에서는 불검출이고, 그 외의 일반식품에서는 2.5mg/kg 이하이다. 미국, 유럽연합 등 대부분 국가에서는 일반 유제품은 2.5mg/kg 이하, 영유아용 제품은 1mg/kg 이하를 멜라민 한계치로 규정하고 있다. 멜라민은 섭취 후 24시간 이내에 신장을 통하여 소변으로 배출되므로 장기간에 걸쳐 많은 양을 섭취하지 않으면 문제가 되지 않는다.

멜라민은 신장질환의 위험이 있기 때문에 중국을 포함하여 모든 나라에서 식품에 첨가하는 것을 금지하고 있는 물질이며, 중국의 일부 업체에서 이를 사용한 것은 명백한 불법이며 범죄행위이다. 중국에서는 우유의 양을 증가시키기 위하여 물을 섞는 비양심적인 사람들이 많이 있으며, 이를 규제하기 위하여 중국 정부는 우유에 포함된 단백질 함량을 품질관리 항목으로 정하여 관리하고 있다. 단백질 함량은 단백질의 주성분인 질소(N)의 함량을 측정하여 환산하게 된다. 멜라민의 화학식은 'C₃H₆N₆'로서 질소(N) 함량이 풍부한 흰색의 결정체이며, 우유에 멜라민을 첨가하면 질소 함량이 증가하여 높은 등급을 받거나, 물을 탄 우유도 정상으로 판정받을 수 있게 된다.

멜라민을 첨가한 우유를 건조하여 분유로 만들면 농축되어 멜라민의 함량이 매우 높아지게 되며, 일부 제품의 경우는 물에 녹기 어려운 멜라민을 우유에 넣는 대신 분유 제품에 직접 첨가하기도 하였다. 그 때문에 멜라민이 포함된 분유를 원료로 사용한 과자, 사탕, 초콜릿, 요구르트, 커피크림 등의 식품에서도 멜라민이 검출된 것이다. 이에 따라 우리나라 식품의약품안전청에서도 중국산 분유를 원료로 사용한 가공식품에 대하여 검사를 하였고, 1차로 해태제과식품의 '미사랑카스타드' 외 1개 제품에서 멜라민이 검출되었다는 발표를 하였다. 식약청의 발표에 의하면 미사랑카스타드에서 검출된 멜라민의 양은 137ppm이었다고 한다.

이 발표를 접한 초기의 거의 모든 매스컴은 미국 식품의약청

(FDA)에서 정한 멜라민 최대 1일 섭취허용량(ADI)이 630μg/kg/day 임을 근거로 "미사랑카스타드 1팩(66g)만 먹어도 멜라민 9mg을 섭취하게 되어, 몸무게 10kg인 어린이의 허용량 6.3mg을 훨씬 초과한다." 라는 취지의 보도를 하였다. 보도의 내용이 모두 유사한 것으로 보아 누군가가 최초로 작성한 기사 내용을 확인 없이 인용한 것으로 짐작된다. 그러나 이런 기사는 조금만 사려 깊게 살펴보면 허구이며, 과장이란 것이 바로 드러난다.

ADI란 평생 매일 섭취해도 위해를 일으키지 않는 양을 말하며, 하루 또는 일시적으로 과잉 섭취하였다고 문제가 되는 것은 아니다. 그런데 미사랑카스타드란 제품을 매일 평생 먹는 사람은 아마 없을 것이다. 일시적 과잉 섭취 시에 문제가 되는 것은 급성독성의 경우이며, 멜라민은 급성독성이 없는 것으로 알려져 있다. 또한 기사의 예처럼 체중 10kg이라면 생후 12개월 정도 되는 유아이며, 유아가 개당 5.5g인 이 제품을 매일 12개(1팩)씩이나 먹는다는 가정도 지나친 것이다. 그리고 체중이 불어남과 동시에 허용량은 계속 증가하게 되며, 보통 3세 정도만 되어도 체중은 대략 14.5kg 정도가 되어 허용량은 9mg 이상이 되고, 1팩 섭취 시의 9mg은 더 이상 위해가 못 된다.

섭취된 멜라민은 24시간 내에 신장을 통하여 소변으로 배출되므로 장기간에 걸쳐 많은 양을 섭취하지 않으면 문제가 되지 않는다. 분유를 원료로 사용한 가공식품에 일부 포함된 정도의 양으로는 해가 되지 않으므로 지나친 걱정을 할 이유는 없다. 중국에서 많은 유아가 신장질환에 걸리고 그중 일부가 사망한 것은 체중이 가벼워 ADI 수치가 낮고 면역성도 떨어지는 유아가 멜라민 함량이 높은 분유를 매일 먹었기 때문이다. 사망 사고를 일으킨 산루(三鹿)사의 분유에서는 무려 2,650ppm의 멜라민이 검출되었다고 한다.

멜라민이 문제로 되자 멜라민수지로 만든 식기류의 안전에 대한 우려가 있었으나, 식품의약품안전청에서는 안전하다는 입장을 발표하였다. 그 이유로 멜라민수지는 340℃ 이상 되어야 녹는데 그렇게 뜨거운 온도에서 그릇에 담아먹는 음식이 없다는 점을 들었다. 일부 용출되는 멜라민 성분이 있다고 하여도 그 양이 위해를 가할 정도로 많은 양이 아니라면 문제 삼을 것이 못 된다. 현행 규격에 멜라민수지 용기는 멜라민 성분 용출이 30ppm 이하로 규정되어 있으며, 전자레인지에 7분 조리 시에도 용출된 멜라민 양은 기준치 이하였다고 밝혔다.

이 사건은 식품을 취급하는 사람이 양심을 속이고 기준을 위반하였을 경우 얼마나 큰 해악을 끼칠 수 있는지를 잘 보여준 사례이다. 식품을 제조하는 사람이 기준을 지켜야 하는 것은 당연한 일이지만 어느 사회에나 일부의 부도덕한 사람은 존재하는 것이고, 그 때문에 정부 기관의 감시가 필요한 것이다. 그러나 정부의 감시에는 인력과 재정의 한계가 있으며, 여기에 일반 소비자의 관심과 감시가 요구되는 것이고, 소비자단체의 역할이 있는 것이다. 중국에는 소비자단체를 비롯한 비정부기구(NGO)가 존재하지 않아 사회적 감시가 이루어지지 않는 점이 식품 사고가 빈발하는 원인의 하나라고 할 수 있다. 다만, 소비자단체의 활동에는 감정과 편견을 배제하고 객관적인 과학적 사실에 의해 접근하는 자세가 전제되어야 한다.

소비자들 역시 막연한 불안감에 근거하여 과민하게 반응하거나 감정적으로 대하는 것은 바람직하지 않다. 현대를 사는 우리에게 엄격한 의미로 완전히 무해한 식품은 존재하지 않는다. 분석기술의 발달로 인하여 어떤 식품에나 미량의 유해물질이 포함되어 있다는 것이 밝혀지고 있다. 다만 그 양이 인체에 해를 미칠 정도인가 아닌가가 문제일 뿐이다. 매스컴에 어떤 식품에서 유해물질이 발견되었다는 사실이 보도되어도 그 자체로 무슨 큰일이 벌어지는 것은 아니므로 차분하게 그 내용을 살펴보는 이성이 필요하다. 대부분의 경우 이성적으로 판단하면 아무런 문제도 아닌 것을 감성적으로 반응하기 때문에 사건으로 확대되곤 한다. 이번 사건은 특히 유아에게 문제가 되므로 젊은 엄마들의 우려가 컸으나 그럴수록 냉정한 판단이 요구된다고 하겠다.

29
HACCP

오늘날 우리 사회에서 식품에 대하여 요구하는 것 중에서 가장 큰 관심사는 안전과 위생에 대한 것이다. 그러나 현실은 이에 따르지 못하여 식품 관련 사건이 자주 매스컴에 보도되곤 하여 소비자들을 불안하게 하는 일이 많았다. 이런 사건들이 터질 때마다 식품당국에서 재발 방지 대책으로 거론하는 것이 HACCP이다.

HACCP는 'Hazard Analysis and Critical Control Point'의 약자로서 '해썹'이라고 읽는다. 식품위생법에서는 '식품안전관리인증기준'으로 부르며, "식품의 원료 관리, 제조, 가공, 조리, 소분, 유통의 모든 과정에서 위해한 물질이 식품에 섞이거나 식품이 오염되는 것을 방지하기 위하여 각 과정의 위해요소를 확인·평가하여 중점적으로 관리하는 기준을 말한다"라고 정의하고 있다. 쉽게 풀이하면 식품을 제조할 때 인체에 나쁜 영향을 줄 수도 있는 원료, 작업공정, 작업환경, 유통조건 등을 찾아서 중점적으로 확인하고 바람직한 상태를 유지하는 것이라고 할 수 있다.

HACCP은 1960년대 초 미항공우주국(NASA)에서 100% 안전한 우주식량을 제조하기 위한 연구를 시작하면서 도입된 개념이다. 그후 1989년에 미국식품미생물기준자문위원회(NACMCF)에서 HACCP의 핵심이라 할 수 있는 7가지 원칙을 제시하였고, 1993년에는 FAO와 WHO가 공동으로 HACCP 적용을 위한 가이드라인을 제시하였다. 우리나라에서는 1995년 12월 식품위생법에 'HACCP 규정'을 신설함으로써 본격적으로 시행되었다. 1997년에는 축산물가공처리법이 개정되어 도축장 및 축산물가공장에 대해서도 HACCP이 적용되었고, 2015년 12월에 식품과 축산물로 이원화되어 있던 HACCP이 통합되었다.

HACCP은 모든 식품에 대하여 적용되는 것은 아니며, 의무적으로 인증을 받아야 하는 식품은 별도로 규정되어 있다. 의무적용 품목 이외의 식품도 업체가 자율적으로 인증받을 수 있으며, 이는 임의적용 품목으로 구분된다. HACCP 인증을 받은 제품은 HACCP 마크를 붙일 수 있으며, 이는 안전하게 위생관리를 하고 있다는 것을 정부가 보장한다는 의미이므로 소비자는 안심하고 구입할 수 있고, 결과적으로 매출 증대에 도움이 되기 때문에 HACCP을 도입하는 업체는 점차 증가하는 추세이다. 일반 소비자뿐만 아니라 단체 급식을 하는 곳이나 이들을 원료로 사용하는 식품공장 역시 HACCP 인증을 받은 제품을 선호하고 있다.

HACCP 이전에도 안전한 제품을 소비자에게 제공하고자 하는 노력을 하지 않은 것은 아니다. 18세기 중반부터 시작된 산업혁명의 결과 생산이 대량화되자 모든 생산품을 검사하는 것은 불가능해졌으며, 이에 따라 등장한 것이 품질관리(Quality Control, QC)라는 개념이다. 초기의 품질관리는 무작위적으로 샘플을 취하여 분석하였으나, 차츰 통계적 기법을 활용하게 되었으며, 품질관리를 담당하는 담당자나 부서뿐만 아니라 전사적으로 품질을 관리한다는 TQC(total quality control)로까지 발전하였다.

TQC에 기반을 둔 일본 기업들의 세계 진출이 활발해지자 1980년대 미국 기업들은 '6시그마 운동'으로 반격에 나섰다. TQC가 QC 서클 등의 분임조 활동을 바탕으로 한 '아래서부터 위로(bottom-up)' 방식인데 비해 6시그마 운동은 '위에서부터 아래로(top-down)' 방식을 취한다. 즉, 최고 경영자가 뚜렷한 목표를 향해 강력한 추진력을 동원할 때 전사적인 효과를 낼 수 있다는 의미이다. 시그마(σ)는 표준편차(標準偏差, standard deviation)라고 불리는 통계학 용어이며, 6시그마 수준의 불량률이라면 1백만 개 중에서 3~4개의 불량품이 나오는 정도(합격률 99.99966%)를 말한다. 이 정도면 거의 완벽에 가까운 수준이라고 보고 모든 품질, 경영활동의 목표로 제안된 것이다.

TQC나 6시그마 운동이 기존의 QC에 비하여 발전된 시스템이기는 하나 주로 일반적인 공산품에 적용되기 쉬운 방식이다. 식품에서는 일반 공산품과는 달리 위생과 안전이라는 면이 가장 중요한 품질 변수이며, 이를 반영한 것이 바로 HACCP이다. 기존의 품질관리가 사후에 확인하는 검사 위주인데 비하여 HACCP은 미리 위해(危害, Hazard)를 방지하는 예방에 중점을 둔 제도이며, 기존의 품질관리가 제한된 샘플만 평가하는 데 비하여 HACCP에서는 중요한 관리대상(Critical Control Point, CCP)에 대하여는 모든 샘플을 검사하는 것이 원칙이다.

HACCP에서는 CCP에 대하여는 6시그마 수준의 부적합도 용인되지 않으며, 완벽하게 무결점이어야 한다. HACCP이 일반 품질관리에 비하여 엄격한 기준을 적용하고 있다고 하여, QC의 중요성이 없어지는 것은 아니다. HACCP은 안전과 위생에 관한 것에만 중점이 맞추어져 있으며, 맛이나 영양 등과 같은 식품 본연의 품질까지 보증하는 것은 아니기 때문에 설계된 품질과 다른 제품이 생산되어 정상보다 시거나 짠 제품이 있어도 HACCP 시스템에서는 이를 걸러내지 못한다. HAACP과 QC는 서로 대립되는 개념이 아니라 보완적인 관계에 있는 것이다. HACCP을 알기 위하여는 HACCP의 7원칙이라 불리는 핵심 내용을 이해하는 것이 필요하다.

① 제1원칙(위해분석): 식품을 제조할 때 위해가 될 만한 원재료, 제조공정, 유통조건 등을 찾아내는 것

② 제2원칙(중요관리점 결정): 확인된 위해 중에서 중점적으로 관리하여야 할 항목

(CCP)을 결정하는 것

③ **제3원칙(한계기준 설정)**: 중요관리점에서 관리하여야 할 기준을 정하는 것

④ **제4원칙(감시방법 확립)**: 중요관리점의 한계기준을 감시하는 방법을 정하는 것

⑤ **제5원칙(개선조치방법 확립)**: 감시 결과 한계기준을 벗어났을 경우의 조치방법을 정하는 것

⑥ **제6원칙(검증절차 확립)**: HACCP 시스템이 이상 없이 실행되고 있는가를 확인하는 방법을 정하는 것

⑦ **제7원칙(기록유지 및 문서화)**: 감시 내용, 개선조치 내용 등을 일정한 양식에 기록하고 보관하는 것

HACCP의 7원칙 중에서도 가장 기본이 되고 중요한 것은 제1원칙과 제2원칙이다. 이는 식품의 원재료에서 시작하여 소비자가 사용할 때까지의 모든 과정에 대하여 위해가 될 만한 요소를 찾아내고, 그중에서 가장 심각하고 관리하여야만 할 항목을 분석해내는 작업이다. 식품에서의 위해는 크게 생물학적 요인(식중독균, 병원성균 등 미생물), 화학적 요인(농약, 중금속, 독버섯의 독 등), 물리적 요인(쇳조각, 머리카락, 플라스틱, 비닐 등)으로 구분되며, 중요관리점을 결정할 때에는 발생 빈도와 함께 소비자에게 미치는 심각성이 고려되는데, 그중에서도 특히 미생물 문제가 중심이 된다.

화학적 요인은 발생 빈도가 낮으며, 물리적 요인은 심각성이 미생물적 요인에 비해 상대적으로 떨어진다. 이물질은 식품 클레임의

50% 이상을 차지하지만, 눈으로 확인이 가능하기 때문에 실질적인 위험은 적고 대부분 해당 제품 한 개에 국한되어 피해의 범위도 크지 않다. 이에 비하여 미생물은 눈에 보이지도 않으며, 살아있는 생명체이기 때문에 한 번 오염되면 점차 확산되고, 문제가 발생하면 여러 사람이 동시에 피해를 입는다는 점에서 심각성이 크다.

HACCP은 주로 미생물 오염이나 증식을 방지하기 위한 것이기 때문에 현장의 설비나 종업원의 개인위생 등도 중요한 전제조건이 된다. 이를 HACCP의 선행요건(先行要件)이라 하며, 우수제조기준(Good Manufacturing Practice, GMP)과 표준위생관리기준(Sanitation Standard Operation Procedure, SSOP)으로 구분된다. GMP는 위생적인 식품생산을 위한 시설 및 설비의 기준으로 건물의 위치, 시설·설비의 구조, 재질 요건 등에 관한 기준이고, SSOP는 영업장 관리, 종업원 관리, 용수 관리, 보관 및 운송 관리, 검사 관리, 회수 관리 등의 운영절차를 의미한다.

일반식품을 제조할 때에는 식품위생법에서 정하는 최소한의 설비 기준만 지켜도 되지만, HACCP 제품을 생산하기 위해서는 미생물적으로 위생적인 시설·설비 기준을 갖춰야 하기 때문에 대개 기존의 시설·설비를 그대로 이용할 수는 없고 보완공사를 필요로 하게 된다. 이로 인해 "HACCP 적용은 비용이 많이 든다."라는 인식을 심어주게 되었으며, HACCP을 단순히 좋은 시설·설비를 갖추기만 하면 되는 것으로 오해하기도 한다. 그러나 HACCP은 단순히 위생적인 시설·설비를 갖추는 것이 아니며, 그보다는 HACCP의 7원칙에 나와 있는 방법대로 감시(Monitoring)하고, 관리하는 시스템적 운영이 핵심이다.

HACCP 시스템이 도입되더라도 100% 완벽한 제품은 생산할 수 없으며, HACCP 인증을 받은 제품에서도 경미한 결점은 발견될 수 있다. HACCP은 중요하다고 판단된 2~3개의 CCP에 대해서만 중점적으로 관리하고, 상대적으로 위해가 덜 심각하다고 판단되는 사항에 대하여는 일반적 수준의 관리만 하기 때문이다. 그러나 현재까지 세계적으로 식품의 안전 확보를 위한 최선의 방법은 HACCP이며, 보다 나은 방법이 나오기 전까지는 HACCP에 의존할 수밖에 없다.

30
식중독균

 식중독(食中毒)은 단일 질병의 이름이 아니며 음식물을 먹은 후
단시간 내에 발생하는 복통, 구토, 설사 등을 주요 증상으로 하는
질병을 묶어서 식중독이라 한다. 음식물에 의한 것이라도 감염병균
에 의한 질병, 돌이나 쇠 조각 등 식품에 포함된 이물질에 의한 물
리적 자극 등으로 유발되는 질병은 식중독으로 분류하지 않는다.
식중독의 원인은 크게 식중독균에 의한 것, 자연식품에 포함된 독
성에 의한 것, 식품에 첨가되거나 혼입된 화학물질에 의한 것 등 세
가지로 구분된다.

 자연독(自然毒)이란 동식물에 자연적으로 생성되거나 축적된 유독
성분을 말한다. 식중독의 발생 원인은 독버섯에 의한 중독과 같이
유독한 식품을 식용 가능한 것으로 오인하여 섭취하는 경우, 복어
에 의한 중독과 같이 특정 부위에 존재하는 독성분을 제거하지 않
고 섭취하는 경우, 마비성 조개 중독과 같이 독성분이 축적되어 유
독화한 것을 섭취하는 경우 등 세 가지가 있다. 대표적인 자연독으

로는 독버섯의 무스카린(muscarine), 아마니타톡신(amanitatoxin) 등, 감자의 솔라닌(solanine), 청매실의 아미그달린(amygdalin), 곰팡이가 생성하는 아플라톡신(aflatoxin), 오크라톡신(ochratoxin) 등, 조개의 삭시톡신(saxitoxin), 복어의 테트로도톡신(tetrodotoxin) 등이 있다.

화학물질에 의한 식중독은 중금속, 잔류농약, 식품첨가물 등에 의해 발생한다. 비소, 납, 카드뮴 등의 중금속은 유해한 화학물질의 오용이나 제조가공시설의 결함에 따라 혼입된다. 살충제, 제초제 등 농약을 과다하거나 부적절하게 사용하고, 가공·조리할 때 충분히 제거하지 못할 경우 농약이 식품에 남아있게 된다. 불량하거나 사용기준을 무시한 식품첨가물에서 식중독을 일으킬 수 있는 정도의 유해 화학물질이 식품에 포함되게 된다.

발생된 식중독의 80~90%는 세균에 의한 것이고, 일반 소비자나 집단급식소 등에서 취할 수 있는 실질적인 대책은 세균에 대한 것이 대부분이므로 식중독 예방은 주로 세균에 초점이 맞추어져 있다. 세균에 오염된 식품에 의한 질병에는 식중독균에 의한 것과 감염병균에 의한 것이 있다. 이질, 장티푸스, 콜레라와 같은 감염병균은 적은 세균으로도 감염되고, 독성이 강하여 치사율이 높으며, 감염자가 타인에게 전염시킬 수 있는 특징이 있다. 이에 비하여 식중독균은 비교적 많은 세균이 있어야 증상이 나타나며, 치사율이 낮아 하루에서 수일 동안 고생하면 대개는 저절로 치유되기도 하며, 타인에게 잘 감염시키지 않고 음식을 섭취한 본인으로 질병이 끝난다는 점에서 감염병균과 구분된다.

식중독균에 의한 식중독은 미생물이 생산한 독소에 의한 것(독소형 식중독)과 미생물이 장점막을 침범하여 발생하는 것(감염형 식중독)이 있다. 독소형 식중독은 다시 세균이 이미 만들어놓은 독소를 섭취하여 걸리는 것(독소섭취형 식중독)과 우리 몸에 들어온 식중독균이 독소를 생산하여 걸리는 것(독소생산형 식중독)으로 나눈다. 또는 섭취형과 감염형이 혼합된 경우(혼합형 식중독)도 있다.

독소섭취형 식중독은 잠복기가 1~6시간 정도로 짧고 구토, 설사 등의 증상이 갑자기 발생하며 주로 포도상구균에 의해 발생한다. 독소생산형 식중독은 잠복기가 8~16시간으로 다소 길고, 구토보다는 설사가 심한 것이 특징이며, 주로 장독소형 대장균에 의해 발생한다. 감염형 식중독은 잠복기가 12~24시간으로 길고, 독소에 의한 식중독과는 달리 발열이 있으면서 오한, 몸살 등과 함께 복통, 설사가 있으며, 대변을 검사하면 백혈구가 검출된다. 주로 살모넬라, 장염비브리오균 등에 의해 발생한다. 혼합형 식중독은 잠복기도 다양하고 증상도 여러 가지이며, 여시니아균 등에 의해 발생한다. 식중독의 원인균은 매우 많으나, 대표적인 식중독균으로는 다음과 같은 것들이 있다.

① **살모넬라**(*Salmonella*): 살모넬라는 우리나라의 대표적 식중독 원인균으로, 잠복기간은 8~48시간으로 평균 24시간 전후이다. 주요 증상은 복통, 설사, 발

열이며, 간혹 구토와 어지러움을 수반하기도 하고 혈변이나 점액변을 수반하는 경우도 있어 감기로 오인되기도 한다. 62~65℃에서 30분간 가열하면 사멸한다.

② **황색포도상구균**(*Staphylococcus aureus*): 황색포도상구균은 독소섭취형 식중독의 대표적인 원인균이며, 섭취 후 3시간 정도의 짧은 시간에 식중독을 일으킨다. 증상으로는 구토, 설사, 복통 등이 있으며, 때로는 발열 증상이 있다. 황색포도상구균 자체는 80℃에서 30분 가열하면 사멸되나, 균이 생산한 독소인 엔테로톡신(enterotoxin)은 100℃에서 30분간 가열하여도 파괴되지 않는다.

③ **장염비브리오**(*Vibrio parahaemolyticus*): 장염비브리오균은 바닷물과 유사한 3%의 식염농도에서는 활발히 증식하지만 소금을 함유하지 않은 담수에는 자라지 못한다. 원인식품은 해산 어패류이며, 회 등으로 날로 먹을 때 걸리기 쉽다. 일반적으로 식사 후 10~18시간에 발생하며 복통, 설사, 발열, 구토 등의 증상을 보인다. 중증일 경우에는 혈변과 점액변이 나오기도 하여 이질로 혼동되기도 한다. 열에 약하여 60℃로 15분간 가열하면 사멸하며, 담수에 대한 저항력이 약하므로 수돗물 등으로 잘 씻어 먹으면 예방할 수 있다.

④ **병원성대장균**(*Escherichia colii*): 대장균은 일반적으로는 사람에게 무해하지만 대장이 아닌 다른 신체기관에 들어가서 식중독을 일으키기도 한다. 이런 대장균을 병원성대장균이라 부르며, 대표적으로 O-157 대장균이 있다. 주된 증

상은 복통과 설사이며, 환자의 절반 이상이 발열, 두통, 구토나 구역질을 한다. 병원성대장균은 열에 비교적 약하여 75℃에서 30초, 65℃에서 10분, 60℃에서 45분 이상 가열하면 사멸한다.

⑤ **리스테리아균**(*Listeria monocytogenes*): 이 세균은 5℃ 이하나 40℃ 이상에서도 발육이 가능하며, 저온에서도 증식하기 때문에 냉장고에만 의존하는 식품 관리로는 부족하다. 5~6% 정도의 식염농도에서도 증식하기 때문에 소금에 절인 식품이라 하더라도 안심할 수 없다. 임산부, 신생아, 노약자 등에게 주로 발병하며 심하면 생명을 잃을 수도 있으나, 건강한 사람은 가벼운 열과 복통, 설사, 구토 등의 증세를 보이다 금방 회복된다. 65℃에서 10분 또는 72℃에서 30초 이상 가열하는 등 충분한 가열 조리방법을 택해야 한다.

⑥ **캄필로박터균**(*Campylobacter jejuni*): 어른보다는 소아에게 발병하기 쉽고 잠복 기간은 2~7일로 긴 편이다. 보통 발열, 권태감, 두통, 현기증, 근육통이 있은 후에 구역질, 복통을 일으키며 그 후 수 시간 내지 2일 후에 설사를 한다. 일 반적으로 항생물질을 투여하면 치료가 된다. 이 균의 특징은 산소가 충분히 공급되거나 전혀 없는 조건에서는 발육하지 않으며, 산소농도 3~15% 정도에서 잘 자란다는 것이다(대기 중 산소농도는 21%). 또한 30~46℃가 최적 증식온도이나 동결 보관한 식육에서도 장기간 생존이 가능하다. 건조한 환경에서는 비교적 빨리 사멸하며, 열에도 약한 편이어서 70℃에서 1분 정도 가열하면 완전히 죽는다.

⑦ **여시니아균**(*Yersinia enterocolitica*): 고열, 설사, 복통, 구토 등의 증상이 있으며 발진, 홍반, 인두염도 간혹 관찰된다. 맹장염으로 오인되기도 하며, 대개 1~2주 내로 회복된다. 22~29℃ 정도의 실온에서 가장 잘 자라지만, 10℃ 이하의 저온에도 증식하며 동결 보관하여도 장시간 생존한다. 산소 유무에 관계없이 생육 가능하기 때문에 진공 포장된 식품에서도 증식이 가능하다. 열에는 비교적 약하여 70℃에서 3분 정도 가열하면 사멸한다.

⑧ **웰치균**(*Clostridium perfringens*): 웰치균은 공기가 있으면 발육할 수 없는 혐기성균이며 원인식품의 특징은 대부분이 집단급식 시설에서 급식 전일에 가열 조리한 동물성 단백질식품이라는 것이다. 웰치균에 오염된 식품을 먹으면 소장에서 증식하여 장독소(enterotoxin)를 생산하여 식중독을 일으킨다. 증상은 복통과 설사가 많고, 발병 후 2일 내지 1주일 이내에 회복되며 사망하는 경우는 없다. 웰치균은 열에 강하여 아포(芽胞)를 형성하면 100℃에서 4시간 가열하여도 살아있을 수 있으며, 웰치균에 의한 식중독을 예방하려면 조리한 식품은 신속히 소비하고, 보관할 경우에는 가열 조리 후 급냉하여 혐기적 조건을 배제하여야 한다. 미리 가열 조리한 식품은 냉장보관한 것이라도 급식 시에는 재가열하여야 한다.

⑨ **보툴리누스균**(*Clostridium botulinum*): 이 균은 혐기성균으로 열과 소독약에 저항성이 강한 아포를 생산하는 독소형 식중독균이다. 원인식품은 주로 pH4.6 이상의 통조림식품에서 살균이 부적절한 경우이다. 이 균으로 인한 식중독은

그리 흔하지 않으나, 신경마비 증상을 나타내며 호흡곤란으로 인하여 치사율이 높은 편이다. 이 균의 아포는 120℃에서 4분 이상 가열하여야 사멸되나, 이 균이 생산하는 독소는 열에 약하여 80℃에서 20분 또는 100℃에서 1~2분 가열로 파괴된다.

⑩ **바실러스 세레우스균**(*Bacillus cereus*): 설사나 구토를 일으키는 독소발생형 식중독균으로서 1~5시간의 짧은 잠복기를 거쳐 증세가 나타날 때에는 구토형 식중독을 일으키며, 10시간 이상의 비교적 긴 잠복기 후에는 설사형 식중독을 일으킨다. 우리나라에서는 구토형 식중독이 많이 발생한다. 다른 식중독에 비해 증세는 가벼운 편이며, 24시간 이내에 회복된다. 포자를 형성하는 균이며, 30~40℃에서 가장 잘 자라나, 5~55℃에서도 증식한다. 이 균의 포자는 135℃에서 4시간 가열해도 견딜 수 있는 열저항성이 있으나, 균 자체는 63℃에서 30분 또는 100℃에서 1분 이내에 사멸한다.

식중독균에 의한 식중독을 예방하기 위하여는 세 가지 원칙이 지켜져야 한다. 첫째, 세균을 묻히지 않아야 한다. 식중독균이 손이나 조리기구를 통하여 식품에 오염될 수 있으므로 손과 조리기구는 깨끗이 씻어야 한다. 칼, 도마 등은 식육용, 생선용, 야채용 등으로 나누어 사용하며, 생선이나 육류 등을 보관할 때에는 다른 식품에 생선이나 육류에서 나온 수분이 들어가지 않도록 나누어 보관하거나 랩에 싸서 보관하여야 한다.

둘째, 세균의 증식을 막아야 한다. 식중독을 일으키기 위하여는 일반적으로 1g당 백만 마리 이상의 식중독균이 존재해야 하므로 소량의 식중독균이 존재하더라도 증식을 막으면 식중독을 일으키지는 않는다. 일반적으로 식중독균은 10℃ 이하에서는 증식하지 못하므로 냉장 보관해야 되는 식품을 구입한 경우에는 가능한 한 빨리 냉장고에 넣어 세균이 증식할 시간적 여유를 주지 않는 것이 중요하며, 조리된 음식은 빨리 먹어야 한다. 또한 조리 후에 칼이나 도마 등은 깨끗이 씻고 습기가 남아있지 않도록 건조하여 세균이 증식하는 데 필요한 영양분이나 수분을 없애야 한다.

셋째, 세균을 없애야 한다. 일반적으로 식중독균은 60℃ 이상에서는 살 수 없으므로 가열 조리하는 식품은 중심부가 75℃에서 1분 이상 가열되도록 하여 살균한다. 남은 음식을 보관하였다가 다시 먹을 때도 충분히 가열하도록 한다. 독소형 식중독의 경우, 식중독균이 만들어내는 독 중에는 열에 강한 것도 있으며 가열에 의해서도 파괴되지 않으므로 주의하여야 한다. 칼, 도마 등 조리기구는 표백제나 뜨거운 물 등으로 정기적으로 소독하여야 한다.

1) 대장균

세균은 우리의 주변 환경 어디에나 존재하고 있으며, 살균되지 않은 식품의 경우에는 헤아릴 수조차 없을 정도로 다양한 종류가 포함되어 있다. 따라서 어떤 식품에 대하여 지금까지 알려진 모든 종류의 병원균과 식중독균을 일일이 검사하여 확인한다는 것은 현실적으로 불가능하다. 이에 대한 대안으로 실시되고 있는 것이 일반세균(一般細菌) 검사, 대장균(大腸菌, Escherichia coli) 검사 등의 방법이다. 그러나 일반세균이나 대장균은 미생물적 판단을 위한 지표일 뿐이고, 이들이 검출되면 병원균이나 식중독균이 존재할 가능성이 높다는 의미이며 그 자체가 위험한 것은 아니다.

미생물은 눈으로 볼 수 없기 때문에 확인을 하기 위하여는 증식을 시켜야만 한다. 증식을 위하여는 미생물이 생육하기 좋은 조건을 제공하여야 하며, 일반적으로 적당한 영양분, 온도, 수분, 산소 등이 요구된다. 하나의 세균이 증식하여 눈에 보일 정도의 크기로 뭉쳐있는 것을 콜로니(colony)라고 부른다. 세균의 수를 나타낼 때에는 'CFU(colony form unit)'라는 단위를 사용하며, 하나의 콜로니가 발견되면 원래 그 자리에는 하나의 세균이 있었다고 간주하는 것이다. 매스컴 등에서는 보통 1CFU를 1마리라고 표현한다.

일반세균은 표준한천배지(標準寒天培地, standard agar medium)라고 불리는 대부분의 미생물이 이용할 수 있는 영양분 위에 시료를 바르고 35℃에서 48시간 동안 배양한 후 검사하게 된다. 사람의 체온과 비슷한 35℃에서 배양하는 이유는 다양한 온도 조건에서 살아가는 수많은 미생물 중에서 인체 내에서도 생존하여 인체에 영향을 줄 수 있는 것들만을 선택하기 위함이다. 일반세균은 검출된 콜로니를 종류와 관계없이 모두 헤아린 것이며, 일반세균이 100,000CFU/g 정도 검출되었다고 하여도 인체에 해가 되는 경우는 거의 없다. 식품에 있어서 일반세균이 중요시되는 이유는 식품 공장의 전반적인 위생상태 및 식품의 신선도를 짐작할 수 있기 때문이다. 일반세균이 많다는 것은 그만큼 오염 정도가 크고 병원균이나 식중독균이 존재할 가능성도 높다는 것이며, 식품이 장기간 방치되어 세균이 증식한 결과라고 판단할 수도 있다.

일반세균이 대략적인 미생물 수준을 나타내는 것이라면 대장균은 식품위생의 정도를 구체적으로 알려주는 지표이다. 사람이나 동물의 대장에는 *Bacteroidaceae, Eubacterium, Peptostreptococcus, Clostridium, Lactobacillus* 등 수많은 종류의 세균이 살고 있으며, 에세리키아 콜라이(*Escherichia coli*)는 그중의 0.1%도 되지 못하지만 장내 세균을 대표하는 대장균(大腸菌)이라는 이름을 얻게 된 것은 산소가 존재하는 일반 환경에서도 살아있을 수 있으므로 18세기 초에 가장 먼저 발견되었기 때문이다. 장내 세균의 대부분을 차지하는 혐기성(嫌氣性) 세균들은 산소가 거의 없는 장내에서는 잘 자라지만 산소가 존재하는 체외 환경에서는 쉽게 사멸한다. 대장균은 원래 산소가 거의 없는 대장에서 살아가는 세균이지만 일반 공기 중에 노출되어도 생존하기 때문에 식품위생의 지표로 삼을 수 있는 것이다.

일부 병원성대장균을 제외하고, 일반적으로 대장균 그 자체는 인체에 해가 없다. 따라서 소량의 대장균이 검출되었더라도 그 식품을 먹고 탈이 날 가능성은 매우 적다. 그러나 식품에서 대장균이 발견되었다면 그 식품을 만든 작업장의 위생 상태가 좋지 않았다는 것을 시사하고, 같은 장내 세균이며 식중독을 일으키는 살모넬라(*Salmonella*)나 이질의 원인균인 시겔라(*Shigella*) 등이 있을 수도 있다는 것을 의미하므로 주의하여야 한다. 대장균이 대변을 통하여 몸 밖으로 배출된다고 하여 대장균이 검출된 식품이 반드시 대변으로 오염된 것은 아니며, 대부분의 경우는 2차오염에 의해 주변 환경에 존재하던 대장균이 식품으로 이전된 것이다.

때로는 대장균 대신 대장균군(大腸菌群)이 위생의 지표로 사용되기도 한다. 대장균군은 이름 때문에 대장균의 집단(*E. coli* group)으로 오해할 수도 있으나, 사실은 대장균과 유사한 특성을 갖는 세균들의 집합으로 Enterobacteriaceae 과(科)의 *Citrobacter* 등 4개 속(屬)에 포함되는 세균들을 말한다. 미생물 시험에서 대장균 검사 대신에 대장균군 검사를 하는 이유는 시험 방법이 상대적으로 간편하기 때문이며, 이 시험법에서는 대장균과 유사한 생육 조건을 갖는 인접 속의 세균이 같이 검출되는 것이다. 따라서 대장균군 검사에서 콜로니가 발견되었다고 하여도 반드시 대장균이 존재하는 것은 아니며, 존재할 가능성이 높다는 의미이다. 그러나 대장균이 존재한다면 대장균군 검사에서 반드시 콜로니가 발견된다. 대장균의 존재 여부는 대장균군 시험에서 세균이 검출되더라도 다시 대장균 시험을 하여 확인하여야 한다.

대장균은 대장 내에 서식할 때에는 질병을 일으키지는 않지만 대장이 아닌 다른 신체기관에 들어가면 식중독을 일으키기도 한다. 이런 대장균을 병원성대장균이라 부르며, 다음과 같은 5종류가 있다.

① **장관병원성 대장균**(Entero Pathogenic *E. coli*; EPEC): 소장점막에 부착하여 설사, 복통 등의 증상이 있는 급성장염을 일으킨다.

② **장관침습성 대장균**(Entero Invasive *E. coli*; EIEC): 대장의 점막세포에 들어가 염증과 함께 혈변, 복통, 발열 등의 증상을 나타낸다.

③ **장관독소원성 대장균**(Entero Toxigenic *E. coli*; ETEC): 소장 상부에 감염하여 독소를 생산하여 수양성(水樣性) 설사를 일으킨다.

④ **장관출혈성 대장균**(Entero Hemorrhagic *E. coli*; EHEC): 베로독소(verotoxin)를 생산하여 복통과 설사 등을 일으킨다. EHEC의 대표적인 것이 O-157 대장균이다.

⑤ **장관접착성 대장균**(Entero Adhesive *E. coli*; EAEC): 최근 보고된 새로운 종류이며, 장의 세포에 부착하여 엔테로톡신(enterotoxin)을 생산하여 설사 증세를 나타낸다.

병원성대장균 중에서 특히 최근에 문제가 되고 있는 것이 O-157 대장균이다. 이 균은 1982년 미국 오리건(Oregon)주의 한 맥도날드 식당에서 햄버거를 먹은 수십 명의 아이들에서 집단으로 식중독이 발생하여 그 원인을 조사하다 발견되었다. 처음에는 햄버거에서 발생하였기 때문에 햄버거병이라 불리게 되었으며, O-157대장균에 감염된 쇠고기 패티(patty)를 충분히 익히지 않은 것이 원인으로 밝혀졌다. 햄버거병의 정식 명칭은 용혈성요독증후군(Hemolytic Uremic Syndrome, HUS)이라고 한다. HUS는 음식의 종류와는 상관없이 위생관리가 잘못되면 발생할 수 있는데 당시 언론에서 햄버거병으로 소개하면서 위생관리 문제가 아닌 햄버거가 원인인 것처럼 왜곡되었다.

HUS는 단기간에 신장을 망가뜨리는 희귀 질환이며, 주로 영유아에게 발생하기 쉽고 사망률은 5~10%인 것으로 알려졌다. HUS에 걸리게 되면 몸이 붓거나, 혈압이 높아지기도 하며, 경련이나 혼수 등의 신경계 증상이 나타날 수도 있다. 특히 햄버거가 문제가 되는 이유는 대량으로 햄버거 패티(patty)를 만들 때 오염된 고기가 함께 섞이면서 전체가 오염되어 많은 사람이 감염될 수 있기 때문이다. 그러나 대장균은 열에 약하므로 설사 오염된 패티라도 속까지 완전히 익혀 먹으면 문제가 되지 않는다.

O-157 대장균이 유명해지게 된 계기는 1996년 일본에서 전국적으로 집단 식중독이 발생하여 12,000명 이상이 발병하고 그중에서

12명이 사망하는 사건이 있었기 때문이다. 그 후 미국에서도 2000년에 약 73,000명이 감염되어 61명이 사망하는 등 큰 주목을 받았다. 우리나라에서는 2016년 9월 경기도 평택에서 4살 여아가 맥도날드 햄버거를 먹고 햄버거병 진단을 받았다고 하여 크게 이슈가 되었다. 이 사건은 우리나라에 햄버거병을 알리는 계기가 되었으나, 햄버거 소비 시장에 큰 영향을 주지는 못하였다. 햄버거병 논란에도 불구하고 편의점에서 햄버거는 여전히 먹을거리 매출 순위 상위권을 기록하고 있다.

O-157 대장균의 정확한 명칭은 'O-157:H7 대장균'이다. 대장균은 여러 종의 변종이 있으며 항원에 따라 균체(菌體)에 존재하는 항원(O), 협막(莢膜, capsule)에 존재하는 항원(K), 편모(鞭毛, flagellum)에 존재하는 항원(H) 등 3종류로 크게 분류하고, 각각은 다시 혈청형(血淸型)에 따라 구분된다. 현재까지 O항원은 180여 종, K항원은 100여 종, H항원은 50여 종이 알려져 있다. O-157:H7균은 O형 대장균 중에서 157번째로 발견되었으며, H7형에 해당되기 때문에 이런 이름을 얻게 되었다.

O-157 대장균은 우리 주변 환경 어디에나 존재하고, 살균되지 않은 식품이라면 어느 것이나 감염되어 있을 수 있다. 특히 식용 동물의 도축과정에서 오염되기 쉬우며, 살코기보다는 햄버거 등에 쓰이는 다진 고기가 오염되기 쉽다. O-157 대장균에 오염된 식품을 먹으면 3~8일의 잠복기를 거쳐 식중독을 일으키게 된다. O-157 대장

균에 의한 식중독의 증상은 심한 설사와 복통, 구토이며, 때로는 혈변이 나오기도 한다. 건강한 성인의 경우는 3~4일 지나면 회복되지만, 면역력이 약한 노약자나 5세 미만의 유아일 경우 심하면 사망에 이르기도 한다.

2) 노로바이러스

2006년 6월 서울, 인천, 경기 지역의 학교에서 대규모 집단식중독 사건이 발생하여 사회적 문제가 되었으며, 그 원인으로 지목된 노로바이러스(norovirus)가 일반인의 관심을 끌게 되었다. 또한, 이를 계기로 학교급식의 운영 체계에 대한 법이 새로 개정되었다. 그 해 겨울 다시 초등학교를 중심으로 노로바이러스에 의한 식중독 사고가 여러 건 보도되었고, 이웃 일본에서도 노로바이러스에 의한 환자가 8만 명 이상 발생하여 41명이 사망하는 등의 보도가 나와 경각심을 환기시켰다.

노로바이러스는 1968년 미국 오하이오(Ohio)주 노와크(Norwalk) 지방의 한 학교에서 처음 발견되었으며, 처음에는 그 지역의 이름을 따서 노와크바이러스(Norwalk viruses)라고 하였다. 그 후 유사한 바이러스가 여러 지역에서 계속 발견되었고, 발견된 지역의 이름을 따서 여러 가지 이름이 붙여졌으며, 그 모두를 유사노와크바이러스(Norwalk-like virus)라고 부르게 되었다. 또는 그 모양이 작은 구형이므로 소형구형바이러스(small round structured virus)라고도 하였고, 분류상 Caliciviridae과에 속하므로 'caliciviruses'라고도 불렀다. 그러다가 2002년 국제바이러스분류위원회에서 노로바이러스속(norovirus genus)이라는 이름을 정식으로 승인하였다.

노로바이러스는 바이러스(virus)의 일종이므로 세균(細菌, bacteria)이 아니어서 엄밀한 의미에서 식중독균은 아니지만 일반적으로 식중독균과 같이 취급된다. 노로바이러스는 크기가 약 30nm(0.03㎛)로서 0.5~10㎛ 정도의 크기를 갖는 세균보다 훨씬 작다. 노로바이러스는 체외에서는 증식할 수 없으나 영하의 저온에서도 죽지 않기 때문에, 세균성 장염과는 달리 노로바이러스에 의한 장염은 특히 겨울철에 자주 발생한다. 이 점은 같은 바이러스에 의한 질병인 감기나 독감이 겨울철에 주로 발생하는 것과 유사하다. 하지만 60℃ 이하의 온도에서 생존이 가능하므로 연중 발생할 수 있다.

노로바이러스는 바이러스성 장염을 일으키는 원인이 되며, 1년 중 전체 설사 환자의 약 10%는 이 때문에 발생한다. 일반적인 세균성 식중독은 보통 수십~수백 만 마리의 균을 섭취하여야 발병하고 전염성이 없지만, 노로바이러스에 의한 식중독은 100마리 이하의 소량만 섭취하여도 발병하며, 전염성이 있어 2차감염으로 인하여 대형 식중독을 유발할 가능성이 있는 등 수인성 전염병과 유사하다. 노로바이러스에 의한 식중독을 법정전염병으로 취급하지 않는 것은 건강한 성인의 경우는 자신이 감염되었는지도 모르고 넘어가는 경우가 많을 정도로 증세가 경미하고, 사망하는 경우는 거의 없기 때문이다.

노로바이러스에 의한 식중독은 섭취하고 24~48시간 후에 나타나는 것이 일반적이지만 12시간 후에 나타나는 경우도 있다. 증상으로는 설사, 구토, 메스꺼움, 복통 등이 있으며, 때로는 두통, 오한 및 근육통을 유발하기도 한다. 정도가 심하면 탈수, 발열, 발진 등이 나타나기도 한다. 노로바이러스에 의한 장염은 심각한 건강상 위해는 없으며, 대부분은 1~2일 이내에 자연 치유되지만 어린이, 노약자 등 면역력이 약한 사람은 심한 탈수로 사망하는 경우도 있다. 이 때문에 구토와 설사를 할 때에는 탈수 증상을 막기 위하여 다량의 음료를 섭취하는 것이 좋다.

노로바이러스는 감염자의 분변이나 구토물과 함께 체외로 나와 다양한 경로를 통하여 전파된다. 환자의 대변으로 배출된 노로바이러스는 땅속으로 스며들어가 지하수를 오염시키며, 오염된 지하수를 식수나 세척수로 사용하는 경우 대규모 집단식중독이 발생한다. 환자의 입에서 나오는 노로바이러스에 의해 공기전염도 가능하다. 노로바이러스는 전염력이 매우 강하고 극히 적은 수로도 감염을 일으킬 수 있기 때문에, 환자가 만졌던 물건을 통하거나 오염된 물건을 만진 손으로 입을 만졌을 때, 질병이 있는 사람을 간호하거나 환자와 식품, 기구 등을 함께 사용하였을 때에도 감염될 수 있다. 지금까지 노로바이러스를 일으킨 주된 원인 식품은 가열하기가 곤란한 신선 야채류, 음용수 등이며, 특히 날로 먹는 생굴(Oyster)이 위험하다.

노로바이러스에 의한 식중독은 위생과 의료시스템의 미비로 발생되는 후진국형 질병이 아니라 선진국에서도 아주 빈번히 발병해 확산되는 전염성 질병이다. 노로바이러스는 많은 종류가 있기 때문에 한 번 감염되었더라도 다른 종류의 노로바이러스에 의해 재감염될 수 있으며, 이 때문에 백신을 개발하기 어렵다. 노로바이러스는 특정한 혈액형 항원과 결합하는 성질이 있으므로 노로바이러스 감염에 대항할 수 있는 능력이 혈액형에 따라 다를 수 있으며, 일반적으로 O형인 사람이 노로바이러스에 감염되기 쉽고, B형은 잘 감염되지 않는다.

현재 노로바이러스에 의한 식중독은 증가 추세에 있는데, 이는 식중독 자체의 증가 외에 검사법이 개발되고 노로바이러스에 대한 지식이 일반화됨에 따라, 이전에는 원인불명으로 보고하던 것이 노로바이러스 때문이라는 것을 알게 된 이유도 있다. 식중독의 원인이 노로바이러스라고 쉽게 진단할 수 있는 것은 진단검사의학 분야에서 분자생물학적 기법을 도입했기 때문이다. 우리나라의 경우 1999년 이후 질병관리청에서 노로바이러스 검사를 실시하면서 매년 노로바이러스로 인한 집단식중독이 보고되고 있다.

노로바이러스는 환자의 가검물(대변, 구토물, 혈액, 땀 등)에서는 확인이 가능하지만, 식중독의 원인으로 추정되는 식품에서 노로바이러스를 직접 검출하는 기술이나 이를 제어할 수 있는 기술은 아직 개발되지 않았다. 식품에서 노로바이러스를 검사하기 위하여는 분리, 농축 등의 전처리 과정이 선행되어야 하는데 다양한 식품에 들어 있는 여러 가지 성분이 장애가 되어 모든 식품에 적용할 수 있는 공인된 시험법이 확립되지 못하였다. 다만, 굴의 경우는 노로바이러스가 농축되어 있어 비교적 검출이 용이하기 때문에 검출법이 확립되어 있다.

노로바이러스는 매스컴 등에서 보도되고 있는 것만큼 위험한 질병이 아니다. 간혹 일본의 경우에서처럼 노약자의 사망 사례가 보고되고 있기는 하나, 기본적으로 건강이 좋지 않고 체력이 떨어져 있는 상태에서 노로바이러스에 감염된 것이므로, 그 사망 원인이 반드시 노로바이러스 때문이라고 단정하기도 애매하다. 2006년 학교급식 사건에서도 2,800여 명의 학생이 감염되었으나 사망, 장기입원 등의 심각한 사례는 없었다. 현재 노로바이러스에 대한 예방 백신은 없으며, 세균이 아니므로 항생제로도 치료되지 않는다. 특별한 치료법이 없기 때문에 예방이 중요하며, 일반적인 예방법으로는 다음과 같은 것이 있다.

① 손을 자주 씻는다(특히 화장실 사용 후, 식사 전, 음식 조리 전, 외출에서 돌아왔을 때 등).

② 과일과 채소는 철저히 씻어야 하며, 가능하면 익혀서 먹는다. 노로바이러스를 제

거하기 위한 온도와 시간은 아직까지 확립되어 있지 않다. 다만, 다른 바이러스의 예로 보아 85℃에서 1분 이상 가열하면 감염성이 없어질 것으로 추정된다.

③ 칼, 도마, 식기, 행주 등은 열탕(85℃ 이상)에서 1분 이상 가열하여 소독한다.

④ 물탱크, 저수조, 배관 등을 청결히 하여 위생적인 식수를 공급한다.

⑤ 노로바이러스에 감염된 사람과의 접촉을 피한다. 감염자는 감염되고 24~48시간 후부터 증상이 나타나고, 증상을 느낀 날부터 회복 후 최소 3일까지 전염성을 가지고 있으며, 일부는 회복 후 2주 정도까지 전염력을 갖기도 한다.

⑥ 노로바이러스에 감염된 사람은 회복 후에도 3일 동안은 음식을 준비하지 않아야 하며, 환자에 의해 오염된 식품은 적절한 방법으로 폐기한다.

⑦ 질병이 발생하면 오염된 곳은 철저히 세척하고 소독제로 살균한다. 감염된 옷과 이불 등은 즉시 비누를 사용하여 뜨거운 물로 세탁한다.

⑧ 환자의 구토물은 적절히 폐기하고, 주변은 청결을 유지한다.

⑨ 화장실 변기, 싱크대는 물론 문 손잡이도 락스와 같은 염소소독제로 소독한다(염소 농도가 10ppm 이상으로 유지되지 않으면 노로바이러스는 죽지 않는다). 소독이 끝나면 10분~20분 후에 물로 잘 닦아준다.

3) 사카자키균

사카자키균은 사람이나 동물의 장에서 서식하는 장내세균의 일종으로서 1929년에 최초로 발견되었으며, 당시에는 황색 색소를 생산하는 균인 엔테로박터 클로아케(*Enterobacter cloacae*)의 일종으로 생각하여 'yellow pigmented *Enterobacter cloacae*'라고 하였다. 그러나 그 후의 연구에서 *E. cloacae*와는 성질이나 유전적 배경이 다른 것이 밝혀졌고, 1980년에 파머(J.J. FarmerⅢ) 등에 의해 별도의 종으로 분류되었으며, 장내세균 분야의 발전에 큰 공헌을 한 일본인 사카자키 리이치(坂崎利一) 박사에게 경의를 표하는 의미에서 그의 이름을 따서 엔테로박터 사카자키(*Enterobacter sakazakii*)라고 명명되었다.

사카자키균에 의한 신생아 뇌막염 사례가 최초로 보고된 것은 1961년이었으며, 2000년대 이후 사카자키균에 의한 빈번한 사고로 세계적인 관심을 끌게 되었다. 2005년까지 전세계적으로 76명의 감염자가 발생하여 그중 19명이 사망하였다고 한다. 감염증상은 뇌수막염, 패혈증, 장염 등이며, 사망률은 초기에는 50%에 달하였으나 현재는 20% 정도로 낮아졌다고 한다. 2004년 FAO와 WHO 공동연구 결과 사카자키균은 신생아 중에서도 특히 조산아, 2.5kg 이하의 저체중아 및 면역결핍 증세가 있는 영아 등에게 위험하다고 경고되었으며, 6개월 이상의 유아나 건강한 성인에게는 거의 영향을 미치지 않는 것으로 알려졌다. 우리나라의 경우 2006년 분유와 이유식에서 사카자키균이 검출되어 사회적 문제를 일으키기도 하였다.

유럽연합(EU)에서는 2006년 1월부터 6개월 이하의 영유아를 대상으로 하는 조제분유에 대하여 사카자키균이 검출되지 않아야 한다는 규격을 설정하였으며, 우리나라에서는 2006년 사회적 관심사항이 된 이후 2007년 12월부터 "6개월 미만의 영유아가 섭취할 수 있도록 제조, 판매하는 식품에서는 사카자키균이 검출되서는 안 된다"는 규격을 설정하게 되었다. CODEX, FAO, WHO 등의 국제기구를 비롯하여 미국, 일본 등 대부분 국가에서는 아직까지 사카자키균의 규격은 설정되어 있지 않으며, 이 균이 대장균군의 일종이므로 '대장균군 음성'이라는 규격을 적용하여 관리하고 있다.

사카자키균은 공기, 토양, 물 등 자연환경에 널리 분포하며 분유, 치즈, 건조식품, 야채 등 일반식품에서도 검출된다. 정확한 감염 경로는 밝혀지지 않았으며, 분유를 물에 탈 때 사용되는 용기, 기구 등의 오염에 의해 주로 병원의 신생아실에서 감염되는 것으로 보고되고 있다. 사카자키균에 감염되더라도 최소 100,000CFU/g 이상으로 증식되지 않으면 발병할 가능성이 매우 낮기 때문에 분유 등에서 발견되기는 하였으나 아직까지 우리나라에서 이 균에 의한 발병 사례는 없었다. 그 이유는 분유를 미리 뜨거운 물에 타서 식힌 후 영유아에게 주는 것이 일반적인 상식처럼 되어 있기 때문이다. 70℃ 이상의 온도에서 분유를 조제하면 사카자키균은 거의 사멸하게 된다.

2006년 분유와 이유식에서 사카자키균이 검출된 수준이나 소비자의 사용 실태를 고려할 때 실질적인 위험도는 매우 낮았으나, 여론과 불매운동에 밀려 남양유업에서 제일 먼저 막대한 자금을 들여 4개월간의 공사기간을 거쳐 조제분유 무균화 생산시스템을 갖추고 사카자키균 제로화를 선언하였으며, 다른 회사도 시설투자를 하게 되었다. 그러나 발생할 가능성이 극히 낮은 확률이라도 절대안 된다는 엄격한 기준을 적용하여 그에 따른 사회적 부담을 감수하는 것이 바람직한 일이었는지는 냉정하게 판단할 필요가 있었다.

31
곰팡이독

곰팡이는 지구상 어디에나 존재하며 인간의 생활과 밀접한 관계를 맺고 있다. 김치, 장류(醬類), 치즈 등의 발효식품을 제조하거나, 의약품이나 공산품의 원료를 생산하는 등 유익한 것이 있는가 하면, 각종 물질을 변질시키거나 부패시키는 유해한 것도 있다. 때로는 독소(毒素)를 생성하여 질병을 가져오기도 하는데, 곰팡이가 생성하는 곰팡이독(mycotoxin)은 현재까지 300여 종이 발견되었으며, 그중에서 사람의 건강에 나쁜 영향을 끼치는 것은 약 20종으로서 대표적인 것으로는 아플라톡신, 파튤린, 시트리닌, 오크라톡신, 제랄레논 등이 있다.

① **아플라톡신**(aflatoxin): 누룩곰팡이가 생산하는 독소로서 현재까지 B_1, B_2, G_1, G_2, M_1, M_2, H, L, P_1, Q 등 16종의 이성질체가 알려져 있으며, 1962년 아플라톡신의 발견 이후 세계적으로 곰팡이독에 대한 연구가 본격화되었다. 아플라톡신은 모든 식품에서 발견될 수 있으나 곡류, 두류, 견과류 등에서 자주 발

견되며, 특히 땅콩과 콩에서 주로 발견된다.

② **파튤린**(patulin): *Penicillium patulum, Penicillium expansum, Penicillium griseofulvum, Aspergillus clavatus, Byssochlamys nivea* 등의 곰팡이에 의해 생성된다. 사과, 배, 포도, 복숭아 등 과일의 상한 부분이나 이들로 가공된 음료에서 발견되며, 특히 사과의 상한 부분에서 가장 흔히 발견된다. 그러나 알코올성 과일음료나 과일식초에서는 발견되지 않아 발효에 의해 이 독소가 파괴되는 것으로 짐작된다.

파튤린은 아플라톡신보다 앞선 1952년 젖소 집단사망의 원인물질로 처음 발견되었으며, 신경조직과 소화기관에 나쁜 영향을 미치고 DNA 손상, 면역억제작용 등의 독성이 있는 것으로 알려져 있다. 우리나라에서는 다른 여러 국가와 마찬가지로 사과주스에 대하여만 50μg/kg 이하의 허용기준을 설정하고 있다.

③ **시트리닌**(citrinin): 시트리닌은 곰팡이독 중 가장 먼저인 1931년에 발견된 황색의 유독색소로서, *Penicillium citrinum, Penicillium viridicatum, Aspergillus niveus* 등의 곰팡이에 의해 생성되며, 이들 곰팡이는 주로 건조가 덜 된 곡물에 잘 자란다. 시트리닌은 요세관(尿細管)에서의 수분 재흡수를 저하시켜 소변의 양을 증가시키는 등 주로 신장에 장애를 유발하는 것으로 알려져 있다.

종전까지는 규제가 없었으나, 2007년 12월부터 고추장 및 향신료조제품(다대기) 등에서 검출되지 않을 것이 규격으로 신설되었다. 이는 이들 제품을 만들 때 품질이 떨어지는 고춧가루를 사용하면서 색깔을 좋게 하기 위하여 홍국색소를 사용하는 일이 있어, 홍국색소 사용을 금지하면서 함께 규제하게 된 것이다. 홍국색소란 Monascus purpureus, Monascus anka 등의 홍국균(紅麴菌)이 만들어내는 색소로서 적색과 황색이 있다. 이때 홍국균은 주로 쌀에서 배양하며, 유해 곰팡이에 오염된 오래된 쌀을 원료로 사용할 경우 시트리닌이 검출될 수 있다.

④ **오크라톡신(ochratoxin)**: 오크라톡신은 1965년 Aspergillus ochraceous의 대사산물에서 처음 발견되었으며, 그후에 Aspergillus sulphureus, Aspergillus melleus, Penicillium viridicatum, Penicillium palitans 등의 곰팡이도 오크라톡신을 생성하는 것이 확인되었다. A, B, C 등 17종이 있으며, 그중에서 오크라톡신A가 독성이 가장 강하고, 일반적으로 오크라톡신이라 하면 오크라톡신A를 말한다.

오크라톡신A는 세계보건기구, 국제암연구소 등에서 발암가능물질로 분류하고 있으며, 신장 및 간장에 치명적인 손상을 주는 것으로 알려져 있다. 오크라톡신을 생성하는 곰팡이는 곡류, 견과류 및 육류, 커피, 빵, 건어물 등에서 검출되며, 특히 보리의 오염 가능성이 높다. 우리나라에서는 아직 오크라톡신이 발견된 사례가 없고 허용기준도 없으나 프랑스, 스위스, 오스트리아, 덴마크 등에서는 곡류에 대해 5~50ppb의 허용기준을 설정하여 규제하고 있다.

⑤ **제랄레논(zealalenone)**: 제랄레논은 1962년 처음 발견되었으며, Fusarium

graminearum, Fusarium culmorum 등의 곰팡이가 생성하는 독소이다. 이들 곰팡이는 건조가 불충분한 옥수수, 밀, 보리 등에서 주로 검출된다. 우리나라에서는 1998년 수입산 옥수수에서 최대 60ppb가 검출되었으며, 경남지방에서 수확된 보리에서 112~625ppb 수준으로 검출되었다는 보고가 있다. 국립독성과학원에서 2007년 10월에 발표한 자료에 따르면, 한국인 401명을 대상으로 한 실험에서 혈액에서는 18개 시료에서 1.4~14.1ng/mℓ(ppb), 소변에서는 12개 시료에서 2.3~47.2ng/mℓ의 제랄레논이 검출되었다고 한다. 제랄레논은 여성호르몬의 일종인 에스트로겐과 비슷한 성질을 가지고 있어 생식기능 장애와 불임, 유산 등을 유발한다. 국내에는 아직까지 제랄레논의 허용기준이 설정되어 있지 않으며, 유럽의 여러 나라에서는 30~1,000ppb 정도의 최대허용치를 설정하고 있다.

곰팡이는 자연 환경 중에 널리 존재하고 온도, 습도 등의 조건만 맞으면 급속히 번식하기 때문에 WHO나 FAO 같은 국제기구에서는 식품의 안전성 문제에 있어서 식품첨가물이나 잔류농약보다 곰팡이독의 위험이 더 큰 것으로 논의되고 있다. 또한 일단 생성된 곰팡이독은 일반적인 가공, 조리 시의 열처리 정도로는 파괴되지 않기 때문에 곰팡이독에 오염된 농산물이나 이를 사료로 섭취한 가축을 원료로 한 가공식품에도 이전되게 되며, 곰팡이가 눈에 보이지 않아도 곰팡이독에 오염되어 있을 수 있다. 식품 중의 곰팡이독을 제거하는 효과적인 방법은 현재로서는 없기 때문에 오염된 식품을 섭취하지 않는 것이 최선이다.

　예방적 차원에서는 곡류, 견과류 등의 농산물이나 식품 등에 곰팡이가 번식하지 않도록 하는 것이 중요하다. 곰팡이가 잘 자라는 조건은 종류에 따라 다르기는 하나 일반적으로 적당한 온도와 습도가 필요하다. 따라서 식품 등은 습기가 차지 않는 서늘한 곳에 보관하고, 마른 용기에 넣어 밀봉상태로 보관하는 것이 좋다. 곰팡이독은 일부 곰팡이에서만 생성되는 2차적인 대사산물이므로 눈에 보일 정도로 곰팡이가 피었다고 반드시 곰팡이독이 존재하는 것은 아니다. 또한 지속적으로 곰팡이독에 오염된 식품을 먹지 않으면 서서히 분해되어 체외로 배출되므로 FAO/WHO 합동 식품첨가물전문가위원회(JECFA)에서도 아직까지 잠정주간섭취허용량(PTWI)을 설정하지 못하고 있다. 현재까지 우리나라에서 곰팡이독이 문제가 되어 질병이 생긴 사례는 없으므로 지나친 우려를 할 필요는 없다.

아플라톡신

　아플라톡신은 누룩곰팡이인 *Aspergillus flavus*와 *Aspergillus parasiticus*가 주로 생산하는 독소이다. 아플라톡신은 1960년 영국 스코틀랜드 동남부에 있는 한 농장에서 10만 마리 이상의 칠면조가 급사한 원인을 추적하는 과정에서 발견되었으며, 당시에는 사료공장에서 원료로 사용한 브라질산 땅콩에 증식한 곰팡이가 원인일 것으로 추정하였다. 그 후 1962년 아스페르길루스 플라부스(*A.*

flavus)가 생성한 독소(toxin)가 원인인 것으로 판명되었으며, 이 곰팡이의 이름을 따서 아플라톡신(aflatoxin)이라고 명명하였다.

현재까지 알려진 16종의 이성질체 중에서 아플라톡신B_1이 발생 빈도와 독성 측면에서 가장 위해도가 높기 때문에 보통 곰팡이독이라 하면 아플라톡신B_1을 떠올리게 되며, 일반적으로 아플라톡신이라고 하면 아플라톡신B_1을 의미한다. 아플라톡신B_1은 지금까지 발견된 천연물질 중 가장 강력한 발암물질로서 간, 신장, 허파, 피부 등에 암을 유발하며, 특히 간에 치명적이어서 간염, 간경화, 간암을 유발한다.

아플라톡신이 주목을 끌자 우리나라에서는 메주의 발암성 문제가 큰 논란거리가 된 일이 있었다. 개량메주는 삶은 콩에 *A. oryzae* 또는 *A. sojae*와 같은 곰팡이를 접종하여 발효시키므로 아플라톡신이 생성될 위험이 없으나, 재래식 메주는 콩을 삶은 후 덩어리로 뭉쳐서 자연에 존재하는 미생물로 발효하기 때문에 *A. flavus*가 증식할 수 있으며, 아플라톡신이 생성될 수 있기 때문이다. 1969년 미국 《타임(Time)》이란 잡지에서 한국의 된장에서 *A. flavus*가 검출되었다고 보도하여 된장이 암의 원인식품으로 의심받게 되었다.

그러나 이 기사에 영향을 받아 재래식 메주에 관심을 갖고 지속적인 연구를 한 부산대 박건영 교수의 논문에 의하면 재래식 메주는 취급만 잘 하면 아플라톡신의 위험은 없고 오히려 항암작용이 있다는 것이 밝혀졌다. 박 교수의 연구에 의하면 재래식 메주 발효의 핵심 미생물은 *Bacillus subtilis*, *A. oryzae* 등이며, 아플라톡신을 생산하는 *A. flavus*는 이들에 비하여 경쟁력이 약하여 번식하기 어렵다고 한다. 또한 소량 생성되는 아플라톡신도 수개월 동안 숙성시켜 된장을 담그는 과정에서 다른 미생물에 의해 분해된다고 한다. 그리고 햇빛이나 재래식 된장을 숙성시킬 때 사용하는 숯에 의해서도 아플라톡신이 제거되는 효과가 있다고 한다.

실제로 우리 민족은 오래전부터 된장을 먹어왔으나 아플라톡신에 중독된 사례는 보고되지 않았다. 그러나 메주나 된장에서 아플라톡신이 검출된 사례는 종종 있었다. 1977년 대도시에서 판매되고 있는 메주 및 된장에서 아플라톡신이 검출되었다는 보고가 있었고, 1996년 식약청에서 조사한 결과에서도 전남 진도에서 생산된 된장과 서울에서 판매되는 메주에서 아플라톡신이 검출되었다. 식약청의 그 후의 조사에서도 된장, 고추장, 수입 고춧가루 등에서 아플라톡신이 발견되어, 종전까지 곡류, 두류, 견과류 등에만 10㎍/kg 이하로 허용기준을 두던 것을 2007년 12월부터 된장, 고추장 및 고춧가루에까지 확대하여 적용하게 되었다.

아플라톡신은 강산 및 강알칼리로는 분해할 수 있지만 열에 대하여는 안정하여 270~280℃ 이상으로 가열하지 않으면 분해되지 않기 때문에, 가공식품 특히 땅콩 및 견과류를 원료로 사용한 가공식품에서는 아플라톡신이 종종 검출된다. 우리나라에서는 '땅콩 및 견과류 가공품' 및 '땅콩 및 견과류가 함유된 과자류'에 대하여 아플라톡신을 $10\mu g/kg$(10ppb) 이하로 관리하고 있다.

아플라톡신M_1의 'M'은 독소의 유래가 우유(milk)임을 의미하며, 아플라톡신B_1에 오염된 사료를 먹은 젖소의 대사산물이다. 아플라톡신M_1이 포함된 우유를 생산하는 젖소라도 오염된 사료의 급여를 중지하면 3~4일 후부터는 아플라톡신M_1이 없어진다. 우리나라의 경우 우유류의 아플라톡신M_1 허용기준은 $0.5\mu g/kg$ 이하로 규정하고 있다.

32
알레르기

식생활이 변하고 식품의 종류가 다양해지면서 음식물에 의한 알레르기도 날로 증가하는 추세에 있다. 알레르기(allergy)란 1906년 오스트리아의 소아과 의사 피르케(Clemens Freiherr von Pirquet)가 처음으로 제안한 개념으로서, 어원은 그리스어로 'changed'를 의미하는 'allos'와 'reactivity'를 의미하는 'ergos'를 합성한 것이며, '정상에서 벗어나 다르게 반응하는'이란 의미를 지니고 있다. 알러지 또는 앨러지라는 영어식 발음이 사용되기도 하나, 독일어식 발음인 알레르기가 표준어이며 일반적으로 사용되고 있다.

인체는 외부로부터 이물질, 병원균 등이 체내로 들어오면 자신을 보호하기 위한 정상적인 방어 반응을 나타내는데 이를 면역반응(免疫反應, immune response)이라고 한다. 그러나 때로는 비정상적으로 과민반응을 일으켜 병적인 상태를 나타내기도 하는데 이것을 알레르기반응(allergic reaction)이라고 한다. 알레르기의 정의는 여러 차례 수정되었으며, 현재는 "항원(抗原, antigen/allergen)과 이것에 대응하는 항체(抗體, antibody) 사이에 일어나는 과민성 반응이 생체에 미치는 영향 중에서 병적인 과정을 나타내는 것"으로 정의하고 있다.

알레르기 유발 물질(항원)은 우유, 계란 등의 식품이나 페니실린, 아미노피린 등의 의약품을 비롯하여 꽃가루, 실내 먼지, 진드기 등 호흡기를 통해 들어오는 것, 화장품 등과 같이 피부를 통해 들어오는 것 등 주변 환경에 널리 분포되어 있다. 동일한 환경에서 항원에 노출되더라도 모든 사람에서 알레르기 질환이 나타나는 것은 아니고, 알레르기 질환이 생길 유전적 소양을 가진 사람(알레르기 체질)에게만 나타난다. 즉, 알레르기란 대부분의 사람에게는 아무런 문제도 일으키지 않는 물질이 어떤 사람에게는 가려움증, 두드러기, 천식 등의 이상 과민반응을 일으키는 것이라고 할 수 있다. 알레르기의 증상은 환자의 나이, 항원의 종류와 양에 따라 결정되며, 다음과 같이 구분할 수 있다.

① **피부 증상**: 가려움증, 발진, 두드러기, 피부염 등

② **소화기 증상**: 입술이나 구강 점막의 부종, 구토, 복통, 설사 등

③ **호흡기 증상**: 비염, 천식 등

④ **전신성 아나필락시스(anaphylaxis)**: 몇 분 또는 한두 시간 정도의 짧은 시간에 극단적으로 과민반응을 보이는 것으로, 온몸에 증상이 나타나 갑자기 혈압이 떨어지거나 기도가 좁아져 쇼크 상태에 이르고 심하면 사망할 수도 있다.

복통, 구토, 설사 등을 주요 증상으로 하는 식중독은 식품 알레르기와 혼동을 일으키는 질환이다. 식중독은 식품에 포함된 독성 물질 또는 미생물이 원인이 되는 것으로 음식물 자체가 오염되었을 경우에 발생한다. 따라서 식중독은 그 식품을 먹은 사람들이 동시에 집단적으로 발생하는 특징이 있다. 이에 비하여 식품 알레르기는 알레르기 체질을 가진 사람이 특정한 원인 식품을 섭취할 때 반응을 일으키는 것으로 그 사람 개인에서만 나타나며 다른 사람에게는 아무 문제를 일으키지 않고, 식품 자체는 위생적으로 아무 문제가 없는 경우가 대부분이다.

모든 식품은 알레르기의 원인이 될 수 있으나, 대부분 단백질로서 지금까지 200여 종의 아미노산이 알려져 있으며, 대체로 열에 안정하고 소화효소에 의해 분해되기 어려운 특징이 있다. 식품에 의한 알레르기는 성인보다 소화기관이 덜 발달한 영유아 또는 어린이에게서 더욱 자주 나타나며, 5세 이후에는 덜 발생하나 콩이나 곡류에 의한 알레르기는 나이에 관계없이 발생한다. 민족에 따라서도 차이를 보여 동양인의 경우 주요 식품 알레르겐은 계란(50%), 우유 및 유제품(25%), 어류(6%) 등으로 알려져 있다.

2018년 기준으로 우리나라에서는 메밀, 밀, 대두, 호두, 땅콩, 잣, 복숭아, 토마토, 우유, 난류(卵類), 닭고기, 쇠고기, 돼지고기, 고등어, 새우, 게, 조개류, 오징어, 아황산 포함식품 등 19가지를 알레르기 원인식품으로 규정하고 있으며, 그 종류는 계속 증가하고 있다.

이들 식품을 원료로 사용한 제품의 경우에는 사용량에 관계 없이 표시하도록 하고 있다.

알레르기 체질은 어느 정도 부모로부터 유전되는 것으로 알려져 있으나, 100% 유전되는 것은 아니므로 유전성에 대해 지나치게 심각하게 여길 필요는 없다. 알레르기 체질을 가졌다고 하여도 모든 음식물에 알레르기를 일으키는 것은 아니다. 예를 들어 계란에는 알레르기 반응을 보이나 우유에는 아무 이상이 없을 수 있다. 식품 알레르기를 경험한 사람은 원인이 된 식품을 찾아서 그 식품을 회피하는 것이 최선의 방법이다. 원인 식품을 찾는 일반적인 방법은 가족력을 확인하고, 자신의 몸 상태를 주로 먹는 음식과 관련하여 분석해 보는 것이다. 병원에서는 피부반응검사라는 방법을 주로 사용한다.

항원 식품이라 하더라도 알레르기 반응이 완화되거나 자연적으로 치유되는 경우도 많으므로 몇 달 후에 다시 먹어보는 것도 좋다. 시험 삼아 소량 먹어보고 이상이 없으면 양을 늘려서 그래도 증상이 나타나지 않으면 그때부터는 더 이상 회피하지 않아도 된다. 또는 조리법을 바꿔서 시험해 보는 방법도 있다. 단백질은 가열에 의해 변성되므로 신선한 식품은 항원으로 작용하나 가열 조리된 식품은 아무 반응이 없는 경우도 있다. 예를 들면 생계란에는 알레르기를 일으키나 가열 조리된 계란요리는 이상이 없으며, 빵에는 과민하나 바싹 구운 토스트에는 반응이 없을 수도 있다. 그러나 알레르기 증상이 저혈압, 쇼크, 심한 기관지천식 등과 같이 생명을 위협할 정도로 심한 경우였다면 평생 그 원인 식품을 회피하는 것이 안전하다.

알레르기와 유사한 개념으로 사용하는 용어로 아토피(atopy)가 있다. 아토피는 그리스어 'atopos'에서 유래되었으며, '기묘한', '뜻을 알 수 없는' 등의 의미를 가지고 있다. 어원과 같이 아토피는 증세도 다양하고 병의 원인 또한 복잡하게 뒤엉켜 있어서 한 마디로 설명하기 곤란한 기묘한 질병이며, 아직까지 정확한 정의조차 내리지 못하고 있다. 아토피는 알레르기와 원인이나 증상 면에서 닮은 점이 많아 혼동하는 경우가 많이 있으나, 정확히 어떤 요인에 의한 것인지는 아직 규명되지 않았다.

아토피는 넓은 의미로는 알레르기의 범주에 포함되어 알레르기의 한 종류라고 할 수 있으나, 기존의 알레르기 이론으로는 설명되지 않는 이상한 증세이다. 면역계(免疫界) 질환이라는 점에서는 유사하지만 알레르기는 증상을 유발하는 특정 원인 물질이 있는 반면에 아토피는 특정 원인도 없는데 알레르기와 비슷한 증상을 보이며, 특히 어린 아이들에게 집중적으로 발생한다. 아토피의 대표적인 증상은 피부염이며 천식, 비염, 결막염 등 알레르기 질환을 동반하는 경우가 많다. 알레르기는 원인이 되는 물질이 존재하므로 그 물질만 제거하면 증세가 치유되지만, 아토피는 원인을 정확히 파악할 수 없으므로 그만큼 치료가 어렵다.

33
농약과 유기농식품

식품의 잔류농약(殘留農藥)이란 병충해로부터 농작물을 지키기 위하여 사용한 농약이 농작물 또는 이를 원료로 사용한 식품 중에 남아있는 것을 말하며, 잔류농약은 농약의 성분, 사용 시기, 사용량 등에 따라 남아있는 정도가 다르게 된다. 대부분의 식품에서는 조리와 가공과정을 거치면서 감소하여 인체에 유해할 정도로 남아있는 경우가 드물지만, 채소 및 과일류는 직접 섭취하게 되므로 특히 잔류농약의 안전성이 중요시된다. 과채류에 비해 엽채류는 표면적이 넓고, 표면에 굴곡이 많은 특성 때문에 잔류농약이 많은 편이다.

우리나라는 460여 성분에 대해 농약잔류허용기준이 설정되어 있으며, 농약 희석배수, 살포횟수, 출하전 마지막 살포일 등에 대해 법으로 정하고 있다. 그러나 농민의 평균연령이 65세 이상인 고령이고, 규모가 영세하여 관계 법령에 대한 인식이 부족하기 때문에 농약의 안전사용기준을 지키지 않는 농민이 있으며, 실제로 시중에서 수거한 농산물에서 부적합품이 발견되고 있어 소비자들의 불신이 높은 것이 사실이다.

소비자들은 기준치 초과 여부와 관계없이 농약이 검출되었다는 사실만으로도 유해식품으로 간주하는 경향이 있으나, 식품에 남아 있는 농약의 양은 기준치를 초과하였다고 하여도 일반적으로 매우 미량이어서, 맹독성의 농약이라도 한 번 섭취하여서 중독을 일으킬 만한 수준은 아니다. 소비자들은 심리적, 감성적으로 판단하여 잔류농약이 위험한 것으로 인식하고 있으나, 과학적인 관점에서 보면 잔류농약은 병원성미생물 등 다른 요인에 비하여 상대적으로 위해성이 매우 낮다.

잔류농약은 농산물의 표면에 묻어있어서 물에 깨끗이 씻거나 가열하여 조리하면 대부분을 제거할 수 있다. 2004년 식품의약품안전청에서 실시한 실험결과에 따르면, 깨끗한 물에 5분 정도 담근 후 흐르는 물에 약 30초 동안 문질러 씻기만 하여도 채소류의 경우는 약 55%, 과일류의 경우는 약 40%의 잔류농약이 제거된다고 한다. 사과 같은 과일은 물로 씻은 후 껍질을 벗기면 거의 100% 잔류농약이 제거되며, 채소류의 경우 2분 정도 물에 삶거나 데쳐도 80% 이상의 농약이 제거된다고 한다.

안전한 식품에 대한 관심이 높아짐에 따라 최근의 식품 광고에서 가장 많이 볼 수 있는 표현이 친환경, 자연, 유기농 등이다. 우리나라의 경우 유기농(有機農)이란 말이 부정확하게 사용되어 대부분의 사람들이 정확한 뜻을 모르고 있으며 친환경(親環境), 무공해(無公害), 청정(淸淨), 천연(天然) 등의 단어와 혼용하여 혼란을 가중시키고 있다. 유기농식품(有機農食品, organic food) 역시 크게 유기농산물(有機農産物)과 유기가공식품(有機加工食品)으로 구분될 수 있으며, 일반적으로 말하는 유기농식품은 주로 유기농산물을 의미한다. 유기농산물은 보통 유기임산물(有機林産物)과 유기축산물(有機畜産物)을 포함하는 개념으로 사용된다.

유기농산물이나 유기임산물은 살충제와 같은 합성 농약이나 화학비료를 사용하지 않고 재배한 작물을 말한다. 유기축산물은 비좁은 사육장 대신에 야외에서 자유롭게 활동하며 자라야 하고, 사료로는 유기농산물만 주며, 항생제나 성장호르몬 등을 인공적으로 투여하지 않은 가축을 말한다. 실제 식품매장에서는 유기농산물 대신 친환경농산물 인증마크를 단 식품이 판매되고 있으며, 친환경농산물은 유기농산물 외에도 무농약농산물이 있고 그 차이는 다음과 같다. 2종류의 인증마크는 언뜻 보기에는 큰 차이가 없기 때문에 자세히 확인할 필요가 있다. 국제적으로는 유기농산물만 인정되고 있다.

① **유기농산물**: 다년생 작물은 3년 이상, 그 외 작물은 2년 이상 농약과 화학비료를 사용하지 않은 농경지에서 재배한 농산물

② **무농약농산물**: 농약은 사용하지 않고, 화학비료는 권장사용량의 1/3 이하로 사용하여 재배한 농산물

유기가공식품은 유기농산물을 주원료로 하여 제조·가공된 식품을 말하며, 2014년 1월부터 종전까지 시행되던 표시제가 폐지되고 인증제로 운영되고 있다. 인증을 받기 위해서는 유기 원료를 95% 이상 사용해야 하는 것은 물론, 생산기록 관리를 철저히 해야 하고 생산라인에서 비유기 식품의 혼입이 일어나서는 안 된다. 특히 사용 가능한 첨가물이 매우 제한적이다.

유기가공식품 인증과 관련하여 로하스(LOHAS) 마크가 혼동을 주기도 한다. 로하스는 'Lifestyle Of Health And Sustainability'의 약자로서, 개인 중심의 웰빙을 넘어서 이웃의 안녕과 후세에게 물려줄 소비 기반까지 고려하는 친환경적이고 합리적인 소비 패턴을 의미한다. 현재 로하스 마크는 한국표준협회에서 주관하고 있으며, 제품의 경제성, 환경성, 건강성 등 10가지 기준에 의한 평가에 합격한 제품에 사용하도록 하고 있다. 유기농산물을 사용하면 평가에 유리하기는 하나 로하스 마크가 붙어있다고 하여도 반드시 유기농산물을 사용한 것은 아니며, 식품뿐만 아니라 다른 공산품, 서비스 등에도 로하스 마크가 부여되고 있다.

수입품인 경우 수출국에서 받은 인증만 있으면 유기농(organic)이란 표시를 하고 판매할 수 있으나 나라마다 인증의 기준이나 수준이 다르기 때문에 함부로 신뢰하는 것은 바람직하지 않다. 비교적 믿을 수 있는 외국의 인증기관으로는 미국 농무부(USDA), 일본 농림수산성(JAS), 국제유기농업운동연맹(IFOAM) 등이 있으며, 유럽연합(EU)이 정한 유기농 기준에 적합한 제품에 한하여 독일 정부가 발행하는 BIO 마크가 붙은 식품도 비교적 믿을 수 있다.

유기농식품이 건강 이미지를 얻고 맛이나 영양 면에서 일반식품에 비하여 뛰어난 것으로 인식되고 있는 데에는 마케팅의 효과가 크다. 식품업체로서는 일반식품을 유기농식품으로 대체함으로써 같은 수량을 판매하여도 더욱 많은 이익을 남길 수 있으므로 적극적인 홍보를 하고 있으며, 일부 지방자치단체에서도 주민의 소득 향상이란 구실로 적극 권장하고 있는 형편이다. 안전한 식품을 요구하는 소비자단체나 환경 관련 단체의 부정확한 정보에 의한 활동도 유기농식품 시장의 확대에 일정 부분 기여하였다. 그러나 유기농식품은 소비자들이나 환경단체에서 생각하는 만큼 식품에서 새로운 대안이 될 수는 없으며, 업계의 교묘한 마케팅으로 형성된 허상에서 탈피할 필요가 있다.

감독 인력의 부족으로 토양과 용수 등 재배환경과 생산 및 유통과정에서 인증 기준이 철저히 준수되었는지를 제대로 확인할 수 없다는 현실은 별도로 하고서라도 유기농식품이 일반식품에 비하여 맛이나 영양 면에서 우수하다는 증거는 없다. 오히려 모양이나 색깔 등의 외관에서는 일반식품에 비하여 떨어지는 것이 보통이다. 또한 유기농산물은 화학비료와 농약을 사용하지 않기 때문에 일반농산물에 비하여 병원성대장균과 살모넬라 등의 유해 미생물에 오염될 확률이 매우 높다. 유기농 재배에서 거름으로 사용되는 가축의 분뇨 등은 O-157 대장균의 주요 서식처가 된다. 영국 식품표준국(FSA)의 지적에 의하면 식중독으로 매년 50~300명이 사망하지만, 잔류농약 때문에 사망하였다는 보고는 한 건도 없었다.

유기농산물에 대한 기대와 장점으로 주장되는 것이 모두 사실이라고 하여도 생산량 자체가 적은데다 보존성도 나쁘기 때문에 유기농산물은 인류의 식량문제 해결이라는 측면에서는 아주 불합리한 선택이라고 할 것이다. 유기농산물은 일반 농산물에 비하여 평균 20~50% 정도 생산량이 적다고 한다. 또한 유기농산물은 살충제, 방부제 등을 사용하지 않기 때문에 보관, 유통 중에 벌레가 먹거나 부패하여 폐기하게 되는 양도 일반 농산물에 비하여 매우 많을 수밖에 없다.

인류가 농약과 화학비료를 발명한 이유는 늘어나는 인구를 먹여 살리기 위해서는 기존의 농업 방식으로는 불가능하였기 때문이다. 1960년대 30억 명 정도이던 인류는 약 40년 후인 1999년에는 그 두 배인 60억 명을 초과하였다. 유기농산물을 주장하는 것은 과거로 회귀하자는 것에 불과하며, 지구상의 경작지는 한정되어 있으므로 유기농법으로 농약이나 비료를 사용하는 현재의 농업 방식 이상의 생산량을 얻지 못한다면 유기농산물은 이상(理想)에 불과하고, 대다수 빈곤층의 기아상태를 더욱 부추기면서 일부 부유층만을 위한 특별한 식품이 될 수밖에 없다.

34
항생물질

우리나라에서 항생제의 남용에 대한 문제는 꾸준히 제기된 사항이지만 여전히 개선되지 않고 있다. 많은 소비자들이 식품의 안전성에 대하여 불신하고 있으며, 일반 소비자들이 식품에 대하여 갖고 있는 불안감 중에는 식품에 포함되어 있는 항생물질도 한몫을 하고 있다.

항생물질(抗生物質, antibiotics) 또는 항생제(抗生劑)란 미생물에 의해서 만들어지는 물질로서 소량으로도 다른 미생물의 발육을 억제하거나 사멸시키는 물질을 말한다. 페니실린(penicillin)은 1928년 알렉산더 플레밍(Alexander Fleming)에 의해 푸른곰팡이의 분비 물질에서 최초로 발견된 항생물질로서 제2차 세계대전 당시 수많은 부상병의 세균 감염을 막거나 치료하는 데 지대한 공헌을 하였다. 항생제는 처음에는 미생물이 만들어 낸 것을 이용하였으나, 현재는 구조를 약간 바꾼 반합성 또는 완전히 새로운 합성항생제도 개발되어 사용되고 있다.

항생제의 발견은 인류를 세균감염성 질환의 공포로부터 구원한 획기적인 사건이었다. 항생제 발견 이전에는 장미 가시에 찔린 것과 같은 하찮은 상처에 의해서도 생명을 잃는 일이 발생하곤 하였다. 이처럼 위대한 발견이었으나 곧바로 항생제내성(抗生劑耐性)이라는 문제에 부딪히고 말았다. 항생제내성이란 미생물이 항생제에 대항하여 항생제의 효과가 없어지는 현상을 말하며, 이처럼 항생제에 대하여 내성을 갖게 된 미생물을 항생제내성균(抗生劑耐性菌)이라 한다. 항생제내성균이 일반화되면 쉽게 완치가 가능하던 감염성 질환이 치명적인 질병으로 발전하고, 인류는 항생제 발견 이전의 시대로 되돌아 갈 수도 있다.

과거 농어촌의 부업으로 사육되던 가축이나 양식어류가 점차 대규모로 사육, 양식되면서 질병 예방과 증산의 목적으로 항생물질이나 합성항균제, 성장호르몬제 등의 사용이 보편화되었다. 그러나 무분별한 사용으로 축산물 및 수산물 등의 식품에 잔류하는 사례가 발생하고 이들 식품을 섭취함에 따라 인체 내에서 항생제내성균이 형성될 수 있다는 문제점이 제기되고 있다. 2006년 국립수의과학검역원의 조사에 의하면 140,666건의 소, 돼지, 닭 등의 식육 중에서 0.26%인 364건에서 항생물질이 기준치 이상으로 검출되었다고 한다.

항생제는 중금속과는 달리 동물의 몸에 흡수되어도 시간이 지남에 따라 체외로 배설되며, 식품에서 항생물질이 발견되는 가장 큰 이유는 출하 전에 휴약기간(休藥期間)을 지키지 않기 때문이다. 휴약기간이란 투여된 약물이 잔류허용기준 이하의 안전한 수준으로 감소될 때까지 약물의 투여를 금지하는 기간을 말한다. 항생물질의 잔류를 줄이기 위하여는 축산농민 및 양식어민을 대상으로 항생제 등의 사용 방법에 대한 지속적인 교육과 홍보가 필요하다. 식품의약품안전처에서는 항생제 내성의 심각성을 인식하고 2003년부터 '국가 항생제내성 안전관리 사업'을 시작하였다.

항생제는 원래 미생물이 자신을 보호할 목적으로 다른 세균의 성장을 방해하기 위하여 만든 물질이며, 항생제 내성이라는 것도 미생물이 항생제로부터 자신을 보호하기 위하여 만들어낸 자체 방어능력이다. 결국 항생제와 이에 대한 내성은 수많은 미생물들의 생존경쟁의 산물이며, 미생물이 세상에 등장하면서부터 갖고 있는 유전적인 능력이며 자연현상인 것이다. 따라서 항생제 내성은 항생제를 사용하는 한 피할 수 없는 현실이므로 이의 발생을 최대한 억제하고 확산을 저지하는 것이 유일한 대안이다. 내성이 생기기 위해서는 오랫동안 반복하여 항생물질에 노출되어야 하므로, 항생제의 남용을 방지하고 사용량을 최소화하면 내성균의 출현을 방지할 수 있다.

식품 중의 잔류 항생물질은 위험성이 경고되고 있기는 하나, 가능성의 문제일 뿐 아직 과학적으로 입증된 것은 아니고 실제 사례가 알려진 것도 없다. 잔류허용기준을 초과한 항생물질이라도 식품 중 항생물질의 양은 미량이고, 항생물질을 섭취하였다고 하여도 체내에 축적되는 것이 아니라 일정 시간이 지나면 배출되어 버리기 때문에 인체에 미치는 영향은 크지 않다. 또한 항생제내성은 같은 종류의 항생제에 지속적으로 노출될 때에 발현되는 것인데, 육류나 어류를 주식으로 하지 않는 우리나라의 경우 같은 종류의 항생제가 잔류된 식품을 반복적으로 자주 섭취할 가능성은 거의 없다. 식품 중 잔류 항생물질의 위험성이 전혀 없다고는 할 수 없으나, 일상생활을 하면서 우려할 수준은 아니다.

35
중금속

중금속(重金屬, heavy metal)은 이름 그대로 무거운 금속이다. 학술적으로는 비중이 4.0 이상인 금속류를 의미하지만, 일반적으로는 인체 내로 흡수되었을 때 잘 배출되지 않고 잔류하며 만성적으로 인체에 유해한 작용을 하는 금속류를 의미한다. 식품첨가물이나 잔류농약 등과는 달리 중금속은 인위적으로 첨가하지 않아도 식품 중에 존재하게 된다.

지표상에 있는 물, 공기, 토양 등에는 매우 적은 양이지만 중금속이 포함되어 있다. 따라서 이런 환경에서 살고 있는 생물체의 몸에는 어쩔 수 없이 중금속이 들어가게 되며, 일단 흡수된 중금속은 쉽게 배출되지 않으므로 계속 축적이 이루어지고, 생태계의 먹이사슬에 의해 피라미드의 상위로 갈수록 체내 농축이 심해지게 된다. 이를 생물농축(生物濃縮, biological concentration)이라 하는데 피라미드의 가장 위에 존재하는 인간은 가장 심한 피해를 보게 되는 것이다.

중금속이라고 하여도 모두가 유해한 것은 아니며 철, 구리, 아연, 코발트, 셀레늄 등 인체의 생리작용에 유용한 것도 있다. 이들은 필수무기질이라 하여 일반적인 유해중금속과 구분한다. 그러나 필수무기질 중에도 흡수된 양이 지나치게 많으면 유해한 작용을 하는 것도 있다. 대표적인 유해중금속에는 다음과 같은 것들이 있다.

① **납(Pb):** 중금속 하면 바로 납을 연상할 정도로 가장 잘 알려진 중금속이다. 납과 그 화합물들은 미량이지만 자연계에 널리 분포되어 있기 때문에 식품을 통하여 우리 몸에 들어오게 되며, 인체에 흡수된 납은 뼈와 치아를 비롯하여 간, 신장, 근육, 신경 등의 신체조직에 축적되어 기능장해를 일으킨다. 초기에는 식욕부진, 두통 등이 나타나지만 더욱 진행되면 팔, 다리, 관절 등의 통증 및 근육마비 증상이 나타난다. 어린이의 경우 학습능력 저하, 성장 저하, 뇌 손상 등이 발생할 수 있다.

② **수은(Hg):** 상온에서 액체인 유일한 금속이며, 독성이 강하다. 자연계에 널리 분포하고 그 화합물은 소독제, 살균제, 농약 등으로 사용되어 식품이나 물에 오염되기 쉽다. 1956년 일본에서 발생한 미나마타병(Minamata disease)은 전 세계적으로 수은을 비롯한 중금속 중독의 위험성을 알리는 계기가 되었다. 수은에 중독되면 주로 신경계에 이상이 생겨 초기에는 불안감, 환각증상, 손발의 떨림 등이 나타나며, 더욱 진행되면 언어장애, 운동장애, 사지마비 등이 나

타나고, 심하면 뇌기능 손상 등으로 사망할 수도 있다.

③ **카드뮴**(Cd): 카드뮴은 자연계에서는 아연, 구리, 납 등과 공존하며 이들 금속을 정련할 때 부산물로 얻어진다. 카드뮴은 20세기 이후에 이용하게 되었으며, 이때부터 카드뮴에 의한 환경오염이 시작되었다. 일본에서 발생한 이타이이타이병(itai-itai disease)은 공장 폐수에 의해 식품이 오염되어 나타난 것이다. 이 병에 걸리면 허리, 어깨, 무릎 등 온몸에 통증이 있으며, 약간의 충격만 받아도 뼈가 쉽게 부러지고 심하면 사망하게 된다.

④ **비소**(As): 비소는 자연계에 널리 분포하며, 대부분 식품에 미량의 비소가 함유되어 있으나 특히 해조류에 비교적 많이 들어있다. 피부의 각질화, 발진, 흑색색소 침착 등이 있으며, 탈모, 점막 염증, 근육 약화, 식욕감퇴 등의 증상이 나타난다. 비소화합물은 피부암, 폐암, 간암 등의 원인물질 중의 하나로 지목되고 있다.

⑤ **셀레늄**(Se): 1950년대 이전만 하여도 셀레늄은 독성원소로 분류되었으나, 그 후의 연구 결과 1978년 세계보건기구(WHO)와 유엔식량농업기구(FAO)에 의해 필수영양소로 인정되었다. 그러나 셀레늄을 과잉으로 섭취하면 발육억제, 식욕부진, 위장장해 및 간의 기능장애 등이 나타난다.

식품에서 중금속이 문제가 되어 주목을 받기 시작한 것은 최근의 일로서 일본에서 발생한 미나마타병과 이타이이타이병이 대표적인 사례이다. 미나마타병은 일본 구마모토현(熊本縣)의 미나마타시(水俣市)에서 발생하여 이런 명칭을 얻게 되었으며, 수은 중독에 의한 중추신경계 질병이다. 이 병의 발생 원인은 인근에 위치한 화학회사에서 수은이 함유된 공장폐수를 바다에 방류하였고, 바다에 유입된 수은은 메틸수은으로 변하여 생태계의 먹이사슬을 통하여 각 단계의 생물에 축적되었으며, 오염된 조개 및 어류를 먹은 주민들이 수은 중독에 걸리게 된 것이다. 1953년부터 1989년까지 수은 중독으로 판명된 환자 2,266명 중에서 938명이 사망하였으며, 처음으로 미나마타 보건소에 환자 발생이 보고된 1956년 5월 1일이 미나마타병의 공식 발견일로 되어 있다.

이타이이타이병은 일본 도야마현(富山縣)의 진주천(神通川) 하류에 위치한 마을에서 일어난 카드뮴 중독에 의한 질병이다. 카드뮴이 뼈의 주성분인 칼슘의 대사에 장애를 가져와 뼈가 물러지고, 작은 충격에도 뼈가 부러져 통증을 호소하므로 이런 병명을 얻게 되었다. 일본어로 '이타이(痛い)'란 '아프다'라는 의미이다. 이 병의 발생 원인은 진주천 상류의 광산에서 다량의 카드뮴이 포함된 폐수를 버렸으며, 이 강물을 이용하여 벼농사를 지은 이 지역 주민들은 오랫동안 카드뮴이 농축된 쌀을 먹고 중독을 일으키게 된 것이다. 1947년에 처음 발생하여 1965년까지 100여 명이 사망하였으며, 1961년에 카드뮴이 원인이었다는 사실이 밝혀졌다.

1950~1960년대에 주로 발생하였던 중금속 오염 사고는 중금속을 미처 몰랐기 때문이며, 최근에는 환경에 대한 감시와 사전 검사에 의해 중금속에 의한 식품 오염 사고는 거의 일어나지 않고 있다. 전문가들은 중금속에 의한 건강 피해 가능성은 미생물에 의한 위해의 1%에도 미치지 못한다고 추정한다. WHO와 FAO 공동으로 중금속에 대한 잠정주간섭취허용량(provisional tolerable weekly intake, PTWI)이 설정되어 있으며, 이것은 체중 1kg당 1주일에 이 정도는 계속 섭취하여도 건강에 위험이 없을 것으로 판단된다는 양(㎍/kg/week)으로 나타낸다. 대표적인 중금속의 PTWI는 납 25㎍/kg/week, 수은 5㎍/kg/week, 카드뮴 7㎍/kg/week 등이다. 우리나라 식품위생법에서는 이 기준을 근거로 중금속 오염이 심할 것으로 예상되는 식품들을 위주로 하여 중금속의 잔류허용기준을 설정하고 있다.

인터넷을 중심으로 체내에 축적된 중금속이나 유해물질을 체외로 배출하여 해독작용을 한다는 소위 디톡스(detox) 식품으로서 돼지고기, 미역, 녹차, 미나리, 마늘, 양파, 사과 등이 소개되고 있으나, 아직까지 몸에 축적된 중금속을 효과적으로 제거하는 식품은 과학적으로 증명된 것이 없다. 디톡스 식품으로 거론되는 것들은 충분한 근거 없이 소문 수준의 건강 정보로 소비자들을 현혹하고 있을 뿐이다.

디톡스 식품을 주장하는 사람들은 『동의보감(東醫寶鑑)』을 근거로 제시하기도 하는데, 『동의보감』이 저술되던 17세기 당시에는 전세계 어느 누구도 중금속이 무엇인지 몰랐으며, 중금속이란 개념도 없었다. 수은과 같은 중금속의 심각성이 처음 알려진 것은 20세기 중반의 일이다. 물론 아는 것과는 별도로 중금속 때문에 고통을 받았던 환자는 있었을 수가 있으나, 『동의보감』의 어떤 표현을 중금속 중독 증세의 해독이라고 해석한 것인지 불분명하다.

아무것도 먹지 않고는 살 수 없으며 대부분의 식품이 중금속에 오염되어 있기 때문에 중금속을 전혀 섭취하지 않을 수는 없는 것이 현실이다. 그러나 몸 안에 들어온 중금속을 배출하는 좋은 방법이 없다고 하여 지나친 걱정을 할 필요는 없다. 우리 몸은 중금속의 독성에 대하여 어느 정도 방어기능을 가지고 있으며, 소량씩이나마 흡수된 중금속을 체외로 배출시킨다. 특별히 다량의 중금속이 함유된 식품에 노출되어 있는 경우가 아니라면, 통상적으로 식품을 통해 섭취하는 중금속의 양은 배출시킬 수 있는 양보다 적다고 한다. 우리나라의 경우 현재까지는 중금속 오염에 대하여 비교적 안전한 편이라고 할 수 있으나, 환경오염을 방지하는 노력을 하지 않으면 언제까지나 안심할 수는 없을 것이다.

36
환경호르몬

호르몬이란 동물의 내분비계(內分泌界)에서 만들어져 아주 적은 양으로도 신진대사, 생식, 세포의 증식 등과 같은 생리조절에 중요한 작용을 하는 화학물질을 총칭하는 말이다. 미량으로 생리조절에 중요한 작용을 한다는 점에서 비타민과 유사하나, 비타민은 외부에서 흡수하여야 하는 데 비하여 호르몬은 스스로 만들 수 있다는 점에서 차이가 난다. 1902년 십이지장에서 분비되는 세크레틴(secretin)이 처음 발견된 이후 유사한 물질들이 계속 발견되었다. 1905년 스탈링(Ernest Starling)이 이런 물질들을 호르몬(hormone)이라 부르자고 제안하였다. 호르몬이란 그리스어로 '자극하다', '각성시키다' 등의 뜻을 지니는 'hormao'에서 따온 말이다.

환경호르몬(environmental hormone)이란 생명체 외부의 주변 환경에 존재하며, 생명체의 몸속에 들어오면 마치 호르몬처럼 작용하여 내분비계의 정상적인 기능을 방해하거나 교란시키는 물질을 말한다. 환경호르몬이란 용어는 1997년 일본의 학자들이 NHK 방송에 출연하여 사용하면서 유행하게 되었으며, 학술적으로는 내분비계교란물질(內分泌系攪亂物質, endocrine disruptor)이란 용어를 사용하고, 환경부에서는 내분비계장애물질(內分泌系障碍物質)이란 용어를 사용하고 있다.

호르몬이 작용하려면 우선 생리조절이 이루어지는 표적기관(標的器官)까지 이동하여 그곳에 존재하는 수용체(受容體, accepter)와 결합하여야 한다. 환경호르몬은 다음과 같은 네 가지 유형으로 유해한 작용을 하는 것으로 설명되고 있다.

① **모방(模倣)**: 환경호르몬이 호르몬과 유사한 역할을 하여 호르몬이 작용할 때와 같은 반응을 유발하는 경우이다. 대부분의 경우는 호르몬보다 약한 반응을 유발하지만 유산방지제로 사용되었던 합성호르몬인 DES와 같은 경우는 호르몬보다 훨씬 강력한 작용을 하였다.

② **차단(遮斷)**: 환경호르몬이 그 자체로 호르몬과 유사한 작용을 하지는 않지만 호르몬과 결합할 수용체와 결합함으로써 호르몬의 기능을 마비시키는 경우이다. 디포콜, DDE 등의 살충제가 남성호르몬의 작용을 봉쇄하여 플로리다 악어 수컷의 성기를 왜소화시킨 것이 그 예이다.

③ **촉발(觸發)**: 환경호르몬이 수용체와 결합하여 정상적인 호르몬에서는 일어나지 않는 작용을 유발하여 암이나 기형 등 비정상적인 연쇄적 세포반응을 일

으키는 경우이다. 이러한 물질로는 다이옥신(dioxin)이 대표적이다.

④ **방해(妨害)**: 수용체와 결합하지는 않으나 호르몬의 합성, 분비, 이동 등을 증가
시키거나 감소시켜 호르몬의 정상적인 기능을 방해하는 경우이다. 납과 같은
중금속이 성장호르몬이나 갑상선호르몬의 정상적 기능을 방해하여 발육과
지능발달을 저해하는 것이 그 예이다.

환경호르몬은 어느 날 갑자기 생겨난 물질은 아니며 예전부터 우
리의 주변에 항상 존재하였었다. 그러나 인간이 만들어낸 여러 화
학물질이 만연하게 되면서 그 위험성이 더욱 커지게 되었다. 현대인
은 생활 속에서 수만 가지의 화학물질을 접하고 있으며, 매년 수천
종의 합성 화학물질이 새로 개발되고 있어 과거에는 없던 화학물질
을 경험할 기회가 확대되고 있다. 모든 화학물질이 환경호르몬으로
작용하는 것은 아나나, 환경호르몬은 의식주를 포함한 우리의 모
든 생활 영역에 넘쳐나고 있어서 피하려고 하여도 피할 수 없는 상
황이다.

1970년대에 들어서서 질암에 걸린 젊은 여성의 공통점이 유산 방
지를 위하여 여성호르몬인 에스트로겐을 대용할 합성 의약품인 다
이에틸스틸베스트롤(DES)을 투여 받은 임신부들에게서 나타났다는
것이 밝혀져 충격을 주었으며, 예전에 비하여 불임여성이 증가하고
남성의 음경 발달이 부진하다는 보고도 있었다. 1980년대에는 살

충제인 디코폴(dicofol)의 오염사고로 미국 플로리다 악어의 부화율이 감소하고 수컷의 성기가 왜소화되는 증상이 보고되었다. 환경호르몬이 본격적으로 주목을 받기 시작한 것은 남성 정자수의 감소, 수컷 잉어의 정소 축소, 바다고둥의 자웅동체(雌雄同體) 발견 등이 보고된 1990년대에 들어서면서부터이다.

환경호르몬의 종류는 각종 산업용 화합물질, 농약류, 중금속류, 다이옥신류, 의약품, 식품첨가물 등 매우 다양하다. 1990년대에 들어 가장 먼저 환경호르몬의 위해성을 지적하기 시작한 세계야생생물기금(World Wildlife Fund, WWF)에서는 67종을 선정하였고, 미국 환경협회(EPA)에서는 69종, 일본 후생성에서는 143종을 지정하였다. 그러나 현재 각국에서 지정된 환경호르몬은 지금까지 알려진 화학물질 중에서 색출된 것일 뿐이며, 매년 새로 개발되어 합성되거나 자연계에서 새로 발견되는 화학물질을 고려하면 얼마나 많은 수가 존재할 지는 아무도 모른다. 매스컴 등에 보도되어 사회적으로 큰 영향을 끼쳤던 대표적인 환경호르몬에는 다음과 같은 것이 있다.

① **다이옥신(dioxin):** 베트남전쟁 중 미군이 사용한 고엽제(枯葉劑)에 들어있던 성분으로, 고엽제가 살포된 지역에서 유산이나 기형아 출산이 증가하여 세계적으로 주목을 받게 되었으며, 환경호르몬의 대표적인 물질로 꼽는다. 다이옥신은 PVC류가 많이 포함되어 있는 병원폐기물과 도시쓰레기를 태울 때 가장

많이 발생하며, 산불이나 화산재 같은 자연재해 시에도 발생한다.

② **농약류:** 현재 알려져 있는 환경호르몬의 대부분을 차지하며 디코폴, DDT 등
이 많이 알려져 있다. DDT는 우리나라의 경우 1950년대에 머릿속에 기생하
는 이나 몸에 기생하는 벼룩 등을 박멸하기 위해 널리 사용하였던 살충제이
다. DDT나 그 대사산물인 DDD, DDE가 체내에 축적되면 암이 발생하거나
생식 이상이 나타난다.

③ **비스페놀에이**(bisphenol A): 산업용으로 세계적으로 널리 사용되고 있는 물질
이며, 플라스틱의 일종인 폴리카보네이트(polycarbonate, PC)와 에폭시수지의
원료이다. PC는 내열성이 좋고 투명하여 식품용 용기나 유아용 젖병 등으로
사용되는데, 식품 중으로 비스페놀A가 용출되어 나온다고 하여 문제가 되고
있다. 비스페놀A는 인체 내에서 여성호르몬인 에스트로겐과 유사한 작용을
한다고 하여 환경호르몬으로 분류되고 있으나, 아직 인체에 유해한지 유해하
다면 얼마나 유해한지 등에 대하여는 파악되지 않고 있다.

④ **디에틸헥실프탈레이트**(DEHP): 플라스틱을 유연하게 만들 때 사용하는 첨가제
이며, 식품용으로는 음식을 포장할 때 사용하는 PVC 랩의 가소제(可塑劑)로
사용된다. DEHP는 지용성이기 때문에 뜨겁고 기름진 음식을 포장할 때 용출
될 가능성이 더욱 높다. DEHP는 동물실험에서 생식능력을 감소시키고 생식
기의 발육을 저해하는 것으로 밝혀졌으며, 사람에게는 고환, 신장, 간 등에 손

상을 줄 가능성이 있는 것으로 알려져 있다. 우리나라에서는 1989년부터 식품용 기구 및 포장재에 DEHP의 사용이 금지되었다.

⑤ **디에틸헥실아디페이트(DEHA):** 식품포장용 랩에서 환경호르몬이 검출되었다고 하여 자주 매스컴에 등장하곤 하였으나, DEHA의 유해성 여부는 아직도 논란 중이며 명확한 결론은 나와 있지 않다. 종전에는 대형할인매장이나 배달음식점 등에서 사용하던 업소용 랩은 DEHA을 가소제로 사용한 PVC 랩이 사용되었으나, 2005년부터 식품포장용 랩에는 사용할 수 없게 되었다. 우리나라에서 현재 사용되고 있는 식품포장용 랩은 폴리에틸렌(PE)이라는 합성수지로 만들어진다.

매스컴 등에서는 환경호르몬의 위험성을 경고하는 목소리가 높지만 사실보다 과장된 면이 많다. 우선 환경호르몬 중에서 그 유해성이 밝혀진 것은 극히 일부분이고, 대부분의 환경호르몬은 아직 명확하게 장애물질로 결론지어진 것이 아니며, 의심이 가는 추정물질로 분류만 하고 있을 뿐인 상태이다. 또한 환경호르몬으로 추정되고 있는 화학물질 중 농약류를 비롯한 상당수는 이미 발암성, 독성 등의 이유로 유해화학물질관리법, 농약관리법, 산업안전보건법 등의 관련 법규에 의해 사용 금지 또는 사용량 제한 등의 규제가 실시되고 있다.

산업화에 따른 환경오염이 심각하고 호흡이나 피부접촉에 의해서도 체내로 유입될 수 있으나, 환경호르몬의 90% 이상은 식품을 통하여 우리 몸속에 들어오므로, 식품으로 섭취하게 되는 환경호르몬의 양을 제한하면 위험성의 상당부분을 제거할 수 있다. 환경호르몬이 식품으로 섭취되는 경로는 크게 두 가지가 있다. 하나는 우리 주변 환경에 오염되어 있는 환경호르몬이 그곳에서 자라는 생명체로 흡수되고 먹이사슬을 통하여 농축되어 먹이사슬의 최상부에 존재하는 인간이 섭취하는 것이고, 다른 하나는 식품포장재에 포함되어 있는 환경호르몬이 식품 중으로 용출되어 그 식품과 함께 섭취하게 되는 것이다. 식품위생법에서는 환경호르몬 문제가 부각되기 이전부터 농약, 중금속, 식품첨가물 등의 잔류허용기준을 정하였으며, 식품과 직접 접촉하는 모든 기구 및 용기포장에 대하여는 재질별로 용출기준을 정하여 관리하고 있다.

흔히 천연물은 안전하다고 생각하지만, 우리가 전통적으로 먹어오던 식품들도 통상적으로 섭취하는 양만큼 먹었을 때에만 안전성이 보장되며, 지나치게 많은 양을 먹게 되면 인체에 해가 될 수 있다. 어떤 물질의 위해성과 안전성은 그 물질의 섭취량에 의해 결정되며, 독성을 나타내는 물질이라도 그 섭취량이 아주 적으면 해가되지 않는다. 지금까지 나타난 환경호르몬의 나쁜 영향은 비정상적으로 다량을 섭취한 경우에 해당되며, 통상적인 수준의 식품에서는 문제가 되지 않았다. 지속적으로 환경이 오염된다면 돌이킬 수 없는 사태가 발생할 수도 있으나, 인류는 이미 환경호르몬의 문제를 인식하고 그에 대한 대응책을 마련하고 있으므로 지나친 우려를 할 필요는 없다.

다이옥신

다이옥신(dioxin)은 대표적인 환경호르몬이다. 현재까지 알려진 다이옥신 및 유사화합물의 종류는 400여 가지이나 모두 다 독성을 지닌 것은 아니고 그중 30여 가지만 독성을 나타낸다. 환경호르몬과 관련하여 다이옥신을 이야기할 때에는 보통 독성을 나타내는 화합물들만을 의미한다. 보통 다이옥신이라 말할 때에는 다이옥신(polychlorinated dibenzodioxin, PCDD)과 그 유사화합물을 총칭하는 것으로, 염소(Cl)와 결합된 화합물질을 제조하거나 사용하는 과정에서 부산물로 발생한다.

우리나라에서 다이옥신이 문제가 되기 시작한 것은 베트남전쟁에 참여하여 고엽제가 뿌려진 지역에서 활동하였던 참전군인과 그 2세들에서 여러 가지 건강 장애가 나타난 1990년대 초반부터였다. 고엽제의 주성분은 다이옥신이 아니고 제초제로 효능이 뛰어난 2,4-D와 2,4,5-T라는 물질이었다. 그런데, 이 고엽제를 만들 때 불순물로서 10ppm(0.001%) 정도의 다이옥신이 생겼으며, 이 미량의 다이옥신에 의해 유산, 정자생성 저하, 기형아 출산 등의 문제가 발생한 것이다. 이 고엽제는 제조 과정 중에 다이옥신이 생성될 수도 있다는 사실이 알려진 이후에는 생산이 금지되었다.

다이옥신은 화학, 펄프, 제지, 도금, 제강 등과 같은 산업의 제조 공정에서 발생하며, 생활쓰레기나 산업폐기물을 소각할 때에도 발생하고, 자동차 배기가스나 담배연기 등에도 함유되어 있을 뿐만 아니라 산불이나 화산의 폭발과 같은 자연재해 시에도 발생한다. 이처럼 발생된 다이옥신은 대기, 물, 토양 등 환경을 오염시키고 생태계의 먹이사슬을 거쳐 농축되며, 최종적으로는 인간이 섭취하여 체내에 축적되게 된다. 수유부의 체내에 축적된 다이옥신은 모유를 통하여 유아에게 전달된다. 다이옥신은 음식을 통하여 97~98% 정도가 섭취되며, 호흡이나 피부접촉을 통한 섭취는 2~3% 정도로 무시해도 좋을 수준이라고 한다.

개개인의 다이옥신 섭취량은 섭취하는 식품의 종류와 양, 오염 정도 등에 따라 다를 수 있으나, 90% 이상은 육류, 유제품, 생선 등과 같은 동물성 식품으로부터 섭취하게 되며, 식수를 통하여 섭취하는 일은 거의 없다고 한다. 그 이유는 다이옥신이 지용성 물질이어서 물에는 녹지 않고 동물의 체내에 있는 지방에 흡수되기 때문이다. 서양의 경우 육류를 통한 다이옥신 섭취량이 많은 반면 생선의 소비가 많은 일본이나 우리나라의 경우는 생선을 통한 섭취가 60%를 넘는다고 한다. 다이옥신은 매우 안정된 물질이기 때문에 화학적으로 잘 분해되지 않으며, 미생물에 의해서도 분해되지 않아서 일단 체내로 들어오면 몸 안에 축적되게 된다.

다이옥신류 중에서도 TCDD(2,3,7,8-tetrachlorodibenzo-para-dioxin)의 독성이 가장 크고, TCDD는 인간이 만든 물질 중에서 가장 독성이 크다고 알려져 있다. 각 다이옥신은 독성의 강도가 각각 다르기 때문에, 어떤 물질 중에 들어 있는 다이옥신의 독성은 독성등 가값(Toxic Equivalent, TEQ)으로 나타낸다. 이것은 포함되어 있는 전체 다이옥신류의 상대독성을 환산하여 그 합을 TCDD의 양으로 나타낸 수치이다.

다이옥신은 국제암연구소(IARC)에서 발암물질로 분류한 유해물질이며, 지금까지 알려진 모든 화학물질 중에서 독성이 가장 강하다고 한다. 다이옥신은 신체의 어느 곳에나 암을 유발할 수 있는 것으로 알려져 있다. 발암 외에도 생식기능 저하, 기형아 출산, 발육 저하, 면역력 저하, 간 기능 저하 등 여러 가지 독성이 발견되었다. 세계보건기구(WHO)에서는 다이옥신의 일일섭취허용량을 4pgTEQ/kg・bw/day으로 정하고 있으며(※ 1pg은 0.000001μg으로서, 1g의 1조 분의 1에 해당한다), 우리나라 〈식품공전〉에서는 지방 1g당 쇠고기는 4.0pgTEQ, 돼지고기는 2.0pgTEQ, 닭고기는 3.0pgTEQ를 넘을 수 없도록 규정하고 있다.

다이옥신이 매우 위험한 물질인 것은 사실이나 너무 두려워할 필요는 없다. 그 이유는 고엽제에 노출되거나 화학공장이 폭발하는 것과 같은 사고에 의해 다이옥신이 다량으로 발생하는 경우가 아니라면, 일상생활에서 섭취하게 되는 양은 매우 미량이기 때문이다. 쓰레기소각장에서 발생하는 다이옥신을 걱정하기도 하나, 최근에

지어지는 쓰레기소각장은 다이옥신 발생을 최소화하도록 설계되어 있으며, 다이옥신 발생량은 관련법에 의해 규제되고 있다. 또한 쓰레기소각장에서 발생한 다이옥신이 바로 우리 몸에 흡수되는 것이 아니라 대부분은 생물농축의 과정을 거쳐 식품으로 흡수되게 되므로, 쓰레기소각장 옆에 산다고 하여도 특별히 많은 양의 다이옥신을 섭취하게 되는 것도 아니다.

37
신종유해물질

　식품원료 및 가공기술의 다양화와 분석기술의 발달에 의해 과거
에는 모르던 새로운 유해물질들이 알려지게 되었으며, 이처럼 최근
에 새롭게 발견된 식품에 함유된 유해물질들을 신종유해물질(新種
有害物質)이라고 부른다. 신종유해물질은 외부에서 첨가된 것이 아
니라 식품의 제조, 가공, 조리 등의 과정에서 식품 내에 존재하던
성분들이 화학적인 반응을 하여 생성된 것으로서 아크릴아마이드,
3-MCPD, 퓨란, 벤조피렌, 벤젠, 에틸카바메이트 등이 있으며, 새로
운 유해물질이 계속 발견되고 있는 추세이다.

1) 아크릴아마이드

　아크릴아마이드(acrylamide)는 원래 접착제, 누수방지제 등 산업
적 용도로 사용되는 화학물질로 신경계통에 영향을 주고, 유전자

변형을 일으키는 등 국제암연구소(IARC)에서 지정한 2A군 발암 추정 물질이다. 따라서 종전까지는 주로 산업현장에서 아크릴아마이드에 장시간 노출되는 작업자를 대상으로 한 연구가 이루어졌다. 2002년 4월 스웨덴의 식품청에서 탄수화물이 많은 감자나 시리얼 등이 120℃ 이상의 고온으로 처리될 때에도 아크릴아마이드가 생성된다고 발표하여 식품업계의 관심을 끌게 되었다.

스웨덴 식품청의 발표 이후 미국, 영국, 독일, 스위스, 노르웨이, 일본 등에서도 유사한 실험결과가 발표되었고, 세계 각국에서 생성 메카니즘 및 안전성에 대한 연구가 지속되고 있다. 아크릴아마이드는 화학식이 'C$_3$H$_5$NO'로서 탄소 3개, 수소 5개, 질소 1개, 산소 1개로 구성된 매우 간단한 화합물이며, 식품 중에 있는 아미노산의 일종인 아스파트산과 포도당, 과당 등의 환원당(還元糖)이 화학적 반응을 일으켜 생성된다. 다른 농작물에 비하여 감자에서 아크릴아마이드가 많이 생성되는 이유는 감자에 아스파트산과 환원당이 상대적으로 많이 포함되어 있기 때문이다.

우리나라에서는 2006년 5월 서울환경연합이란 단체에서 시중에서 판매되고 있는 감자칩과 감자튀김 각각 5개 제품의 아크릴아마이드를 조사한 결과를 발표하여 문제가 되기도 하였다. 당시 서울환경연합의 발표에 따르면 감자칩과 감자튀김의 아크릴아마이드 평균 함량은 각각 1,620μg/kg 및 1,004μg/kg으로 나타나, 2002년 식품의약품안전청 조사 때의 평균 함량 980μg/kg과 985μg/kg보다 오히려 증가하였다고 하였다. 이를 계기로 식품의약품안전청에서는 2006년 아크릴아마이드 저감화 추진 태스크포스팀을 조직하게 되었다.

태스크포스팀의 연구 결과에 의하면, 감자튀김에서 아크릴아마이드의 생성량은 온도가 높아짐에 따라 증가하고, 가열시간이 길어질수록 계속적으로 증가하였다. 그리고 상온에 보관한 감자보다 4℃에서 7주 냉장 보관한 감자로 제조한 샘플에서 23배나 아크릴아마이드의 생성량이 많았다. 이는 상온보다 냉장으로 보관하였을 때 환원당의 함량이 높아지기 때문이다. 연구 결과에 따라 식품의약품안전청에서는 아크릴아마이드를 줄이기 위해서 120℃ 이하의 온도에서 삶거나 쪄서 조리하고, 튀김온도는 160℃를 넘지 않도록 하며, 감자를 장기간 냉장에서 보관하지 않을 것을 권유하였다. 한편 일반가정에서 요리시 아크릴아마이드는 대부분 검출되지 않거나 0.01ppm(10㎍/kg) 미만으로 우려할 만한 수준은 아니라고 하였다.

현재에도 식품 중 아크릴아마이드 함량, 노출량 평가, 독성 평가 등의 연구가 진행되고 있으나 아직 만족할 만한 수준은 아니며, 보다 많은 연구가 필요한 상태이다. 현재까지 통상적으로 식사 중에 섭취하는 수준의 아크릴아마이드 함량 정도로는 암을 유발한다는 증거가 밝혀지지 않았으며, 이에 따라 WHO, CODEX 등 국제기구나 세계 어느 나라에서도 식품 중의 아크릴아마이드 함량에 대한 규격은 설정되어 있지 않다. 다만, 아크릴아마이드가 음용수의 불순물을 제거하는 데 사용되는 폴리아크릴아마이드를 제조하는 데 사용되므로, WHO에서는 먹는 물의 수질기준으로서 아크릴아마이드의 함량을 0.5㎍/L로 제시하고 있다.

아크릴아마이드를 비롯한 신종유해물질들은 국민의 건강에 심각한 영향을 끼칠 가능성도 있으나, 이는 식품 가공업자뿐만 아니라 이들을 감독하는 정부조차도 예상하지 못하였던 문제이다. 때로는 실제의 위험보다 소비자단체나 환경단체 등에 의한 일방적인 발표로 인하여 엄청난 사회적 파장과 더불어 경제적 손실을 초래하는 경우도 많다. 아크릴아마이드 문제가 크게 부각된 데에는 평소 패스트푸드에 대하여 비판적이던 소비자단체 등에서 맥도날드 등에서 판매하는 프렌치프라이에 초점을 맞추어 캠페인을 벌인 영향도 있다. 신종유해물질에 대한 접근은 냉정할 필요가 있으며, 검증되지 않은 일부 실험 결과에 현혹되지 말아야 한다.

2) 3-MCPD

일반인에게는 낯선 용어이나, 식품업계 특히 간장과 관련된 업종에 종사하는 사람들에게는 모노클로로프로판디올(3-monochloro-propandiol, 3-MCPD)이란 물질이 큰 관심의 대상이 되고 있다. 우리나라에서는 1996년 2월 경제정의실천시민연합(경실련)이란 단체에서 "화학간장을 제조하는 과정에서 불임과 발암이 의심스러우며, 인체에 유해하다고 판단되는 화학물질인 3-MCPD가 다량 검출되었다"고 처음으로 문제를 제기하여 알려지게 되었다. 그 발표 이후 유통 매장에서는 간장이 수거되고, 일부 주부는 집에 있던 간장을 하수구에 쏟아 붓는 등 '간장파동'이란 말이 생겨날 정도로 큰 혼란이 있었다.

재래식간장이나 양조간장은 미생물 발효에 의해 생성되는 맛과 향이 풍부한 것이 장점이나 제조에 시간이 많이 걸린다는 단점이 있다. 제조시간을 단축하기 위하여 고안된 방법이 산분해법으로서, 탈지대두(脫脂大豆) 등의 단백질 원료를 산(酸)으로 가수분해하여 식물성단백가수분해물(HVP)을 얻고, 여기에 소금물 등을 가하여 간장을 만드는 것이다. 산분해간장의 부족한 맛을 보강하기 위해 재래식간장이나 양조간장과 섞은 것이 혼합간장이며, 그 당시에는 혼합간장이 총생산량의 70% 이상을 차지할 정도로 산분해간장의 소비가 많았으므로 충격이 컸다.

탈지대두 등의 원료를 염산으로 가수분해하면 탈지대두의 주성분인 단백질은 아미노산으로 분해되어 맛을 내는 성분이 되지만, 탈지대두 중에 남아있던 미량의 지질은 지방산과 글리세린으로 분해되며, 이 때 생성된 글리세린이 염산과 반응하여 3-MCPD, 1,3-DCP 등의 유해한 염소화합물이 되기도 한다. 3-MCPD는 정자의 운동성 및 생식능력을 저하시키지만, 발암성은 없는 것으로 평가되고 있다. 1,3-DCP는 휘발성이 강한 물질로 눈과 피부에 자극성 손상을 입히고 불임을 유발하거나 생식기능에 장애를 일으키는 것으로 알려져 있다.

식품의 안전성은 일반적으로 급성독성을 나타내는 반수치사량(LD_{50})과 만성독성을 나타내는 일일섭취허용량(ADI)으로 구분하며, 3-MCPD의 LD_{50}은 160mg/kg이고, 1,3-DCP의 LD_{50}은 110mg/kg으로서 둘 모두 독성물질에 해당한다. 두 물질에 대한 ADI는 아직 정해지지 않았다. FAO와 WHO 합동 식품첨가물전문가위원회(JECFA)에서는 3-MCPD의 농도가 높을 때에만 1,3-DCP가 존재하므로, 3-MCPD를 규제하는 것만으로도 1,3-DCP를 관리할 수 있다고 하였다. 이 권고를 받아들여 국내외를 막론하고 3-MCPD에 대한 규격은 있으나, 1,3-DCP에 대한 규격은 아직 설정되어 있지 않다.

3-MCPD에 대하여는 유럽(EU)에서 가장 민감하게 반응하고 있으며, 규격도 간장 및 HVP에 대하여 0.02mg/kg으로 엄격한 편이다. 미국은 HVP에 대해서만 1mg/kg으로 관리하고 있으며, 일본은 아직 규정이 없다. 간장은 주로 동양권에서 사용하는 소스이고, 일본은 거의 모두 양조간장만을 사용하고 있는 현실이 반영된 결과라고 하겠다. 경실련의 발표는 3-MCPD의 규격을 마련하는 계기가 되었고, 현재 우리나라의 규격은 간장 0.3mg/kg, HVP 1.0mg/kg으로 되어 있다.

경실련의 발표에서 화학간장이란 산분해간장을 의미하며, 탈지대두 등을 염산으로 분해하고 수산화나트륨으로 중화시키는 등의 공정을 거치기 때문에 이런 이름이 붙었다. 이는 독성이 강한 염산이나 수산화나트륨로 간장을 만든다고 하여 크게 문제가 되었던 1985년의 '제1차 간장파동' 이후 소비자단체 등에서 사용하고 있는 선정적인 의도가 담긴 용어이다. 1985년의 간장파동은 제조공정을 이해하지 못하고 단지 염산이나 수산화나트륨과 같은 화학물질로 사람이 먹는 간장을 만든다고 하여 소비자단체에서 문제를 제기하여 일어난 사건이었다.

1996년의 간장파동 이후 정부와 업계의 노력으로 혼합간장의 비중뿐만 아니라 혼합간장 중의 3-MCPD 함량에도 현저한 개선이 있었다. 제14회 식품안전포럼(2007.1)에서 식품의약품안전청 김광진 연구사가 발표한 자료에 의하면 1996년에는 평균 10ppm 검출되던 것이 2002년에는 0.15ppm 수준이었으며, 2006년에는 0.07ppm 이하로 나타났다고 한다. 또한 우리나라의 간장 섭취로 인한 3-MCPD의 평균 인체노출량은 0.0009~0.0026μg/kg·bw/day 수준이어서 우려할 수준은 아니라고 하였다.

요즘 국내에서 생산되는 간장에서는 3-MCPD가 규격을 벗어나게 검출되는 사례가 거의 없으나, 아직도 중국이나 동남아시아에서 수입되는 간장류의 경우에는 종종 규격에 위반되는 것이 발견되고 있으며, 외국의 경우에도 3-MCPD 문제가 매스컴에 보도되는 일이 있다. 한때 큰 사회적 이슈로 되었었기 때문에 지금도 종종 관련 내용이 매스컴에 보도되고 있기는 하나, 1996년의 간장파동 이후 정부와 업계의 노력으로 혼합간장 중의 3-MCPD 함량에도 현저한 개선이 있었으며, 전체 간장 중에서 혼합간장을 사용하는 비중이 감소하여 우려할 수준은 아니다.

3) 퓨란

식품 중의 미량 화합물까지 분석할 수 있는 기술이 개발됨으로써 새롭게 신종유해물질에 포함된 것에 퓨란(furan)이 있다. 퓨란의 화학식은 'C$_4$H$_4$O'이며, 클로로포름과 유사한 냄새가 나는 무색의 휘발성 액체이다. 쓰레기를 태울 때 발생하는 다이옥신과 유사한 특성과 독성을 갖는 환경오염물질인 디벤조퓨란(dibenzofuran)도 보통 퓨란이라고 부르고 있으나, 식품의 신종유해물질에서 말하는 퓨란과는 전혀 다른 물질이다.

가열조리 식품 중에서 퓨란이 검출된다는 것은 1960년대부터 알려지기 시작하였으며, 퓨란을 고농도로 투여한 동물실험에서 발암성이 있는 것으로 나타나 국제암연구소(IARC)에서는 인체발암가능물질로 분류하고 있다. 2004년 미국 식품의약청(FDA)에서 새로운 분석방법을 개발하여 많은 종류의 식품에서 퓨란이 검출되었다고 발표하여 국제적인 관심을 끌게 되었다.

이에 따라 우리나라에서도 2005년부터 국내 식품의 퓨란 검출 현황에 대한 연구가 시작되었다. 식품의약품안전청에서 시중에 유통되고 있는 분유·이유식류 107건, 통조림식품 50건, 커피류 21건에 대하여 2005년에 조사한 결과는 분유·이유식류는 불검출~0.15ppm, 통조림식품은 불검출~0.20ppm, 커피류는 0.02~2.6ppm 정도로서 검출된 양은 미국, 독일, 스위스 등 다른 나라와 비교하였을 때 비슷하거나 낮은 수준이었다고 한다.

퓨란은 휘발성이 높기 때문에 식품의 제조 과정에서 생성된다고 하여도 대부분 휘발되고 최종 제품에는 별로 남아있지 않게 된다. 예를 들어 커피의 경우 뜨거운 물에 타서 마시는 것이 보통이어서 섭취할 때는 생성된 퓨란의 60~90%가 휘발되어 사라진다고 한다. 다만, 병조림이나 통조림 식품의 경우 밀봉된 상태로 가열처리되기 때문에 생성된 퓨란이 남아있을 가능성이 높다. 그러나 개봉 후 바로 섭취하는 경우가 아니라면 퓨란이 휘발하여 실제 섭취할 때의 퓨란 함량은 훨씬 낮아지게 된다.

퓨란 혹은 퓨란 유도체들이 식품 중에 어떤 형태로 존재하는지는 아직 알려져 있지 않다. 식품 제조 과정에서 아미노산이나 탄수화물을 가열하거나, 고도불포화지방산이나 비타민C 등의 성분이 가열분해 되었을 때, 또는 마이야르반응(Maillard Reaction)의 중간 생성물로서 퓨란이 생성되는 것으로 보고되고 있으며, 가열처리가 퓨란 생성의 주요 원인이지만 유일한 조건은 아니다. 퓨란은 커피,

육류 통조림, 빵, 가열 조리한 닭고기, 카라멜 등 주로 열처리 식품에서 검출되었으나, 최근에는 분석기술의 발전으로 수프, 소스, 파스타, 유아용 식품 등에서도 낮은 수준으로 검출되고 있다.

미국 FDA, 유럽식품안전청(EFSA)을 비롯하여 세계 각국의 여러 기관에서 다양한 식품군에 대한 모니터링을 실시하고 있으나, 아직까지는 퓨란에 대한 구체적인 자료가 확보되지 않아 정확한 위해 수준도 제시되고 있지 않다. 다만 미국의 경우 잠정적으로 위해의 위험이 없다고 추정되는 1일 섭취허용량(Reference Dose, RfD)을 1 $\mu g/kg/bw/day$로 정하고 있다. 국내의 경우도 자료의 부족으로 아직까지 섭취 기준도 정해져 있지 않으며, 국내 유통 식품의 모니터링 및 섭취형태 조사 등을 통하여 유해수준을 규명하려는 연구가 추진 중이다.

퓨란에 대한 정확한 위해 수준은 제시되고 있지는 않으나, 현재까지 식품 중에서 검출되는 수준의 양으로는 인체에 유해한 정도는 아니라고 판단되고 있다. 이에 따라 국제암연구소(IARC)에서도 발암성 분류의 세 번째 단계인 2B그룹으로 분류하고 있다. 참고로, 국제암연구소의 발암성 분류 단계는 다음과 같이 구분된다.

① Group 1: 사람에게 발암성 있음(Carcinogenic to humans)

② Group 2A: 사람에게 발암 우려(Probably Carcinogenic to humans)

③ Group 2B: 사람에게 발암 가능성(Possibly Carcinogenic to humans)

④ **Group 3:** 사람에게 발암성으로 분류되지 않음(Unclassifiable as to Carcino-
genic humans)

⑤ **Group 4:** 사람에게 발암 가능성 없음(Probably not Carcinogenic to humans)

4) 벤조피렌

벤조피렌(benzopyrene)은 국제암연구소(IARC)에서 발암물질 중에
서도 발암성이 가장 높은 1그룹으로 분류하고 있는 물질로서 오래
전부터 알려져 있던 물질이다. 이 물질이 우리나라에서 주목을 받
게 된 것은 2006년 올리브유에서 다량의 벤조피렌이 검출되었다는
사실이 매스컴에 보도되었기 때문이다. 2007년 말에는 태안 앞바
다에 기름이 유출되는 사고가 발생하여 벤조피렌이 사회적 이슈가
되기도 하였다.

암은 신체의 세포 중 일부가 통제 불능의 비정상적인 분열과 증
식을 하여 종양을 형성하고, 주위의 정상세포를 파괴하는 질병으
로서, 선사시대의 기록에서도 암을 의미하는 내용이 발견될 정도로
오래전부터 인류에게 알려져 있는 질병이다. 그러나 암의 원인은 오
랜 기간 동안 모르고 지냈으며, 1775년 영국의 외과의사인 포트
(Percivall Pott)가 최초로 화학물질이 암을 유발한다고 주장하였다.
그는 굴뚝청소부들이 유난히 음낭(陰囊)에 피부암이 많이 발생하는

것을 발견하고, 그 원인으로서 굴뚝 청소를 하면서 몸에 묻은 그을음 때문이라고 하였다. 당시에는 수도시설이 발달하지 못하여 자주 목욕할 수 없었으며, 특히 주름이 많은 피부에 묻은 그을음은 씻지 못한 채 지내는 일이 많았기 때문에 피부암에 걸리게 되었다고 하였다.

그의 이런 주장은 훨씬 후인 1915년에야 일본의 야마기와 가쓰사부로(山極勝三郞)와 이치카와 고이치(市川厚一)에 의해서 증명되었다. 그들은 토끼의 귀에 콜타르를 바르고 그 부분에 암이 발생하는 것을 확인하였다. 이것은 인위적으로 암을 발생시킨 최초의 실험이며, 화학물질과 암의 연관관계에 대한 연구에 박차를 가하게 하는 계기가 되었다. 마침내 1930년 켄나웨이(E.L. Kennaway) 등은 콜타르로부터 디벤즈안트라센(dibenzanthracene)을 분리하는 데 성공하여 암을 유발하는 화학물질을 최초로 입증하였다. 1933년 같은 연구팀의 쿡(J.W. Cook) 등은 콜타르에서 벤조피렌을 분리하였고, 이 물질이 피부암을 유발시킨 것으로 판명되었다.

벤조피렌은 다섯 개의 벤젠고리가 축합된 형태의 화합물로서 탄소 20개와 수소 12개로 구성되어 있다. 벤조피렌은 유기물이 불완전연소 할 때 생성되므로 주위환경에 널리 존재한다. 자연적으로는 화산이나 산불, 석탄이나 원유(原油)의 콜타르 등에서 발생하며, 일상생활에서는 산업장의 연기와 자동차 배기가스, 담배 연기 등에서 주로 발견된다. 벤조피렌은 흡연으로 인한 폐암의 원인물질로 잘 알려져 있으며, 담배 1개비를 피우면 주류 연기에서 20~40㎍, 비주류 연기에서 68~136㎍ 정도가 발생하는 것으로 분석되고 있다. 주류 연기란 흡연자의 몸속으로 들어갔다가 밖으로 내뿜어지는 것(필터에 한 번 걸러진 것)을 말하며, 비주류 연기란 흡연자가 들고 있는 담배 자체가 타면서 공기 중에 직접 확산되는 것을 말한다.

불에 직접 굽거나 훈연(燻煙)하는 식품은 불완전연소 시에 나오는 연기에 의해 벤조피렌이 오염되어 있기 쉬우므로, 그동안 식품에서의 벤조피렌 문제는 주로 육류에서 제기되어 왔다. 우리나라에서는 훈제식육제품 및 그 가공품 중의 벤조피렌 잔류 허용기준이 5.0㎍/kg(ppb) 이하이나, 유럽연합(EU)은 훈연제품의 경우 1ppb로 설정하여 관리하고 있다. 2005년 한국소비자보호원이 국립수의과학검역원과 공동으로 실시한 조사에 의하면, 검게 태운 고기에는 벤조피렌이 2.6~11.2ppb 정도 함유되어 있으며, 구운 고기에는 0.9ppb 정도였고, 조사된 55개 제품 중 훈연제품 19개에서는 모두 벤조피렌이 검출되지 않았다고 한다. 벤조피렌이 잔류기간도 길고 독성도 강한 발암물질임에는 틀림없으나, 고기를 구워 먹을 때 검게 탄 부분만 제거하고 먹으면 우려하지 않아도 된다고 하겠다.

한편 식품의약품안전청의 2001년 '내분비계 장애물질 연구보고서'에 따르면, 290건의 육류를 조사한 결과 가공하기 전의 육류에서는 벤조피렌이 검출되지 않았으나, 불에 구운 육류에서는 검출되었고, 숯불에 직접 구웠을 경우에 가장 많이 검출되었다고 한다.

벤조피렌의 검출량은 숯불에 직접 구운 쇠고기 및 돼지고기는 각각 0.15㎍/kg, 2.9㎍/kg이었고, 불판을 사용하여 숯불에 구웠을 경우에는 쇠고기 0.01㎍/kg, 돼지고기 0.02㎍/kg이었으며, 가스를 사용하여 불판에서 구웠을 때에는 쇠고기와 돼지고기 모두 0.004㎍/kg 이하로 현저히 낮아졌다고 한다. 석쇠를 이용하여 숯불에 직접 구울 경우에는 불에 떨어지는 기름 등이 타면서 벤조피렌의 발생량이 많아지며, 가스는 완전연소하고 숯불은 불완전연소하기 때문에 가스를 사용할 경우에 벤조피렌 발생량이 적어지게 된다.

우리나라에서 벤조피렌이 사회적 이슈로 떠오른 것은 2006년 9월 국정감사 중 올리브유에서 발암물질이 검출되었다는 안명옥 의원의 발표 때문이었다. 안 의원의 발표 내용은 "2006년에 실시된 유해물질 선행조사 결과 시판 중인 올리브유 30개 중 9개 제품에서 발암물질로 알려진 벤조피렌이 1kg당 최소 0.03㎍에서 최대 3.17㎍ 검출되었고, 현재 우리나라에는 벤조피렌 규제 기준이 없으나 식품의약품안전청의 권장규격은 2㎍/kg이며, 권장규격을 넘은 제품에 대하여는 수거에 나서 현재 95% 가량 회수한 것으로 확인되었다." 라는 것이었다.

이 발표 내용이 크게 사회적 문제가 된 것은 한참 웰빙식품으로 각광을 받던 올리브유에서 발암물질이 검출되었다는 것과 매스컴의 선정적인 보도 태도 때문이었다. 그러나 발표 내용을 자세히 살펴보면 벤조피렌이 검출된 9개 제품은 모두 퓨어올리브유(pure olive oil)였으며, 그중에서도 8개 제품은 2ppb 이하이고 1개 제품만이 3.17ppb였다는 것이다. 당시 우리나라의 가정에서 사용하던 올리브유는 대부분 고급품인 엑스트라버진(extra virgin)이며, 엑스트라버진은 모두 벤조피렌이 검출되지 않았다. 별로 사용되지도 않는 등급의 올리브유 한 개 제품에서 권장규격 부적합이 나온 것을 앞뒤 자세한 내용은 다 빼고 "올리브유에서 발암물질인 벤조피렌이 검출되었다."라는 것만을 강조하여 보도한 매스컴의 자세에 문제가 있었다고 하겠다.

이와 관련하여 소비자의 권익을 대변하는 기관인 한국소비자원에서도 "시중에 유통 중인 올리브유의 벤조피렌은 문제가 없다고 판단되며, 언론을 통해 잘못 전달되는 바람에 안전성에 문제가 있는 것처럼 보도됐다"는 입장을 표명하였다. 그러나 이 사건을 계기로 그동안 권장규격으로 관리되던 올리브유의 벤조피렌 함량이 2007년 5월부터 정식 기준으로 채택되게 되었다. 신설된 벤조피렌 기준은 권장규격과 동일한 2.0㎍/kg 이하이다. 권장규격이란 아직 정식 기준이 마련되어 있지는 않으나 관리의 필요성이 있는 물질에 대하여 국제기준 등을 감안하여 설정한 임시 기준으로서, 법적인 강제 사항은 아니나 개선권고 등의 행정지도와 필요시 자진회수 및 유통금지를 시킬 수 있는 규격이다. 권장규격 중에서 필요하다고 판단되는 것은 정식 기준으로 설정하게 된다.

환경오염으로 인하여 벤조피렌은 대기, 물, 토양 등 어디에나 존재하므로 농산물, 어패류 등 가공하지 않은 식품에도 미량 존재하며, 식품을 조리하거나 가공할 경우 탄수화물, 단백질, 지질 등이 분해되어 생성되기도 한다. 최근 식품을 통한 벤조피렌의 섭취가 문제로 제기되고 있으나, 모든 발암물질이 그렇듯이 섭취하는 양이 문제이다. 벤조피렌의 LD_{50}은 약 250㎎/㎏이고, 만성독성의 기준이 되는 ADI는 아직 설정되어 있지 않다. 식품의약품안전청 신종유해물질팀 허수정 박사가 2001년에서 2005년까지 5년간 국내 유통 중인 식품을 대상으로 한 모니터링 결과 햄, 베이컨 등 육류의 벤조피렌 오염도가 54.4%로 가장 높았고, 이어서 채소(19.2%), 곡류(11.5%), 과일류, 서류, 식용유지류, 어류, 패류의 순서였으며, 1일 평균노출량을 계산했을 때 벤조피렌에 의한 발암위험도는 우려할 만한 수준은 아니었다고 하였다.

5) 벤젠

벤젠(benzene)은 1825년 영국의 물리학자인 마이클 패러데이(Michael Faraday)가 고래기름으로 만든 조명용 가스에서 처음 발견하였으며, 1845년 독일의 호프만(August Wilhelm von Hofmann)이 콜타르에서 추출하여 벤젠이란 이름을 붙였고, 1865년 독일의 케쿨레(Friedrich August Kekulé von Stradonit)에 의해 벤젠고리 구조가 제안되었다. 예전에는 석탄의 콜타르를 분별 증류하여 얻었으나 요즘은 주로 석유에서 얻고 있다.

벤젠은 6개의 탄소원자가 거북이의 등껍질을 닮은 육각형 모양으로 연결되어 있고, 각 탄소원자에 수소원자가 하나씩 붙어있는 단순한 구조의 화학물질이다. 벤젠의 육각형 구조를 벤젠고리(benzene ring)라고도 하며, 다른 여러 방향족 화합물의 기본이 된다. 벤젠 및 벤젠고리를 포함하는 화합물들은 휘발성이 있고 독특한 향이 있어서 방향족(芳香族)이란 이름이 붙었다. 벤젠은 휘발성이 강한 무색의 액체이며 염료, 향료, 살충제, 합성세제, 약품 등 여러 화학 합성품의 원료로 사용된다. 예전에는 세탁소의 드라이크리닝 용매로 많이 사용하였으나, 독성이 알려진 이후로는 거의 사용되지 않고 있다.

벤젠은 국제암연구소(IARC)와 세계보건기구(WHO)에서 인체 발암물질로 규정한 대표적인 독성물질의 하나이며, 그 외에도 빈혈과 혈소판 감소 등을 일으키는 것으로 알려져 있다. 장기간 벤젠에 노출되면 백혈병에 걸릴 수도 있으며 피로, 두통, 식욕부진 등의 만성 중독이 나타나기도 한다. 짧은 시간에 250~500ppm 정도의 벤젠에 노출되어도 졸음, 현기증, 두통, 메스꺼움 등의 증상이 나타나고, 20,000ppm 이상의 고농도 벤젠을 흡입하였을 때에는 5~10분 안에 사망할 수도 있다. 입을 통하여 섭취하였을 경우 쥐를 대상으로 한 실험에서 LD_{50}은 930mg/kg이었다. 벤젠은 직업병 발생의 대표적 원인물질의 하나이며, 노동부에서 정한 벤젠을 취급하는 작업장의 노출 기준은 1ppm 이하이다.

벤젠은 휘발성이 강하여 매우 빠르게 기화하기 때문에 주로 호흡하는 공기 속에 섞여 우리 몸속에 들어오며, 자연환경에 방출되는 벤젠은 석유제품 특히 휘발유에 기인한다. 물을 비롯하여 자연 상태의 식품에도 벤젠이 존재하며, 미국 환경청의 자료에 따르면 계란에 500~1,900ppb, 바나나에 11~132ppb, 딸기에 1~138ppb 정도 함유되어 있다. 한편 1993년 캐나다 정부가 실시한 시험에 따르면, 음식이나 음료를 통하여 하루에 섭취하는 벤젠은 0.02㎍/kg/day였으며, 공기를 통해서는 2.4㎍/kg/day를 섭취하였고, 담배를 피운다면 3.3㎍/kg/day를 섭취하게 된다고 하였다. 비흡연자의 경우도 벤젠의 99% 이상을 호흡을 통하여 섭취하는 셈이다.

일반적인 주거지역의 대기 중 벤젠 농도는 3~30㎍/㎥ 정도이며, 그 지역의 교통량과 밀접한 관계가 있는 것으로 알려져 있고, 주유소 근처의 대기 중에는 상대적으로 벤젠 농도가 높다. 환경부에서 2007년 11월에 실시한 공청회에서 제시된 신축 공동주택(아파트)의 실내 공기 잠정 권고기준 중 벤젠의 농도는 5~45㎍/㎥이었다. 국내외를 막론하고 먹는 물 이외에는 식품 중 벤젠의 잔류허용기준을 설정한 사례는 없으며, 먹는 물의 벤젠 기준은 우리나라와 일본 등은 WHO 및 CODEX의 규격을 따라서 10ppb 이하로 하고 있고, 미국과 캐나다는 5ppb 이하이며, 유럽(EU)의 경우는 매우 엄격하여 1ppb 이하로 하고 있다.

우리나라에서 벤젠 문제가 새삼스럽게 사회적 이슈가 된 것은 2006년 3월 여성환경연대라는 단체에서 시중의 안식향산나트륨을 포함한 비타민음료 10개 제품을 수거하여 검사한 결과 그중 5개 제품에서 발암물질인 벤젠이 검출되었다고 발표한 것이 계기가 되었다. 이와 관련하여 식품의약품안전청에서도 자체조사 결과 벤젠이 검출되었으나, 함량이 우려할 만한 수준은 아니어서 해당업체에 제품 자진회수 및 벤젠 저감화를 위한 공정 개선을 촉구하였다고 확인함으로써 파문이 확대되었다. 그러나 이 사건 역시 식약청의 해명 내용을 자세히 검토하면 심각한 사항이 아니었음에도 불구하고 언론에서 과잉 보도한 영향이 컸다.

음료 중에 비타민C와 안식향산나트륨이 함께 존재할 경우에는 제품 원료에 들어 있는 철(Fe), 구리(Cu) 등 금속촉매제의 작용에 의해 화학반응을 일으켜 벤젠이 생성될 수 있다는 것은 1990년대 초부터 알려졌으며, 미국식품의약청(FDA)은 1993년 빛이나 열에 의해 소량의 벤젠이 생기고, 당(sugar)이나 EDTA염이 같이 있으면 벤젠 생성을 억제하는 효과가 있다는 사실도 확인하였다. FDA의 연구는 그 후로도 계속되어 2006년 2월 대부분의 비타민 음료수에서 벤젠이 검출되었으나 그 양이 심각한 수준은 아니어서 제조금지나 제품회수 명령은 내리지 않고 비타민C와 안식향산나트륨을 함께 사용하지 말 것을 권고하였다. 일부 인터넷 자료에서는 FDA가 비타민음료에 안식향산나트륨을 사용하지 못하게 하였다고 주장하나 이는 사실과 다르다.

여성환경연대가 시판 중인 비타민음료를 조사하게 된 것도 FDA의 발표 때문이었고, 우리나라 식약청도 같은 이유로 자체조사를 실시하였던 것이다. 여성환경연대는 벤젠이 검출된 5개 제품은 모두 미국의 먹는 물 기준(5ppb)을 초과하였고, 그중 2개 제품은 각각 17ppb와 16ppb로서 우리나라 먹는 물 기준인 10ppb를 초과하였다고 발표하였다. 식약청에서는 먹는 물의 기준은 평생 매일 1.5ℓ의 물을 먹는다고 가정하고 정해진 것이므로 한 병에 100㎖에 불과하고 간간이 먹는 음료에 먹는 물의 기준을 적용하는 것은 정당하지 못하다고 해명하였다. 여성환경연대의 조사에서 가장 많은 양(17ppb)이 검출된 제품 1병(100㎖)이라도 1.7㎍에 불과해 앞의 캐나다 정부의 조사에서 성인(70kg 기준)이 하루에 호흡을 통하여 섭취하는 벤젠 168㎍(2.4㎍ x 70)의 1% 수준이다.

이 문제가 크게 부각된 것은 KBS의 '추적60분'에서 식품첨가물이 아토피를 유발할 수도 있다는 내용을 보도하여 큰 혼란을 겪고 채 한 달이 지나기도 전에 대다수 국민이 즐겨 마시는 음료에서 발암물질이 검출되었다고 폭로하였기 때문이다. 그러나 앞에서 설명한 것처럼 벤젠은 우리 주변에 흔한 물질이며, 계란이나 바나나 같은 자연식품에도 포함되어 있는 물질이다. 이 사건 역시 그 양이 인체에 해가 될 수 있는 수준인지 여부는 따져보지도 않고 발표부터 해

버리는 환경단체와 사실 여부를 가리기보다는 구독률이나 시청률에만 신경을 써서 선정적으로 보도하는 매스컴의 오랜 병폐가 되풀이된 사례이다.

이 사건으로 관련 업계는 막대한 피해를 입었으나, 비타민음료의 벤젠 검출량은 획기적으로 줄일 수 있었다. 식약청에서 2006년 6월 ~7월에 35개 업소 58개 제품에 대하여 검사한 결과에서는 단 6개 제품에서만 1.5~11.7ppb 수준으로 검출되었으며, 10ppb 이상의 제품은 1개뿐이었다고 한다. 그것은 각 업체에서 안식향산나트륨을 사용하지 않거나 천연보존료로 대체하였고, 살균공정을 강화하는 등의 적극적인 저감화 노력을 하였기 때문이다. 얼핏 보면 좋은 결과처럼 보이지만 업체에게는 제조원가의 상승이 있었고, 당장은 아니더라도 결국은 소비자에게 전가될 부담이 된 것이다. 별로 우려할 만한 일도 아닌데 사회적인 불신만 낳고, 경제적인 손실과 부담만 지운 사건이었다.

6) 에틸카바메이트

에틸카바메이트(ethyl carbamate)는 1943년 덴마크 국립식품연구소에서 폐종양을 유도하는 각종 요인을 조사하던 중에 발견하였으며, 예전에는 동물의 마취제와 사람의 항종양(抗腫瘍) 및 수면제로 널리 사용되던 성분이었으나 발암성이 알려지면서 사용이 중단되었다. 에틸카바메이트는 일정 농도 이상 섭취하면 구토, 의식불명, 출혈을 일으키고 신장과 간에 손상을 입히기도 한다. 동물실험에서는 폐암, 유방암, 백혈병 등을 유발하는 것으로 알려져 있으며, FAO/WHO 합동 식품첨가물 위원회(JECFA)의 쥐를 통한 급성독성실험에서 LD_{50}이 2,000mg/kg으로 나타났다.

에틸카바메이트는 우레탄(urethane)이라고도 하며, 화학식은 '$H_2NCOOC_2H_5$'이다. 에틸카바메이트는 국제암연구소(IARC)에서 발암우려물질(Group 2A)로 분류하고 있는 유해물질로서 식품의 저장 및 숙성과정에서 자연적으로 생성되는 것으로 알려져 있다. 1970년대 초부터 빵, 요구르트, 치즈, 간장, 된장, 김치 등 발효식품 및 포도주, 위스키, 청주 등의 주류에서 에틸카바메이트의 존재가 확인되었다. 에틸카바메이트는 저장기간이 길수록, 가열하거나 숙성온도가 높을수록 생성량이 많아진다.

에틸카바메이트란 생소한 이름의 신종유해물질이 국내에서 처음으로 이슈화된 것은 2007년 10월의 일이다. 당시 국회의 국정감사 중에 고경화 의원이 식품의약품안전청에서 제출 받은 용역보고서의 내용을 분석하여 "국내에 유통 중인 수입산 와인에서 발암물질로 분류되어 있는 에틸카바메이트가 기준치를 훨씬 상회하는 수준으로 검출되었다"는 요지로 발표하였으며, 이 내용이 뉴스로 보도됨으로써 문제가 되었다.

보도에 따르면 에틸카바메이트는 다량 섭취하였을 경우 간과 신장에 손상을 줄 뿐만 아니라 암을 유발할 위험성이 높은 물질이고, 국내에서 유통 중인 대부분의 수입 와인에서 검출된 에틸카바메이트의 평균 농도는 109ppb로서 미국 FDA의 권고기준인 15ppb를 7배 이상 초과하였으며, 식약청이 제시한 하루 안전섭취량을 근거로 계산하면 수입 와인 반잔만 마셔도 하루 허용치를 초과하는 것으로 나타났다는 것이다. 더욱이 국내에는 이를 규제할 법규조차 마련되어 있지 않아 그 대책이 시급하다고 하였다.

이 보도는 여러 가지 점에서 무리가 있어 오보인 것으로 드러났으며, 뉴스의 공급원이었던 고경화 의원의 안전섭취량에 대한 이해 부족이 사건을 키웠다고 할 것이다. 안전성 판단의 근거가 되었던 실질적안전용량(virtually safe dose, VSD)이란 어떤 물질을 매일 평생 섭취할 경우 100만 명 중에 1명꼴로 암이 발생할 가능성이 있는 용량을 뜻한다. 이것은 하루 또는 며칠간 일시적으로 높은 용량을 섭취하였더라도 그 후에 지속적으로 섭취하지 않는다면 문제가 되지 않는다는 의미를 내포하고 있는 개념이다. 따라서 고경화 의원의 계산대로 반잔만 마셔도 VSD를 초과하므로 위험하다는 것은 맞지 않는 주장이며, 우리나라 성인의 하루 평균 와인 섭취량이 1.3g 이하인 점을 고려하면 우려할 만한 수준은 아니라는 식약청의 해명이 타당하다.

고경화 의원이 발표한 자료의 원본은 식약청이 건국대학교 배동호 교수에게 의뢰한 용역보고서이며, 이 보고서에 사용된 측정방법이나 측정의 정확도에도 이의가 제기되었다. 보도가 나간 뒤 프랑스의 보르도와인협회(CIVB)에서는 즉각 반론을 제기하였다. 800여 종의 대표 와인을 매년 조사하는 프랑스의 평균 에틸카바마이트 검출량인 5.8μg/L(5.8ppb)에 비하여 보도된 수치는 비상식적으로 많으며, 식약청에서 이번 용역보고서 이전에 발표한 자료와 비교하여도 차이가 있다는 것이다. 이에 대하여 연구를 주도한 배동호 교수는 "선적 및 유통 과정에서 와인의 보관온도가 높거나 산소와 접촉했기 때문일 가능성이 높다."라고 추정하였다.

또한 매스컴에서는 국내에는 이를 규제할 법규조차 마련되어 있지 않으며, 식약청은 수입 와인에서 에틸카바메이트가 검출된다는 사실을 알면서도 제대로 대처하지 않았다는 식으로 보도하였으나, 이는 사실과 다르다. 우선, 문제가 된 용역보고서 역시 식약청에서 기준 설정을 위해 주류별 에틸카바메이트 함량과 국내 섭취량을 조사하기 위한 연구의 결과물이었으며, 조사 결과 현재로서는 위해를 우려할만한 수준이 아니기 때문에 조치를 취하지 않았을 뿐이다.

에틸카바메이트는 대부분의 나라에서 기준을 설정하지 않고 있으며, 오직 캐나다에서만 과실주 400ppb, 테이블와인 30ppb, 디저트와인 100ppb, 청주 200ppb, 위스키 150ppb 등의 기준을 정하고 있다. 미국의 경우 FDA의 권고기준은 없고, 특정 주류에 국한하여 위스키협회 및 와인협회에서 자율적인 저감화 목표를 정하여 추진하고 있을 뿐이며, 이에 따른 기준이 위스키 125ppb, 테이블와인 15ppb, 디저트와인 60ppb 등이다.

와인의 소비가 많은 프랑스를 비롯한 유럽의 국가들이 와인에 대한 에틸카바메이트 규격을 정하지 않은 것은 에틸카바메이트의 함량이 국민의 건강에 영향을 미칠 수준이 아니라고 판단하여 법제화의 필요성을 느끼지 못하였기 때문이다. 프랑스, 이탈리아 등의 국가에서는 와인을 매일 일상적으로 소비하여 보통 3~4일에 1병 정도 마시며, 이는 우리의 1인당 소비량의 수십 배에 이르는 수준이지만 아직까지 에틸카바메이트 때문에 문제가 된 사례는 없다.

에틸카바메이트는 위장과 피부로 쉽게 흡수되며, 생체 내에서 빠르게 확산된다. 또한 제거도 빠른 시간 안에 이루어져 영국 식품표준청(FSA)에서 2004년에 발표한 자료에 따르면 음주 후 24시간 이내에 섭취한 에틸카바메이트의 90~95%가 간에서 에탄올, 암모니아, 탄산가스 등으로 분해되며, 분해되지 않은 것도 대부분 소변으로 배출된다고 한다. 한편 쥐를 통한 실험에서 6시간 이내에 약 90%의 에틸카바메이트가 이산화탄소의 형태로 제거된다는 보고도 있었다. 이러한 제거 능력은 개인에 따라 차이가 있다고 한다.

38
식품포장

　식품의 포장은 인류의 역사와 함께 시작되었다고 하여도 과언이 아니다. 수렵이나 채집을 주로 하던 원시시대에도 음식을 운반하거나 저장하기 위하여 자연에서 구할 수 있는 나뭇잎, 동물의 가죽, 조개껍질 등을 이용하였으며, 조금 발전된 사회에서는 토기그릇, 바구니 등 가공된 형태의 용기를 사용하였다. 이처럼 초기의 식품 포장은 식품을 담고 보관하는 것이 주된 목적이었으나, 오늘날의 식품 포장은 식품을 저장한다는 1차적 목적 외에도 유통, 생산성, 상품가치 향상, 정보 전달, 환경 등의 문제를 고려하여야만 한다.

　식품을 물리적, 화학적 변화나 미생물에 의한 변질로부터 보호하여 원래의 맛과 향을 유지하기 위하여 인류는 끊임없이 포장재 및 포장기술을 개발•개선시켜 왔다. 포장재는 식품을 물리적 변화로부터 지키기 위하여 외부의 충격에 견딜 수 있는 적절한 강도가 요구된다. 식품의 화학적 또는 미생물적 변화에 영향을 주는 요인으로는 수분, 온도, 산소, 빛, pH 등이 있으며, 이 때문에 포장재는 방수성, 단열성, 산소 차단성, 차광성, 내약품성 등이 요구된다. 포장재가 획기적으로 개선 된 것은 20세기 중반부터이며, 화학기술의 발달로 인해 폴리에틸렌(PE)을 비롯한 고분자물질이 인공합성되어 기존의 종이박스, 캔, 유리병 등의 포장재 외에도 다양한 기능을 가진 식품 포장재가 가능하게 되었다.

식품의 포장재를 선택할 때에는 작업성이나 생산성과 함께 사용상의 편리성도 고려하여야 한다. 작업성이나 생산성을 위하여는 포장기계가 함께 검토되어야 하며, 기계의 성능에 맞는 포장재를 사용하여야 한다. 일반적으로는 열접착성, 인쇄적성, 유연성, 규격의 일정함, 낱개 포장재로 쉽게 분리됨, 기계적 강도에 견딜 것 등이 요구된다. 사용의 편리성을 고려한 포장재의 예로서는 참치 통조림 등의 원터치캔(one touch can), 포장두부 등의 이지필필름(easy peel film), 마요네즈 등의 스퀴즈튜브(squeeze tube), 간단히 요리가 가능한 전자레인지용 식품 등이 있다.

포장은 식품의 보관, 운송, 진열 등 유통의 목적을 위하여도 필요하며, 또한 식품을 일정한 수량으로 구분하여 거래의 기본 단위로서 이용할 수 있도록 한다. 포장은 규모에 따라 분류할 수도 있으며, 식품과 직접 접촉하는 포장을 1차포장이라 하고, 거래의 최소단위가 되는 캔, 유리병, 파우치 등 낱개 포장이 여기에 해당한다. 박스와 같이 1차포장된 식품 여러 개를 한 단위로 묶은 것을 2차포장이라 한다. 대규모 유통에서는 박스를 여러 층 쌓아 적재한 팔레트(pallet) 또는 여러 개의 팔레트를 넣은 컨테이너(container)가 포장 단위로 이용되기도 한다.

생산자나 판매자 입장에서는 식품의 포장은 제품의 상품가치를 향상시켜 매출이 잘 이루어지도록 하는 수단이 된다. "보기 좋은 떡이 먹기도 좋다."라는 속담처럼 소비자의 눈길을 끌고 호감을 줄 수 있는 포장이 요구되며, 이를 위하여는 포장재의 광택성, 투명성, 인쇄적성, 진열적성 등이 고려되어야 한다. 상품가치를 우선시한 포장재의 선택은 종종 식품의 보호라는 포장의 1차적 목적에 위배되기도 한다. 빛에 대하여 불안정한 식품의 포장재로 내용물이 잘 보이는 투명한 재질을 사용하는 것이 대표적인 예이다. 업체에서는 포장재의 디자인이나 표기사항을 통하여 상품가치를 향상시키려는 노력을 하고 있으며, 이 경우 불리한 내용은 되도록 감추고 유리한 것은 강조하고자 하여 소비자단체 등과 마찰을 빚기도 한다.

최근에는 포장의 본래 기능뿐만 아니라 사용 후에 발생하게 되는 폐기 및 재활용과 관련된 문제를 고려하여 환경친화적인 포장재가 요구되고 있다. 한 번 사용하고 버리게 되는 일회용 포장재 문제가 사회적 관심사가 되어 리필용 포장재가 인기를 얻고 있으며, 각 포장재에는 반드시 재질을 표시하도록 법으로 규정하고 있어 재활용이 쉽도록 하고 있다.

이상에서 살펴본 사항 외에도 포장재 자체의 위생성, 안전성 및 경제성 등이 고려되어야 한다. 아무리 좋은 장점이 있어도 가격이

지나치게 높다면 포장재로 사용할 수 없으므로, 제품에 맞는 적절한 가격이어야 한다는 경제성은 당연한 전제조건이 된다. 사회적으로 문제가 되었던 식품사고 중에는 식품 자체의 문제가 아닌 포장재에 기인된 경우도 종종 있었으며, 이런 의미에서 포장재 자체의 위생성이나 안전성이 보장되어야 한다.

포장재의 안전성은 주로 포장재에 있던 성분이 식품 속으로 이행되는 것이 문제로 된다. 대표적인 사례로는 식품용 용기나 유아용 젖병 등에 주로 사용되는 폴리카보네이트(PC)에서 환경호르몬인 비스페놀에이(bisphenol A)가 용출된 사건, 식품을 포장할 때 사용하는 PVC 랩에서 환경호르몬인 디에틸헥실프탈레이트(DEHP) 또는 디에틸헥실아디페이트(DEHA)가 용출된 사건, 포장지 인쇄물에서 악취를 내는 톨루엔이 검출된 사건, 통조림제품에서 주석(Sn)이 용출되어 식품을 오염시킨 사건 등이 있다.

톨루엔

톨루엔은 정확한 정보는 알지 못하더라도 매스컴에서 자주 보도되어 일반인에게도 꽤 익숙한 이름이다. 1994년 낙동강 식수 오염사건의 주요인도 톨루엔이었으며, 2007년 12월에 발생한 태안 앞바다 기름유출 사건과 관련하여서도 톨루엔의 대기오염이 문제로 지적되기도 하였다. 새로 지은 아파트 등에 들어가면 눈이 따갑고 머리가 아프거나 아토피성 피부염이 발생하는 새집증후군이 나타난다고 하며, 그 원인 중의 하나로 톨루엔이 지목되기도 한다. 이처럼 다양한 환경오염 관련 보도로 인하여 톨루엔은 일반인에게 나쁘고 위험한 물질로 인식되게 되었다.

톨루엔은 무색의 휘발성 액체로서 벤젠의 수소원자 한 개가 메틸기($-CH_3$)로 치환된 것으로 학술적인 명칭은 메틸벤젠(metylbenzene)이며, 화학식은 '$C_6H_5CH_3$'이다. 1835년 남미에서 자라는 톨루나무(tolu tree)에서 채취한 천연수지인 톨루발삼(tolu balsam)에서 처음으로 분리해내었기 때문에 톨루엔(toluene)이란 일반명을 얻게 되었다. 요즘은 주로 석유로부터 추출하고 있으며, 유기합성화학 분야에서 광범위하게 사용되는 중요한 원료이고, 페인트나 잉크의 유기용매로서도 자주 사용된다.

톨루엔은 휘발성이 강하기 때문에 주로 대기오염이 문제로 되고, 식품이나 음용수를 통한 섭취는 극히 제한적이다. 일부 식물에서 자연적으로 발생하기도 하나, 주된 오염원은 석유 정제공정이나 다른 화학물질 생산의 원료로 사용되면서 공정 중에 휘발되어 대기로 배출되는 것이다. 대기 중의 확산이 빠르기 때문에 실외보다는 실내에서 고농도로 존재하기 쉽다. 특히 톨루엔이 배출되기 쉬운 작업장에 근무하는 근로자의 경우 중추신경계에 영향을 줄 수도 있으므로 주의하여야 한다.

톨루엔을 과다 흡입하였을 경우에는 마비, 두통, 홍분, 현기증, 메스꺼움, 귀울림, 환각, 말더듬, 불면증, 혼수상태 등의 증상이 나타날 수 있으며, 톨루엔을 섭취 시에는 멀미, 구토, 설사, 두통, 근육의 경련 등이 나타날 수 있다. 눈이 톨루엔에 노출되었을 경우에는 충혈, 눈물, 시각이 희미해지는 증상이 나타날 수 있으며, 염증이 유발될 수도 있다. 피부에 장시간 접촉 시에는 기름성분이 빠져나가거나 염증을 일으킬 수 있다.

톨루엔은 미량만 있어도 심한 냄새를 내게 되며, 특유의 역겨운 냄새로 인하여 몸에 매우 나쁜 화학물질로 오인될 수 있으나, 냄새에 비하여 인체에 실질적인 피해는 거의 없는 편이므로 지나치게 민감하게 반응할 필요는 없다. 음식으로 섭취한 톨루엔의 약 20%는 폐를 통하여 호흡으로 배출되고, 나머지 약 80%는 인체 내 대사과정을 통하여 소변으로 배출된다. 톨루엔은 역학조사 결과 암을 일으킨다는 보고는 없으며, 동물실험에서도 발암성은 발견되지 않았다. 따라서 미국 환경청(EPA)에서는 톨루엔을 '인체발암물질로 분류할 수 없는 물질'로 규정하고 있다.

식품에 대하여 톨루엔의 규격을 두고 있는 나라는 없으며, 다만 음용수의 경우에는 부적절한 폐기물 처리 또는 톨루엔 저장탱크의 누출로 인한 오염 등이 보고되어 대부분의 나라에서 관리규정을 두고 있다. 각국의 음용수 톨루엔 규정은 미국 1,000ppb, 일본 600ppb, 호주 800ppb 등이며, 우리나라는 세계보건기구(WHO)의 권고기준인 700ppb을 기준으로 하고 있다. 캐나다의 경우는 24ppb로 가장 엄격한데 이는 냄새를 느끼는 한계치를 기준으로 하였기 때문이다.

정상적인 식품의 경우 톨루엔은 거의 함유하고 있지 않기 때문에 식품에서 톨루엔이 문제로 되는 일은 없으나, 종종 식품의 톨루엔 오염 문제가 매스컴에 보도되곤 한다. 이는 식품 자체의 문제가 아니라 인쇄잉크의 용매로 이용되는 톨루엔이 포장지에 잔존하여 문제를 일으킨 것이다. 인쇄잉크에 톨루엔이 사용되더라도 휘발성이 강하여 금방 사라지게 되지만, 인쇄 후 충분히 건조하지 않은 포장지를 사용할 경우 제품 속으로 배어들게 되는 것이다. 이 경우도 발암이나 신체에 이상을 주는 정도는 아니며, 주로 역한 냄새를 내는 이취(異臭) 발생 정도가 대부분이다. 우리나라의 경우 포장재 중 톨루엔의 잔류기준은 $2mg/m^2$ 이하로 되어 있다.

우리나라에서 식품 포장의 톨루엔 문제가 처음 제기된 것은 1995년 10월 과자와 라면 봉지에서 톨루엔이 검출되었기 때문이며, 그 후에도 종종 비슷한 사고가 발생하였다. 톨루엔이 매스컴에 자주 보도되어 위험한 물질인 것처럼 인식되고 있으나, 공기 중 톨루엔의 농도가 높은 관련 산업 작업장에 근무하는 사람을 제외하고 일반인이 톨루엔에 의해 피해를 입을 가능성은 거의 없다. 톨루엔이 식품에 함유될 가능성은 거의 없으나, 포장지에 남아있는 톨루엔 때문에 심한 이취로 인하여 식품 본래의 맛을 손상시킨다면 이는 포장의 가장 기본적인 목적과 배치되는 것이므로 제조업체에서는 충분히 주의하여야만 할 것이다.

39
식품의 표기사항

포장에는 다양한 내용이 표기되어 있으며, 정보 전달을 위한 수단으로서 중요한 역할을 하고 있다. 우선 유통이나 관리를 위하여 각 제품이나 박스 단위로 바코드(bar code)가 표기되어 있다. 바코드는 문자나 숫자를 컴퓨터로 처리하기 편리하게 가늘고 굵은 막대 모양으로 조합한 형태를 말하며, 상품의 종류, 제조회사, 생산국가 등의 정보를 담고 있어서 슈퍼마켓 등에서는 가격이나 매출정보의 관리에 이용하고, 물류의 측면에서는 재고관리 및 배송 등에 활용하게 된다.

요즘은 바코드 대신에 QR코드가 사용되기도 한다. QR은 'Quick Response'의 약자로 '빠른 응답'을 얻을 수 있다는 의미이다. 정사각형 모양의 불규칙한 특수기호나 상형문자 같기도 한 QR코드는 활용성이나 정보성 면에서 기존의 바코드보다는 한층 진일보한 코드 체계이다. 바코드는 특정 상품명이나 제조사 등의 간단한 정보만 기록할 수 있었지만, QR코드에는 긴 문장의 인터넷 주소, 사진 및 동영상, 지도, 명함 등 훨씬 다양한 정보를 모두 담을 수 있다.

식품 포장에 표기된 정보의 내용 중에는 법으로 규정하여 의무화되어 있는 것이 여럿 있다. 서로 다른 4~5개 정부 부처의 소관으로 되어있는 6~8개 관련 법령에 의한 법적 표기사항은 여건의 변화에 따라 계속 변경되므로, 식품회사의 관련부서 담당자조차도 자료를 확인하지 않으면 정확한 내용을 모르고 있을 정도로 복잡하다. 제품마다 반드시 표기해야 하는 사항이 각각 다르지만, 모든 제품에 공통적으로 적용되는 가장 기본적인 사항은 제품명 및 제품유형, 내용량, 제조일자 또는 유통기한, 제조자 및 판매자, 사용된 원료명, 포장재의 재질 등이다. 이 외에 해당되는 제품에만 표기하도록 되어있는 사항으로는 성분 함량, 영양정보, 원산지, 알레르기 원재료, 식품첨가물의 용도, 방사선조사식품, 유전자변형식품, 사용상 주의사항이나 보관온도 등이 있다.

식품 포장이 전달하는 정보를 표기하는 장소는 주표시면, 정보표시면 및 기타표시면으로 구분된다. 주표시면은 제품명, 상표 등이 인쇄되어 있는 면으로서 통상적으로 진열할 때에 소비자가 보기 쉽게 전면에 내세우는 부분을 말하며, 주로 업체에서 판매촉진의 목적으로 소비자에게 알리고 싶은 내용이 표기된다. 정보표시면이란 소비자가 쉽게 알아볼 수 있도록 모아서 표시하는 면을 말하며, 주표시면과 같은 면이 될 수도 있고 다른 면이 될 수도 있다. 기타표시면은 주표시면과 정보표시면에 표기되어 있지 않은 내용을 표기하고 있는 모든 부분을 말하며, 따로 정해진 위치가 없다.

각 표시면에는 식품위생법 또는 축산물가공처리법 등의 근거에 따라 표기하여야만 하는 내용이 정해져 있으며, 표기하는 글자의 크기도 정해져 있다. 주표시면에는 제품명과 내용량 및 내용량에 해당하는 열량이 표기된다. 정보표시면에는 식품의 유형, 제조일자, 유통기한 또는 품질유지기한, 원재료명 및 함량, 성분명 및 함량, 상호 및 소재지 등을 표기하여야 하며, 식품의 유형, 제조일자, 유통기한 또는 품질유지기한 등은 주표시면에 표시할 수도 있다. 기타표시면에는 주의사항, 사용 예 등이 표기되고, 소비자보호법에 의한 제품교환 연락처, 환경 관계법에 의한 폐기물 분리배출 관련 내용 등이 표기된다.

제품명은 제품을 구분하는 고유의 명칭이며, 제품의 특징을 가장 함축적으로 표현하고 있다. 그러나 때로는 제품과 직접 관련이 없는 추상적인 단어나 다른 식품으로 오인할 수 있는 제품명이 사용되기도 하므로 제품유형을 별도로 표기하게 하여 그 제품의 식품 분류상의 위치를 명확하게 하도록 되어있다. 예를 들어 CJ제일제당의 '다시다'란 제품명은 '입맛을 다신다'는 표현에서 따온 것으로서 그 이름만으로는 제품이 어떤 종류의 것인지 알 수 없으나, 복합조미식품이란 식품의 유형을 보면 확실히 구분이 된다. 식품의 유형은 단지 분류를 위한 것이 아니라 유형이 다르면 성분 함량에 차이가 있거나 식품의 미생물적 안전성 또는 유통기한에 영향을 주는 등 중요한 의미를 갖는다.

원료명은 예전에는 함량 순서에 따라 5가지만 표기하여도 되었으나, 소비자단체 등의 요구에 따라 2006년 9월부터 사용된 모든 원재료를 표기하도록 변경되었다. 그러나 소비자단체 등은 여기서 그치지 않고 복합원재료에 포함된 원료도 모두 표기하여야 한다고 요구하고 있는 실정이다. 복합원재료란 어떤 식품의 원료로 사용된 다른 식품을 말하며, 예를 들어 드레싱을 만들 때 케첩이 사용되었다면 드레싱이란 제품에서 케첩은 복합원재료가 된다. 케첩을 만들 때에도 다른 식품이 사용되므로 복합원재료 안에도 다시 복합원재료가 존재하게 된다. 따라서 소비자단체 등의 요구를 받아들여 복합원재료에 포함된 원료까지 전부 표기한다는 것은 무리라는 업체의 입장이 고려되어 복합원재료가 전체의 5% 미만인 경우는 복합원재료명만 표시하고, 5% 이상인 경우는 복합원재료의 주원료 5가지를 함께 표시하며, 복합원재료 속에 있는 복합원재료는 그 명칭만 표시하도록 규정되었다.

원재료가 '농수산물의 원산지 표시에 관한 법률'에 따라 농림수산식품부에서 고시한 원산지 표시 대상에 해당하는 경우는 원료명 옆에 함량 및 원산지(국가명)를 표시하여야 한다. 2017년 1월부터 원료의 원산지 표시가 강화되어 종전에 원료배합비율 순으로 2순위까지 표시하던 것을 3순위까지 확대하게 되었으며, 수입 원료 원산지가 자주 변경되는 경우 단순히 '수입산'으로 표시하던 것을 '외국산

(○○국, ○○국, ○○국 등)'으로 변경하게 되었다.

사용된 원료에 알레르기를 일으키는 원인식품이 포함되어 있다면 함량에 관계없이 표시하여야 한다. 이는 특정 물질에 알레르기 반응을 보이는 소비자가 그 물질을 피할 수 있도록 하기 위한 배려에서 규정된 것이다. 원료명 자체로 알레르기 원인식품이 들어있음을 알 수 있는 경우는 별도의 표시를 생략할 수 있으나, 복합원재료와 같이 그 이름만 보고는 원인식품이 들어 있는 것을 알 수 없는 경우는 원료명 옆에 반드시 원인식품의 이름을 표시하여야 한다. 다만, 다른 원료에서 이미 밝힌 원인식품의 경우는 중복하여 표시하지 않아도 될 수 있도록 예외를 인정하고 있다. 2018년 기준으로 메밀, 밀, 대두, 호두, 땅콩, 잣, 복숭아, 토마토, 우유, 난류(卵類), 닭고기, 쇠고기, 돼지고기, 고등어, 새우, 게, 조개류, 오징어, 아황산 포함식품 등 19가지를 알레르기 원인식품으로 규정하고 있으며, 그 종류는 계속 증가하고 있다.

방사선 조사와 관련하여 종전에는 완제품에 방사선 조사를 한 경우에만 방사선조사식품임을 나타내는 도안을 표기하였으나, 2010년 1월부터는 방사선조사식품을 원료로 사용한 경우에도 원료명 옆에 그 사실을 표시하여야 한다. 2018년 기준으로 표시대상은 감자, 양파, 마늘, 밤, 버섯, 난분, 곡류, 두류, 전분, 건조식육, 어류분말, 패류분말, 갑각류분말, 된장분말, 고추장분말, 간장분말, 건조채소류, 효모식품, 효소식품, 조류식품, 알로에분말, 인삼제품류, 조미건어포류, 건조향신료, 복합조미식품, 소스류, 침출차, 분말차, 특수의료용도등식품 등 29개 품목이다.

GMO와 관련하여 종전에는 GMO가 3%를 초과하지 않는 경우, 주요원재료 5가지에 해당하지 않는 경우, 최종제품에 유전자변형 DNA나 외래 단백질이 남아있지 않은 경우 등에는 표시를 생략할 수 있었다. 소비자단체 등의 요구에 의해 2017년 2월부터 변경된 표시기준에 따르면 제품의 원재료 종류와 함량에 관계없이 유전자변형 DNA가 조금이라도 남아 있으면 각 원재료에 GMO 표시를 해야 한다. 다만, 유전자변형 DNA가 남아 있지 않은 식용유, 간장, 당류 등은 종전과 같이 표시 대상에서 제외되었다. 소비자단체 등에서는 유전자변형 DNA가 남아있지 않아도 표시를 하여야 한다고 요구하고 있으며, 업계에서는 경제적 부담만 가중시키므로 표시에 반대한다는 입장이다.

식품 포장에서 제공하는 정보 중에 중요한 항목으로 영양성분표시가 있다. 이는 소비자에게 영양에 대하여 적절한 정보를 전달해줌으로써 합리적인 식품 선택을 할 수 있도록 도와주는 것으로서 의무적으로 표기하여야 하는 식품과 업체측에서 판촉의 수단으로 표기하는 식품이 있다. 영양성분의 함량은 1회 제공량당, 100g당 또는 100㎖당, 1포장단위당 중 한 가지 기준에 의해 표시하고 있다. 1회 제공 기준량이 정해진 식품은 그에 따라야 하며, 그 외에는 100g당 또는 100㎖당 함량을 표시하고, 100g 또는 100㎖ 미만의 제품은 포장단위당 함량을 표시하도록 되어 있다.

영양성분표시에는 영양소의 함량과 함께 영양소기준치(%)도 표기되어 있다. 영양소기준치란 하루 영양소 섭취기준치에 대한 비율을 나타낸 것으로 소비자의 이해를 돕기 위하여 표기된 것이다. 예를 들어 어떤 식품의 1회 제공량 중에 '탄수화물 79g(24%)'이란 표기가 있다고 하자. 이 제품을 먹으면 탄수화물 79g을 섭취하게 된다는 것은 쉽게 알 수 있으나, 79g을 먹으면 어떻게 되는지 일반 소비자라면 별로 도움이 되지 않는다. 여기서 괄호 안의 24%는 하루 탄수화물 섭취기준치의 24%임을 나타내는 것으로서, 이 제품을 먹으면 하루에 필요한 전체 탄수화물의 24%를 섭취하게 됨을 의미한다.

특정 성분이 들어있지 않다는 의미의 '제로(0)', '프리(free)', '무(無)' 등의 표현이 많이 사용되고 있는데, 이는 전혀 안 들어 있다기보다는 '거의 없다' 정도로 이해하면 된다. 칼로리가 식품 100㎖당 4kcal 미만일 때, 당류나 지방은 식품 100g당 또는 100㎖당 0.5g 미만일 때, 나트륨은 식품 100g당 5mg 미만일 때, 콜레스테롤은 식품 100g당 또는 100㎖당 5mg 미만일 때 이런 표현을 할 수 있다. 포화지방 함량도 일정기준 미만일 경우에는 이런 강조표시를 할 수 있다.

별도의 강조표시는 하지 않고 영양성분을 일괄 표시할 때, 일정 함량 이하의 경우에는 '0'으로 표시하는 것을 허용하고 있다. 즉, 열량은 5kcal 미만, 탄수화물, 지방, 단백질 등은 0.5g 미만, 콜레스테롤 2㎎ 미만, 나트륨은 5㎎ 미만이면 '0'으로 표시할 수 있다. 트랜스지방의 경우 일반식품은 0.2g 미만이면 '0'으로 표시할 수 있으며, 식용유지류 제품의 경우에는 100g당 2g 미만인 경우에 '0'으로 표시할 수 있다.

이외에도 영양강조표시로 '저(低)', '덜', '감소', '라이트(light)', '첨가', '강화', '고(高)', '풍부', '함유' 등의 용어가 사용되고 있으며, 이들은 각각 규정된 세부규정에 적합할 경우에만 이런 표현을 쓸 수 있다. 규정에 맞게 사용된 제품이라도 소비자가 주의하지 않으면 좋지 않은 결과를 가져올 수도 있다. 예로서, 음료의 경우 100㎖당 20kcal 미만이면 '저칼로리'라는 표현을 사용할 수 있으며, 100㎖당 19kcal의 저칼로리 음료 500㎖ 한 병을 마신다면 95kcal나 섭취하게 되는 것이다. 이는 식빵 한 쪽(약 35~40g)의 칼로리인 80~100kcal나 사과 한 개(약 200g)의 칼로리 90~110kcal와 비슷한 열량이며, 저칼로리란 표시만 믿고 습관적으로 마신다면 다이어트에 실패할 수도 있다.

과일음료 등의 광고에서는 '천연(天然)'이나 '100%' 등의 표현도 자주 사용된다. 식품의 표시기준에 의하면 천연이란 표현은 어떤 인공합성 성분도 포함하지 않고, 비식용 부분을 제거하는 등 최소한의 물리적 공정만으로 제조한 식품에만 사용할 수 있다. 이는 즉석에서 착즙한 과일음료나 1차농산물에나 해당되는 조건이고, 모든 가공식품은 유통기한 연장을 위하여 가열처리 등의 공정을 거치게 되는데, 이런 공정을 거치면 천연이란 표현을 사용할 수 없게 된다.

이런 이유로 식품 포장의 표기에는 천연이란 문구를 사용하지 않고 광고 등에서만 천연이란 표현을 하고 있다. 표시기준에는 자연(自然)이란 표현에 대한 언급이 없으나, 이에 대해 식품의약품안전처에서 천연과 유사한 표현이므로 사용할 수 없다는 유권해석을 내린 바 있다.

과일음료 등에서 사용하는 100%라는 표현은 천연과는 다른 개념이다. 식품의 표시기준에 의하면 농축액을 희석하여 원상태로 환원하는 제품의 경우 환원된 원재료의 함량이 농축 전 함량의 100% 이상이면 제품 내에 식품첨가물이 포함되어 있더라도 100%라는 표현을 할 수 있도록 되어있다. 대부분의 과일음료는 보존성이나 물류의 효율화 때문에 농축된 상태로 구입하여 희석하여 제조하고 있으며, 위의 기준을 충족하면 100%라는 표시를 하고 있다. 예를 들어 오렌지를 착즙하여 얻은 원액을 1/5로 농축한 농축액 20㎖에 물과 식품첨가물 등 다른 원료를 첨가하여 100㎖로 만든 제품이 있다면 '오렌지 100%'라는 표현을 할 수 있다.

제품의 이름에 특정 원재료나 성분의 명칭을 사용한 경우 현재의 표시기준에는 얼마 이상 사용해야 제품 이름으로 사용할 수 있다는 규정은 없으며, 함량을 함께 표기하게 하여 소비자의 판단에 맡기고 있다. 원재료명을 제품 이름에 사용할 경우 대개는 20% 이상 사용하지만, 그중에는 0.1~0.2% 정도만 함유한 제품도 있다. 원재료나 특정 성분이 아닌 첨가물 등으로 '맛'이나 '향(香)'만을 낸 경우에는 '○○맛'이나 '○○향'이란 표현을 사용하고, '맛'이나 '향'이란 글자의 크기는 제품명의 다른 글자보다 작게 표시할 수 없으며, 제품명 주위에 그 첨가물명과 함량을 표시하거나 '○○향 첨가' 또는 '○○향 함유' 등으로 표시하여야 한다.

법으로 의무화되어 있지는 않으나 업체에서 판매촉진을 목적으로 강조하고자 하는 표기 내용도 포장의 중요한 정보이다. 대표적인 것으로는 회사의 로고 또는 브랜드, HACCP마크, KS마크, 친환경농산물 인증, 전통식품 인증(물레방아마크) 등의 도형, 제품의 특징 또는 장점, 조리 예 또는 사용용도 등이 있다. 이런 표기를 할 때에는 법에서 규정한 금지사항을 반드시 지켜야 한다. 대표적인 금지사항으로는 허위 또는 과장된 표현이 있으며, 타사의 상표권을 침해하지 않아야 한다.

포장의 주표시면에는 제품의 사진이나 조리 예 등의 사진이 인쇄되어 있는 경우가 많은데, 이는 거의 모두 연출된 사진으로 보면 되고, 실제 본인이 요리하여도 사진에서와 같은 음식이 될 것으로 기대하면 실망하게 될 것이다. 포장의 표기사항 중에는 식품의 사용이나 보관상 주의사항, 조리방법 등 중요한 정보가 많이 있으므로 꼼꼼히 살펴보는 것이 좋다.

소비자는 되도록 많은 정보를 포장재에 표시해 주기를 원하고 있으나, 법적으로 표시해야 되는 내용이 구체적이고 세분화되어 있을수록 기존의 포장재를 그대로 이용할 수 없게 되는 경우가 많아지게 된다. 식품회사는 경쟁에서 살아남기 위하여 꾸준히 제품 개선 및 원가절감을 하고 있으며, 이는 원료의 변경 또는 원료 수입국의 변경을 초래하여 표기사항에 영향을 준다. 식품 포장은 표기사항 이 변경되면 기능적으로나 위생적으로 아무 문제가 없음에도 불구 하고 사용할 수 없으므로 폐기하여야만 하는 문제가 있다. 관련 법 령과 담당 정부부처가 각각 다르기 때문에 업체에서 원하든 원하 지 않든 표기사항을 변경할 사유는 많이 발생한다. 변경 빈도가 잦 아질수록 업체에게는 경제적 손실과 자원의 낭비를 가져오게 되며, 이는 결국 제품가격에 반영되어 소비자에게도 부담으로 되돌아오 게 된다.

40
식품의 유통기한

설탕이나 식염과 같이 오래 두어도 변질의 위험이 없는 몇몇 제품을 예외로 하고 대부분의 식품에는 유통기한(流通期限) 또는 품질유지기한(品質維持期限)이 정해져 있다. 유통기한은 제품의 제조일로부터 소비자에게 판매가 허용되는 기한을 말하며, 품질유지기한은 식품의 특성에 맞는 적절한 보존방법이나 기준에 따라 보관할 경우 해당식품 고유의 품질이 유지될 수 있는 기한을 말한다. 간단히 말하면 유통기한은 판매할 수 있는 마지막 날이며, 품질유지기한은 먹을 수 있는 마지막 날로서 같은 제품이라면 당연히 품질유지기한이 길게 된다.

품질유지기한은 유통기한이 지난 제품이라도 일정 기간은 식품으로서 아무 하자가 없는데, 일반소비자는 물론이고 식품 단속 공무원조차 유통기한이 지나면 못 먹는 식품으로 인식하여 자원의 낭비가 많다는 업체 측의 주장이 반영되어 새로 도입된 개념이며, 2007년 1월부터 시행되고 있다. 그러나 모든 식품에 대하여 품질유지기한을 표시할 수 있는 것은 아니며, 법으로 정해진 일부 한정된 식품에 한하여 적용하고 있다.

품질유지기한 표시가 허용된 제품은 품질의 변화가 서서히 진행되어 유통기한과 품질유지기한의 차이가 큰 제품들로서 레토르트식품, 통조림식품, 당류, 다류 및 커피류, 음료류, 장류, 조미식품, 김치류, 젓갈류 및 절임식품, 조림식품, 주류 등이 해당된다. 품질유지기한 표시 대상 식품이라 할지라도 업체가 원하면 종전과 같이 유통기한을 표시할 수도 있다. 제조일자를 표시한 제품은 제조일로부터 언제까지가 유통기한 또는 품질유지기한인지 별도로 표시하도록 되어 있다. 설탕이나 식염과 같이 유통기한이 없는 제품은 제조일자만 표시하고 있다.

식품의약품안전처에서는 품질유지기한 표시에서 더 나아가 모든 식품의 유통기한을 소비기한으로 변경하여 표시하는 방안을 추진하고 있다. 이와 관련하여 국회에는 2020년 7월 관련 개정 법안이 발의되었다. 소비기한 도입을 위해 선행되어야 할 가장 큰 과제는 낮은 소비자들의 인지도 개선이다. 사회적 합의가 이뤄지지 않은 상태에서 이미 소비의 기준으로 자리 잡은 유통기한 표시를 변경할 경우 적지 않은 혼란과 반발이 예상되기 때문이다.

우리나라에서는 유통기한이란 용어가 일반적으로 사용되고 있으나, 각 나라마다 사용되는 용어 및 의미가 조금씩 다르다. 미국에서는 'sell by', 'use by', 'best before' 등의 표현이 사용된다. 'sell by'

란 "이때까지 안 팔리면 폐기처분하라"는 의미로 우리나라의 유통기한과 비슷한 개념이다. 'use by'는 "이때까지 섭취해도 이상이 없다"는 의미로 최종 소비기한을 뜻한다. 'best before'는 "이 날짜 이전에는 제품이 최고의 상태가 유지된다"는 의미이다. 'use by'와 'best before'는 비슷한 의미이며 엄격히 구분하기는 어렵고, 우리나라의 품질유지기한과 비슷한 개념이다. 일본에서는 상미기한(賞味期限)이라는 표현이 널리 쓰이며, 'best before'와 비슷한 개념이다.

유통기한 등의 날짜 표시 방법도 나라마다 차이가 있다. 우리나라는 연, 월, 일 순으로 표기하는 것이 일반적이며, 2019년 2월 13일이라면 '19.02.13'으로 표기하기도 한다. 미국의 경우는 주로 월, 일, 연(02.13.19)으로 표기하나, 월을 알파벳으로 표시할 경우에는 일, 월, 연(13FEB19)으로 표기하기도 한다. 일본의 경우에는 우리나라와 같이 연, 월, 일 순으로 표기하지만, 일본 내에서만 소비되는 상품은 일본의 연호(年號)를 쓰기도 한다. 2019년은 헤이세이(平成) 31년이며, 약자로 'H'를 사용하여 'H31年2月13日'과 같이 표기한다.

어떤 식품이거나 유통기한을 설정할 때에는 식품의약품안전처에서 정한 '유통기한 설정기준'을 참고하여 미생물적, 물리적, 화학적 변화와 함께 관능적인 맛이나 색의 변화 등을 모두 고려하여 종합적으로 판단하게 된다. 보존실험을 할 때는 실제 유통조건을 고려하여 실험을 설계하여야 하며, 때로는 실험기간을 단축하기 위해 가속실험(加速實驗)을 실시하기도 한다. 유통기한은 보존실험의 결과 품질 한계로 판정되는 기한에 안전계수(安全係數, safety factor)를 고려하여 단축된 기한으로 설정하게 된다.

미살균 식품의 경우에는 미생물적 변화가 유통기한을 설정하는 중요한 변수가 된다. 세균에 의한 부패는 비교적 시간이 걸리는 물리적이나 화학적 변화보다 단기간에 이루어지므로 이들 식품은 유통기한이 매우 짧은 것이 보통이며 도시락, 김밥, 샌드위치 등이 이에 해당한다. 그러나 살균제품이거나 살균을 하지 않더라도 정상적으로 제조된 제품에서는 미생물이 번식하기 어려운 마요네즈와 같은 제품에서는 미생물 문제는 유통기한 설정에서 고려의 대상이 아니다. 이들 제품에서 미생물 문제는 유통기한과 관련된 것이 아니라 품질관리와 관련된 영역에 속하는 것이다.

유통기한 설정에서 물리적인 변화란 점도의 변화, 시간의 경과에 따른 흡습(吸濕), 유화(乳化) 제품에서 유화가 풀리거나 유화력이 약해져서 이수(離水)가 발생하는 등이 있을 수 있다. 제품 점도의 변화는 주로 시간이 중요한 이유이지만, 온도 역시 무시할 수 없는 변수가 된다. 주변 수분을 빨아들이는 흡습은 습도가 중요한 변수이지만 포장재의 재질과도 관련이 깊다.

식품에서는 여러 가지 화학적 변화가 발생하며, 가장 흔한 화학적 변화는 유지(油脂)의 산화(酸化)이다. 산화가 진행되면 불쾌하고 자극성이 있는 냄새를 발생하는 물질을 생성하게 되며, 이를 산패(酸敗)라고 한다. 산패취(酸敗臭)를 느끼는 정도는 사람에 따라 개인차가 있어, 어떤 사람은 미량의 산화물에 산패취를 느끼기도 하고 어떤 사람은 상당히 산화가 진행되어도 산패취를 느끼지 못한다. 따라서 산화의 객관적 기준인 과산화물가(過酸化物價, POV)의 측정과 함께 관능적인 맛의 평가를 병행하여 유통기한을 설정하게 된다.

유통기한 설정에서 가속실험은 주로 화학적인 변화를 빨리 알아보기 위해 실시하는 것이며, 통상적인 유통조건보다 상당히 높은 온도에 보관하여 변화를 측정하게 된다. 일반적으로 온도가 $10^{\circ}C$ 상승하면 화학반응의 속도는 약 2배 증가한다. 유통기한 예측을 위한 가속실험에서는 $37^{\circ}C$에서 1주 보존한 것을 실온 1개월 보존으로 간주하는 경우가 보통이다. 그 근거는 유통조건인 실온($1^{\circ}C$~$35^{\circ}C$)의 평균($18^{\circ}C$)보다 대략 $20^{\circ}C$ 높은 온도여서 반응속도가 4배로 되고, 따라서 실온 4주(약 1개월)에 해당하기 때문이다.

제품의 표기사항에 '직사광선을 피해서 보관', '서늘한 곳에 보관', '냉장 또는 냉동 보관', 'OO$^{\circ}C$ 이하 보관', '개봉 후 즉시 섭취' 등의 문구가 있다면, 유통기한은 이러한 조건을 만족시켰을 때를 기준으로 설정된 것을 의미하며, 해당 조건을 만족시키지 않으면 유통기한 이전에도 얼마든지 제품이 변질될 수 있다는 점을 유념해야 한다. 유통기한이 지난 식품은 먹어선 안 된다는 것이 상식처럼 알려져 있으나, 일반적으로 유통기한이 조금 지난 식품은 먹어도 이상은 없다. 다만 최상의 품질 상태가 아니므로 권장할 만한 일은 아니다.

41
식품의 보존

최초의 인류는 항상 식량의 부족을 겪으며 지냈으며, 따라서 조금이라도 여분의 식량이 생기면 저장하여 뒷날에 대비하였다. 농업을 하게 되면서 일정한 시기에 한정적으로 수확되는 농산물을 저장하여 장기간 이용하여야 하였으며, 유통이 빈번해지면서 어느 한 곳에서 생산된 식품을 멀리 떨어진 다른 곳으로 운반하기 위해서도 저장이 필요하게 되었다. 그런데, 저장한 음식은 시간이 지나면 식품으로서의 효용가치를 상실하게 되었으며, 가장 큰 이유는 미생물에 의한 부패였다. 옛날 사람들은 미생물에 대한 지식은 없었으나 그로 인한 부패 현상은 알고 있었으며 이를 방지하기 위한 방법을 다양하게 개발하여 왔다. 그 대표적인 방법이 건조, 냉동, 절임, 발효, 살균 등이다.

① 건조식품

선사시대부터 전해오는 가장 대표적인 저장 방법이며, 현재도 유용한 식품 보존 방법의 하나이다. 미생물이 번식하기 위하여는 적절한 영양분과 함께 수분, 온도, pH, 산소 등의 조건이 필요하며, 건조식품(乾燥食品)은 이 중에서 수분을 제거함으로써 식품을 상기간 보존할 수 있도록 한 것이다. 건조식품은 미생물에 의한 부패를 방지하는 효과 이외에 부피와 중량이 감소하여 저장과 유통이 편리해진다는 장점도 있다.

그러나 건조식품은 조리 시 건조 전의 상태로 복원하기 어려우며, 건조 중에 품질의 변화나 영양의 파괴가 발생할 수 있고, 보존 중에 수분을 흡수하여 미생물이 증식할 수도 있다는 단점이 있다. 이런 단점들을 극복하기 위해 다양한 건조 기술이 개발되었으며, 때로는 원래 식품과는 별도의 풍미(風味)와 식감(食感)을 갖는 식품을 제조하기 위하여 건조하기도 한다. 오늘날 식품을 건조하는 방법에는 전통적으로 수행해 온 자연건조(自然乾燥, natural drying) 외에도 열풍건조(熱風乾燥, hot air drying), 피막건조(皮膜乾燥, drum drying), 분무건조(噴霧乾燥, spray drying), 동결건조(凍結乾燥, freeze drying) 등 다양한 건조 기술이 적용되고 있다.

② 냉동식품

건조법과 함께 선사시대부터 전해오는 가장 보편적인 저장법이 얼리는 방법이다. 과거의 냉동 저장법은 자연에 의존하였기 때문에 계절적이나 지역적인 한계를 지니고 있었으나, 냉동기술이 발전한 오늘날에는 이런 제약은 거의 사라졌다. 소득 수준이 향상하면서 보다 자연상태에 가까운 식품을 선호하는 추세와 더불어 냉동식품(冷凍食品, frozen food)은 새롭게 주목받는 상품이 되고 있다.

냉동식품의 가장 큰 장점은 저온에서 보존되므로 비타민 등 영양소의 손실이 적고, 미생물의 우려가 없으므로 합성보존료 등의 첨가물을 사용할 필요가 없다는 점이다. 조리된 냉동식품의 경우에는 원료의 불필요한 부분이 제거되어 있으므로 소비자의 수고가 절약되고 폐기물의 발생도 최소화할 수 있다. 단체급식 등에서는 포장 단위로 균일화되어 있으므로 급식 인원수에 맞추어 계획성 있게 사용할 수 있다는 장점도 있다.

③ 절임식품

오랜 옛날부터 세계 여러 나라에서 전해져 오는 보편적인 식품 저장법 중의 하나에 절임을 이용하는 방법이 있다. 옛날 사람들은 미생물에 대한 인식은 없었으나 식품을 소금, 꿀, 식초 등에 담가두면 부패하지 않고 오래 보관할 수 있다는 사실은 알고 있었으며, 각 국가나 민족이 처한 환경에 따라 다양한 절임식품을 발전시켜 왔다. 우리나라의 경우에도 굴비, 자반고등어, 장아찌, 단무지 등 다양한 절임식품을 쉽게 접할 수 있다.

절임은 미생물에 의한 식품의 부패를 방지하여 식품을 보존하는 유용한 방법이기는 하나, 대개 절임만으로는 단기간의 보존만 가능하기 때문에 건조, 발효, 훈연, 가열살균 등 다른 보존법을 병행하여 장기간 보존이 가능하도록 한다. 또한 절임을 하여 보존하는 동안에 유용한 미생물에 의한 발효가 일어나는 발효식품(醱酵食品)이 되기도 한다. 절임과 발효는 전혀 다른 것이지만 대부분의 절임식품은 동시에 발효식품이기도 하므로 종종 혼동되기도 한다. 절임식품이면서 발효식품이기도 한 대표적인 것으로는 김치, 젓갈, 피클, 햄, 베이컨 등이 있다.

④ 발효식품

발효식품(醱酵食品, fermented food)은 많은 경우 절임 과정을 거치기 때문에 절임식품과 혼용하여 사용되기도 하지만 엄밀한 의미에서는 전혀 다른 개념이고, 또한 치즈, 요구르트, 식초 등과 같이 절임이 필요 없는 발효식품도 있다. 발효식품과 절임식품의 가장 큰 차이는 미생물이 관여한다는 것이고, 그 결과 절임식품은 식품 본래의 맛이나 영양성분에 큰 차이가 없는 데 비하여 발효식품은 전혀 다른 맛과 영양을 지니게 된다. 대표적인 발효식품으로는 술, 식초, 빵, 김치, 장류(醬類), 젓갈, 치즈 등이 있다.

건조, 냉동, 절임 등의 보존 방법은 미생물의 생육조건을 제한하는 방식인데 비하여 발효는 유익한 미생물을 증식시켜 유해한 미생물이 자라지 못하게 하여 보존성을 부여한다. 생물의 적자생존(適者生存) 법칙은 미생물의 세계에도 적용되며, 한 무리의 미생물이 크게 번식하게 되면 그 세력권에서는 다른 미생물이 자랄 수 없게 된다. 발효(醱酵)와 부패(腐敗)는 모두 미생물이 유기물에 작용하여 일으키는 현상이며, 맛이나 영양 등에서 사람이 원하는 물질이 만들어지면 발효라 하고, 원하지 않는 물질이 만들어지면 부패라고 하는 것이다. 즉, 발효와 부패는 똑같은 자연현상을 사람의 자의적인 기준에 의해 구분한 것일 뿐이다.

⑤ 레토르트식품

식품을 살균하여 보존성을 높이는 방법은 19세기 초 나폴레옹 전쟁 시기에 탄생하였으며, 통조림이 기업적으로 생산된 것은 1821년 미국 보스턴에 설립된 통조림 가공공장이 최초이다. 레토르트식품은 통조림을 더욱 발전된 형태로 개선한 것으로서 캔 통조림에 비하여 부드럽고 가벼우며 부피가 작아 운반과 휴대가 편하다는 장점이 있으며, 특별한 도구 없이 개봉이 가능하고, 뜨거운 물만 있어도 간단히 데울 수 있어 사용이 편리하다. 또한 두께가 얇고 표면적이 넓어 열전달이 빠르기 때문에 내용물의 중심온도가 목표온도에 도달하는 데 걸리는 시간이 짧아서 색상, 풍미, 영양소 등의 변화가 적어 식품의 품질이 향상된다.

그러나 레토르트식품은 통조림에 비하여 날카로운 물체에 의해 파손되기 쉬운 단점이 있으며, 포장재에 작은 구멍(pinhole)이 발생하여 미생물이 증식하는 경우도 있다. 레토르트식품이 부풀어 있다면 미생물이 증식하였다는 증거이므로 먹어서는 안 된다. 레토르트식품의 열처리 기준은 보툴리누스균(*Clostridium botulinum*)의 아포까지 사멸시킬 수 있는 조건으로 되어 있으며, 식품의 중심부 온도를 121℃에서 4분간 가열하는 것이 일반적이다.

42
노인을 위한 식품

과학과 의학 지식의 발달로 인류의 평균수명은 계속 증가하여 왔으며, 전체 인구 중 노인층이 차지하는 비율이 커져서 고령화 문제가 전세계적인 관심사로 대두되고 있다. 특히 우리나라는 저출산 및 의료보험의 영향으로 다른 나라들에 비해 급속하게 고령화가 진행되어 노인의 삶에 대한 대책이 시급한 실정이다. 그중 하나가 노인들의 먹거리에 관한 것이지만, 아직 우리나라에서 노인을 위한 식품에 대한 연구나 정책은 초보단계에 머무르고 있다.

노인에 대한 정의는 명확히 정해진 것은 없으나 일반적으로 65세 이상을 노인으로 보고 있다. 국제연합(UN)의 분류에 따르면 전체 인구 중에서 65세 이상이 7%를 넘으면 고령화사회(高齡化社會, Aging Society), 14%를 넘으면 고령사회(高齡社會, Aged Society), 20%를 넘으면 초고령사회(超高齡社會, Super-aged Society)라고 한다. 우리나라는 2000년에 65세 이상이 7.2%로서 고령화사회에 진입하였으며, 2017년 8월에 노인 인구가 14.02%로 되어 예상보다 일찍 고령사회로 진입하였다.

노인 인구가 급증하면서 실버산업이 주목 받고 있다. 실버(silver)란 노인의 흰머리를 미화시켜 표현한 단어이며, 실버산업이란 노년층을 고객으로 하는 산업을 말한다. 즉, 노인을 보살핌의 대상으로 보는 것이 아니라 하나의 소비계층으로 인식하는 영리 목적의 사업을 의미한다. 실버산업은 고령친화산업(高齡親和産業)이라고도 하며, 성장 가능성이 큰 만큼 시장 선점을 위한 업계의 노력이 치열하다. 대표적으로는 노인들을 위한 병원이나 요양시설이 있으며, 노인들을 주소비층으로 하는 옷을 비롯한 일상 제품과 의약품, 식품 등이 포함된다.

식품부문의 실버산업으로는 각종 건강식품이 대표적이다. 노인이 되면 면역기능이 약화되고, 소화기능이 저하되며, 각종 질병에 노출되기 쉽기 때문에 건강을 유지하기 위하여 건강식품을 찾게 된다. 그러나 건강을 위하여 먹은 건강식품이 오히려 건강을 해치게 되는 경우도 많이 있으므로 주의하여야 한다. 판단력이 흐린 노인들을 노린 악덕 상술에 의한 피해는 별도로 하더라도 효능이 증명되지 않은 유사 건강식품의 과장 광고에 의한 피해도 적지 않다. 노인의 경우 소화력 저하 등으로 건강식품을 섭취한 후 소화장애나 설사, 복통 등의 부작용이 발생하기도 한다. 효능이 증명된 건강기능식품이라 할지라도 남이 좋다고 하니까 나도 따라 하는 오남용에 의한 부작용이 있다. 건강기능식품은 의약품이 아니며, 각자의 건강 상태나 영양 섭취 수준에 따라 효능이 다르게 나타난다는 사실을 명심하여야 한다.

노인을 위한 식품인 노인식품(老人食品)은 실버푸드(silver food) 또는 고령친화식품(高齡親和食品)이라고도 한다. 일본의 경우에는 개호식(介護食)이란 표현을 사용하기도 한다. 개호(介護)란 '곁에서 돌보아 줌'이란 의미로서 주로 노인을 보살피는 경우에 사용하지만 우리나라에서는 아직 생소한 단어이다. 케어푸드(care food)라는 용어도 사용되는데, 이는 노인뿐만 아니라 환자, 산모, 영유아 등 신체 기능이 떨어지거나 아파서 특별한 보살핌이 필요한 사람들을 포함하는 보다 폭넓은 개념이다.

노인식품을 고려할 때에는 노인은 단지 나이만 많은 것이 아니라 신체 기능이 노화되어 젊은 시절의 몸 상태와 차이가 있다는 것을 인식하여야 한다. 우선 노인은 기초대사량, 신체 활동, 근육의 양 등이 감소하여 성인보다 열량 소모량이 감소하게 되므로 하루 섭취 열량 기준을 성인의 80% 수준으로 낮추어야 한다. 또한 노인은 신체의 기능이 저하되어 정상적인 성인과는 달리 음식을 먹는 데에도 여러 가지 애로사항을 겪고 있으므로 이에 대한 배려도 해야 한다.

노인은 치아가 약해지고 씹는 능력이 떨어지므로 노인식품은 단단한 것보다는 무른 것이 좋다. 또한 노인은 침의 분비량도 적어지므로 분말제품이나 건조한 제품은 삼키기 어렵게 된다. 따라서 노인식품은 이유기 어린이의 식품과 유사하게 어느 정도 수분을 함유한 죽과 같은 유동식(流動食)이 좋다. 그러나 식품에 대한 경험이 없는 어린이와 달리 노인은 건강하던 시절 먹던 경험이 있으므로, 식욕을 충족시키기 위하여는 외관이나 색상은 본래 식품과 유사하게 유지하는 것이 필요하다. 예를 들어 카레 요리에 사용되는 당근의 경우, 외관 및 색상은 유지하더라도 보통보다 더 익혀서 씹으면 쉽게 부서질 수 있도록 하여야 한다. 무조건 묽은 음식은 오히려 기도로 넘어갈 가능성이 높으므로 기도로 넘어가는 것을 예방할 수 있는 젤리 형태의 식품도 고려할 수 있다.

노인이라 하더라도 개인차가 존재하여 청년 못지않은 신체 능력을 지니고 있는 경우도 있고, 평균적 노인의 능력에도 모자라는 사람도 있다. 따라서 노인식품은 각자의 능력에 맞추어 선택할 수 있도록 단단하기 등을 조절하여 같은 제품이라도 여러 종류를 개발하여야 한다. 씹는 능력이나 삼키는 능력을 고려하여 다음의 다섯 단계를 생각해 볼 수 있으나, 사실 이런 단계 구분은 엄격하게 구분될 수 있는 것은 아니다.

① **기본식**: 식사 능력이 정상적인 성인과 차이가 없어 보통의 식품을 그대로 제공하는 것

② **부드러운 것**: 단단한 것을 씹기 어려운 노인을 위해 부드럽게 처리한 것

③ **잘게 썬 것**: 씹는 능력이 더욱 떨어진 노인을 위해 그대로 삼킬 수 있는 크기로 자른 것

④ **페이스트:** 씹는 능력뿐만 아니라 삼키는 능력도 약해진 노인을 위해 페이스트

형태로 만들고, 성형틀을 사용하여 본래의 식품 이미지는 살려 성형한 것

⑤ **유동식;** 씹는 능력이나 삼키는 능력이 극도로 쇠퇴한 노인을 위해 믹서로 갈

고 물을 첨가하여 액상으로 만든 것

2017년 말 농림축산식품부에서는 고령친화식품 KS인증제도를 도입하였다. 고령층의 치아 부실, 소화기능 저하 등을 고려하여 경도(硬度, N/㎡) 및 점도(粘度, mPa·s)에 따라 고령친화식품을 총 3단계로 나누어 표시 방법을 구분하였다.

① **치아 섭취:** 경도 50,000~55,000(점도 규격 없음)

① **잇몸 섭취:** 경도 20,000~50,000(점도 규격 없음)

③ **혀로 섭취:** 경도 20,000 이하, 점도 1,500 이상

급속한 고령화와 함께 노인식품도 증가함에 따라 식품의약품안전처에서도 2019년 1월 이와 관련된 기준·규격을 정하게 되었다. 식품의약품안전처에서는 고령친화식품을 "고령자의 식품 섭취나 소화 등을 돕기 위해 식품의 물성을 조절하거나, 소화에 용이한 성분이나 형태가 되도록 처리하거나, 영양성분을 조정하여 제조·가공한 식품을 말한다"고 정의하고 있다. 그 제조기준은 고령자의 섭취, 소화, 흡수, 대사, 배설 등의 능력을 고려하여 제조·가공하여야

하며, 다음 중 어느 하나에 적합하여야 한다.

① 제품 100g당 단백질, 비타민 A, C, D, 리보플라빈, 나이아신, 칼슘, 칼륨, 식이섬유 중 3개 이상의 영양성분을 한국인 영양섭취기준의 10% 이상이 되도록 원료식품을 조합하거나 영양성분을 첨가하여야 한다.

② 고령자가 섭취하기 용이하도록 경도 500,000 N/㎡ 이하로 제조하여야 한다.

노인의 힘겨운 신체 상황을 체험하여 그들을 보다 잘 이해하기 위한 프로그램이 있다. 노인 체험 프로그램에서 사용되는 장비들은 눈을 침침하게 만들기 위한 특수 안경, 청각과 후각을 둔화시키기 위한 솜 마개, 손의 활동을 제한하는 장갑 등이 있으며, 이 외에도 손목이나 팔꿈치, 무릎에는 압박대를 하고, 다리와 팔에 모래주머니를 차서 무겁게 만들기도 한다. 이런 상태에서는 젊은이들이라 할지라도 셔츠의 단추를 끼우고, 휴대전화를 사용하는 간단한 일도 힘들게 된다. 개인에 따라 차이는 있겠으나 보통 80세 정도의 노인이라면 항상 이런 상태에 있는 것이다.

따라서 노인식품에서는 사용상의 간편성을 고려하여야만 한다. 노인은 손가락의 힘이 약하고 움직임이 부자연스럽기 때문에 식품 포장지를 개봉하는 데에도 상당한 어려움을 겪게 된다. 예를 들어 식품 매장에서 흔히 볼 수 있는 용기 위에 필름을 접착한 제품의 경우 보통은 노인들이 뜯기에는 힘이 들거나 뜯는 곳이 너무 작아

잡을 수 없기 일쑤이다. 참치캔 등의 원터치캔 뚜껑도 노인의 손으로 개봉하기에는 어려움이 있다. 노인식이라면 개봉하는 데 힘이 덜 드는 재질을 선택하여야 하며, 손으로 잡기 쉽도록 손잡이가 되는 부분의 크기를 키워야 한다.

또한 노인식품은 조리 방법이 간단하거나 그대로 먹을 수 있는 것이 바람직하다. 최근 시장이 확대되고 있는 즉석섭취·편의식품이나 레토르트식품 등이 이에 적합한 형태라 하겠다. 또한 대부분 노인은 보행이 자유롭지 못하므로 시장보기를 꺼리고 전화나 인터넷 등으로 집에서 주문할 수 있기를 바라는 경향이 있다. 따라서 노인식품은 배달이 용이하게 포장형태나 포장단위 등을 고려하여야 한다.

노인의 대표적인 특징 중의 하나가 시력이 떨어진다는 것이다. 따라서 노인식품에서는 설명서 등이 크고 눈에 잘 띄는 글씨로 되어 있어야 함은 물론이고, 가능하면 글씨 대신에 알기 쉬운 도안(그림) 등으로 표현하는 것이 좋다. 또한 매장 등에서 구입할 때에도 선택하기 쉽도록 다른 일반식품과 잘 구별되는 디자인이나 마크 등을 채택하는 것이 좋다. 노인의 경우 파란색을 구분하는 능력이 저하되어 가스레인지 등의 파란 불꽃을 잘 보지 못하고 불꽃 조절에 실패하는 경우가 많아 과하게 가열하는 경향이 있으므로, 노인식품은 설명서와 다소 차이 있게 조리하더라도 음식을 망치는 일이 없도록 그릇에 붓는 물의 양 등에 여유를 두고 설계하여야 한다.

노인식품에서 빠뜨릴 수 없는 점은 영양의 균형을 맞출 수 있어야 한다는 것이다. 노인은 미각이 감퇴하여 맛을 느끼는 강도가 성인과 다르기 때문에 고농도로 사용하지 않으면 맛을 모르게 된다. 예를 들어 노인들은 음식이 싱겁다고 불평하는 경우가 많은데, 대부분 실제 음식이 싱거워서가 아니라 짠맛을 느끼는 감각이 떨어졌기 때문이다. 따라서 노인의 입맛에 맞추어 간을 하게 되면 소금을 과잉으로 섭취하게 되는 결과를 가져오므로 주의하여야 한다. 단맛이나 신맛의 경우도 마찬가지이다.

노인의 경우 식품과는 별도로 건강을 위하여 수분 공급에도 신경을 써야 한다. 사람은 하루에 필요한 수분섭취량의 반 정도는 식품에 포함되어 있는 수분에서 얻고, 나머지는 직접 물을 마심으로써 얻는다고 한다. 그러나, 노인은 식사량이 적어 식품으로 공급받는 수분도 적고, 성인에 비하여 갈증을 덜 느끼기 때문에 물도 별로 마시지 않게 된다. 결국 몸이 필요로 하는 수분을 충분히 섭취하지 못하여 체액의 전해질 조절 등에 지장을 줄 수도 있으므로, 적극적으로 물을 마시도록 권하여야 한다.

우리나라의 노인식품은 20여 개의 회사에서 제품을 내놓고 있으나 아직은 초기 단계이며, 뚜렷하게 두각을 나타내는 제품은 없다. 그러나 시장 전망은 매우 좋은 편이며, 앞으로 식품 시장을 선도할 유망 분야로 꼽히고 있다. 현재 경제활동을 하고 있는 성인들에게 노인은 더 이상 생산적인 활동을 하지 않고 부양의 대상이 되는 부담스러운 존재로 인식될 수도 있다. 그러나 노인은 하나의 소비계층이면서 누구나 나이가 듦에 따라 자연스럽게 겪게 되는 생의 한 시기이다. 노인에 대한 바른 인식과 그에 따른 대책은 결국 지금의 젊은 세대들이 누리게 될 혜택이 되는 것이다. 노인식품에 대한 사회적 논의나 연구는 지금부터라도 본격적으로 다뤄야 될 문제이다.

43
식품과 비만

인류는 지구상에 출현한 약 20만 년 전부터 항상 먹을 것이 부족하여 영양부족 상태에서 지내왔으며, 음식이 풍부하게 된 것은 최근의 일이다. 그나마 이런 풍요는 일부 잘사는 나라나 계층에만 해당되는 것이고, 지구상에는 아직도 영양부족 상태에 있는 사람이 더 많은 것이 현실이다. 음식이 있을 때 먹고 남는 에너지를 효율적으로 저장할 수 있는 능력은 인류의 생존에 필수적이었으며, 에너지를 효율적으로 저장하는 유전자를 가진 사람들만이 살아남아 그 유전자를 후손에게 남겨준 것이다. 따라서 우리 몸은 영양부족 상태에 대한 저항성은 강하나, 영양과잉 상태에 대하여는 적응하지 못하고 여러 가지 질병의 형태로 나타나게 되는 것이다.

우리가 섭취한 영양성분 중에서 단백질과 지질은 살아가는 데 필요한 에너지로 사용되기도 하고 우리 몸을 구성하는 성분으로 사용되기도 한다. 그러나 탄수화물은 대부분 에너지원으로 사용되며, 우리가 하루에 섭취하는 열량의 약 60%는 탄수화물에서 얻게 된다. 탄수화물은 다른 영양소에 비해 에너지로 바꾸는 것이 매우 쉽기 때문에 당장 필요한 에너지로 사용된다. 당장 필요한 에너지가 없으면 근육이나 간에 글리코겐(glycogen)의 형태로 저장되었다가 나중에 에너지가 필요하면 다시 포도당으로 분해하여 사용된다. 글리코겐은 약 60,000개의 포도당으로 이루어진 매우 큰 중합체이며, 근육이나 간에 더 이상 글리코겐이 저장될 수 없으면 지질로 전환되어 지방조직과 지방세포에 저장된다.

탄수화물과 지질은 탄소(C), 수소(H), 산소(O)로 구성되어 있으며, 탄수화물과 지질을 구분하는 것은 단지 이런 원자들의 수와 배열의 차이에 의한 것이다. 이처럼 기본 구성물질의 동질성으로 인하여 인체 내에서는 탄수화물을 지질로 바꾸기도 하고, 지질을 탄수화물로 바꾸기도 하는 등 서로 전환될 수 있다. 지질로 전환하여 저장되는 이유는 지질의 에너지 효율이 높기 때문이다. 탄수화물과 단백질이 1g당 약 4kcal의 열량을 내는 데 비하여 지질은 2배 이상인 약 9kcal의 열량을 낼 수 있다. 또한 글리코겐 1g이 저장될 때에는 약 3g의 물(H_2O)이 결합되어 함께 저장되므로 많은 양을 저장할 수가 없어서 지질로 저장되는 것이 효율적이다.

흔히 설탕을 비롯한 탄수화물의 나쁜 점으로 가장 많이 이야기되는 것은 비만의 원인이 된다는 것이다. 탄수화물을 많이 섭취하면 지질로 전환되어 지방조직과 지방세포에 비축되어 비만이 된다는 것이다. 그러나 비만은 우리 몸에 칼로리가 남아돌아 여분의 영양소가 비축되면서 생기는 증상이므로, 섭취하는 전체 음식의 총 칼로리가 문제이지 탄수화물이 원인인 것은 아니다. 우리나라 사람들이 현재 어느 정도로 탄수화물을 섭취하고 있는지는 자료가 불충분하며, 몇 안 되는 자료조차 서로 다른 결과를 내놓고 있다. 대체적으로 한국인의 평균 탄수화물 섭취량은 아직 우려할 만한 정도는 아닌 것으로 추정된다.

체중을 단기간에 감량하려는 욕심으로 일시적인 다이어트를 하는 경우가 많다. 그러나 단기간의 급격한 감량은 체수분과 글리코겐의 손실에 의한 것이고, 근육조직에서도 감소될 가능성이 많으며 지질의 감소는 거의 없다. 생활양식이나 식사 습관에 근본적인 변화가 없는 한 곧 다시 체중이 늘어날 것이고(요요현상), 그때는 주로 지질로 저장되어 체중이 증가할 것이므로 그런 과정이 반복된다면 체중은 비슷하더라도 체내에서는 계속해서 근육이 감소하고 지질의 양이 증가하여 점점 건강을 해치는 쪽으로 가게 되는 것이다.

다이어트에 의한 체중조절이란 균형 잡힌 식사를 하면서 칼로리의 섭취를 장기간에 걸쳐 제한함으로써 체지방의 감소를 유도하는 에너지 균형을 말하는 것이다. 단기적인 다이어트 방법으로 고지방식, 저탄수화물식, 고단백식, 금식, 식사 거르기 등 다양한 방법이 소개되고 있으나 식사조절과 운동을 병행하는 전통적인 다이어트가 가장 바람직하다. 참고로, 몸무게 60kg의 사람이 30분 동안 운동하였을 때 소비되는 열량은 가벼운 산책 78kcal, 자전거 타기

111kcal, 팔굽혀펴기 126kcal, 에어로빅 150kcal, 배트민턴 210kcal, 등산 217kcal, 줄넘기 267kcal, 조깅 285kcal, 수영 525kcal 등이라고 한다.

우리가 식품으로 섭취한 영양성분은 활동을 위한 에너지로도 사용되지만 우리의 생명을 유지하기 위한 호흡, 심장의 박동, 음식물의 소화와 같은 신체 내의 여러 생화학 반응 등에 사용되기도 하고, 우리 몸의 구성성분으로 사용되기도 한다. 이런 모든 화학적 작용을 신진대사(新陳代謝)라고 하며, 그중에서도 체온 유지, 체세포 생성, 호흡, 심장 박동 등 생명을 유지하는 데 필요한 최소한의 에너지량을 기초대사량(基礎代謝量)이라고 한다. 기초대사량이란 간단히 말하면 휴식 상태 또는 움직이지 않고 가만히 있을 때의 에너지 소모량으로 생각하면 된다.

우리 몸의 세포는 생성되면 죽을 때까지 가는 것이 아니라 끊임없이 생성과 소멸을 반복하며, 신체 구조의 유지를 위해서는 소멸되는 세포만큼 새로 생성되어야 한다. 신체가 성장하기 위하여는 소멸되는 양보다 새로 생성되는 양이 많아지거나 세포의 크기가 커져야 한다. 어린 시절에는 성장속도가 빠르기 때문에 그만큼 공급되는 영양성분도 많아야 하며, 따라서 이때에는 웬만큼 많이 먹어도 살이 잘 안 찐다. 대체로 20살 정도가 되면 성장이 멈추게 되며, 그 이후로는 성장호르몬의 분비가 감소하기 시작하여 60대 이후에는 20대의 절반 정도로 준다.

나이가 들게 되면 젊은 시절과 똑같이 먹어도 살이 찌게 되고 특히 뱃살이 증가하게 되며, 이를 나잇살이라 한다. 나잇살이 생기는 이유는 주로 성장호르몬 분비량의 감소로 인한 신체 변화에 있다. 신체의 성장이 멈추고, 세포의 교체도 느려지기 때문에 세포의 생성에 사용되는 영양성분이 감소하는 만큼 여분의 지질이나 탄수화물은 지방세포에 축적되는 것이다. 따라서 나이가 들수록 섭취하는 음식의 양을 줄이는 소식(小食)이 필요하다. 기초대사량 중에서 호흡이나 심장박동 등은 우리가 스스로 조절할 수 있는 것이 아니고, 근육량을 키우면 그만큼 기초대사량도 증가하기 때문에 신체 운동과 관련된 근육만이 조절이 가능한 부분이다. 나이가 들면서 운동량이 줄어들면 그만큼 근육량도 감소하고, 기초대사량의 감소로 이어져 나잇살이라고 불리는 비만이 되는 것이다. 이를 방지하기 위해서는 단백질과 야채 위주의 식사를 하면서 꾸준히 운동하는 것이 필요하다.

우리 몸에 비축된 에너지인 체지방을 없애려면 유산소운동(有酸素運動)을 하여야 한다. 운동에는 100m 달리기와 같이 최대근력을 단시간에 발휘하는 것도 있고, 산책과 같이 최소의 근력을 사용하여 몇 시간에 걸쳐 계속할 수 있는 것도 있는데 운동의 종류가 다르면 사용하는 에너지의 종류가 다르다. 100m 달리기와 같은 운동의 경우 단시간에 다량의 에너지를 공급하지 않으면 안 되므로 산소의 공급을 기다려 에너지를 생산할 수 없어서 산소가 없는 상태의 반응을 거쳐 에너지를 생산하므로 무산소운동(無酸素運動)이라고 한다. 반면에 가벼운 운동에는 에너지의 사용 속도가 느리기 때문에 산소의 공급을 기다려 산소가 작용하는 반응을 거쳐 에너지를 생산하므로 유산소운동이라고 한다.

무산소운동을 할 때는 근육에 저장된 글리코겐을 사용하며, 글리코겐이 고갈되면 근육 속에 있는 아미노산을 분해해서 에너지로 사용한다. 반면에 유산소운동을 할 때는 체지방을 분해하여 에너지로 사용하기 때문에 다이어트의 효과가 나타나는 것이다. 유산소운동인지 무산소운동인지 그 구분은 운동하는 사람의 운동능력에 따라 차이가 있다. 보통 운동능력의 50~80% 정도로 운동하면 유산소운동이 되며, 80% 이상 강하게 하면 무산소운동이 되고, 50% 이하로 약하게 하면 운동효과는 거의 없다고 한다. 그러나 보통 사람의 경우 자신의 운동능력의 50%~80%가 어느 정도인지는 알 수 없다. 일반적으로 운동 중 다소 숨이 차고 땀이 날 정도이면서 지치지 않고 지속적으로 20분 이상 하면 유산소운동의 효과가 있다고 한다. 운동을 꾸준히 하면 운동능력도 향상되므로 시간이 지남에 따라 운동강도를 점점 높여주어야 유산소운동의 효과를 유지할 수 있다.

44
식품의 영양소

인간은 생명을 유지하기 위해 끊임없이 식품을 섭취하여 필요한 물질을 공급하여야만 한다. 우리 몸에 필요한 물질에는 탄수화물 (carbohydrate), 단백질(protein), 지질(lipid), 비타민(vitamin), 무기질 (mineral), 물(water) 등이 있으며, 이들을 6대 영양소라 부른다. 이들은 우리 몸을 구성하기도 하고, 우리 몸을 움직이는 에너지로 활용되기도 한다. 우리 몸을 구성하고 있는 성분을 분석하면 사람에 따라 개인차가 있으나 대략 물 60~70%, 단백질 15~18%, 지질 12~15%, 무기질 4~5%, 탄수화물 0.4~0.8% 정도이다.

① 탄수화물
탄수화물은 우리 몸의 구성성분보다는 주로 에너지원으로 이용되는 영양소이다. 우리가 하루에 섭취하는 열량의 약 60%는 탄수화물에서 얻게 된다. 단백질(蛋白質)이나 지질(脂質)에 대응하여 당질 (糖質)이란 용어로 바꾸자는 의견도 있으나, 오랫동안 사용하여 습관화되어 있으므로 아직도 탄수화물(炭水化物)이란 용어가 폭넓게 사용되고 있다. 탄수화물은 탄소(C), 수소(H), 산소(O)로 구성되어 있으며, 기본적으로 지질을 구성하는 원소와 같다.

탄수화물은 구성하는 당의 수에 따라 단당류(單糖類, monosaccharide), 이당류(二糖類, disaccharide), 다당류(多糖類, polysaccharide)로 구분한다. 단당류는 가수분해에 의하여 더 이상의 간단한 화합물로 분해되지 않는 당류를 말하며, 6개의 탄소로 구성되어 있는 포도당(葡萄糖, glucose/글루코오스), 과당(果糖, fructose/프룩토오스), 갈락토오스(galactose), 만노오스(mannose) 등과 5개의 탄소로 구성되어 있는 자일리톨(xylitol)이 가장 일반적인 단당류이다.

이당류는 단당류 2개가 결합된 것이며, 대표적인 것으로는 포도당과 과당이 결합한 설탕 또는 자당(蔗糖)이라고 부르는 슈크로스(sucrose)가 있다. 이 외에도 포도당과 갈락토오스가 결합한 젖당 또는 유당(乳糖)이라고 부르는 락토오스(lactose), 두 분자의 포도당이 결합한 엿당 또는 맥아당(麥芽糖)이라고 부르는 말토오스(maltose) 등이 있다.

다당류는 단당류 분자들이 사슬 형태로 길게 결합한 것으로 단당류 3개로 구성된 것부터 수천 개의 단당류로 구성된 것까지 그 종류가 매우 많으며 올리고당(oligosaccharide), 덱스트린(dextrin), 전분(澱粉, starch), 셀룰로오스(cellulose) 등이 여기에 해당한다.

② 단백질

단백질은 에너지원으로써 이용되기도 하지만, 그보다는 주로 근육, 머리카락, 손톱, 발톱, 피부 조직, 뼈 등 인체의 구성성분을 이루는 매우 중요한 영양소이다. 모든 세포의 세포막은 예외 없이 단백질과 지질로 구성되어 있으며, 핵(核)이나 미토콘드리아(mitochondria) 등 세포 내의 각종 구조물도 단백질과 지질로 구성되어 있다. 또, 세포의 원형질(原形質, protoplasm)도 다량의 각종 단백질을 함유하고 있다.

인체 내에서 이루어지는 모든 생화학반응을 조절하는 촉매인 효소(酵素, enzyme) 역시 모두 단백질로 이루어져 있다. 효소가 없으면 생화학반응이 불가능하며, 따라서 단백질이 없으면 인간은 잠시도 그 생명을 유지할 수 없다. 또한 외부로부터 이질단백질(異質蛋白質)이 체내에 들어오면 적으로 인식하여 항체(抗體, antibody)를 만들어 제거한다. 이와 같은 현상이 면역반응(免疫反應, immune response)인데, 이 면역반응에서 작용하는 모든 항체도 전부 단백질로 구성되어 있다.

단백질의 가장 기본적인 단위는 아미노산(amino acid)으로, 단백질은 수많은 아미노산의 결합체이다. 아미노산의 기본구조는 탄소 하나에 아미노기(amino group, -NH$_2$), 카복실기(carboxyl group, -COOH), 수소(H) 및 R기(R group)가 붙어있는 형태이다. 여기서 R기는 단순히 수소일 수도 있고 복잡한 화학구조일 경우도 있으며,

이 R기가 무엇인가에 따라 각각의 아미노산의 성질이나 기능이 달라진다.

인체를 구성하는 단백질은 20여 종의 아미노산으로 구분된다. 이 중에서 인체 내에서 합성이 되지 않아 음식물로 섭취하여야만 하는 아미노산을 필수아미노산(essential amino acid)이라 하고, 인체 내에서 합성이 가능한 아미노산을 비필수아미노산(non-essential amino acid)이라고 한다.

성인에게 필요한 필수아미노산은 트립토판(tryptophan), 루신(leucine), 아이소루신(isoleucine), 라이신(lysine), 메싸이오닌(methionine), 쓰레오닌(threonine), 페닐알라닌(phenylalanine), 발린(valine) 등 8종이 있다. 어린이의 경우에는 여기에 히스티딘(histidine)과 아지닌(arginine)을 포함하여 10종이 된다. 히스티딘과 아지닌은 인체에서 합성이 가능한 비필수아미노산이지만 성장기의 어린이에서는 필요한 만큼 충분한 양을 만들어내지 못하여 외부에서 섭취하여야만 되기 때문에 필수아미노산으로 분류한다.

비필수아미노산에는 알라닌(alanine), 시스틴(cystine), 시스테인(cysteine), 글루타민(glutamine), 아스파라진(asparagine), 글리신(glycine), 프롤린(proline), 타이로신(tyrosine), 세린(serine), 옥시프롤린(oxyproline), 아스파트산(aspartic acid), 글루탐산(glutamic acid) 등이 있다.

③ 지질

지질은 신체의 주요 구성성분을 이루며, 피하지방(皮下脂肪)을 구성하여 추위로부터 체온을 보호하고, 충격흡수제로 작용하여 외부의 충격으로부터 신체기관을 보호한다. 지용성 비타민의 흡수를 도우며, 호르몬 합성의 원료가 되기도 하고, 혈액에서 지질을 운반하는 수송체 역할을 하며, 세포내에서 신호전달물질의 역할도 한다. 그러나 지질의 가장 중요한 역할은 에너지 공급원이라는 점이다.

우리가 음식물로 섭취하게 되는 지질은 글리세롤(glycerol) 한 분자와 지방산(脂肪酸, fatty acid) 세 분자가 결합하여 만들어지는 화합물로서 식용유의 특징을 결정짓는 것은 글리세롤에 결합한 지방산이며, 지방산은 탄소 4~26개가 길게 연결되어 있는 사슬에 수소가 붙어있는 구조이며, 이 구조의 한쪽 끝(글리세롤과 결합한 부분)에 카복시기(carboxyl group, -COOH)가 붙어있다. 지방산은 보통 'RCOOH'로 표시하며, 여기서 R은 알킬기(alkyl group)를 의미한다.

지방산은 탄소사슬에 이중결합(二重結合)이 하나도 없는 포화지방산(飽和脂肪酸)과 이중결합이 있는 불포화지방산(不飽和脂肪酸)으로 구분한다. 불포화지방산 중에서 이중결합이 1개이면 단일불포화지방산(單一不飽和脂肪酸, monounsaturated fatty acid)이라고 부르며, 이중결합이 2개 이상 있으면 다중불포화지방산(多重不飽和脂肪酸, polyunsaturated fatty acid) 또는 다가불포화지방산(多價不飽和脂肪酸)이라고 한다. 불포화지방산은 이중결합의 위치에 따라 오메가3 지방산, 오메가6 지방산, 오메가9 지방산 등으로 분류하기도 한다.

오메가9 지방산과 포화지방산은 우리 몸에서 합성할 수 있으나, 오메가3 지방산과 오메가6 지방산은 우리 몸에서 합성할 수 없어서 외부로부터 섭취하여야만 되기 때문에 필수지방산(必須脂肪酸, essential fatty acid)이라 한다. 그러나 탄소수가 18개인 리놀레산(linoleic acid)이나 리놀렌산(linolenic acid)으로부터 탄소수가 더 많은 지방산을 합성할 수 있기 때문에 보통 리놀레산과 리놀렌산만을 필수지방산이라 한다.

참기름, 들기름, 올리브유 등 향을 중요시하는 식용유는 압착(壓搾)과 여과(濾過) 등 간단한 방법으로 기름을 얻게 되지만 대부분의 식용유는 추출(抽出, extraction), 탈검(脫gum, degumming), 탈산(脫酸, neutralization), 탈색(脫色, bleaching), 탈취(脫臭, deodorization) 등의 정제 공정을 거쳐 식용유로 된다. 정제 식용유에는 토코페롤 등의 산화방지제(antioxidant)를 첨가하는 것이 일반적이다. 마가린이나 쇼트닝 등의 제품에서는 강제적으로 수소(H)를 첨가하는 경화(硬化, hardening) 처리를 하며, 마요네즈나 드레싱을 만들 때 사용하는 샐러드유(salad oil)는 낮은 온도에서 고체가 되는 중성지방을 냉각 및 여과를 통하여 제거하는 윈터링(wintering, winterization) 처리를 하기도 한다.

④ 비타민

비타민은 그 자체로는 에너지를 제공하지 않지만 탄수화물, 단백질, 지질이 에너지를 내는 과정에 작용한다. 에너지 대사뿐만 아니라 비타민은 세포분열, 시력, 성장, 상처의 치료, 혈액응고 등과 같은 여러 가지 과정에 참여하기 때문에 비타민의 섭취가 부족하면 식품의 소화와 이용이 어렵고, 신체의 건강과 활력이 유지되지 않으며, 또한 정상적인 성장도 이루어지지 않는다. 비타민은 체내에서 합성할 수 없기 때문에 반드시 식품으로 섭취하여야만 한다. 탄수화물, 단백질, 지질 등은 하루 필요량이 몇 십 그램(g) 수준이지만, 비타민은 수 밀리그램(㎎) 혹은 수 마이크로그램(㎍) 정도의 미량이면 충분하다.

오늘날에는 영양소라 하면 제일 먼저 떠올리는 것이 비타민이지만, 20세기 초까지만 하여도 비타민의 존재는 알려지지 않았으며, 영양학 분야에 있어서 비타민의 발견은 20세기 최대의 업적으로 평가 받고 있다. 1910년대 초에 비타민이 발견되고, 그 물질이 질소가 포함된 유기물인 아민(amine)을 함유하고 있다는 것도 밝혀져서 비타민(vitamine)이라고 명명되었다. 이것은 라틴어로 '생명'을 의미하는 'vita'와 'amine'의 합성어이다. 그 후 아민(amine)을 포함하지 않은 비타민도 발견됨에 따라 'vitamine'에서 'e'를 떼고 'vitamin'이라고 부르게 되었다. 최근에는 비타민이란 용어 대신 화학명칭으로 부르는 것이 권장되고 있다.

비타민의 이름은 대체로 발견된 순서에 따라 알파벳을 붙였고, 같은 알파벳을 사용하는 비타민 중에서는 발견된 순서대로 1, 2, 3 등으로 이름을 붙였다. 그러나 처음에는 비타민에 대한 개념도 확립되어 있지 않았고 발견된 물질의 정확한 화학구조도 밝혀지지 않았기 때문에 혼동이 있었다. 초기의 불완전한 연구에서 붙인 이름 중에는 나중에 비타민의 정의에 맞지 않아 제외된 것도 있고, 이미 발견된 것과 동일한 것임이 밝혀져 삭제된 것도 있어서 비타민의 알파벳이나 번호가 반드시 발견 순서와 일치하지는 않으며, 중간에 비는 것도 많다.

현재까지는 비타민A/레틴올(retinol), 비타민B_1/티아민(thiamine), 비타민B_2/라이보플라빈(riboflavin), 비타민B_3/나이아신(niacin), 비타민B_5/판토텐산(pantothenic acid), 비타민B_6/피리독신(pyridoxine), 비타민B_8/바이오틴(biotin), 비타민B_9/엽산(folic acid), 비타민B_{12}/시아노코발라민(cyanocobalamin), 비타민C/아스코브산(ascorbic acid), 비타민D/칼시페롤(calciferol), 비타민E/토코페롤(tocopherol), 비타민K/필로퀴논(phylloquinone) 등 13종이 비타민으로 분류되고 있다.

⑤ 무기질

무기질(無機質)은 뼈나 치아 등 신체의 구성요소가 되며, 인체 내 생화학반응을 조절하는 효소나 호르몬(hormone)의 구성요소가 된다. 또한 혈액의 산·알칼리 균형을 유지하고 체액의 농도 균형을 유지하는 역할을 한다. 무기질 농도의 균형이 이루어지지 않으면 체액의 축적 또는 탈수를 일으키게 된다.

무기질은 미네랄(mineral)이라고도 하며, 인체에서 스스로 합성하지 못하여 외부에서 섭취하여야만 하는 필수영양소라는 점에서 비타민과 유사하나, 비타민이 유기화합물(有機化合物)인데 비하여 무기질은 무기물(無機物)이라는 점에서 구분된다. 무기질의 중요성은 오래 전부터 알려졌으나 크게 주목을 받지 못하다가 1950년대 이후 다시 연구가 활발해지고 있다. 20세기의 전반을 비타민 연구의 황금기라 한다면 20세기 후반은 무기질 연구의 전성기라 할 것이다.

미네랄은 원래 광물(鑛物)을 의미하는 단어이며, 광물이란 자연에서 산출되며 화학조성이 일정하고 균질한 결정 형태의 고체를 말한다. 광물은 단일 원소로 이루어진 것도 있지만 석영(SiO_2)과 같이 두 가지 이상의 원소로 된 것도 있다. 그러나 식품영양학이나 의학에서 사용하는 미네랄이란 용어는 원소(元素, element)와 비슷한 개념으로 사용된다. 미네랄은 원래 학술 용어가 아니고 편의적으로 사용하던 단어였기 때문에 아직도 정확한 정의가 내려져 있지 않다. 최근에는 인체의 대부분을 차지하며 탄수화물, 단백질, 지질 등 3대 영양소의 구성성분이 되는 산소(O), 수소(H), 탄소(C), 질소(N) 등 4가지 원소를 제외한 나머지를 미네랄이라고 부른다.

인공으로 합성된 원소까지 포함하여 현재 총 118종의 원소가 알려져 있으며, 위에서 말한 4개의 원소를 제외하면 114종의 무기질이 있는 셈이다. 그중 인체에서 부족하면 결핍증상이 나타나는 것을 필수무기질(必須無機質)이라 하고, 나머지를 비필수무기질(非必須無機質)이라고 분류하며, 일반적으로 무기질이라고 할 때에는 필수무기질을 의미한다.

현재까지 칼슘(Ca), 인(P), 나트륨(Na), 마그네슘(Mg), 칼륨(K), 황(S), 염소(Cl), 철(Fe), 아연(Zn), 요오드(I), 구리(Cu), 망간/망가니즈(Mn), 불소/플루오린(F), 셀레늄(Se), 크롬/크로뮴(Cr), 몰리브덴/몰리브데넘(Mo), 붕소(B), 게르마늄(Ge), 주석(Sn), 규소(Si), 코발트(Co), 바나듐(V) 등 22종의 무기질이 사람에게 꼭 필요한 것으로 밝혀졌고, 분석 기술이 발전하고 연구가 진척됨에 따라 그 수가 점점 늘어나고 있다.

⑥ 물

물은 우리 인체의 약 70%를 차지하고 있으며, 생명을 유지하기 위해 가장 중요한 물질이다. 사람은 음식을 먹지 않고도 몇 주를 살 수 있지만 물을 마시지 않고는 단 며칠도 살 수가 없다. 이처럼 물은 사람에게 꼭 필요한 물질이지만 너무나도 흔하여 필수영양소에도 들지 못하였었다. 그러나 건강에 대한 관심이 증가하면서 물에 대한 관심도 증가하였고, 이제는 6대 영양소로 취급되고 있다.

물은 우리 몸의 구성성분이 되며, 혈액의 주성분으로서 영양소와 노폐물을 운반하고, 체온을 유지하는 등의 역할을 한다. 물은 비열

(比熱, specific heat)이 매우 큰 물질로서 체온 유지에 적합한 특성을 지니고 있다. 비열은 어떤 물질 1g의 온도를 1℃ 올리는 데 필요한 열량을 말하며, 물의 비열은 4.19joule/g℃이다. 일반적으로 금속의 비열은 0.1~0.9joule/g℃ 정도이고, 같은 액체라도 알코올은 2.4joule/g℃이며, 식용유는 1.5~2.0joule/g℃ 정도인 것에 비하면 물의 비열은 매우 높은 편이다. 따라서 외부 온도가 크게 변하여도 체온의 변화는 비교적 적게 된다.

우리나라의 경우 마시는 물은 '먹는물관리법'에 의거하여 환경부에서 관리하고 있다. 먹는물관리법에 의하면 먹는물이란 "먹는 데에 통상 사용하는 자연 상태의 물, 자연 상태의 물을 먹기에 적합하도록 처리한 수돗물, 먹는샘물, 먹는염지하수(鹽地下水), 먹는해양심층수(海洋深層水)등을 말한다"고 정의되어 있다. 먹는샘물은 보통 지하 150~300m에 있는 암반대수층(岩盤帶水層)에서 원수를 채취하게 된다. 먹는염지하수란 먹는샘물 중에서 물속에 녹아있는 염분 등 총용존고형물(總溶存固形物)의 함량이 2,000㎎/L 이상인 물을 말한다.

45
식품의 맛

  먹을 것이 절대적으로 부족하였던 먼 과거에는 생존을 위하여 먹을 수 있는 것이면 무엇이건 먹을 수밖에 없었다. 그러나 어느 정도 세월이 흐른 후에는 식사의 즐거움을 추구하게 되었고, 보다 맛있는 식품을 원하게 되었다. 식품을 통하여 건강 문제를 해결하려는 건강기능식품이 등장한 오늘날에도 식품에서 맛(taste)은 절대적인 가치로 취급되고 있다.

  인류의 진화를 연구하는 학자들은 식품의 맛이 진화의 결과라고 주장하기도 한다. 단맛을 달다고 느끼고, 신맛을 시다고 느끼고, 짠맛을 짜다고 느끼는 것 등은 수렵생활을 하던 원시시대에 누적된 경험이 후대에 전해진 결과이며, 그 경험을 수용한 인간이 생존에 유리하게 되어 오늘날까지 살아남게 되었다고 한다. 식품의 성분이나 독성을 분석할 수 없었던 원시인들은 맛을 통해 먹어도 좋은 것과 먹으면 안 될 것을 구분하였다.

  대부분의 단맛을 내는 물질은 살아가는 데 필요한 에너지를 공급하는 탄수화물이 포함된 것이다. 단맛은 일반적으로 기분 좋게 느껴지며, 다른 맛의 경우 강도가 높아지면 거부감이 생기는 데 비하여 강도가 높아져도 싫지 않고, 많이 먹어도 질리지 않고 더 먹고 싶은 맛이다. 단맛의 이런 특징은 인간의 생존에 필요한 에너지를 확보하기 위하여 더 많은 탄수화물을 섭취하기 쉽도록 진화한 결과이다. 그리고 더욱 나아가 당장 필요하지 않은 탄수화물은 보다 에너지 효율이 좋은 지방으로 전환하여 인체에 저장할 수 있도록 진화하였다.

이처럼 에너지를 효율적으로 저장하고 필요할 때 사용할 수 있는 유전자를 가진 인간은 생존에 훨씬 유리하였으며, 그 후손이 오늘날의 인류가 된 것이다. 사람들이 지방을 맛있다고 느끼는 것도 되도록이면 지방을 많이 섭취하는 것이 생존에 유리하였기 때문에 그런 방향으로 인류의 진화가 이루어진 결과라고 한다. 산패(酸敗)한 기름의 맛을 불쾌하게 느끼는 것은 인체에 위험을 줄 수도 있다는 경고가 반영된 결과이다.

신맛과 짠맛은 소량일 경우에는 식품의 맛을 좋게 하고 식욕을 증진시키기도 하지만, 양이 증가할수록 점점 더 불쾌해진다. 잘 익은 과일에서는 적당한 신맛이 느껴지지만, 덜 익은 과일이나 부패한 음식 등에서는 불쾌한 신맛이 난다. 또한 심각한 위험을 초래할 수도 있는 산(酸, acid)에서도 신맛이 난다. 따라서 신맛은 조심해서 먹으라는 주의 신호로 받아들여졌다. 식염 중의 나트륨은 다양한 생리기능을 하며, 부족하거나 넘치게 되면 어느 쪽이든 인체에 나쁜 영향을 미치게 된다. 따라서 적당한 양을 섭취하도록 진화된 결과가 짠맛에 대한 호감도로 나타난 것이다.

쓴맛은 보편적으로 소량으로도 불쾌한 느낌을 받게 된다. 인간에게 약리적인 효과가 있는 물질은 대부분 쓴맛을 가지고 있으며, 이들은 독성물질로 작용할 수도 있다. 쓴맛에 대한 불쾌한 감정은 그 음식이 독(毒) 성분을 포함하고 있을 가능성이 있다는 경고였다. 감칠맛을 내는 음식 중에는 단백질이 풍부한 경우가 많으며, 감칠맛은 단백질을 섭취하도록 유도하기 위한 진화의 결과일 수도 있다. 소량의 글루탐산은 음식의 맛을 돋우어 주지만, 다량 사용할 경우에는 불쾌감을 준다. 우리 몸에 이상을 발생시키는 바이러스나 알레르기 원인물질은 대부분 단백질로 구성되어 있으며, 이런 불쾌감은 우리 몸을 위험으로부터 방어하기 위한 진화의 결과일 수도 있다.

맛의 사전적 풀이는 "음식 따위를 혀에 댈 때에 느끼는 감각"으로 되어 있으며, 과학적으로는 "맛 성분의 분자가 혀에 있는 미뢰(味蕾, taste bud)에 화학적인 자극을 주고, 신경계를 통해 대뇌(大腦)에 전달되어 판단된 결과"라고 정의할 수 있다. 식품의 맛에는 미각(味覺) 외에도 여러 가지 요소가 복합적으로 관여하므로 정확히 분석하는 것은 매우 어렵지만, 다섯 가지 기본맛을 비롯한 몇 가지 특징적인 맛을 중심으로 이루어진다.

식품의 다섯 가지 기본맛이란 단맛(甘味, sweetness), 신맛(酸味, sourness), 짠맛(鹹味, saltiness), 쓴맛(苦味, bitterness), 감칠맛(旨味, savoriness) 등을 말한다. 예전에는 감칠맛을 제외한 네 가지만 기본맛으로 인정하였으나, 오늘날에는 감칠맛을 포함한 다섯 가지를 기본맛으로 인정하고 있다.

① **단맛**: 단맛을 내는 물질에는 당류, 알코올(alcohol)류, 아민(amine)류 등이 있다. 화학적으로는 카르보닐기(carbonyl group)를 포함한 알데히드(aldehyde)나 케톤(ketone)과 관련이 있다.

② **신맛**: 신맛을 내는 성분에는 유기산(有機酸)과 무기산(無機酸)이 있으며, 일반적으로 유기산의 신맛은 좋은 느낌을 주고 무기산의 신맛은 불쾌한 느낌을 준다. 같은 농도일 경우에는 유기산이 더 시게 느껴지고, 온도가 상승하면 신맛도 함께 증가한다. 화학적으로는 해리(解離)된 수소이온과 해리되지 않은 산분자(酸分子)가 신맛에 관여한다.

③ **짠맛**: 짠맛의 성분은 유기(有機) 및 무기(無機)의 알칼리염으로 주로 음이온에 의한 것이다. 대부분의 염류는 짠맛 외에 쓴맛을 동반하는 경우가 많으며, 염화나트륨(식염)은 비교적 순수한 짠맛을 나타낸다. 식품에서의 짠맛은 대부분 식염에 의해 결정된다.

④ **쓴맛**: 쓴맛을 내는 물질은 알칼로이드(alkaloid), 배당체(配糖體) 등을 비롯한 여러 화합물이 있다. 기본맛 중에서 가장 예민하게 느낄 수 있으며, 보통 쓴맛은 불쾌하게 느껴지지만 적당히 희석되면 입맛을 돋우기도 한다.

⑤ **감칠맛**: 감칠맛을 내는 성분은 아미노산, 비단백성 질소화합물 등이다.

다섯 가지 기본맛 이외에도 기름진맛, 매운맛, 떫은맛, 아린맛 등 여러 가지 맛이 있다. 이들은 아직 기본맛으로 인정되지는 않았으나 여러 사람이 공통적으로 느낄 수 있고 그 존재를 알 수 있는 맛이다. 그중에는 미각(味覺)이 아닌 다른 감각인 경우도 있고, 또는 한 가지 요인이 아니라 복합적인 요인이 작용한 결과인 경우도 있다. 맛은 각 민족의 역사와 문화적 배경에 따라 형성되기도 하며, 어떤 민족은 느낄 수 있으나 다른 민족은 잘 느끼지 못하는 것도 있다.

① 기름진맛

우리나라에서는 기름진맛, 기름맛 또는 지방맛이라고 불리는 맛이며, 영어로는 'fat taste'라고 하고, 기본적으로는 지방산(脂肪酸)에서 비롯된 맛이다. 최근에는 이 맛을 감칠맛에 이어 여섯 번째 기본맛으로 인정해야 한다는 주장이 제기되고 있으나 아직은 공인되지 못하고 있다. 지방이 많은 음식을 먹었을 때 혀에서 느끼는 크림처럼 부드럽고 살살 녹는 듯한 질감(質感)은 미각수용체에서 받아들인 화학적인 자극이 아니라 일종의 촉감(觸感)이며, 이것은 미각과는 상관없는 중성지방의 성질에서 기인된 것이다. 기름진맛은 미각으로 느끼는 것으로 추정되는 지방산의 자극과 촉감으로 느끼는 중성지방의 자극이 복합적으로 나타난 결과라고 할 수 있다.

② 매운맛

매운맛은 미각이 아니라 아픈 듯한 통각(痛覺)이다. 매운맛 분자가 혀의 점막에 있는 온도나 통증을 느끼는 감각수용체에 자극을 주고, 이 자극이 신경계를 거쳐 대뇌까지 전달되어서 급격한 온도 변화나 압박감을 느끼게 되는 상태가 매운맛에 대한 과학적 정의이다. 따라서 매운맛은 혀의 점막뿐만 아니라 입술과 같은 민감한 피부나 점막이 있는 부분에서는 모두 느낄 수 있다. 매운맛을 눈이나 코로도 느낄 수 있는 것은 이곳의 점막을 자극하기 때문이며, 예민한 사람은 매운 음식을 먹고 나면 변을 볼 때 상당한 고통을 느끼게 된다.

매운맛 성분은 온도를 느끼는 감각수용체에도 자극을 주기 때문에 얼얼한 느낌과 함께 뜨겁거나 차갑다는 느낌을 동반하기도 한다. 이런 이유로 '맵다'를 영어로 표현할 때에는 '향이 강하다'는 의미의 '스파이시(spicy)'와 함께 '뜨겁다'는 의미의 '핫(hot)'이 사용되기도 한다. 이외에도 '자극적'이란 의미의 '펀전트(pungent)'나 '짜릿하다'는 뜻의 '피컨트(piquant)'라는 단어가 사용되기도 한다.

매운맛 성분은 대체로 황(S)을 포함하는 화합물이 많으며, 매운맛이라고 뭉뚱그려서 표현하고 있으나 세부적으로는 다양한 맛이 있다. 고추의 매운맛은 캡사이신(capsaicin)이라는 성분 때문이며, 입안 전체가 불이 나는 것처럼 맵다. 마늘의 매운맛은 알리신(allicin)이라는 성분 때문이며, 독한 냄새와 함께 알싸하게 맵다. 후추의 매운맛은 피페린(piperine)이라는 성분 때문이며, 자극적인 향이 강하다. 겨자나 고추냉이의 매운맛은 시니그린(sinigrin)이라는 성분 때문이며, 주로 코를 찌르고 올라오는 것처럼 맵다. 계피의 매운맛은 신남알데히드(cinnamaldehyde)라는 성분 때문이며, 매우면서도 차가운 느낌을 갖게 된다.

매운맛은 서양보다는 전통적으로 아시아의 국가들에서 주로 사용하던 맛의 개념이었다. 우리나라를 비롯하여 중국과 일본에서 매운맛을 나타내는 한자는 '辛味(신미, xīnwèi, からみ)'이지만, 그 개념은 미묘한 차이가 있다. 우리나라의 경우에는 매운맛이라고 하면 주로 고추에서 비롯된 화끈한 매운맛을 떠올리게 된다. 중국의 경우 맵고 얼얼한 것을 '마라(麻辣)'라고 하며, 이것은 매운맛이 특히 강한 칠리페퍼(chili pepper) 등의 마비(痲痺)되는 듯한 매운맛을 표현한 것이다. 일본의 경우에는 주로 와사비의 특징인 코끝이 찡한 매운맛을 표현한 것이다. 일본어의 '가라이(からい)'에는 '맵다(辛い)'는 의미 외에 '짜다(鹹い)'는 뜻도 있으며, 매운맛과 짠맛을 모두 자극적

인 맛으로 인식하였다. 요즘은 매운맛과 짠맛을 구분하기 위해 '짜
다'고 할 때에는 '시오카라이(塩辛い)'라는 표현을 주로 사용한다.

③ 떫은맛

떫은맛(astringency)은 한자로 삽미(澁味)라고 하며, 혀의 점막 단백
질을 일시적으로 응고시켜 미각신경이 마비되어 일어나는 감각이다.
일반적으로 불쾌한 느낌을 주기 때문에 식용으로 할 때에는 떫은맛
을 제거하는 경우가 많다. 떫은맛을 내는 물질로는 덜 익은 감이나
차(茶) 등에 들어 있는 타닌(tannin), 철(Fe)이나 구리(Cu) 등의 금속류,
지방이 산패할 때 발생되는 알데하이드(aldehyde) 등이 있다.

④ 아린맛

아린맛(acridity)은 매운맛, 쓴맛, 떫은맛 등이 혼합된 듯한 자극적
인 불쾌한 맛이다. 주로 죽순, 토란, 돼지감자, 고사리 등에서 느낄
수 있으며, 아린맛을 나타내는 성분에 대해서는 아직 분명히 밝혀
져 있지 않다. 이 맛은 주로 수용성이므로 물에 담가두면 제거된다.

⑤ 고소한맛

고소한맛은 우리 민족 고유의 맛으로 다른 나라 사람들은 이해
하기 어려운 맛이다. 우리나라 사람이라면 고소한맛의 느낌을 모두
알고 있지만 말로 설명하기는 곤란한 맛이다. 영어로는 '견과류의

맛(nutty taste)' 또는 '참기름의 맛(taste of sesame oil)' 등으로 번역되며, 일본어로는 '향기로운 맛(香ばしい味)'으로 번역하여 주로 향(香)을 강조하고 있다. 영어나 일본어의 번역이 고소한맛의 특징을 표현하고는 있으나 완전히 일치하지는 않으며, 외국인으로서는 추상적인 개념은 이해하여도 구체적인 느낌을 공유하기에는 어려운 맛이다.

고소한맛은 하나의 맛이 아니라 여러 가지 맛과 향까지 포함되어 느끼는 복합적인 맛이다. 볶은 참깨가 대표적인 고소한맛을 내는 식품임에는 틀림없으나, 고소한맛은 참깨에서만 느낄 수 있는 것은 아니다. 일례로, 마요네즈의 가장 중요한 맛은 고소한맛으로 인식되고 있으나 마요네즈에는 참깨나 참기름이 전혀 사용되지 않는다. 마요네즈의 고소한맛은 식용유, 난황, 소금, 설탕 등이 어우러진 복합적인 맛이다.

⑥ 금속맛

금속맛(metallicness)은 철, 은, 주석 등 금속이온의 맛이며, 특정 의약품이나 충치 치료 시 충전재로 사용되는 아말감(amalgam)이란 합금에서 잘 느낄 수 있다고 한다. 서양인들은 민감하게 느끼는 편이나 한국인에게는 조금 생소한 맛이고, 평소에 별로 의식하지도 않는 맛이다. 한국인은 음식에서 나는 이취(異臭)의 일종으로 인식할 뿐이다.

⑦ 진한맛

일본어 '고쿠미(こく味)'는 우리말로는 진한맛으로 번역되고, 영어로는 'heartiness' 또는 일어 발음 그대로 'kokumi'라고 한다. 고쿠미는 일본인들에게는 익숙한 맛이지만 다른 민족이 공감하기에는 애매한 맛이다. 일본어 사전에서는 "식욕을 돋우는 맛(食欲をそそる味)", "음식의 간이 알맞아 입에 맞다(食べ物の味加減がよくて口に合う)", "색, 맛 등이 진하다(色,味などが濃い)" 등으로 설명하고 있으며, "잎 안 가득 풍부한 묵직하고 깊은 맛"으로 표현되기도 한다. 고쿠미는 단일한 맛이 아니라 여러 가지 맛과 향까지 포함되어 느끼는 복합적인 맛이며, 고기 국물을 진하게 우려낸 것과 비슷한 맛이다.

⑧ 발효미

발효미(醱酵味)는 장(醬)이나 김치, 젓갈과 같은 발효식품에서 나는 맛이며, 발효 과정에서 미생물의 작용에 의해 형성된 맛이다. 원재료에 있던 단백질은 아미노산으로 분해되어 감칠맛을 내고, 전분은 단당류로 분해되어 단맛을 내며, 다양한 유기산과 향기성분도 생성된다. 여기에 장기 저장을 위해 첨가되는 식염의 짠맛까지 어우러져 나타나는 복합적인 맛이 바로 발효미이다. 발효식품은 세계 모든 나라에 존재하지만, 발효에는 시간이 걸리는 특성이 있어 이동생활을 하는 유목민족보다는 정착생활을 하는 농경민족 사이에서 더욱 발전하였다.

　식품의 경우 식염, 설탕, 식초, MSG 등과 같이 특정한 기본맛만
나타내는 경우도 있지만 대부분의 경우에는 여러 가지 맛과 향이
어우러져 복합적으로 나타나게 된다. 사과, 딸기, 우유, 빵, 생선, 고
기 등의 식품이 각각 다른 맛을 내는 것은 다섯 가지 기본맛을 비
롯한 여러 가지 맛과 향이 각각 다른 비율로 포함되어 있기 때문이
다. 우리의 뇌는 각각 다른 식품마다 맛의 혼합 비율을 종합적으로
기억하여 사과맛, 딸기맛, 우유맛 등으로 인식하게 된다.

　좁은 의미에서 맛이란 혀에서 느끼는 미각을 말하지만, 일반적으
로 느끼는 맛은 미각뿐만 아니라 코로 느끼는 냄새를 포함하고 있
다. 사람의 뇌는 코로 직접 맡은 향기(香氣, aroma)와 입안에서 코로
들어가 느껴지는 향미(香味, flavor)를 다르게 인식한다고 하며, 미각
적으로 느낀 것과 향미를 종합적으로 판단한 것을 '풍미(風味)'라고
한다. 영어로는 풍미 역시 'flavor'로 번역되어 오해의 소지가 있다.
실제로 식품의 맛을 평가할 때에는 풍미 외에도 눈, 귀 등 다른 감
각기관이 인식한 것까지 포함하여 판단하게 된다.

　식품을 평가할 때 아삭아삭하다, 부드럽다, 질기다, 매끄럽다,
쫀득쫀득하다, 촉촉하다 등의 표현도 사용되며, 이것들은 풍미와
는 별개의 물리적인 느낌을 이야기한 것이다. 이처럼 입 안에서 느
껴지는 질감(質感)을 텍스처(texture)라고 하며, 흔히 식감(食感)으로

번역된다. 때로는 촉감인 텍스처에 시각적 요소인 색, 광택, 형상 등과 청각적인 요소인 씹는 소리 등을 모두 포함하여 식감이라고 한다. 넓은 의미의 맛은 풍미와 식감을 모두 아우르는 것이다. 사람에 따라서는 식감을 포함한 넓은 의미의 맛을 풍미라고 부르기도 한다.

식품의 맛에 대한 표현은 나라마다 각각 다르며, 우리나라에서는 일반적으로 다음과 같은 표현이 사용된다.

① **강도**: 달다, 시다, 짜다, 쓰다, 진하다 등 특정한 맛의 세기를 나타낸다.

② **특징**: "○○맛이 확실하다", "○○맛이 강렬하다" 등으로 표현되며, 주로 강하게 느끼는 첫맛을 나타낸다.

③ **조화**: "어우러진 맛이다", "숙성된 맛이다", "복합미가 있다" 등 맛의 균형을 나타낸다.

④ **질감**: "입 안에서 퍼진다", "살살 녹는다", "딱딱하다", "꺼칠꺼칠하다" 등 식감을 나타낸다.

식품이 처음 입술에 닿아서 목젖으로 넘어간 후까지 입 안에서의 경시적인 맛은 "느낌이 강하다", "입 안에 남는 향이 있다", "맛이 오래 간다" 등으로 표현되며, 다음과 같이 구분된다.

① **첫맛**: 가장 처음 느끼게 되는 강렬하고 인상적인 맛이다. 식물성단백질 유래의

아미노산(MSG, HVP 등) 계통의 성분은 첫맛으로 느끼기 쉽다.

② **중간맛** : 중간에 느끼게 되는 자극적이지 않고 순한 맛이다. 동물성단백질 유래의 아미노산(HAP)이나 비프농축액(beef extract), 치킨농축액(chicken extract) 등은 중간맛으로 느끼기 쉽다.

③ **끝맛**: 끝에 느끼게 되는 진한 맛이다. 각종 단백질 분해물질 유래의 펩타이드(peptide)류는 끝맛으로 느끼기 쉽다.

④ **뒷맛**: 여운으로 남게 되는 맛이다. 젤라틴(gelatin), 유지(油脂), 효모 유래의 펩타이드 등은 뒷맛으로 느끼기 쉽다.

⑤ **지속성**: 특정한 맛이 유지되는 시간을 말한다. 쓴맛은 길고, 단맛은 짧으며, 신맛이나 짠맛은 그 중간이다.

　

맛에 대한 평가는 주관적인 것이기 때문에 개인차가 크고, 같은 사람이라도 조건에 따라 다르다. 같은 음식이라도 반복적으로 접하게 되면 맛에 대한 평가가 변하게 된다. 식품의 맛은 온도에 따라서 느낌이 다르며, 너무 차거나 뜨거우면 고유한 맛을 느끼기 어렵다. 또한 맛은 상호작용을 하여 한 가지 맛에 적응되면 다른 맛의 감도를 예민하게 또는 둔하게 한다. 흡연이나 알코올 섭취에 의해 맛에 대한 예민도가 달라지고, 나이가 많아질수록 맛에 대한 예민도가 저하된다. 이 외에도 여러 가지 요소에 의해 맛에 대한 평가는 달라지게 된다. 식품의 맛에 영향을 주는 요소들을 살펴보면 다음과 같다.

① **건강**: 질병의 유무, 치아의 상태, 연령 등

② **심리**: 기쁨, 슬픔, 분노, 긴장감 등

③ **식사**: 식후의 배부른 상태, 배고픈 공복 상태 등

④ **배경**: 식품에 대한 지식이나 경험, 식사 습관 등

⑤ **장소**: 집, 야외, 호텔, 레스토랑 등 식사를 하는 장소

⑥ **분위기**: 혼자 하는 식사, 가족과 함께하는 식사, 친구나 연인과 하는 식사, 직장 회식, 거래처 상담 등 식사를 하는 상황

⑦ **문화**: 각 국가나 민족의 식사 관습, 사회적 통념 등

⑧ **기타**: 매스컴이나 광고, 식품의 표시 사항이나 도안, 가격 등에 의한 선입관

식품의 맛에 대한 개념은 고정된 것이 아니고 시대에 따라서 변하게 된다. 계속 새로운 식품이 나오고, 국가 간의 교류가 빈번해짐에 따라 사람들은 다양한 식품의 맛에 접할 기회가 많아졌으며, 맛에 대한 기호도 변하고 있다. 식품을 개발하는 사람들은 소비자들의 변화되는 욕구를 파악하여, 그에 대응하는 제품을 내놓게 되는 것이다.

1) 조미료

음식의 맛과 향 또는 색깔을 좋게 하기 위하여 부가적으로 사용하는 물질을 통상 조미료(調味料)라고 하며, 조미료는 소량을 사용

하면서도 식품의 풍미를 개선시키는 특징이 있다. 그러나 조미료는 학문적인 용어가 아니므로 정확한 정의가 없으며 사용하는 사람에 따라 조금씩 개념의 차이가 있다. 또한 나라마다 사용하는 단어가 다르고, 그 단어가 내포하는 범위도 차이가 있다. 우리나라의 경우 조미료와 비슷한 뜻으로 양념이란 단어가 있으며, 양념에는 간장, 된장, 고추장, 젓갈, 식초, 참기름, 들기름, 깨소금, 파, 마늘, 고추, 후추, 소금, 설탕 등 음식의 맛을 돋우기 위하여 쓰는 재료가 모두 포함된다.

넓은 의미로 조미료라고 할 때는 향이나 색깔을 좋게 하는 물질을 포함하게 되지만, 좁은 의미로 말할 때의 조미료는 식품에 미각적인 맛을 부여하는 것을 말한다. 가장 기본적인 조미료의 역할이 맛을 좋게 하는 것이므로 일반적으로 조미료라고 할 때는 좁은 의미의 조미료를 지칭하며, 다음과 같은 종류가 있다.

① **감미료(甘味料)**: 단맛을 부여하는 것으로 설탕, 포도당, 과당, 물엿, 벌꿀 등 과거부터 전통적으로 사용해오던 재료 외에 스테비올배당체, 사카린나트륨, 아스파탐, 수크랄로스, 자일리톨 등의 식품첨가물이 있다.

② **함미료(鹹味料)**: 식품에 짠맛을 부여하는 것으로 대표적으로는 식염이 있고, 그 외에 간장, 된장, 젓갈, 우스터소스 등의 소스류도 짠맛을 내는 데 사용된다.

③ **산미료(酸味料)**: 신맛을 부여하는 대표적인 물질은 식초이며, 식품첨가물로는 구연산, 타르타르산, 글루콘산, 사과산, 푸마르산, 아디핀산, 유산 등의 유기산

이 사용된다.

④ **지미료**(旨味料): 감칠맛을 부여하는 대표적인 물질은 MSG이며, 이노신산(IMP) 과 구아닐산(GMP) 등의 핵산(核酸)도 사용된다.

주로 음식에 향이나 색깔을 내기 위하여 사용되는 향신료(香辛料) 를 미각을 돋우기 위한 조미료와 구분하기도 하나, 현실적으로는 이 둘을 명확하게 구분하기 어렵기 때문에 조미료의 범주 안에 향 신료도 포함시키는 것이 보통이다. 이 외에도 농축액(濃縮液), 향미 유(香味油), 단백분해물(蛋白分解物), 시즈닝분말 등이 조미료로서 사 용되고 있다.

동식물성 원료 등에서 원하는 성분을 추출하여 농축한 것을 농 축액 또는 추출물(抽出物)이라고 하며, 일반적으로는 엑기스라는 용 어가 널리 사용된다. 엑기스는 영어(네덜란드어)의 '엑스트랙트 (extract)'에서 나온 말로서 일본에서 '에키스(エキス)'라고 부르던 것이 변한 말이다. 향신료의 에센스(essence)와 비슷하나 일반적으로 향 신료로 취급되지 않는 양배추, 당근 등의 채소나 동물성 원료 및 효모 등에서도 추출한다는 점에서 차이가 있다. 엑기스는 사용된 원료에 따라 다음과 같이 구분할 수 있다.

① **농산물엑기스**: 농산물을 원료로 한 것으로서 양파, 마늘, 생강, 파, 당근, 양배 추, 샐러리 등 야채를 가공한 야채엑기스와 표고, 양송이 등 버섯을 가공한 버

섯엑기스가 있다.

② **축산물엑기스**: 소, 돼지, 닭 등의 축산물을 원료로 사용한 것이며, 고기를 원료로 한 미트엑기스(meat extract)와 뼈를 원료로 한 본엑기스(bone extract)로 구분할 수 있다. 일반적으로 본엑기스보다 미트엑기스가 가격은 비싸지만 향이나 맛이 강하다.

③ **수산물엑기스**: 가다랑어, 고등어, 연어, 참치 등을 원료로 한 어류엑기스, 가리비, 바지락, 굴 등을 원료로 한 조개류엑기스, 게, 새우 등을 원료로 한 갑각류엑기스, 다시마, 미역, 김 등을 원료로 한 해조류엑기스 등이 있다.

④ **효모엑기스**: 효모엑기스는 원래 유럽에서 비프스톡(beef stock) 대용으로 개발된 것으로 맥주효모엑기스, 빵효모엑기스, 토룰라(torula)효모엑기스 등이 있다. 효모엑기스는 식품의 풍미를 강화하여 복합미를 향상시키며, 짠맛이나 신맛을 완화시키는 효과도 있고, 식물의 풋내나 쓴맛, 아린맛 등을 마스킹(masking)하기도 한다. 효모엑기스는 최근에 주목받고 있는 소재이며, 다른 엑기스와 혼합한 배합엑기스 외에도 당류나 다른 첨가물과 혼합하여 독특한 풍미를 갖는 제품도 나와 있다.

엑기스는 본래의 원료에 비하여 무게와 용량이 감소하여 보관과 수송에 유리하다는 이점이 있으며, 농축 타입이므로 소량으로도 사용 목적을 달성할 수 있다는 장점이 있다. 또한 엑기스는 감칠맛을 부여하면서 동시에 MSG 등으로는 표현할 수 없는 농산물이나 축산물 등이 가지고 있는 고유의 특징을 살린 천연풍미에 가까운 맛을 제공한다는 장점이 있다.

〈식품공전〉에서는 향미유(flavored oil)를 "식용유지에 향신료, 향료, 천연추출물, 조미료 등을 혼합한 것으로서, 조리 또는 가공 시 식품에 풍미를 부여하기 위하여 사용하는 것"으로 정의하고 있다. 간단히 말하여 유용성의 풍미 성분을 식용유에 녹여놓은 것이며, 시즈닝오일(seasoning oil)이라고도 불린다. 향미유는 향이 약한 소재에 향을 주거나, 새로운 향을 부여하기도 하며, 불쾌한 냄새를 억제하거나 바람직한 향미로 바꾸는 효과도 있다. 향의 부여를 주된 목적으로 사용하지만, 고추맛 기름이나 라면의 액상수프처럼 맛을 증강시키는 목적으로도 사용된다. 향미유는 유성(油性)이기 때문에 가열을 하여도 쉽게 증발하지 않는 특성이 있어서 열처리가 필요한 식품에 적합하다.

단백분해물에는 탈지대두, 밀 글루텐, 옥수수 글루텐 등을 원료로 사용한 식물성단백분해물(HVP)과 어패류, 육류, 젤라틴 등을 원료로 사용한 동물성단백분해물(HAP)이 있다. 단백질이 분해되면 펩타이드(peptide)와 뉴클레오타이드(nucleotide)가 되고, 더욱 분해되면 최종적으로는 아미노산(amino acid)이 된다. 단백질의 가수분해에는 염산(HCl)과 같은 산(酸)을 이용하는 방법과 효소(酵素)를 이용하는 방법이 있으며, 가수분해 후에는 중화, 여과, 정제, 농축 등의 공정을 거쳐 제품화한다.

산분해 제품은 아미노산이 주성분이고, 효소분해 제품은 아미노산과 펩타이드가 주성분이다. 효소분해 제품은 산분해 제품에 비하여 맛과 향이 부족한 단점이 있으나, 산분해 과정에서 발생하는 인체에 유해한 3-MCPD란 물질이 생성되지 않는다는 장점이 있다. 단백가수분해물은 액상 그 자체로 간장 등의 원료로 사용되기도 하지만, 건조하여 분말로 한 것은 천연조미료로서 식품에 감칠맛과 복합미를 증강시키는 데 사용된다. 단백가수분해물은 MSG 대용으로 사용되며 감칠맛을 내면서도 너무 강하지 않아 자연스러운 느낌을 준다. 일반적으로 HVP는 감칠맛이 강하고, HAP는 단맛이 강하다.

시즈닝분말(seasoning powder)이란 식품에 사용하는 분말 형태의 혼합조미료를 통칭하는 말이며, 〈식품공전〉에서는 '복합조미식품'이라고 부르고 "식품에 당류, 식염, 향신료, 단백가수분해물, 효모 또는 그 추출물, 식품첨가물 등을 혼합하여 분말, 과립 또는 고형상 등으로 가공한 것으로 식품에 특유의 맛과 향을 부여하기 위해 사용하는 것"이라고 정의하고 있다. 시즈닝분말은 단품 조미료만으로는 낼 수 없는 오묘하고 복합적이며, 실제 조리한 것과 같은 느낌을 주어 고급스러운 식품 개발에 도움을 준다.

시즈닝분말은 그 원료에 제한이 없으며, 분말 형태의 조미료이면 모두 사용할 수 있다. 기초조미료인 설탕, 식염, MSG는 물론이고, 건조한 향신료를 분쇄한 것이나 올레오레진을 분말화한 것도 사용할 수 있으며, 엑기스나 단백가수분해물을 분말화한 것도 사용할 수 있다. 따라서 사용 목적에 맞게 다양한 종류의 시즈닝분말을 만들 수 있으며, 대표적인 것으로는 Cj제일제당의 '다시다'가 있으며, 라면의 분말수프도 여기에 속한다. HVP라는 이름으로 판매되고 있는 제품도 대부분 순수한 식물성단백분해물이 아니라 HVP에 식염, MSG 등이 혼합되어 있는 복합조미식품이다.

2) 향신료

향신료(香辛料, spice)는 음식에 풍미를 부여하거나 식욕을 촉진시킬 목적으로 사용하는 식물성 원료로서 미각적인 맛보다는 주로 향을 돋우는 역할을 하며, 때로는 색상을 개선하기 위하여 사용된다. 향신료는 원래 고기를 주식으로 삼는 유목민족이 쉽게 부패되어 좋지 않은 냄새를 내는 육류의 단점을 극복하기 위하여 개발하게 되었을 것으로 추정되며, 대체적으로 향이 강한 특징이 있다. 향신료는 향(香) 외에 매운맛(辛味)을 부여하기도 하므로 향신료(香辛料)라는 이름이 붙었다.

향신료로는 식물의 열매, 씨앗, 꽃, 뿌리 등 모든 부분이 이용되며, 하나의 식물에서 여러 부분이 향신료로 사용되는 경우도 있다. 향신료의 종류는 매우 많으며, 주로 사용되는 부위에 따라 구분하면 다음과 같은 종류가 있다.

① **잎**: 주로 잎을 이용하는 향신료는 타임, 세이지, 바질, 월계수, 파슬리, 오레가노, 로즈메리, 마저럼, 타라곤 등이 있다.

② **종자**: 주로 종자(씨앗)를 이용하는 향신료는 코리앤더, 카르다몸, 쿠민, 펜넬, 아니스, 셀러리, 페뉴그릭, 캐러웨이, 겨자 등이 있다.

③ **열매**: 주로 열매를 이용하는 향신료는 넛메그, 올스파이스, 후추, 고추 등이 있다.

④ **뿌리**: 뿌리나 땅속줄기를 이용하는 향신료는 생강, 강황, 마늘, 양파 등이 있다.

⑤ **껍질**: 주로 껍질을 이용하는 향신료는 계피가 있다.

⑥ **꽃**: 사프란은 꽃의 암술을 이용하고, 클로브는 꽃봉오리를 이용한다.

향신료는 사용하는 목적에 따라 구분할 수도 있다. 하나의 향신료는 하나의 목적만을 위하여 사용되는 것이 아니라 여러 가지 목적으로 사용되기도 한다. 향신료를 사용 목적에 따라 구분하면 다음과 같은 종류가 있다.

① **냄새 마스킹(masking)**: 고기 누린내, 생선 비린내, 기타 불쾌한 냄새를 없애거나 억제하기 위하여 사용하는 향신료로는 후추, 마늘, 생강, 넛메그, 메이스, 클로브, 로즈메리, 세이지, 카르다몸, 타임, 오레가노, 캐러웨이 등이 있다.

② **풍미 부여**: 주로 향을 부여하기 위한 목적으로 사용되는 것으로 대부분의 향신료가 해당되나 특히 올스파이스, 아니스, 바질, 셀러리, 쿠민, 마저럼, 페뉴그릭, 타라곤, 박하, 코리앤더, 스타아니스, 계피, 넛메그, 메이스, 클로브, 월계수, 타임, 세이지, 파슬리, 오레가노, 로즈메리, 캐러웨이, 펜넬 등이 주로 이용된다.

③ **매운맛 부여**: 주로 매운맛으로 자극하여 소화액의 분비를 유발하고 식욕을 증진시키기 위한 것으로 후추, 생강, 겨자, 고추, 마늘, 양파, 파 등이 있다.

④ **착색(着色)**: 요리에 특징적인 색을 부여하기 위한 것으로 강황(황색), 고추(적색), 파프리카(적색/주황색), 겨자(황색), 사프란(황금색), 파슬리(녹색) 등이 있다.

⑤ **항균(抗菌)**: 미생물을 억제하기 위한 목적으로 클로브, 겨자 등이 사용된다.
향신료는 식물 그대로 사용하기도 하나, 건조하거나 기타의 방법

으로 가공하여 사용하기도 한다. 일반적으로 자연 그대로의 향신료는 가공된 향신료에 비해 향과 맛이 약하다. 향신료를 가공형태에 따라 구분하면 다음과 같은 종류가 있다.

① **천연향신료**: 향신료를 자연 그대로 사용하거나 원형을 알아볼 수 있는 형태로 단순히 건조하기만 한 것, 또는 건조품을 분쇄하여 분말화한 것을 말한다.

② **에센스(essence)**: 향신료에서 유효성분을 압착(壓搾), 침출(浸出), 증류(蒸溜) 등의 방법으로 추출한 것이며, 기름과 비슷한 형상을 띠고 있으므로 정유(精油, essence oil)라고도 하며, 향기가 강하기 때문에 향유(香油)라고도 한다. 보통은 에탄올(ethanol) 등으로 희석하여 조제하므로 수용성(水溶性)이며, 상온에서 휘발하기 쉽고, 햇빛이나 열, 공기 등과 접하면 변화하기 쉽다.

③ **올레오레진(oleoresin)**: 향신료의 유효성분을 유기용매로 추출하여 농축한 것이며, 유효성분 외에 검질(gum質) 및 수지(樹脂)를 포함하고 있어 끈적끈적하고 점도가 높은 액상이다. 품질 유지를 위하여 희석제, 산화방지제 및 기타 식품 첨가물을 첨가하기도 한다. 유용성(油溶性)이므로 물에는 녹지 않고 보통은 식용유에 녹여서 사용하게 된다. 원료 향신료에 비해 품질이 균일하고 장기간 보관할 수 있는 장점이 있다.

④ **분말화(粉末化) 향신료**: 올레오레진이 점도가 높아 사용하기 불편하므로 분무

건조 시키거나 포도당, 덱스트린 등에 흡착시켜 분말 형태로 가공한 것을 말한다. 사용하기에는 편하나 올레오레진에 비해 향과 맛은 약하여 사용량을 늘려야 한다.

향신료와 유사한 역할을 하며, 자주 혼동되는 것으로 향료, 허브, 향미료 등이 있다.

① 향료(香料)

향료(perfume)는 향기를 내는 휘발성물질을 통칭하는 것으로 천연향료 외에 인공향료도 있으며, 천연향료 중에서도 식물성향료 외에 사향노루에서 얻은 사향처럼 동물성향료도 있다는 점에서 향신료와 구분된다. 인류가 향료를 사용하기 시작한 시기는 분명하지 않으나 고대 이집트의 유물에 향로(香爐)가 있고, 미라(mirra)에 향료를 사용한 흔적이 있으며,『구약성서』에도 유향(乳香)이 언급되는 등 아주 오랜 옛날부터 사용해왔음을 알 수 있다. 고대에는 주로 종교의식에서 향료를 사용하였으며, 점차 종교의식에서 멀어져 일상생활에 사용하게 되었다. 16세기 프랑스에서 향료추출공업이 탄생하였고, 19세기로 접어들면서 유기화학공업이 발달하고 알코올을 공업적으로 싼 값에 제조할 수 있게 되면서 향수(香水)가 널리 일반에게까지 보급되었다.

② 허브(herb)

향신료 중에는 허브라고도 분류할 수 있는 것이 많아서 향신료와 허브는 종종 혼동되어 사용되기도 한다. 향신료와 허브의 차이점은 향신료는 뿌리, 껍질, 잎, 과실 등 식물의 모든 부분에서 얻어지며 주로 건조하여 사용하지만, 허브는 주로 1~2년생 초본류의 잎을 사용하고 건조된 것보다는 신선한 것을 그대로 사용하는 경우가 많다는 점이다. 그러나 향신료와 허브의 구분은 엄격한 것은 아니며 향신료는 허브를 포함하는 개념으로 이해하는 것이 좋다.

허브(herb)의 어원은 라틴어로 '푸른 풀'을 의미하는 '헤르바(herba)'이며, 예로부터 식용이나 약용으로 사용되어 온 향미가 있는 채소는 모두 허브라고 할 수 있고, 한자로는 향초(香草)라고 한다. 허브와 야채(野菜) 또는 채소(菜蔬)의 구분도 모호하다. 원래 야채는 '들에서 나는 나물'을 의미하며, 채소는 '밭에서 기르는 농작물'을 의미하였으나 요즘은 두 단어를 같은 뜻으로 사용하고 영어로는 'vegetable'로 번역한다. 마늘, 고추, 양파, 파, 생강, 샐러리 등은 채소이면서 허브이기도 하고 향신료이기도 하다.

③ 향미료(香味料)

향미료의 사전적 의미는 "약품이나 음식물에 향기로운 맛과 냄새를 더하는 원료"이나, 향신료와 조미료를 포함하는 의미로도 사용되는 등 사용하는 사람에 따라 다양한 개념을 내포하고 있으며, 영어로는 'flavoring', 'seasoning', 'spice' 등 다양하게 번역된다. 향미료는 천연적인 것뿐만 아니라 인공적으로 합성한 것도 포함된다는 점에서 향신료와 구분된다.

3) 소스

세계에는 수많은 음식이 있으며, 이들을 더욱 다양하고 풍부하게 만들어주는 것이 소스로서 여러 요리에 널리 사용되고 있다. 소스는 음식에 맛과 향을 부여할 뿐만 아니라 음식의 특징을 구분지게 하는 중요한 요소이다. 예를 들어, 같은 떡볶이라도 고추장과 간장 중 어떤 것을 소스로 쓰느냐에 따라서 완전히 다른 맛을 내는 음식이 된다. 이처럼 음식을 완성시키는 데 없어서는 안 될 중요한 요소가 소스이지만 한 마디로 정의하기 어려운 것이 소스이기도 하다.

소스의 사전적 의미는 "(서양요리에서) 맛이나 빛깔을 내기 위해 음식에 넣거나 위에 끼얹는 걸쭉한 액체"로 되어 있으나, 그 내용이 상당히 모호하고 포괄적이어서 이해하기 힘들며, 예외도 많이 있어 완전한 설명이라고 보기도 어렵다. 우선 소스가 원래는 서양에서 유래된 단어이기는 하나 이제는 우리에게도 너무나 익숙한 단어가 되어 '불고기소스', '찌개소스', '양념소스' 등과 같이 우리 고유의 음식에까지 소스라는 이름이 붙게 되었으며, 따라서 일부 사전에서는

'서양요리'라는 전제를 삭제하기도 하였다. '걸쭉한 액체'라는 표현도 적절하지 못하여 식초나 간장처럼 전혀 걸쭉하지 않은 소스도 많이 있고, 마요네즈나 타타르소스처럼 액체가 아닌 반고체상 소스도 많이 있다.

소스(sauce)라는 단어의 어원은 라틴어로 '소금에 절인(salted)'이라는 의미의 '살수스(salsus)'에서 유래된 프랑스어이며, 프랑스를 비롯하여 미국, 영국 등에서 사용하고 있다. 이탈리아, 스페인 등에서는 '살사(salsa)'라는 단어를 사용한다. '살사소스(salsa sauce)'라는 것도 있는데, 이는 비교적 최근에 생긴 단어로서 라틴아메리카 특히 멕시코 요리에 많이 사용되며 토마토를 베이스로 한 매콤한 소스를 지칭한다.

오늘날에는 소스 또는 살사로 불리고 있으나, 이런 단어가 생기기 이전에도 이에 해당하는 식품은 있었다. 서양에서 기록이 남아 있는 가장 오래된 소스는 고대 그리스인들이 사용한 일종의 생선 액젓인 '가룸(garum)'이다. 가룸은 각종 해산물에 소금을 섞어 발효시킨 후 위에 뜨는 맑은 액체를 걸러낸 것이다. 취향에 따라 향이 나는 허브를 달인 즙을 첨가하기도 했다고 한다. 이와 비슷한 액젓은 서양뿐만 아니라 동양에서도 있었으며, 케첩의 유래가 된 중국의 '규즙(鮭汁)' 역시 생선이나 조개에 소금, 식초, 향신료 등을 넣고 발효시킨 것이었다.

음식의 맛과 향 또는 색깔을 좋게 하려고 부가적으로 사용하는 서양의 소스와 비슷한 역할을 하는 식품은 동양에서도 오랜 옛날부터 나름대로 발전해 왔다. 예로서, 중국에는 액젓(魚醬) 외에도 두반장(豆瓣醬)과 같은 장류(醬類)가 있으며, 일본에는 쇼유(醬油), 미소(味噌)와 같은 장류와 다시마, 가다랑어포, 멸치 등을 끓여 우린 국물인 '다시(出し)'가 전통적으로 사용되었고, 우리나라에서는 양념을 사용하였다.

우리나라의 양념은 소스와 비슷한 역할을 하지만 차이점도 있다. 소스는 식재료 그 자체가 아니라 여러 식재료를 혼합•가공한 식품이지만, 양념은 음식의 맛을 돋우기 위하여 쓰이는 식재료를 통틀어 이르는 말로서 간장, 된장, 고추장, 젓갈 등 소스류 외에도 일반적으로 소스의 범주에 속하지 않는 참기름, 들기름, 깨소금, 파, 마늘, 고추, 후추, 소금, 설탕 등도 포함한다. 따라서 양념을 영어로 번역할 때에는 소스(sauce)보다는 조미료를 의미하는 시즈닝(seasoning)이라는 단어를 사용한다. 소스에 해당하는 적당한 우리말 단어는 없으며, 외래어로서 소스 그 자체를 사용하고 있다.

우리나라는 일본을 통하여 서양의 소스가 전해졌기 때문에 일본의 영향을 받아 소스의 개념이 왜곡되었다. 일본에 처음 소개된 소스는 19세기 말에 전해진 영국의 우스터소스였으며, 일본의 간장과 유사하기 때문에 서양풍의 새로운 간장으로 인식되어 널리 전파되었고, 소스의 대명사가 되었다. 이런 이유로 일본농림규격(JAS)에서 소스(ソース)는 우스터소스류로 분류되고, 우스터소스(ウスターソース),

중농소스(中濃ソース), 돈카쓰소스(とんかつソース) 등 세 종류로 구분하고 있으며, 일반적으로 소스로 분류되는 식초, 케첩, 카레, 마요네즈, 드레싱 등 다른 소스류는 포함되지 않는다.

우리나라의 식품위생법은 처음에 일본농림규격을 참고하여 제정되었으며, 그 후 여러 차례의 개정 작업을 거쳐 현재에 이르고 있으나 아직도 일본의 영향이 남아있다. 현재의 〈식품공전〉에서는 "조미식품이라 함은 식품을 제조·가공·조리함에 있어 풍미를 돋우기 위한 목적으로 사용되는 것으로 식초, 소스류, 카레, 고춧가루 또는 실고추, 향신료가공품, 식염을 말한다"고 하여 소스를 조미식품류의 일종으로 분류하고 있으며, 식초와 카레는 소스류에서 제외하였다.

또한 소스류는 "동·식물성 원료에 향신료, 장류, 당류, 식염, 식초, 식용유지 등을 가하여 가공한 것으로 식품의 조리 전·후에 풍미증진을 목적으로 사용되는 것"으로 정의하고, 그 세부 유형을 소스, 마요네즈, 토마토케첩, 복합조미식품 등으로 구분하여 마요네즈와 케첩을 소스에서 제외하였다. 개정 전의 〈식품공전〉에서는 드레싱도 소스와 별도의 유형으로 구분하였으나, 개정된 〈식품공전〉에서는 소스류 중 소스에 포함되게 되었다.

소스는 그 종류가 수없이 많고, 나라마다 개념이나 법규가 달라서 한마디로 정의하기 어렵다. 서양 요리의 중심은 프랑스이며, 소스 역시 프랑스 귀족층의 식도락을 충족시키기 위해 발전하였다. 프랑스식 소스는 부드러운 맛이 특징이며, 주재료와의 조화를 이루며 동시에 주재료의 단점을 보완하는 스타일이다. 프랑스 요리의 기초이며, 소스를 만드는 기본 원료로는 루, 스톡, 미르포아 등이 있다.

① **루**(roux): 루는 밀가루를 버터로 볶은 것을 말하며, 소스나 수프를 걸쭉하게 하기 위해 사용한다. 밀가루와 버터의 비율은 무게로 1∶1 또는 2∶1이 표준이며, 밀가루를 물을 섞지 않고 볶는 것이기 때문에 버터를 많이 사용하는 편이 만들기 쉽다. 밀가루를 볶는 정도에 따라 살짝 볶아서 흰색인 흰색루(white roux/roux blanc), 담황색의 블론드루(blond roux/roux blond), 진한 갈색의 브라운루(brown roux/roux brun) 등으로 구분한다.

② **스톡**(stock): 살코기, 뼈, 생선 등에 물을 붓고 끓여서 우려낸 국물로 서양요리의 수프나 소스의 기본이 되는 재료이다. 영어로는 스톡(stock)이라 하고, 프랑스어로는 퐁(fond) 또는 부용(bouillon)이라고 한다. 스톡은 주재료에 따라 피시스톡(fish stock), 비프스톡(beef stock), 치킨스톡(chicken stock) 등으로 분류되며, 색깔에 따라 화이트스톡(white stock/fond blanc)과 브라운스톡(brown stock/fond brun)으로 구분하기도 한다.

③ **미르포아**(mirepoix): 큼직큼직하게 자른 야채를 올리브유나 버터에 볶은 것으로서 스톡, 수프, 스튜 등의 향미를 내기 위해 사용된다. 전통적으로 양파, 당근, 셀러리를 2:1:1의 비율로 섞어서 볶는 것이 일반적이다.

현재 사용되고 있는 수백 가지에 이르는 프랑스식 소스는 대부분 다섯 가지 기본 소스에서 파생된 것이며, 기본이 되는 소스를 모체소스(mother sauces)라고 하고, 파생된 소스를 딸소스(daughter sauce) 또는 파생소스(secondary sauce)라고 부른다. 다섯 종류의 모체소스는 다음과 같다.

① **크림소스**(cream sauce): 흰색 루에 우유 또는 크림을 넣어가며 끓이다가 소금, 후추 등으로 맛을 낸 소스이다. 프랑스에서는 베샤멜소스(sauce béchamel)라고 하며, 프랑스를 제외한 나라에서는 보통 크림소스(cream sauce)라고 한다. 대표적인 흰색소스(white sauce)로서 부드럽고 크림 같은 맛이 강하며, '소스의 기본'이라고 불릴 정도로 다양한 파생소스가 있다. 주로 채소나 생선 요리에 사용된다.

② **에스파뇰소스**(espagnole sauce): 갈색 루에 각종 향신료, 육수, 토마토페이스트(tomato paste) 또는 토마토퓨레(tomato puree)를 넣어 걸쭉하게 끓인 소스이며, 갈색소스(brown sauce)라고도 한다. 다른 소스를 만들 때 기본재료로 사용되기도 하고 육류 요리에 직접 사용되기도 한다.

③ **벨루테소스**(veloute sauce): 베샤멜소스가 흰색 루에 우유를 넣어 마무리하는 것과 달리 육수를 넣어 마무리한 소스이다. 이때 사용되는 육수는 주로 생선 육수를 사용하지만 쇠고기 육수를 사용해도 무방하며, 노른자나 크림이 첨가

되기도 한다. 블론드색을 띠지만 화이트소스의 한 종류로 보기도 하며, 주로 생선이나 닭고기 요리에 많이 쓰인다.

④ **홀란데이즈소스**(hollandaise sauce): 계란 노른자, 버터, 레몬주스 또는 식초로 유화(乳化)를 이용해 만든 노란색소스이며, 버터소스(butter sauce)라고도 불린다. 재료는 복잡하지 않으나, 서로 섞이지 않는 기름과 물의 유화현상을 이용해야 하므로 숙련도를 요구하는 만들기 까다로운 소스이다. 프랑스어로는 '소스 올랑데즈(sauce hollandaise)'이지만 우리나라에서는 보통 홀란데이즈소스라고 한다. 홀랜드(Halland)는 네덜란드의 다른 이름이며, 프랑스에서 개발된 소스인데 '홀랜드에서 유래된 소스'라는 이름이 붙은 연유에 대해서는 여러 설이 있다. 매우 부드럽고, 표면이 밝은 노란색으로 반짝거리는 소스이며, 야채나 생선에 많이 쓰인다.

⑤ **토마토소스**(tomate sauce): 토마토를 이용해서 만드는 적색소스의 총칭이다. 프랑스식 토마토소스는 루와 육수를 넣어 걸쭉하게 만들고, 주로 스파게티에 사용되는 이탈리아식에서는 루가 들어가지 않으며, 양파 등의 야채를 올리브유에 볶은 뒤 토마토를 넣고 익힌 것에 소금, 버터, 후추 등을 넣어서 맛을 낸다. 토마토소스는 다른 소스보다 입자가 매우 크고 거친 것이 특징이며 다양한 요리에 사용된다.

프랑스식 소스와 구분되며 영국과 미국에서 주로 사용되는 영•

미식 소스는 보통 식초에 향신료 등을 첨가하여 맛과 색을 더욱 진하게 하는 특징이 있다. 영·미식 소스의 대표적인 예는 우스터소스, 케첩, 타바스코소스 등이다.

① **우스터소스**(Worcester sauce): 19세기 초 잉글랜드의 우스터(Worcester)시에서 처음 만들어지기 시작하여 우스터소스(Worcester sauce)라고 불린다. 영국의 우스터소스는 식초, 고추 추출액, 타마린드 추출액, 설탕, 앤초비, 향신료 등을 섞어서 숙성시켜 만든 소스이다.

② **케첩**(ketchup): 중국 남부지역 사람들이 오랜 옛날부터 생선이나 조개에 소금, 식초, 향신료 등을 넣고 발효시켜 만든 굴소스와 비슷한 조미료인 규즙(鮭汁)이 영국으로 전해지면서 변형된 소스이다. 케첩은 과일, 채소 등을 끓여서 걸러 낸 것에 설탕, 소금, 향신료, 식초 등을 섞어서 조린 소스이며, 토마토뿐만 아니라 모든 채소나 과일을 활용하여 만들 수 있으나 전세계적으로 토마토로 만든 케첩이 가장 일반적이기 때문에 그냥 케첩이라고 말할 때에는 토마토케첩을 의미하는 경우가 많다.

③ **타바스코소스**(tabasco sauce): 일반적으로는 핫소스(hot sauce)로 잘 알려져 있으며, 톡 쏘는 매콤한 맛이 있어 주로 음식의 느끼함을 없애기 위해 사용된다. 멕시코 타바스코(Tabasco) 지방에서 생산되는 작고 매운 고추인 타바스코 고추(tabasco pepper)에 소금, 식초를 첨가한 뒤 오크통에서 몇 년간 숙성시켜

만들며, 1868년 미국의 에드먼드 매킬레니(Edmund Mcilhenny)가 최초로 상품화하였다.

4) 증점제

넓은 의미에서 식품의 맛은 풍미와 더불어 물리적인 느낌인 식감을 포함한다. 점성을 높이거나 물성을 안정화시켜 식품을 완성하고, 식감을 향상시키는 물질을 증점제(增粘劑, thickener)라고 하며, 점증제(粘增劑) 또는 증점안정제(增粘安定劑)라고도 부른다. 증점제로 사용되는 물질들은 점도를 높일 뿐만 아니라 겔(gel)을 형성하기도 하고, 유화(乳化) 작용도 하며, 일정한 분산 형태가 유지되도록 하는 역할도 하기 때문에 사용 목적에 따라서 겔형성제(젤形成劑), 안정제(安定劑), 유화제(乳化劑) 등으로 표기되기도 한다.

증점제는 대부분 다당류이며, 다당류는 포도당, 과당, 갈락토오스, 자일로스 등의 단당류 3개 이상이 글리코시드결합(glycosidic bond)을 통하여 큰 분자를 만들고 있는 당류를 통틀어 일컫는 말이다. 단당류가 3~10개 정도 결합된 올리고당이나 전분을 가수분해하여 얻게 되는 덱스트린도 다당류의 일종이나 보통 증점제를 이야기할 때에는 제외된다.

검이나 전분 등의 다당류는 수많은 당 분자가 결합되어 있는 것이며, 보통은 나선형의 반결정(半結晶) 구조로 이루어져 있다. 다당류를 물에 녹이면 구조 속으로 물이 침투하여 부풀어 오르게 되며, 결국에는 반결정 구조가 깨어지고 길게 뻗은 쇄상(鎖狀)으로 변하게 되면서 점성이 높아지게 된다. 이런 변화를 호화(糊化, gelatinization) 또는 알파화(α化)라고 한다. 호화된 다당류라 할지라도 시간이 흐르면 다시 원래 상태인 반결정 구조로 돌아가며 물을 배출하게 된다. 이런 변화를 노화(老化, retrogradation) 또는 베타화(β化)라고 한다. 일반적으로 호화는 가열하면 반응이 촉진되고, 노화는 저온에서 빠르게 진행된다. 호화와 노화는 온도뿐만 아니라 산(酸)이나 식염 등의 농도에 따라서도 영향을 받는다.

대표적인 증점제인 검(gum)은 점성이 높은 고분자 다당류를 말하며 다음과 같은 것이 있다.

① **잔탄검**(xanthan gum): 가장 대표적인 검이며, 포도당 등의 탄수화물에 잔토모나스 캄페스트리스(*Xanthomonas campestris*)라는 균을 배양하여 얻어진다. 엷은 노란색 가루로서 찬 물에서도 쉽게 잘 녹으며 알코올이나 기름에는 녹지 않는다. 잔탄검은 다른 증점제에 비하여 비싼 편이지만 소량으로도 증점 효과를 줄 수 있으며 산, 염분, 열, 효소 등의 영향을 거의 받지 않는다는 장점이 있어 다양한 식품에 널리 사용된다.

② **구아검**(guar gum): 콩과 식물인 구아(*Cyamopsis tetragonolobus*)의 종자에서 얻어

지며, 갈락토스와 만노스가 중합한 갈락토만난(galactomannan)으로 구성된 다당류이다. 백색 또는 엷은 황갈색의 분말로서 냉수에도 쉽게 녹고 점성도 높은 편이다. 아이스크림, 케이크, 수프, 소스, 면류 등 다양한 식품에 사용된다.

③ **로커스트빈검**(locust bean gum): 캐롭나무(carob tree)라고도 불리는 구주콩나무(*Ceratonia silliqua*)의 종자인 메뚜기콩(로커스트빈)을 분쇄하여 얻어지며, 백색 또는 엷은 황갈색의 분말로서 고유의 냄새가 있다. 갈락토스와 만노스의 중합체인 다당류로서 냉수에는 잘 녹지 않고 60℃ 이상으로 가열하면 투명하고 점성이 있는 수용액이 된다. 아이스크림, 빵 및 과자류, 소스류 등 여러 제품에 폭넓게 사용된다.

④ **아라비아검**(arabic gum): 아라비아고무나무(*Acacia senegal* Willdenow)의 분비액에서 얻어진다. 백색 또는 엷은 황갈색을 띠며 형상은 분말, 과립, 작은 덩어리 등 다양하다. 물에 대한 용해도가 높아 50% 수용액까지 만들 수 있으나, 다른 증점제에 비해 수용액의 점도는 낮은 편이다.

⑤ **타마린드검**(tamarind gum): 콩과의 타마린드(*Tamarindus indica* Linné) 종자에서 추출한 것이며 글루코스, 자일로스, 갈락토스 등으로 이루어진 복합다당류이다. 갈색을 띤 회백색의 분말로서 약간의 냄새가 있으며, 품질보존 등을 위하여 희석제를 첨가한 제품도 있다. 설탕, 포도당, 물엿 등과 함께 사용하면 점도가 증가하고 탄력성 있는 겔(gel)을 만들 수 있다. 보통 50~60℃로 가열하여야 호화되지만 냉수에도 녹는 제품이 개발되어 있다.

⑥ **가티검(ghatti gum):** 인도 등에서 서식하는 나무인 아노게이수스 라티폴리아 (*Anogeissus latifolia*)의 상처에서 분비되는 침출액을 건조한 것이며, 냄새는 거의 없고 회색 또는 붉은색을 띤 분말 또는 알갱이이다. 냉수에도 잘 녹으며, 특히 10% 이상의 식염 농도에서도 용해될 정도로 내염성이 우수하다.

⑦ **글루코만난(glucomannan):** 토란과의 다년생 식물인 구약나물(*Amorpho phalus Konjak*)의 덩이줄기를 가루로 낸 뒤 정제하여 얻어진다. 백색 또는 엷은 황색의 분말이며, 글루코스와 만노스로 구성된 다당류이다. 곤약(こんにゃく), 젤리, 음료 등 다양한 식품에 사용되며, 건강기능식품의 원료로도 사용된다.

⑧ **카라기난(carrageenan):** 홍조류(紅藻類)를 뜨거운 물 또는 알칼리성 수용액으로 추출한 다음 정제하여 얻어지며, 백색 또는 엷은 갈색의 분말로서 약간 특이한 냄새가 있다. 냉수에는 잘 녹지 않으나 85℃ 이상의 고온에서는 완전히 용해되고, 식으면서 50~55℃에 이르러 겔화되기 시작한다. 빙과, 젤리, 음료, 육가공품 등의 식품에 넓게 사용되고 있다

⑨ **알진산(alginic acid):** 알진산(알긴산)은 갈조류(褐藻類)의 세포막을 구성하는 다당류이다. 알진산은 물에 녹지 않기 때문에 나트륨과 결합한 알진산나트륨 (sodium alginate)으로 만들어 사용한다. 알진산나트륨은 백색 또는 엷은 황색이며 분말, 과립, 섬유상 등의 여러 형태가 있다. 맛이나 냄새는 거의 없으며, 물에 녹으면 높은 점성을 나타낸다.

⑩ **한천**(寒天, agar): 조류(紅藻類)인 우뭇가사리를 비롯하여 우뭇가사리과 해초의 세포막 성분이다. 우뭇가사리 등을 물에 넣고 끓여서 식히면 투명하고 탄력 있는 묵과 같은 물질을 얻을 수 있으며, 이것을 탈수하여 건조시킨 백색 투명한 제품이다. 별다른 맛이 없고 젤라틴처럼 굳는 성질을 이용해 양갱이나 젤리를 만드는 데 사용한다. 식이섬유가 풍부하여 다이어트 식품에 사용되기도 하고, 세균의 작용으로도 잘 분해되지 않고 응고력이 강하기 때문에 세균배양용으로도 쓰인다.

전분(澱粉, starch)은 여러 개의 포도당이 결합된 다당류이며, 직선형의 분자구조인 아밀로스(amylose)와 나뭇가지 모양의 분자구조인 아밀로펙틴(amylopectin)이란 2가지의 성분으로 구성된다. 식물에 따라 이 둘의 구성 비율에 차이가 있으며, 이에 따라 호화 속도, 수용액의 점탄성(粘彈性) 등 물리적 특성이 다르게 된다. 전분은 찬 물에는 녹지 않고, 55~60℃ 이상으로 가열하여야 호화되어 점성을 나타낸다. 일반적으로 전분용액의 점도는 검류의 수용액에 비해 낮으므로 같은 효과를 얻으려면 상당히 많은 양을 사용하여야 한다.

① **옥수수 전분**(corn starch): 세계적으로 가장 많이 사용되는 전분이며, 식품가공 분야에서 전분이라고 하면 옥수수 전분을 의미하는 경우가 많다. 단순히 옥수수를 분쇄한 옥수수 분말과는 다른 제품이며, 옥수수의 배유(胚乳)에서 채취하게 된다. 여러 천연전분 중에서 가장 하얗고 입자도 곱다. 안정성이 좋고

접착력이 강하여 여러 식품이나 요리에 사용된다.

② **감자 전분**(potato starch): 세계적으로 옥수수 전분에 이어서 생산량이 많은 전분이며, 마트 등에서 판매되고 있는 가정조리용 전분이 바로 감자 전분이다. 다른 전분에 비하여 호화온도가 낮은 편이며, 호화되면 반투명한 풀이 된다.

③ **고구마 전분**(sweetpotato starch): 고구마 전분의 점도는 감자 전분보다 낮지만 옥수수 전분보다는 높고, 점도의 안정성은 감자전분보다 높지만 옥수수 전분에 비해서는 불안정하다. 식품에 직접 이용되는 것은 당면 정도이고, 대부분은 물엿, 포도당, 액상과당 등을 제조하는 원료로 이용된다.

④ **기타 전분**: 모든 식물에서 전분을 얻을 수 있으나 경제적인 이유로 전분의 원료가 되는 식물은 제한적일 수밖에 없다. 우리나라에서는 과거에 전분은 주로 묵을 만들기 위해 생산하였으며, 주로 녹두에서 얻었다. 이것이 녹두 전분을 의미하는 녹말(綠末)이 전분의 대명사가 된 사연이기도 하다. 묵을 만들기 위해서는 녹두 전분 외에도 메밀 전분, 도토리 전분 등이 사용되었다.

⑤ **변성전분**(變性澱粉, modified starch): 식품공업, 섬유공업, 제지공업 등 산업적으로 이용하는 경우 천연전분이 본래 가지고 있는 특성만으로는 충분하지 않은 경우가 많다. 따라서 사용 목적에 맞게 전분을 화학적, 물리적 또는 효소적으로 처리하게 되며, 이렇게 하여 호화용액의 점도, 안정성, 접착력, 투명도

등을 개선한 제품이 변성전분이며, 가공전분(加工澱粉)이라고도 한다. 천연전분은 냉수에서는 호화되기 어려우나 변성전분 중에는 미리 호화시켜 찬물에서도 쉽게 호화용액을 만들 수 있도록 한 것도 있다. 호화전분(α화전분)은 제조 중에 가열공정이 없는 식품에 적합하다.

증점제로도 사용되지만 주로 젤형성제로 사용되는 물질에 펙틴(pectin)과 젤라틴(gelatin)이 있다. 'gel'은 물속에 있는 고체분말이 물과 결합하여 유동성을 상실하고 점탄성(粘彈性)이 있는 반고체상의 상태로 된 것을 말하며, 겔 또는 젤이라 부르지만 겔이라고 하는 경우가 많다. 그러나 〈식품첨가물공전〉에서는 젤을 사용하여 젤형성제라는 표현을 하고 있다. 졸(sol)은 골고루 분산되어 있을 뿐 결합되어 있지는 않은 유동성 액체 상태인 것을 말하며, 일반적으로 겔을 가열하면 졸이 되고, 졸을 냉각하면 겔이 되지만 반드시 그렇지는 않다.

① **펙틴**(pectin): 펙틴은 과일이나 채소류 등의 세포막이나 세포막 사이의 엷은 층에 존재하는 다당류로서 특히 귤, 사과 등의 껍질에 많이 들어있다. 펙틴은 감귤류 또는 사과를 열수(熱水) 또는 산성수용액 등으로 추출하여 얻게 되며, 백색 또는 엷은 갈색의 분말 또는 입자이다. 펙틴의 수용액은 검류나 전분류에 비하여 점성이 낮으나, 당과 산이 있으면 유동성을 잃고 탄성이 있는 반고체의 겔 상태가 된다. 젤리나 초콜릿에도 사용되나 가장 중요한 용도는 잼(jam)의 제조이다.

② **젤라틴**(gelatin): 젤라틴은 동물의 뼈, 힘줄, 피부 등으로부터 얻은 콜라겐을 일부 가수분해하여 만든 유도단백질(誘導蛋白質)의 일종이다. 젤라틴 수용액은 높은 온도에서는 졸이 되고, 냉각하면 탄성이 있는 겔이 된다. 파인애플, 키위 등 단백질 분해 효소가 들어 있는 과일과 함께 사용하면 분해되어 겔을 형성하지 못하며, pH4.7 이하에서는 응고되기 어렵다. 특별한 맛은 없으나 말랑말랑한 특성 때문에 젤리, 아이스크림, 마시멜로 등을 만드는 데 주로 쓰인다.